STEELS
Microstructure and Properties

Third edition

H.K.D.H Bhadeshia

and

Sir Robert Honeycombe

ELSEVIER

AMSTERDAM • BOSTON • HEIDELBERG • LONDON • NEW YORK • OXFORD
PARIS • SAN DIEGO • SAN FRANCISCO • SINGAPORE • SYDNEY • TOKYO

Butterworth-Heinemann is an imprint of Elsevier

ISBN : 9780750680844
Translated Edition ISBN : 9788964211397
Publication Date in Korea : 2013.01.18

Translated by Hantee Media.

Printed in Korea

STEELS

MICROSTRUCTURE AND PROPERTIES

철강 물리야금학 3rd

H.K.D.H. BHADESHIA 지음
R.W.K. HONEYCOMBE

문영훈 옮김

한티미디어

ELSEVIER

문영훈
부산대학교 공과대학 기계공학부 교수
Colorado School of Mines 금속공학박사
POSCO 석좌교수

철강 물리야금학

발행일 2013년 01월 18일 초판 1쇄
지은이 H.K.D.H. BHADESHIA, R.W.K. HONEYCOMBE
옮긴이 문영훈
펴낸이 김준호
펴낸곳 한티미디어 | **주 소** 서울시 마포구 연남동 570-20
등 록 제15-571호 2006년 5월 15일
전 화 02)332-7993~4 | **팩 스** 02)332-7995
ISBN 978-89-6421-139-7 93420
정 가 25,000원

마케팅 박재인 노재천 정상권 | **관 리** 김지영
편 집 김윤경 박새롬 | **디자인** 오선미 | **인 쇄** 이산문화사

이 책에 대한 의견이나 잘못된 내용에 대한 수정정보는 한티미디어 홈페이지나 이메일로 알려주십시오.
독자님의 의견을 충분히 반영하도록 늘 노력하겠습니다.
홈페이지 www.hanteemedia.co.kr | **이메일** hantee@empal.com

제1판 지은이 서문

이 책에서는 강의 미세 조직이 형성되는 원리와 이를 통한 기계적 성질을 중점적으로 설명한다. 금속조직에 관한 분석기술이 원자 차원의 해상도에 이르는 시점에서 조직을 더욱 미세하게 분석하고 이를 통한 기계적 성질을 분석하는 것은 매우 중요하다. 이 책에서는 다양한 용도에 적합한 강의 선택보다는 실질적 요구사항을 만족시켜줄 수 있는 광범위한 범주의 강종에 대한 충분한 정보를 전달하고자 했다. 그리고 책의 주요 관점은 오스테나이트/페라이트 상변태를 원하는 목적으로 응용하는 방법과 비금속원소와 금속합금원소가 변태와 기타 여러 야금학적 현상에 미치는 영향을 설명하는데 두었다.

이 책은 금속재료 전공자와 기술자를 염두에 두고 저술되었으며 학부 및 대학원과정 학생 모두에게 유용하다. 재료공학, 금속조직학, 결정학 및 물리학에 대한 기초 수준의 지식을 어느 정도 갖추고 있다는 관점에서 작성했다.

이 책을 집필하는 데 도움을 준 여러분들에게 감사드리며 특히 원고를 검토하신 D. V. Edmonds 박사, 여러 부분에서 조언을 해주신 P. R. Howell 박사, B. Muddle 박사, H. K. D. H. Bhadeshia 박사, 그리고 자료를 준비해준 여러 연구 그룹원에게 감사의 마음을 전한다. 자신의 자료들을 사용할 수 있도록 승낙해 준 많은 학자들과 그래픽 작업에 수고해 준 S. D. Charter에게도 감사드린다. 끝으로 Diana Walker 여사와 Rosemary Leach의 원고 타이프 작업에 감사드린다.

RWKH

Cambridge

1980

제2판 지은이 서문

제2판은 제1판의 기본 구성을 그대로 유지하고 있지만 1981년에 처음 책이 발간된 이후 새롭게 소개된 이론이나 그 중요성이 증가한 부분을 추가했다. 여러 강종에서 바람직한 조직으로 부각되고 있는 침상 페라이트(acicular ferrite)에 대한 장을 새롭게 추가했고, 용접 시 미세 조직의 제어 또한 매우 중요한 주제이므로 새로운 장으로 추가했다. 또한, 최적 물성을 제공해줄 수 있는 미세 조직의 모델링과 관련된 주요 접근법들도 새로운 장으로 추가했다. 베이나이트 변태의 경우 1판의 내용을 완전 개정해 2판에 실었다.

독자들에게 강의 미세 조직이 형성되는 원리와 이를 통한 기계적 물성, 그리고 실제 적용 시 재료 거동을 설명하는 집필 목적은 그대로 유지했다. 강은 현존하는 금속합금 중에서 가장 중요한 소재이며 광범위한 미세 조직으로 다양한 기계적 성질을 창출해낼 수 있으므로 현재는 물론 미래에도 가장 유용한 재료로 광범위하게 사용될 것이다.

RWKH
HKDHB
Cambridge
1995

제3판 지은이 서문

강은 공정제어와 합금을 통해 미세 조직을 인위적으로 변화시킬 수 있기 때문에 다양한 재료적 요구사항을 충족시킬 수 있는 장점이 있다. 또한, 새로운 신소재의 평가 시 주요한 비교 표준으로도 활용되고 있다. 전 세계적으로 막대한 생산량과 생산효율을 가지며 가장 널리 사용되는 상용소재로서 철과 철합금이 인류의 삶의 질 향상에 크게 기여해왔음은 의심의 여지가 없다.

제3판에서는 1995년 이후 주로 개발된 극미세입자 합금, 월등한 연신능력을 보유한 강, 철 내에 존재하는 미소 입자들의 성질 등에 관한 내용이 추가되었다. 대형으로 제조될 수 있는 아주 미세한 결정들에 대한 이론적 한계에 대한 의문점들을 피력했고, 미세 조직, 강화기구, 속도론 및 모델링에 관한 설명 부분을 대폭 수정했다.

이 책을 발간한 취지라 할 수 있는, 학생과 기술자들로 하여금 철과 철합금의 미세 조직과 기계적 물성이 나타나는 원리를 이해시키고자 하는 집필 목표는 신판에서도 유지했다.

HKDHB
RWKH
Cambridge
2006

옮긴이 서문

이 책은 캠브리지대학 H. K. D. H. Bhadeshia 교수의 〈Steels-Microstructure and Properties〉를 번역한 것이다. 이 원서는 물리야금학의 가장 중요한 대상 재료인 철강을 광범위하고도 심도 있게 다루어 철강 관련 연구에 매진하는 학계와 산업계 전문가들에게 필요한 책이다. 우리말로 번역되어 널리 읽히기를 바라던 차에 저자인 Bhadeshia 교수와의 협의를 통해 한국어로 번역 출간하게 되었다.

이 책의 내용은 지은이 머리말에서 기술된 바와 같이 강의 미세 조직이 형성되는 원리와 이를 통한 기계적 물성을 미시적 차원에서 근원적으로 설명함으로써 철강 물리야금의 종합적인 이론체계 구축에 적합한 책이다. 번역서는 원서와 같이 총 14장으로 구성되어 있으며 내용의 연결 및 용어의 일관성을 위해 옮긴이가 단독으로 번역했고 한글 용어의 혼동을 방지하는 데 필요한 부분에는 원어를 함께 적어 원저자의 뜻을 그대로 전달했다.

바쁘신 중에도 원고를 검토해 주신 POSTECH의 김성준 교수, 서동우 교수, 이명규 교수, 전북대 이석재 교수, 서울대 한흥남 교수, 연세대 이영국 교수, 부산대 강남현 교수와 내용정리 및 도표구성을 도와준 두산중공업(주) 이혜경 박사께 깊은 감사를 드린다.

모쪼록 이 책이 우리나라 철강 관련 학문 및 산업 발전에 조금이나마 기여할 수 있기를 바라며 본 출판의 수익금은 철강 분야 후학들을 위한 후원기금 마련에 전액 사용할 것임을 밝혀둔다.

문영훈
부산대학교 기계공학부 교수
2012

목차

CHAPTER 1 철과 철의 침입형 고용체 1

1.1 서론 2
1.2 순철의 동소체 3
1.3 상변태: α철과 γ철 6
1.4 α철과 γ철 고용체 내의 탄소와 질소 12
1.5 실용적 관점 19
참고문헌 20

CHAPTER 2 철과 철합금의 강화 21

2.1 서론 22
2.2 가공경화 22
2.3 침입형 원자에 의한 고용체 강화 26
2.4 철의 치환형 고용체 강화 34
2.5 입자크기 35
2.6 분산강화 40
2.7 요약 42
2.8 실용적 관점 43
2.9 강도의 한계 44
참고문헌 49

CHAPTER 3 철-탄소 평형상태도와 일반 탄소강 51

3.1 철-탄소 평형상태도 52
3.2 오스테나이트-페라이트 변태 55
3.3 오스테나이트-시멘타이트 변태 59
3.4 $\gamma \rightarrow \alpha$ 변태의 속도론 59
3.5 오스테나이트-펄라이트 반응 70
3.6 페라이트-펄라이트 강 86
참고문헌 90

CHAPTER 4 철-탄소합금의 합금원소 영향 91

4.1 γ상 영역과 α상 영역 92
4.2 강의 합금원소 분포 96
4.3 γ/α 변태 속도에 합금원소가 미치는 영향 100
4.4 합금원소 첨가에 따른 조직 변화 107
4.5 합금강의 변태곡선 117
참고문헌 119

CHAPTER 5 마르텐사이트의 형성 121

5.1 서론 122
5.2 일반적 특성 122
5.3 마르텐사이트의 결정구조 128
5.4 마르텐사이트 변태의 결정학 131
5.5 철계 마르텐사이트의 형상 136
5.6 마르텐사이트 변태속도론 143

5.7 마르텐사이트의 강도 153
5.8 형상기억 효과 160
참고문헌 161

CHAPTER 6 베이나이트 반응 163

6.1 서론 164
6.2 상부 베이나이트(550~400°C 온도영역) 164
6.3 하부 베이나이트(400~250°C 온도영역) 169
6.4 형상 변화 171
6.5 베이나이트 내의 탄소 173
6.6 속도론 176
6.7 상부 베이나이트의 하부 베이나이트로의 천이 180
6.8 입상 베이나이트 182
6.9 베이나이트의 템퍼링 183
6.10 합금원소의 역할 184
6.11 베이나이트강의 용도 189
6.12 나노구조를 갖는 베이나이트 192
참고문헌 195

CHAPTER 7 침상 페라이트 197

7.1 서론 198
7.2 미세 조직 200
7.3 변태기구 201
7.4 불균질 핵생성점으로서의 개재물 205
7.5 침상 페라이트의 핵생성 206
7.6 요약 208

참고문헌 210

CHAPTER 8 강의 열처리: 경화능 211

8.1 서론 212
8.2 TTT와 연속냉각곡선의 활용 212
8.3 경화능 시험 216
8.4 입자크기와 화학조성이 경화능에 미치는 영향 222
8.5 경화능과 열처리 224
8.6 퀜칭응력과 퀜칭균열 225
참고문헌 229

CHAPTER 9 마르텐사이트의 템퍼링 231

9.1 서론 232
9.2 일반 탄소강의 템퍼링 233
9.3 템퍼링된 일반 탄소강의 기계적 성질 240
9.4 합금강의 템퍼링 243
9.5 마르에이징 강 260
참고문헌 261

CHAPTER 10 강의 가공열처리 263

10.1 서론 264
10.2 저합금강의 제어압연 264

10.3 이상조직 강 279
10.4 TRIP-assisted 강 280
10.5 TWIP 강 287
10.6 가공 열처리된 산업용 강 289
참고문헌 292

CHAPTER 11 강의 취성과 파괴 293

11.1 서론 294
11.2 철과 강의 벽개파괴 294
11.3 벽개파괴의 영향인자 296
11.4 연성/취성 천이의 기준 299
11.5 취성파괴의 실제 양상 304
11.6 연성 또는 섬유상 파괴 308
11.7 입계 취성 314
참고문헌 322

CHAPTER 12 스테인리스 강 323

12.1 서론 324
12.2 철-크롬-니켈계 324
12.3 Cr-Ni 오스테나이트강의 크롬탄화물 330
12.4 니오브 탄화물과 티타늄 탄화물의 석출 333
12.5 오스테나이트강의 질화물 336
12.6 오스테나이트에서의 금속 간 석출 337
12.7 오스테나이트강의 적용 340
12.8 듀플렉스 및 페라이트계 스테인리스강 343
12.9 기계적으로 합금된 스테인리스강 346

12.10 준안정 오스테나이트의 변태 350
참고문헌 356

CHAPTER 13 용접 미세 조직 357

13.1 서론 358
13.2 용융부 358
13.3 열영향부 370
참고문헌 380

CHAPTER 14 미세 조직과 물성의 모델링 381

14.1 서론 382
14.2 실례 1: 합금설계–고강도 베이나이트강 384
14.3 실례 2: 혼합 미세 조직의 기계적 성질 393
14.4 방법 401
14.5 속도론 407
14.6 유한차분법 409
14.7 유한요소법 410
14.8 신경망 412
14.9 모델의 특성규명 416
참고문헌 417

INDEX 419
NAME INDEX 432

Chapter 1

철과 철의 침입형 고용체

서론 1.1

순철의 동소체 1.2

상변태: α 철과 γ 철 1.3

α 철과 γ 철 고용체 내의 탄소와 질소 1.4

실용적 관점 1.5

참고문헌

1.1 서론

다양한 재료들에 대한 물성을 평가할 때 주로 강의 물성에 대비시켜 평가를 해왔다. 하지만 철합금은 지속적인 기술개발을 통해 그 물성을 개선시켜왔기 때문에 비교 척도로서의 철의 물성기준 또한 지속적으로 변해왔다. 강은 현존하는 다양한 재료들과 비교해 경제성이 뛰어나고 물성이 우수한 재료로 평가되면서 다양한 용도에 연간 10억 톤 이상 사용되고 있다. 이 책에서는 강이 이러한 월등한 위상을 유지할 수 있는 이유와 원하는 물성이 얻어지는 원리를 현상에 근거해 자세하게 설명한다.

고상변태(solid-state transformation)와 고상공정을 통해 얻어지는 다양한 미세 조직과 물성 때문에 강은 다른 재료에 비해 우월한 위상을 유지해왔다. 강이 보여주는 다양한 미세 조직과 물성을 연구하기 위해서는 먼저 순수한 철의 거동을 기본으로 철-탄소 합금을 다루고 이후에 용질원자의 첨가에 따른 복합적인 효과를 알아보는 것이 바람직하다.

순수한 철은 생산하기 쉬운 재료는 아니지만 불순물 함량을 60ppm 이하 수준으로 만들고 있으며 이러한 60ppm의 불순물 중 10ppm은 탄소, 산소, 황, 인과 같은 비금속 불순물이며 나머지는 금속성 불순물로 구성된다. 이러한 순도범위를 갖는 철은 기계적으로 아주 약하다. 해당 치수의 시료를 이용해 상온에서 시험하면 단결정의 분해전단응력이 10MN m^{-2} 정도로 낮으며 동일온도에서 다결정체 시료의 항복강도는 50MN m^{-2}을 하회한다. 그러나 치수를 2μm 정도로 줄인 작은 단결정의 전단강도는 19,000MN m^{-2}을 초과하는 것으로 관찰되었는데 이것은 결정의 크기가 작아짐에 따라 전위와 같은 결정결함들이 내포될 가능성이 감소하기 때문이다. 철의 완전결정(perfect crystal)에 대한 이론 인장강도는 21,000MN m^{-2} 정도로 평가되며, 이론 전단강도는 11,000MN m^{-2}에 이른다.

비교 측면에서 볼 때 미세한 탄소 나노튜브는 파괴강도가 130,000MN m^{-2} 정도에 이르는 것으로 알려져 있다. 수치로 나타난 이러한 엄청난 강도로 인해 나노튜브가 가진 능력이 구조적인 용도에서까지 확대 과장되기도 했는데, '나노튜브가 강보다도 100배 정도 더 강하다'고 표현되는 것을 그 예로 들 수 있다. 나노튜브는 크기가 증가함에 따라

결함들(defects)이 불가피하게 발생하기 때문에 현실적으로 2mm 크기 이상에서는 구조적으로 철의 강도를 능가하는 탄소튜브는 존재하지 않는다. 따라서 나노튜브가 목표 수준의 강도를 얻기 위해서는 결정구조의 완전함(perfection)이 전제되어야 한다는 비현실적 가정이 필요하며, 이러한 가정 자체가 실제 적용 치수 영역에서는 그러한 목표 강도를 이룰 수 없다는 것을 의미함은 물론 더 이상 유효하지 않다는 것을 뜻한다.

치수가 큰 시료는 열역학적으로 결함 없는 완전한 결정구조를 유지할 수 없으므로 현실적으로는 치수 변화에 둔감한 다른 강화기구(strengthening mechanism)를 이용해 강을 강화시키는 것이 바람직하다. 여기서는 충분한 연성을 보유하면서 수천 MN m^{-2} 수준까지도 강도를 증가시킬 수 있는 기구들에 대해 다룬다. 이를 위해 이러한 기계적 성질에 도달시킬 수 있는 방법들을 먼저 소개하고 이러한 기계적 성질을 좌우하는 다양한 미세 조직들을 설명한다.

1.2 순철의 동소체

벌크(bulk) 상태에서 철은 체심입방구조(bcc, α, 페라이트), 면심입방구조(fcc, γ, 오스테나이트), 조밀육방구조(hcp, ϵ) 등과 같은 최소 3가지 동소체(allotrope)를 갖는다. 알파벳순 $\alpha, \beta, \gamma, \delta$ ... 에서 β상이 빠진 것은 페라이트의 자기전이(magnetic transition)가 한때 철의 β 동소체로 잘못 인지되었기 때문이다. 실제로 철의 모든 동소체들은 자기전이를 일으킨다. [그림 1.1]에 순철의 상변태도를 나타냈다. 상 영역들의 경계부에 놓인 각 점들은 2상이 공존하는 평형 상태를 나타낸다. 3개의 경계가 만나는 삼중점은 3가지 상 모두가 공존하는 평형 상태를 나타낸다. 순철은 고압 하에서 hcp 형태가 안정적이며 이는 이 상이 갖는 높은 밀도와 부합한다. 각 상들의 상대밀도는 동소체들이 평형 상태에 있고 모든 체적변화의 합이 0인 삼중점에서 가장 잘 비교된다.

$$\Delta V(\text{bcc} \rightarrow \text{hcp}) = -0.34\,\text{cm}^3\,\text{mol}^{-1}$$

$$\Delta V(\text{hcp} \rightarrow \text{ccp}) = +0.13\,\text{cm}^3\,\text{mol}^{-1}$$

$$\Delta V(\mathrm{ccp} \rightarrow \mathrm{bcc}) = +0.21\,\mathrm{cm^3\,mol^{-1}}$$

지표면에 비해 300만 배의 높은 압력이 가해지고 있고 6000℃에 이르는 온도에 놓인 지구의 중심부에 네 번째 천연 동소체가 존재할 수 있다. 지구의 핵은 철이 주성분이고 고상의 내핵과 액상의 외핵으로 이루어져 있다. 핵에 대한 지식은 불확실하지만 순철을 가정 시 내핵의 결정구조가 이중 육방정(double hcp)일 것으로 추정되어 왔으며 이는 ϵ철이 내핵 조건에서 가장 안정하게 유지된다는 것을 의미한다.

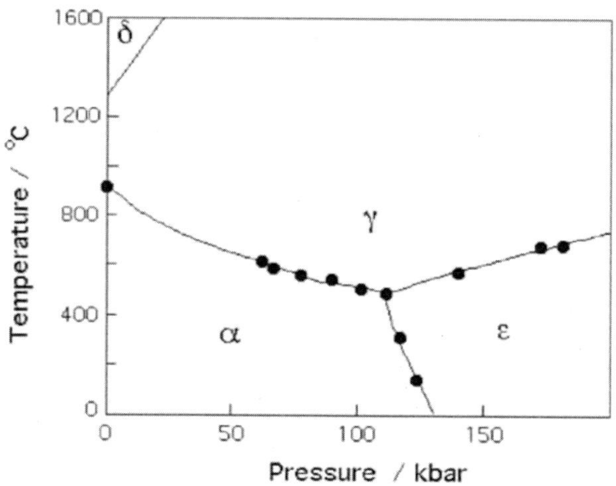

그림 1.1 순철의 상태도. 삼중점에서의 온도와 압력은 각각 490℃와 110kbar이다. α, γ, ϵ은 각각 페라이트, 오스테나이트, ϵ철을 의미하며 δ는 고온 상태에서의 α를 표기한 것이다.

1.2.1 박막과 고립형 입자

박막(thin film) 형태로 생성될 수 있는 2가지 동소체가 더 있다. 면심정방정계(fct) 구조를 갖는 동소체는 철과 방위가 일치하지 않는 구리의 {1 0 0}면에 철 원자를 정합적층시켜 박막 형태로 얻을 수 있다. 이 경우 첫 번째 증착 층의 원자의 위치는 구리의 원자

위치와 동일하다. 몇몇 단층(monolayer)들은 정합을 유지하려고 모재의 면에 수직한 방향으로 뒤틀리게 된다. 이로 인해 fct 구조를 갖는 적층물을 얻는다. fcc 대상재의 불일치하는 {1 1 1} 면에서 철이 성장하면 삼방정계(trigonal) 철이 된다.

아주 얇은 막 형태의 철은 강자성(ferromagnetic)을 띠지만 작은 치수로 인한 특수 효과가 있다. 원자당 자기모멘트가 벌크 상태 α철의 경우 2.2보어모멘트인데 반해 얇은 막 형태의 철은 3.1보어모멘트로 아주 크게 나타나는데 이는 얇은 막에 존재하는 원자들은 낮은 배위수를 갖기 때문이다. 또 다른 효과로는 박막의 경우 스핀들이 표면에 수직으로 배열하려 하기 때문에 자기 이방성(magnetic anisotropy)이 크게 증가한다는 점이다. 배위수의 변화 때문에 강자성 상전이 온도인 큐리(Curie)온도도 크게 낮아지는데 철 단층의 경우 약 280℃ 정도다.

핵생성 이론에 대한 많은 이전의 연구는 불균질한 핵생성을 일으킬 수 있는 결함들의 생성을 피하기 위해 미세한 크기를 가지는(5~1,000nm) 철 입자를 대상으로 수행되었다. 이러한 입자들은 탄소나노튜브의 제조에 응용되어 그 중요성이 새롭게 부각되었다. 탄소나노튜브를 성장시키는데 필요한 미세한 입자는 첨가제를 포함하는 화합물 내의 페로센(ferrocene)의 분해를 통해 입자가 부착된다.

이렇게 형성된 입자들은 페라이트의 bcc 결정구조를 가지겠지만 5nm 입자는 표면에 1/2개의 원자를 가진다는 것을 인지해야 한다. 금속 표면은 다양한 형태의 2차원적 구조로 재배열하려는 경향을 가지므로 전반적인 입자구조의 해석 시 혼란을 야기한다. 표면은 또 다른 역할도 하는데 입자의 전체 자유에너지를 변화시켜 용융온도를 낮추는데 5nm 직경의 철 입자는 500℃ 정도 온도에서도 녹일 수 있다. [그림 1.2]는 탄소나노튜브 내부의 철입자를 보이는데 방울(blobby) 모양으로 보이는 것은 용해 때문인 것으로 추측된다. 입자크기가 1~5nm 수준인 작은 금속입자는 금속/부도체의 천이 상태와 가깝다. 주사전자현미경(SEM)을 이용해 탄소나노튜브의 끝단을 관찰하면 철 입자가 대전(charge)되려는 경향을 보이는데 이것은 금속적인 거동을 잃어버릴 수 있는 가능성을 의미한다.

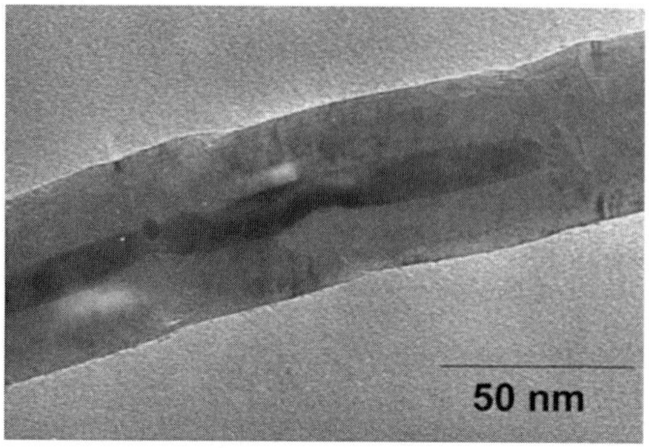

그림 1.2 철입자를 함유하는 다중벽(multi-walled) 탄소나노튜브

1.3 상변태: α 철과 γ 철

대부분의 강에서 2가지 동소체인 α철과 γ철은 아주 중요하다. 철은 대기압 하에서 안정한 원소로서 910℃(A_3점)에서 fcc 오스테나이트로 변태할 때까지 bcc 페라이트로 존재하고, 1390℃(A_4점)에서 페라이트로 다시 변태한다. 이러한 고온에서 생성된 페라이트는 α 페라이트와 결정구조의 차이는 없지만 δ 페라이트로 불려왔으며 1536℃에서 용해될 때까지 안정상으로 존재한다.

[그림 1.3]은 원자당 평균체적을 온도의 함수로 표기하여 상변화가 일어남을 나타내고 있다. γ철에서 α철로의 변태 시 약 1%의 원자체적 변화가 수반되므로 이로 인해 변태 시 내부응력이 발생될 수 있다. α철과 γ철의 단위결정격자의 구조는 탄소와 질소같은 비금속 원소의 α철과 γ철에 대한 고용도, 고온에서 합금원소들의 확산율, 일반적 소성변형 거동에 직접 영향을 미친다. α철의 bcc 구조는 γ철의 fcc보다 덜 조밀하게 충진되어 있다(그림 1.4a, b).

bcc 구조에서 가장 큰 공극(interstice)은 2 모서리와 2 중심원자 사이에 존재하는 4면체(tetrahedral) 공극이며 [그림 1.4c]와 같은 4면체(tetrahedron)를 형성한다. 그 다음으로 큰 공극은 8면체(octahedral) 공극이며 [그림 1.4d]에 보인 바와 같이 각 면의 중심과 bcc 입방정의 〈001〉 모서리 중심이 이에 해당한다. 주변의 철 원자는 [그림 1.4e]에서와 같이 납작해진 8면체의 꼭짓점에 놓여 있다. fcc 구조는 더욱 조밀충진 구조이지만 흥미롭게도 bcc보다 공극의 크기가 크다. 이러한 공극은 입방정 모서리의 중심에 놓여 있으며 8각형의 형태로 6개의 원자로 둘러싸여 있으므로 8면체 공극으로 불린다(그림 1.4f). 또한 보다 작은 4면체 공극도 존재한다. 이러한 공극에 들어갈 수 있는 최대 구의 치수를 [표 1.1]에 나타냈다.

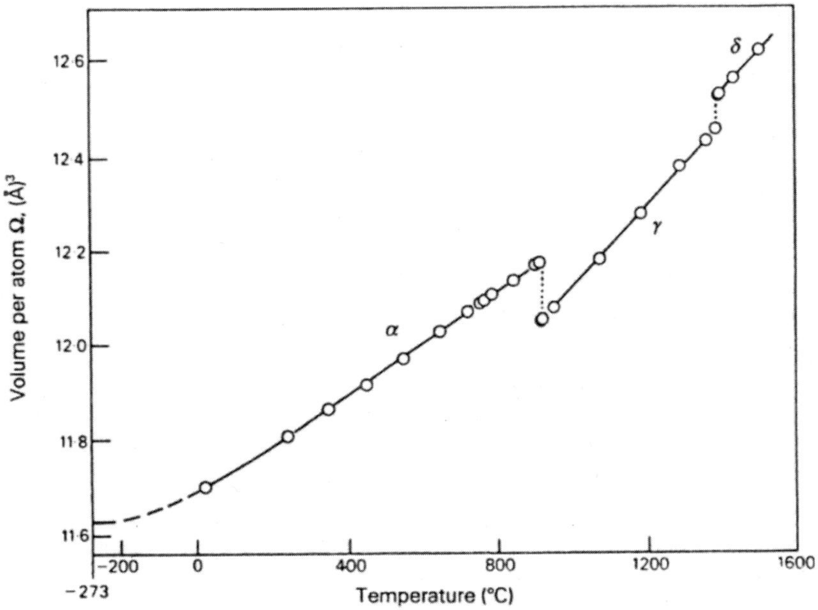

그림 1.3 철 결정에서 원자당 평균체적의 온도 의존성

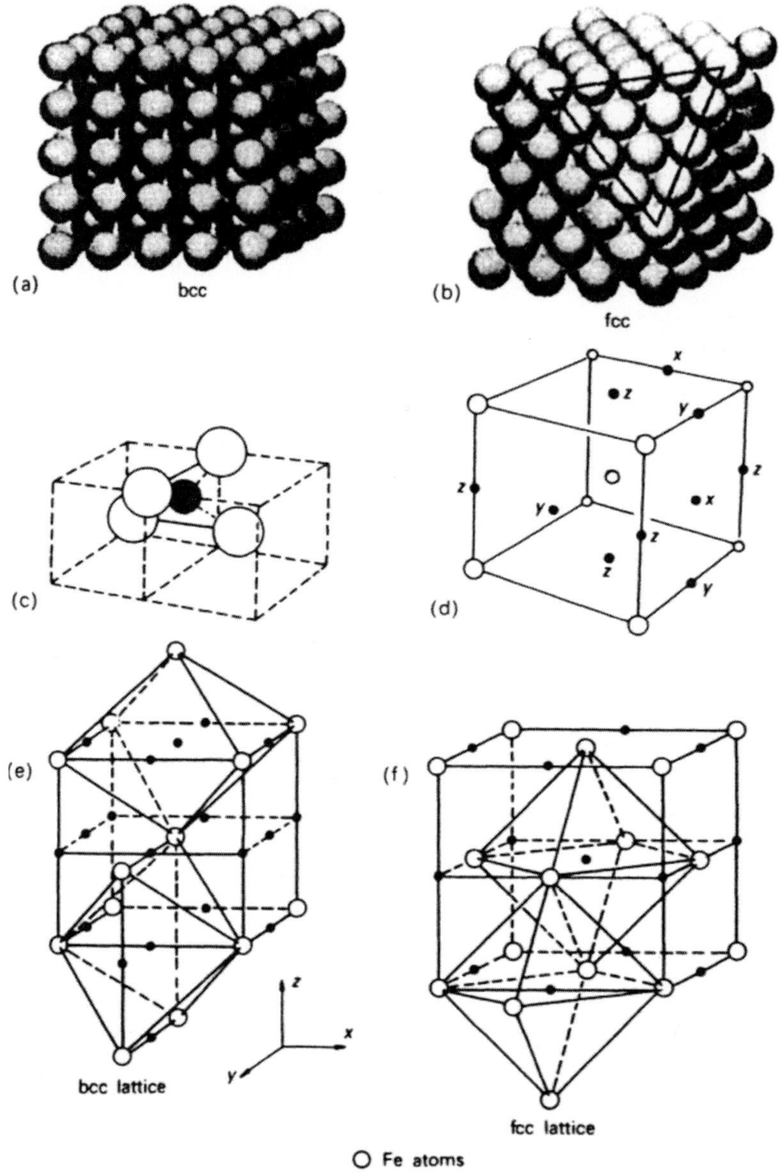

그림 1.4 (a)bcc 구조, (b)fcc 구조, (c)bcc 구조에서 4면체 공극, (d)bcc 구조에서 8면체 공극, (e)bcc 철의 8면체 공극, (f)fcc 철의 8면체 공극

표 1.1 bcc 철과 fcc 철의 공극에 들어갈 수 있는 최대 구의 치수(r은 철의 원자반경)

		Radius	Radius in iron (Å)
bcc	Tetrahedral	$0.29r$	0.37
	Octahedral	$0.15r$	0.19
fcc	Tetrahedral	$0.23r$	0.28
	Octahedral	$0.41r$	0.51

순철의 $\alpha \rightleftharpoons \gamma$ 변태는 매우 빠르게 일어나므로 고온에서의 fcc 형태를 상온에서 유지시키는 것이 일반적으로 불가능하다. 빠르게 급냉 시 α철의 형상(morphology)을 상당 부분 바꿀 수 있지만 bcc 구조는 계속 유지한다. 순철에서 오스테나이트의 구체적인 연구는 X-선이나 중성자 회절을 이용해 고온에서 행해야 한다. 냉각 시 오스테나이트의 변태도 싱크로트론(synchrotron)에서 발생된 강한 X-선 회절이나 정밀한 팽창측정기(dilatometry)를 이용해 분석할 수 있는데 팽창측정기는 오스테나이트의 페라이트 변태 시 수반되는 체적 변화를 이용하는 기술이다.

상온보다 낮은 온도에서 순수 오스테나이트를 연구해야 하는 경우가 있다. 순철은 구리에 정합 석출을 통해 아주 낮은 온도까지 오스테나이트 상태로 잔류할 수 있다. 구리는 fcc 결정구조를 가지므로 오스테나이트 철의 정합성 입자가 냉각 중 변태되는 것을 막아준다. 이러한 기술은 −190℃ 부근의 닐(Néel)온도(오스테나이트는 고온에서 강자성을 띠며 큐리온도는 약 1525℃)를 갖는 오스테나이트에 반자성(antiferromagnetic) 특성을 부여하는데 이용한다.

1.3.1 변태기구

강이 다양한 미세 조직을 가질 수 있는 이유 중 하나로 동일한 동소변태(allotropic transformation)를 다양한 방법으로 일으킬 수 있다는 점을 들 수 있다. 이는 원자들이 결정구조를 변화시키기 위해 다양한 방법으로 이동할 수 있기 때문이다. 변태는 [그림 1.5]에서처럼 결합을 깨뜨린 후 다른 패턴 형태로 재정렬하거나(재조직형(reconstructive)

변태), 초기 패턴을 균질하게 변형시켜 새로운 결정구조로 바뀌는 방법(변위형(displaceive) 변태 또는 전단(shear)변태) 중 하나에 의해 일어난다.

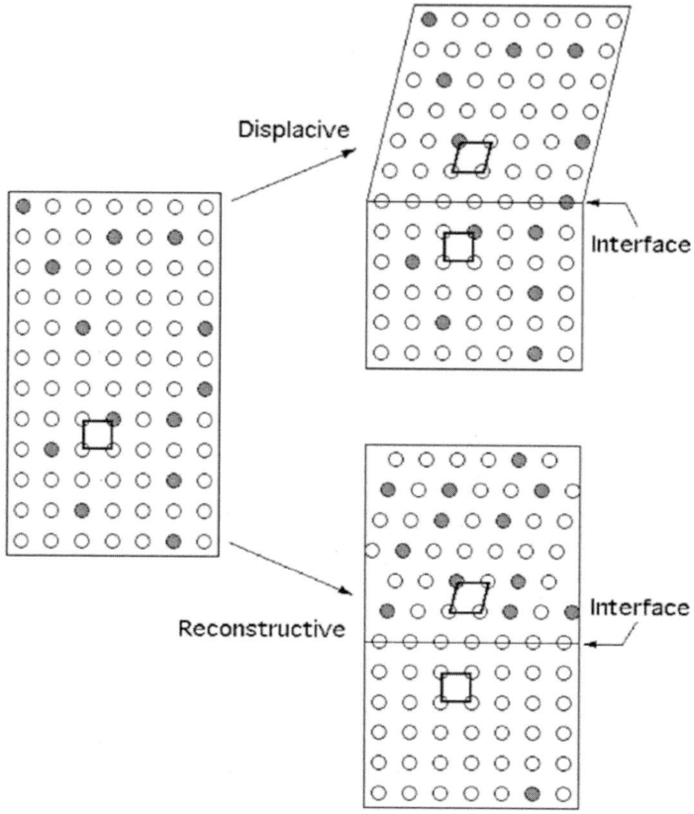

그림 1.5 변태기구의 도식적 표현. 모재결정이 두 종류의 원자를 포함하고 있다. 오른쪽 단위격자는 부분적으로 변태한 모재와 생성부 격자 형태를 나타낸다.

변위형 변태기구에서는 결정구조의 변화와 함께 시료의 거시적 형상도 별도의 구속이 없을 경우에는 변한다. 구속된(constrained) 변태 시의 형상변형은 주변 기지의 탄성 및 소성변형 등을 통해 수용된다. 생성된 상은 변형을 최소화시키기 위해 얇은 미세판(platelet)의 형태로 성장하며 원자는 새로운 위치로 일괄적(coordinated) 이동을 통해 이동한다. 따라서 변위형 변태는 가시적인 확산이 일어날 수 없는 시간 및 온도영역에서 일어날 수 있다. 일부 용질원자는 생성된 상으로 강제로 편입될 수도 있는데 이러한 현상을 용질구속(solute trapping)이라 한다. 이러한 용질구속과 변형 등은 열역학적 측면에서 변위형 변태가 일어나기 어렵게 한다.

재조직형 변태에서 새로운 결정구조를 만드는 주요 기구는 원자의 확산이다. 충분한 물질 이동으로 인해 형상 변화를 일으키는 전단성분이 발생하지 않고 체적 변화 효과만을 남긴다. 합금에서는 확산공정이 여러 상들 간의 용질원자의 재분포를 유도해 전체 자유에너지를 낮추어준다. 강의 모든 상변태는 [그림 1.6]에 보인 바와 같이 위의 2가지 기구에 기인하는데 자세한 내용은 이후에 다룬다.

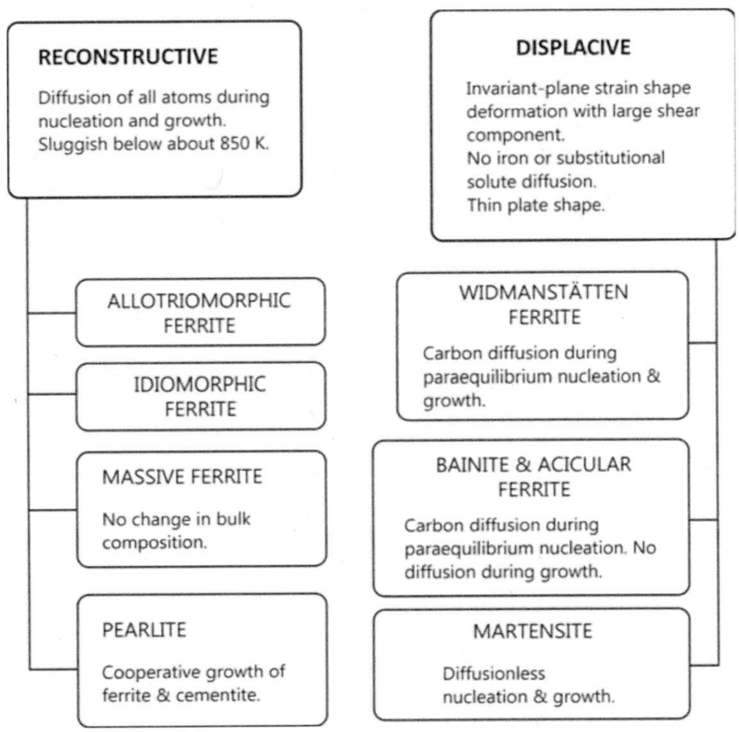

그림 1.6 오스테나이트 분해를 통해 생성되는 여러 다양한 상들에 대한 요약.
'para–평형'은 탄소를 분배(partition)하지만 치환형 원자는 확산을 하지 않는 경우를 의미한다. 따라서 철원자에 대비한 치환형 용질의 비율은 변태로 인해 변하지 않는다.

1.4 α 철과 γ 철 고용체 내의 탄소와 질소

1.4.1 α 철과 γ 탄소와 질소의 고용도

철에 탄소만 첨가해도 강을 만들 수 있겠지만 일반적인 강은 아주 광범위하고 복합적인 성분계를 포함하는 총칭적인 개념이다. 철을 석탄으로 가열하여 탄소의 고상확산을 통해 철을 강화시키는 방법이 2,500년 전에도 이용되었듯이, 0.1~0.2wt%(0.5~1.0at%) 정도의 아주 낮은 탄소 농도만으로도 페라이트 철은 큰 강화효과를 보인다. 하지만 탄소가 철에 첨가되어 상대적으로 약한 금속이 아주 강하고 질긴 합금으로 변화되는 자세한 공정들은 근래에 들어 총체적으로 연구되었다.

탄소와 질소의 원자의 크기(표 1.2)는 철에 비해 매우 작으므로 α철과 γ철 격자에 침입형 용질원자로 들어갈 수 있다. 반면 망간, 니켈, 크롬 등과 같은 금속성 합금원소들은 원자크기가 철에 근접할 정도로 크기 때문에 치환형 고용체로 들어간다. 그러나 탄소와 질소의 원자치수를 침입 가능한 공극의 크기와 비교하면 이러한 원자들이 철 격자를 침입해 들어갈 때도 어느 정도의 격자변형을 일으킨다. 실제로 α철에서 탄소와 질소는 가장 큰 공극인 4면체 공극을 차지하지 않고 2개의 최근접 철원자의 이동만으로 침입이 가능하고 변형이 쉽게 완화될 수 있는 8면체 공극을 우선적으로 차지한다. 4면체 공극의 경우 4개의 철 원자가 최근접한 상태이므로 더욱 많은 변형에너지가 필요하고 이러한 공극은 탄소나 질소 원자가 선호하는 공극이 아니다.

표 1.2 철 내의 비금속원소의 원자 직경

Element	Atomic radius, r (Å)	r/r_{Fe}
α-Fe	1.28	1.00
B	0.94	0.73
C	0.77	0.60
N	0.72	0.57
O	0.60	0.47
H	0.46	0.36

오스테나이트는 페라이트보다 큰 공극을 가지므로 페라이트보다 탄소와 질소의 고용도가 크다. [표 1.3]은 두 원소의 고용도를 잘 비교해준다. γ철의 고용도는 9~10at%인데 반해 α철에서의 탄소의 최대 고용도는 0.1at%이고, α철에서의 질소의 최대 고용도는 0.4at%이다. α철과 γ철에서 주요 침입형 원소의 현저한 고용도 차이는 강의 열처리에 아주 중요한 영향을 미치므로 강도 개선 측면에서 자세하게 설명한다(제2장 참조).

표 1.3 α철과 γ철에서 탄소와 질소의 고용도

	Temperature (°C)	Solubility	
		wt%	at%
C in γ-iron	1150	2.04	8.8
	723	0.80	3.6
C in α-iron	723	0.02	0.095
	20	<0.00005	<0.00012
N in γ-iron	650	2.8	10.3
	590	2.35	8.75
N in α-iron	590	0.10	0.40
	20	<0.0001	<0.0004

α철에서의 탄소와 질소의 상온 고용도는 아주 낮아서 순철의 실제 침입형 함량에 훨씬 못 미친다. 따라서 단순 열처리 동안 과잉 탄소와 질소가 석출될 것으로 예상할 수 있다. γ 상태에서 퀜칭을 포함한 열처리 후에나, 720℃와 20℃ 사이에 수천 배의 탄소 고용도 차이를 보이는 α 상태에서의 열처리 후에 이러한 현상이 일어날 수 있다.

α철에 존재하는 아주 적은 양의 침입형 용질원자를 연구할 수 있는 정밀한 물리적 기법이 Snoek에 의해 개발되어 많은 연구에 적용되어왔다. Snoek은 비틀림 진자(torsional pendulum)에서 진동하는 철선의 내부 마찰을 상온부터 고온까지 측정함으로써 주어진 진동수에서 에너지 손실 최고점(Snoek peak)이 특정 온도에서 일어남을 보였다. 이러한 에너지 손실이 임의의 8면체 공극에 존재하던 탄소원자가 가해진 응력에 의해 한 방향으로 크게 벌어진 공극으로 이동한 후, 진자진동으로 응력방향이 바뀌게 되어 다른 침입형 공극이 커지면 다시 방향을 바꾸어 그쪽으로 이동하는 탄소이동과 관련됨을 밝혔다.

임계온도에서의 이러한 탄소원자의 이동이 감쇠(damping)나 내부마찰을 일으키는 부가적 형태로 볼 수 있다. 임계온도 이하에서는 원자이동을 위한 확산율이 낮고 그 이상에서는 원자이동이 너무 빨라 가시적인 감쇠효과를 보일 수 없다. Snoek 최고점의 높이는 침입형 원자의 농도에 비례하므로 이 방법은 철 속에 미량 함유된 침입형 원소의 고용도 측정과 시효처리 시 과잉 탄소와 질소의 석출을 분석하는데 사용되어 왔다.

1.4.2 철 속의 용질확산

내부마찰법은 α철에서의 탄소와 질소의 확산계수를 측정하는데도 사용할 수 있다(표 1.4). 페라이트에서 확산계수의 온도 의존성은 아래의 관계식을 따른다.

$$D_{\mathrm{C}} = 6.2\times10^{-3}\exp\left(-\frac{Q}{RT}\right)\ \mathrm{cm^2\,s^{-1}} \quad (Q = 80\,\mathrm{kJ\,mol^{-1}})$$

$$D_{\mathrm{N}} = 3.0\times10^{-3}\exp\left(-\frac{Q}{RT}\right)\ \mathrm{cm^2\,s^{-1}} \quad (Q = 76\,\mathrm{kJ\,mol^{-1}})$$

여기서 D_{C}와 D_{N}는 각각 탄소와 질소의 확산계수이고 Q는 활성화에너지다. D_{C}와 D_{N}의 온도 의존도는 [그림 1.7]에 나타냈다. 치환형 원소의 경우에는 방사성 추적법(radioactive tracer)과 같은 다른 방법을 사용한다. α철과 γ철의 침입형 원자와 치환형 원자, 즉 전형적인 금속 용질원자의 확산계수를 비교하면 치환형 원자가 훨씬 느리다는 것을 알 수 있다(표 1.4). 이것은 아주 중요한 차이이며 합금강에서 일어나는 보다 복잡한 현상과도 관련이 된다. 용질원자의 농도기울기를 제거하기 위해 실시되는 균질화(homogenizing)처리도 침입형 원자보다 치환형 원자의 경우에 보다 긴 시간과 높은 온도를 필요로 한다.

[표 1.4]에 나타낸 다른 중요한 점은 특정온도에서 치환형 용질과 침입형 용질 모두 오스테나이트보다는 페라이트에서 확산이 빠르게 일어난다는 점이다. 이것은 γ철이 조밀충진구조인데 반해 α철은 덜 조밀하게 충진되어 있고 열적활성화에 보다 쉽게 반응하

며 공공(vacancy)과 주변의 용질원자들이 쉽게 통과할 수 있는 구조로 되어 있기 때문이다. α철을 확산할 때의 활성화에너지 Q는 동일원소가 γ철을 확산할 때의 활성화에너지에 비해 모든 경우에서 작다.

표 1.4 α철과 γ철에서 용질원자의 확산계수

Solvent	Solute	Activation energy, Q (kJ mol^{-1})	Frequency factor, D_0 (cm^2 s^{-1})	Diffusion coefficient, $D_{910°C}$ (cm^2 s^{-1})	Temperature range (°C)
γ-iron	C	135	0.15	1.5×10^{-7}	900–1050
	Fe	269	0.18	2.2×10^{-13}	1060–1390
	Co	364	3.0×10^{2}	24.0×10^{-12} (at 1050°C)	1050–1250
	Cr	405	1.8×10^{4}	58.0×10^{-12} (at 1050°C)	1050–1250
	Cu	253	3.0	15.0×10^{-11}	800–1200
	Ni	280	0.77	7.7×10^{-13}	930–1050
	P	293	28.3	3.6×10^{-12}	1280–1350
	S	202	1.35	1.5×10^{-9}	1200–1350
	W	376	1.0×10^{3}	12.0×10^{-12} (at 1050°C)	1050–1250
α-iron	C	80	6.2×10^{-3}	1.8×10^{-6}	
	N	76	3.0×10^{-3}	1.3×10^{-6}	
	Fe	240	0.5		700–750
	Co	226	0.2	2.1×10^{-11}	700–790
	Cr	343	3.0×10^{4}		
	Ni	358	9.7	3.7×10^{-11}	700–900
	P	230	2.9	2.0×10^{-10}	860–900
	W	293	3.8×10^{2}		

Data from Askill, J., *Tracer Diffusion Data for Metals, Alloys and Simple Oxides*, IFI/Plenum Press, UK, 1970; Wohlbier, F. H., *Diffusion and Defect Data*, Materials Review Series, Vol. 12, Nos 1–4, Trans. Tech. Publication, Switzerland, 1976; Krishtal, M. A., *Diffusion Processes in Iron Alloys* (translated from Russian by Wald, A., ed. Becker, J. J.), Israel Program for Scientific Translations, Jerusalem, 1970.

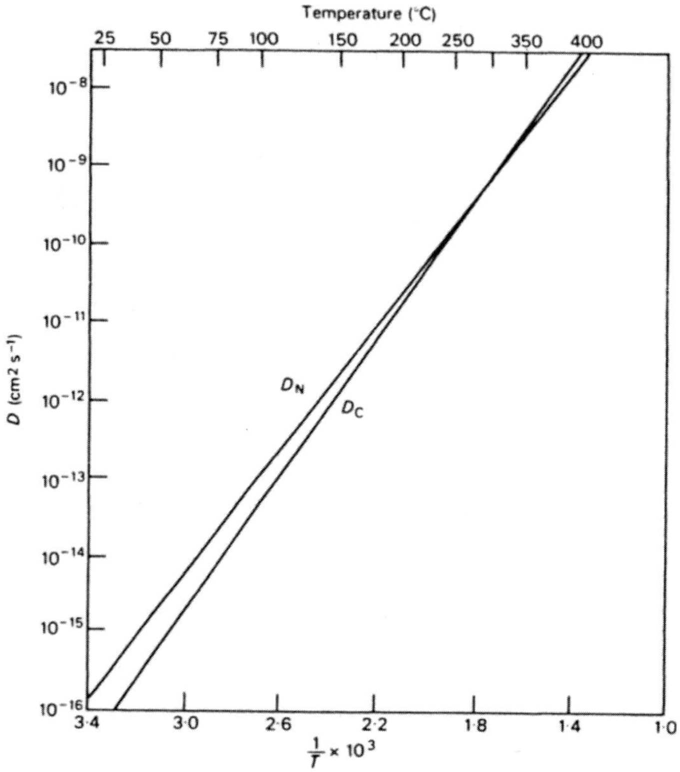

그림 1.7 α철에서 D_C와 D_N의 온도 의존도

1.4.3 γ 철로부터 탄소와 질소의 석출

0.02wt% 탄소를 함유하는 α철을 700℃에서 유지한 후 실온으로 퀜칭하면 탄소가 과포화된다. 이러한 과포화 고용체는 탄소가 α철 내에서 확산할 수 있기 때문에 상온에서도 불안정하다. 결과적으로 20~300℃ 온도에서 탄소는 철탄화물로 석출된다. 이러한 과정은 전기저항과 내부 마찰과 같은 물리적 성질의 변화와 전자현미경을 이용한 조직 변화를 통해 직접 관찰할 수 있다.

시효(ageing)는 2단계 공정이다. 첫째는 200℃ 온도까지 일어나는데 육방정계 구조를 갖는 철 탄화물(ϵ)이 석출된다. 이 석출물의 형상과 결정구조가 알려져 있긴 하지만 실제로 구분하기는 어려운 경우가 있다. 이것은 $\{100\}_\alpha$면상에서 미세판(platelet)으로 형성되며 α철 기지에서 균질하게 나타나지만 높은 시효온도(150~200℃)에서는 전위에서 핵 생성이 우선적으로 일어난다. 조성은 $Fe_{2.4}C$와 Fe_3C 사이에 있다. 200℃ 이상에서는 사방정계(orthorhombic) 구조를 갖는 시멘타이트 Fe_3C가 $\{110\}_\alpha$면에서 $\langle 111 \rangle_\alpha$방향으로 판상으로 형성되는 둘째 단계의 시효가 일어난다. 동일한 중심으로부터 여러 $\{110\}_\alpha$면을 따라 판상의 석출물이 성장해 [그림 1.8]과 같이 수지상(dendrite) 조직이 형성되기도 한다. ϵ탄화물의 시멘타이트 천이는 연구가 쉽지 않지만 시멘타이트가 ϵ탄화물/α철 경계부에서 핵 생성되면 준안정 ϵ탄화물 석출물이 재용해 되는 것으로 추정된다.

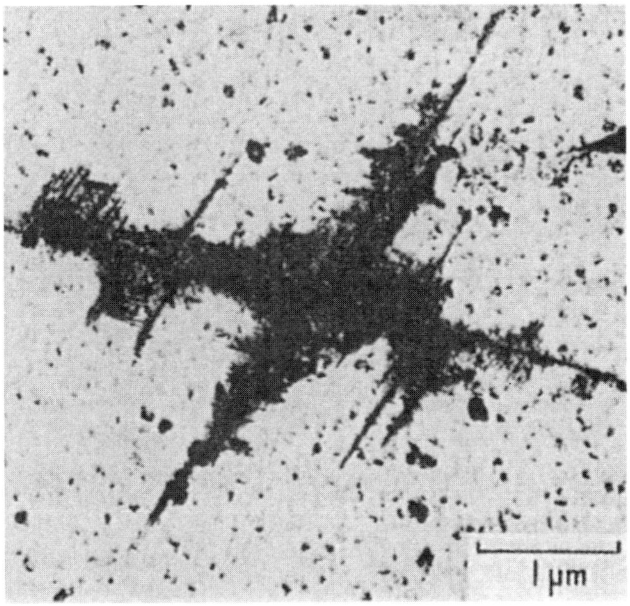

그림 1.8 퀜치시효(quench aqeing)된 철에서의 시멘타이트 석출(240℃에서 1,560분). Replica 전자현미경

페라이트에서 질소의 최대 고용도는 0.10wt%이므로 많은 양의 질화물 석출물을 얻을 수 있다. 이 공정 또한 2단계로 나뉘는데 체심정방정계 α''상인 $Fe_{16}N_2$가 중간 석

출물로서 $\{100\}_\alpha$ 기지면의 전위에서 디스크 형상으로 균일하게 형성된다. 200℃ 이상에서는 이러한 천이형 질화물이 규칙적(ordered) fcc γ'인 Fe_4N으로 바뀌게 되며 $\{112\}_{\gamma'}/\{210\}_\alpha$에 미세판 형상으로 형성된다.

α영역의 고온영역에서 퀜칭한 α철의 시효를 퀜치시효(quench ageing)라 부르며 이 공정이 상당한 강화효과를 보이는 것으로 알려져 있다. 순철에서도 퀜치시효로 인한 강화효과를 볼 수 있다. [그림 1.9]에 500℃에서 퀜칭 후 60℃에서 시효처리한 Fe-0.02wt%N 합금의 경도변화를 $Fe_{16}N_2$의 석출물에 대한 미세관찰 결과와 함께 나타냈다. 상용되는 저탄소강은 질소가 알루미늄과 결합되어 있거나 또는 퀜치시효에 기여하기에는 너무 낮은 농도로 함유되어 있기 때문에 주로 탄소가 주요 역할을 한다. 이러한 거동은 변형시효(strain ageing)와 비교된다(2.3.1절 참조).

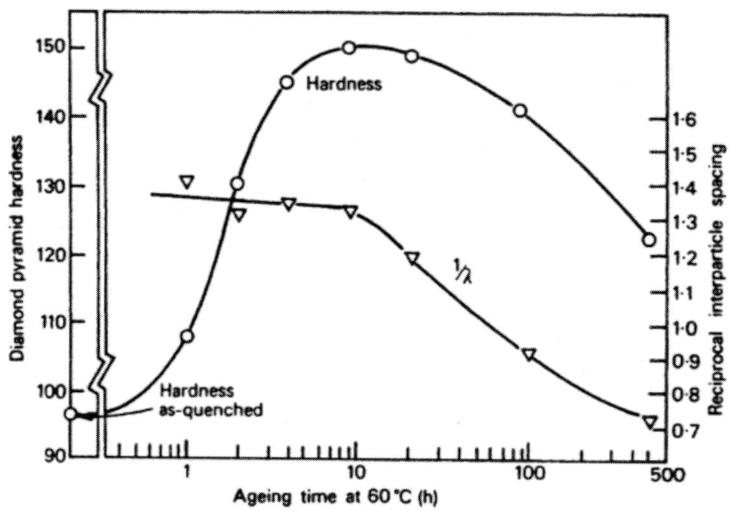

그림 1.9 Fe-0.02wt%N 합금의 퀜치시효. 60℃에서 시효 시간에 따른 경도 및 입자간격(λ)의 변화

1.5 실용적 관점

다른 금속합금원소에 비해 철 속에서 탄소와 질소의 아주 빠른 확산속도는 침탄과 질화처리로 응용되었다. 침탄은 c_1의 탄소가 용해되어 있는 분위기에서 저탄소강을 오스테나이트 영역인 1000℃ 정도까지 가열해 탄소를 침투시키는 공정을 말한다. 침탄 결과 강에 탄소농도기울기가 형성되는데 표면농도가 c_1의 농도일 때 깊이 x에서는 c의 농도를 구할 수 있다. 금속 내 초기 탄소농도를 c_0라 가정하면 Fick의 확산 2법칙에 의해

$$c = c_1 - (c_1 - c_0)\,\mathrm{erf}\left\{\frac{x}{2\sqrt{Dt}}\right\} \tag{1.1}$$

위 식은 농도–깊이 곡선을 나타내는 식으로 t는 초 단위(sec)로 나타낸 침탄 시간이다. 오스테나이트 철에서 탄소의 확산계수 D는 탄소농도에 따라 변하므로 위 식은 아주 엄밀하게 적용되지는 않는다. 탄소의 사용이나 보다 효율적인 침탄가스의 사용에 상관없이 침탄은 강의 표면에 높은 탄소농도를 부여해 강하고 내마모성을 갖는 표면을 얻게 해준다.

질화처리는 대개 암모니아 분위기에서 실시하지만 침탄보다는 낮은 온도(500~550℃)에서 실시하므로 질소가 탄소보다 높은 고용도를 갖는 페라이트 상에서 반응이 일어난다. 질화강은 질화물 형성원소인 크롬(~0.1wt%), 알루미늄(~1wt%), 바나듐이나 몰리브데늄(~0.2wt%) 등을 함유하고 있어 표면층의 경도를 높이는데 크게 기여한다.

주강(cast steel)의 경우, 금속합금원소가 일반적으로 수지(dendrite)의 코어링(coring) 현상에 의해 미세하게 편석된다. 따라서 보다 균일한 분포를 위해 균질화 어닐링(homogenization annealing)을 행해야 하는데 그러지 않으면 불균질성이 상당한 기계가공을 거친 후에도 남아 있게 된다. 탄소나 질소에 비해 낮은 확산속도를 갖는 금속합금원소는 균질화 처리를 용융온도에 근접하는 아주 높은 온도(1200~1300℃)에서 실시하게 되며 주조 후 열간압연 전에 강 잉곳을 균열로(soaking pits)를 이용해 고온 유지해준다. 강 내에 합금원소의 함량이 높을수록 이러한 고온처리도 긴 시간 동안 실시해야 한다.

참고문헌

Bhadeshia, H. K. D. H., Large chunks of strong steel, Materials Science and Technology, 21,1293, 2005.

Christian, J. W., Theory of Transformations in Metals and Alloys, 3rd edition, Pergamon Press, Oxford, UK, 2002.

Cottrell, A. H., Chemical Bonding in Transition Metal Carbides, The Institute of Materials, London, 1995.

Gavriljuk, V. G. and Berns, H., High Nitrogen Steels, Springer-Verlag Berlin and Heidelberg GmbH & Co., Germany, 1999.

Gladman, T., The Physical Metallurgy of Microalloyed Steels, IOM Communications, London, 1996.

Krauss, G., Microstructure and transformations in steels, in Materials Science and Technology (eds Cahn, R. W., Haasen, P. and Kramer, E. J.), Vol. 7, Constitution and Properties of Steels(ed. Pickering, F. B.), 1992.

Krauss, G., Steels: Heat Treatment and Processing Principles, ASM International, USA, 1993.

Krishtal, M. A., Diffusion Processes in Iron Alloys(translated from Russian by Wald, A.; ed. Becker, J. J.), Israel Program for Scientific Translations, Jerusalem, 1970.

Leslie, W. C., The Physical Metallurgy of Steels, McGraw-Hill, USA, 1981.

Llewellyn, D. T. and Hudd, R. C., Steels: Metallurgy and Applications, Butterworth-Heinemann, UK, 1998.

Pachura, M.(ed.), Book of Steel, Intercept Scientific, Medical and Technical Publications, Paris, France, 1995.

Sinha, A. K., Ferrous Physical Metallurgy, Butterworths, Boston, USA, 1989.

Chapter 2
철과 철합금의 강화

서론 2.1

가공경화 2.2

침입형 원자에 의한 고용체 강화 2.3

철의 치환형 고용체 강화 2.4

입자크기 2.5

분산강화 2.6

요약 2.7

실용적 관점 2.8

강도의 한계 2.9

참고문헌

2.1 서론

강의 항복강도는 낮은 수준(약 200MN m^{-2})에서부터 높은 수준(5500MN m^{-2}에 근접)까지 광범위하게 변화시킬 수 있으며 원하는 수준의 강도를 얻기 위한 여러 강화방법이 알려져 있다. 대개 여러 강화기구들이 조합되어 원하는 강도가 얻어지며, 이러한 경우 전체 강도에 기여한 각각의 강화기구의 기여분을 정량화하기 쉽지 않다. 근래 강도에 기여하는 강화기구를 수학적으로 모델링하는 방법들이 개발됨으로써 전체 강도에 기여하는 개별 강화기구의 기여분을 나름대로 구분해 평가할 수 있게 되었다. 철을 강화시키는 방법에 대한 연구는 간단한 합금계를 대상으로 먼저 다루고, 이후에 보다 복잡한 합금계의 거동을 연구하는 것이 효과적이다.

여타 금속과 마찬가지로 철은 여러 기구에 의해 강화되며 중요한 기구는 다음과 같다.

1. 가공경화
2. 침입형 원자에 의한 고용체 강화
3. 치환형 원자에 의한 고용체 강화
4. 입자 미세화
5. 분산강화(층상구조와 무질서하게 분산된 구조 포함)

철의 강화에서 가장 뚜렷하게 구분되는 것은 침입형 용질원자인 탄소와 질소의 역할이다. 탄소와 질소는 전위와의 반응에도 중요한 역할을 하며 철에 사용되는 일부 금속합금원소들과 우선적으로 결합하기도 한다.

2.2 가공경화

가공경화는 강에서 중요한 강화기구이며 특히 일반 탄소강과 합금강으로 만들어진 봉재(rod)나 선재의 강도를 높이는데 중요하다. 예를 들어 선재 인발(wire drawing)을 통해 단면을 95% 수축시킨 0.05wt%C 강의 인장강도는 550MN m^{-2} 이상으로 증가하게 되며 탄소를 더 많이 함유한 탄소강은 이 값의 2배 수준까지도 강화된다. 실제로 특별한 합금원소의 첨가 없이 가공경화만으로 일반 탄소강의 강도를 1500MN m^{-2} 이상으로 올릴 수 있다.

철의 변형에 대한 기초연구는 순수 단결정과 미세하게 제어 변형된 다결정 등을 대상으로 주로 수행되었다. 이러한 접근을 통해 α철의 슬립면은 특정 면에 국한되지 않는다는 것이 밝혀졌다. 슬립은 {110}, {112}, {123}과 같은 여러 면에서 일어나며 슬립방향은 [그림 2.1]에서와 같이 모든 면에서 가장 조밀한 ⟨111⟩방향으로 일어난다. 여러 슬립면상에서의 슬립은 전위가 교차슬립을 통해 동일한 슬립 방향을 갖는 슬립면들을 쉽게 바꾸면서 이동하게 되어 변형된 결정에 불규칙한 파형(wavy)의 슬립밴드(slip band)를 만든다. Thin-foil 전자현미경을 이용해 확인한 결과 슬립전위의 버거스 벡터는 $\frac{a}{2}\langle 111 \rangle$이다.

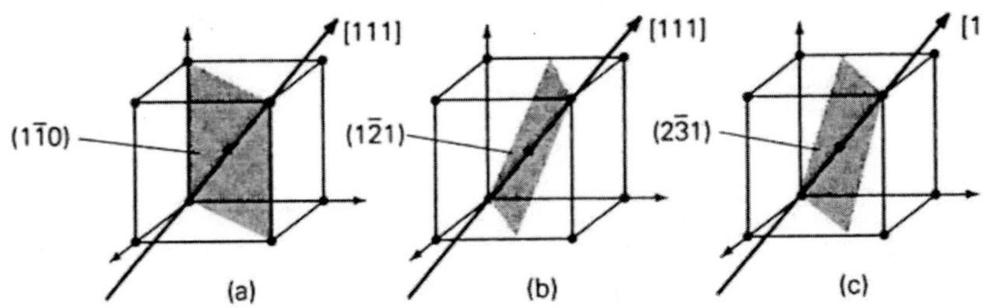

그림 2.1 bcc 구조의 슬립계

α철 단결정의 항복강도는 온도와 변형률에 매우 민감한데 유사한 의존성이 불순물을 함유한 다결정 철에서도 관찰되었다. [그림 2.2]는 온도 T에서의 유동응력(σ_T)을 상온에서의 유동응력인 σ_{293}와의 차이값($\sigma_T - \sigma_{293}$)으로 보여주고 있다. 그림에 보인 바와 같이 단결정과 침입형 원소를 함유한 다결정 강이 한 곡선에 놓인다. 따라서 온도 민감도는 침입형 원소에 기인하는 것이 아님을 알 수 있다. 이것은 결정 내에서 자유전위

(free dislocation)를 이동시키는데 필요한 응력인 Pierls-Nabarro 응력에 온도가 미치는 영향으로 설명된다.

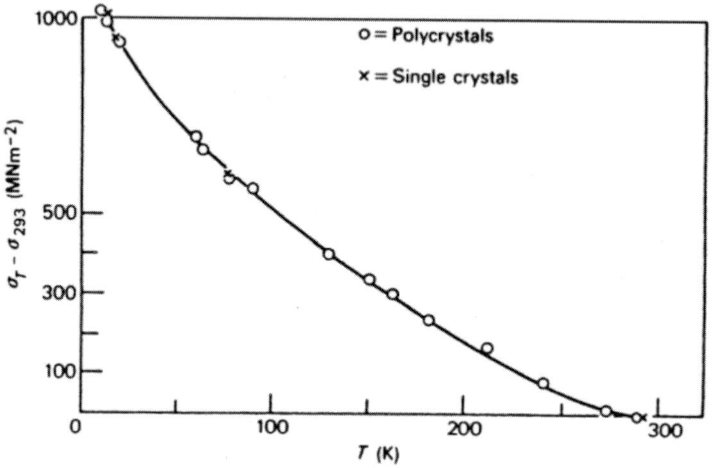

그림 2.2 단결정과 다결정 순철에 대한 유동응력의 온도 의존성

철의 나선전위를 전자현미경으로 직접 관찰하면 온도가 감소함에 따라 이동성이 현저히 감소하는 것을 알 수 있다. 응력−변형곡선 상의 임의의 전단응력을 생각할 때, 변형을 위한 측정전단응력 τ는 다음과 같은 2가지 항으로 구성된다.

$$\tau = \tau^* + \tau_i \tag{2.1}$$

τ^*는 전위와 단범위(short range) 방해물(예, 고립된(isolated) 전위)과의 상호작용으로 발생된 유효전단응력이다. 열적 활성화가 단범위 방해물 주변의 이동전위의 이동을 도와주기 때문에 유효응력은 온도 의존성이 강하다.[1] 반면 τ_i는 장범위(long range) 방해물(예, 결정입계, 셀 벽(cell wall), 기타 복잡한 전위배열)로부터 생겨난 내부응력이다.[2] 이러한 상황에서의 열적인 변동은 그다지 유효하지 않다. 2가지 응력은 다음과

1) Conrad, K., Journal of the Iron and Steel Institute 198, 364, 1961.
2) Michalak, J. J., Acta Metallurgica 13, 213, 1965.

같이 정의한다.

$$\tau^* = \frac{1}{V}\left[\Delta H_0 + kT \ln \frac{l\dot{\epsilon}}{\rho m A b \gamma}\right] \tag{2.2}$$

$$\tau_{\mathrm{i}} = \alpha \mu b \rho^{1/2} \tag{2.3}$$

여기서 V = 활성화 체적
ΔH_0 = 활성화 엔탈피(τ = 0일 때)
k = Boltzmann 상수
T = 온도
l = 활성화된 전위의 길이
$\dot{\epsilon}$ = 변형률
m = 이동전위 밀도
A = 전위에 의한 활주면의 면적
b = 버거스 벡터의 크기
γ = 전위선 길이의 진동수
α = 상수
μ = 전단계수
ρ = 전위밀도

초기 유동응력이나 항복강도의 높은 온도 의존성은 주로 τ^*에 기인한다. 반면 가공경화로 인해 증가되는 유동응력은 온도 의존성이 낮은데 이것은 전위밀도(ρ)가 변형과 함께 증가해 τ_{i}가 증가하기 때문이다.

요약하면 보통의 재료에서 가공경화는 소성변형 동안 생성되는 전위 등의 결정결함에 크게 의존하며 결함의 생성과 소멸속도가 균형을 이루면 더 이상 경화되지 않는다. 가공경화는 연성에도 중요한 영향을 미친다. 인장시험 동안 시험편은 불가피하게 응력집중이 일어나는 부위가 존재하며 결국 이곳에서 네킹이 일어난다. 네킹으로 줄어든 단면적은 네킹부의 응력을 증가시킨다. 국부적 변형을 저지해주는 역할을 하는 가공경화가 일어나지 않는다면 네킹부는 더욱 불안정해지고 시험편은 낮은 연성을 보이면서 파단될 것이다. 균일 연신량이 커지기 위해서는 가공경화로 인한 항복응력 증가속도가 네킹부에서의 단면적 감소로 인한 응력증가 속도보다 커야 한다. 가공경화의 기준으로 볼 때 변형 동안 전위밀도가 더 이상 증가하지 않는 미세 조직은 낮은 연성을 보인다. 아주 미세한 입자로 구성된 이러한 미세 조직의 적절한 예는 2.5절에서 설명한다.

2.3 침입형 원자에 의한 고용체 강화

탄소와 질소는 페라이트계 철에 대해서는 많은 영향을 미치지만 오스테나이트계 철에 대해서는 영향을 크게 미치지 못한다. 고용체강화(solid solution strengthening)는 침입형 원자 주변의 변형장이 전위이동을 방해해 일어난다. 철 원자의 위치를 차지한 치환형 용질원자는 크기 차이로 인해 국부적 팽창이나 수축을 일으킨다. 이러한 변형은 등방성을 가지므로 전위 변형장의 정수압 성분과 반응할 뿐이다. 반면 페라이트의 불규칙한 8면체 공극에 위치한 침입형 원자는 정방변형(tetragonal distortion)을 일으키는데(그림 2.3) 이 변형은 전위변형장의 주요 전단 성분과 강하게 반응하므로 페라이트 철에서 침입형 고용체강화가 강하게 일어난다. 오스테나이트의 침입형 공극은 규칙적인 8면체다. 따라서 오스테나이트의 침입형 원자는 치환형 용질원자처럼 거동해 주변에 정수압(hydrostatic) 성분의 변형만 형성시키므로 탄소가 오스테나이트의 강화에 크게 기여하지 못한다.

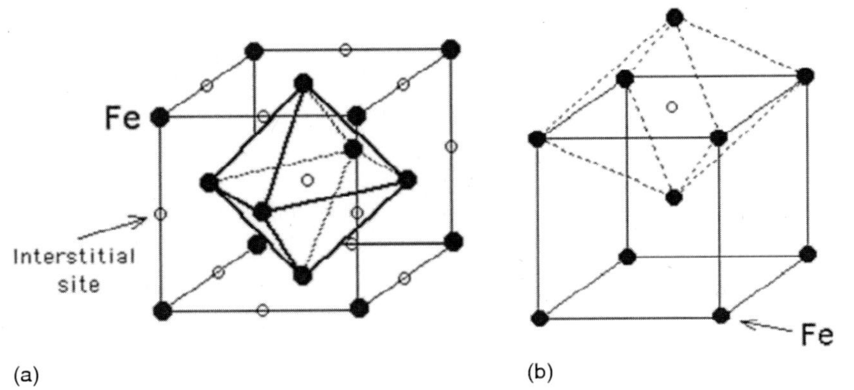

그림 2.3 (a)오스테나이트의 정규 8면체 공극, (b)페라이트의 8면체 공극. 2개의 수평축이 수직축보다 길다는 것을 주목하라. 이로 인해 탄소가 공극을 침입하면 정방변형을 일으킨다.

페라이트계 철은 탄소의 고용도가 낮으므로 탄소가 결함들에 편중하고자 하는 경향이 아주 크다. 이것이 페라이트계 철에 중요한 영향을 미치는데 탄소와 질소가 소성유동을 방해해 불균질 변형을 촉진시킬 수 있다는 점이다. 이것이 다음에 다룰 항복점효과(yield point effect)이다.

2.3.1 항복점

탄소와 질소는 그 함량이 0.005wt%에도 미치지 못하더라도 페라이트철의 인장시험 시 탄성과 소성변형의 급격한 변화를 일으키게 한다(그림 2.4a). 철을 탈탄시키면 이러한 급격한 항복점현상이 사라지게 한다. 이것은 침입형 원자가 어떤 형태로든 항복점현상에 영향을 미침을 의미한다. 하중이 상부항복점(upper yield point) A에서 하부항복점(lower yield point) B로 현저히 감소한다. 어떤 실험조건에서는 상부항복점의 30% 수준까지도 항복점이 강하된다. 하부항복점 도달 이후에는 대개 응력−변형곡선 상에 수평한 상태를 보이며(BC), 이 단계에서 소성변형이 시편을 따라 균일하게 전파하며 일어나게 되는데 이 과정에서 Lüders 밴드(그림 2.4b)가 형성되며 응력−변형곡선 상에 수평한 부분 BC를 Lüders 연신(extension)이라 한다.

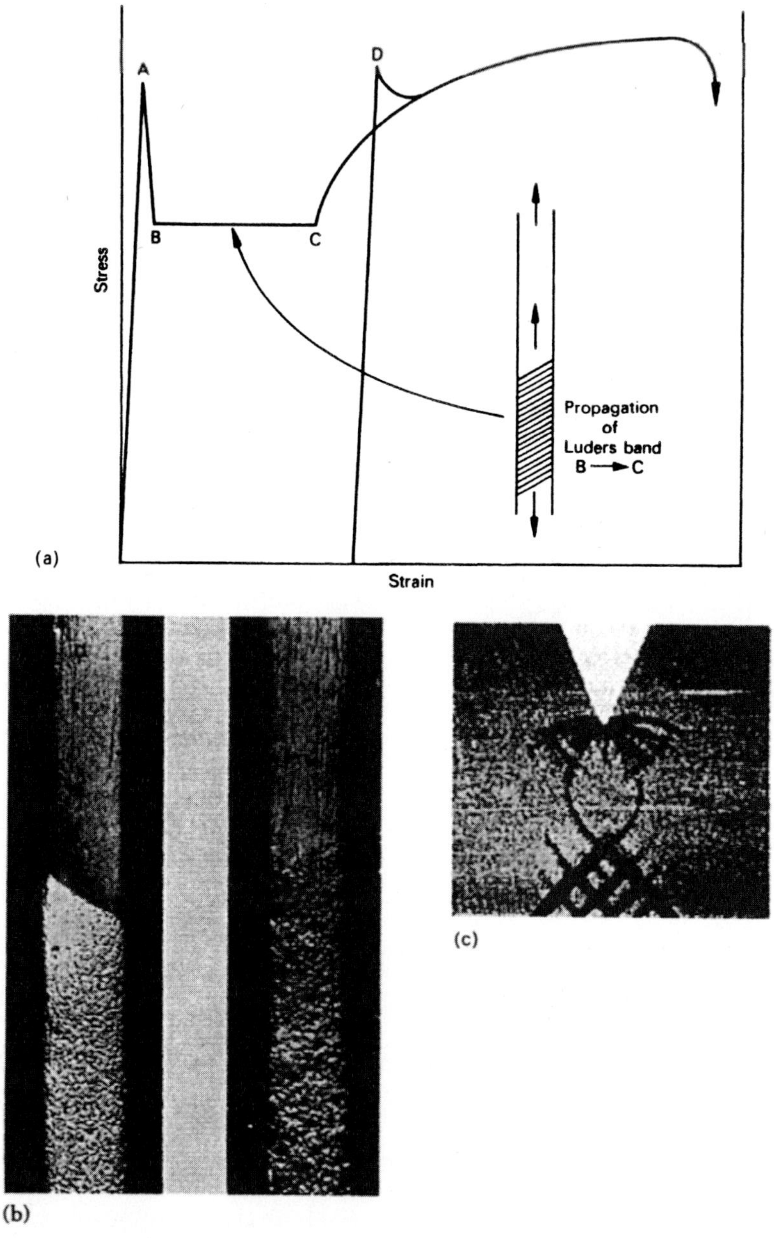

그림 2.4 (a)인장시험에서 보인 항복점현상, (b)변형된 강 시험편의 Lüders 밴드, (c)노치된 강 시험편의 Lüders 밴드

Lüders 밴드의 발달은 규칙적이지 않은 경우가 많은데 단축 인장성 응력이 아닌 경우에는 복잡한 형상의 밴드가 관찰된다. 이것은 종종 스트레처 변형(stretcher strain)이라 불리기도 하지만 Lüders 밴드가 정확한 표현이다. 전체 시편에 걸쳐 항복이 되면 가공경화가 시작되어 응력−변형곡선은 다시 증가한다. 그러나 변형을 중단하고 시험편을 상온에 유지하거나 100~150℃에서 짧은 시간 유지한 후 다시 하중을 가해주면 새로운 항복점이 관찰된다(D). 이러한 항복점 복원을 변형시효(strain ageing)라 한다.

2.3.2 항복점현상에서 침입형 원자의 역할

탄소와 질소를 아주 낮은 수준으로 감소시키는 습성수소(wet hydrogen) 분위기에서 철을 어닐링시키면 상부와 하부항복점이 사라진다. 그러나 0.002wt% 수준의 탄소함량에서는 변형시효가 일어날 수 있으며 0.001~0.002wt% 수준의 질소함량에서도 심한 변형시효를 일으킬 수 있다. 질소는 탄소보다 이러한 점에서 영향도가 크게 나타나는데 이는 상온 근처에서의 잔류고용도(residual solubility)가 탄소에 비해 크기 때문이다(표 1.3).

Cottrell과 Bilby는 탄소 및 질소와 같은 침입형 원자가 전위의 변형장과 강하게 반응하는 것을 처음으로 확인시켜주었다. 침입형 원자는 그 주변에 변형장을 갖게 되지만 이러한 원자들이 전위의 변형장 안으로 이동하면 총 변형에너지는 전체적으로 감소한다. 따라서 전위주변에 침입형 원자가 집중적으로 모이는 집결(condensed) 분위기가 형성되며 심한 경우에는 변형장에 놓여 있는 칼날전위(그림 2.5a, b)의 전위선을 따라 침입형 원자가 선상으로 모일 수도 있다. 철에서 전위와 탄소원자 사이의 결합에너지는 약 0.5eV이다. 결과적으로 전위는 전위선을 따라 놓여 있는 일련의 탄소 원자에 의해 이동을 저지당하므로 전위를 움직이게 하는 응력이 상당히 증가한다.

이 이론이 관심을 끄는 것은 어닐링된 철에서 전위선을 모두 합한 길이만큼을 고착시키는데 필요한 침입형 원자의 양이 극히 소량이라는 점이다. 어닐링된 철의 전위밀도가 $10^8 cm^{-2}$ 정도이므로 존재하고 있는 전위의 전위선을 따라 원자면 당 1개의 침입형 탄소로 전체를 채워주는데 필요한 원자량은 10^{-6}wt% 정도면 충분하다. 결과적으로 이 이론은 아주 적은 함량의 탄소와 질소농도에서도 항복점현상이 나타나는 이유를 잘 설명해 준다.

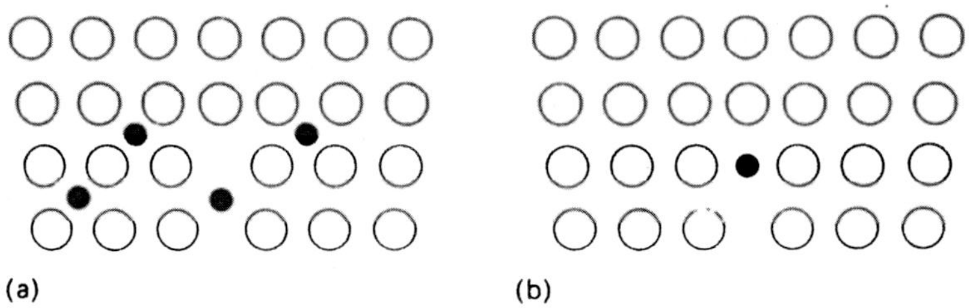

그림 2.5 칼날전위 부근의 침입형 원자. (a)불규칙한 분위기, (b)집결된 분위기

전위에 침입형 분위기를 형성하려면 용질원자의 확산이 필요하다. 철에서 탄소와 질소 모두 치환형 용질보다 훨씬 빠르게 확산할 수 있으므로 변형시효가 20~150℃에서도 쉽게 일어날 수 있다. 전위 변형장에 있는 침입형 원자의 농도 c는 결합에너지가 U라고 가정하면

$$c = c_0 \, e^{U/kT} \tag{2.4}$$

여기서 c_0는 평균농도다. 일반적으로 이러한 접근은 전위주변의 용질이 Maxwell 분포를 하게 하는데 강 속의 탄소 및 질소의 경우, 용질원자와 전위 사이의 탄성반응에너지 U가 아주 크기 때문에 $U \geq kT$이다. 결과적으로 분위기에 집결한 원자는 전위선을 따라 침입형 원자의 선형적 배열을 형성한다.

분위기 형성의 상한온도인 임계온도 T_{crit}은 $c=1$과 $U=U_{\max}$일 때 성립한다.

$$T_{\mathrm{crit}} = \frac{U_{\max}}{k \ln \dfrac{1}{c_0}} \tag{2.5}$$

따라서 $c_0 = 10^{-4}$와 $U_{\max} \simeq 10^{-19} J$이면 $T_{\text{crit}} = 700\text{K}$가 된다. 따라서 항복점은 700K 이하에서 발생할 것으로 예상되지만 고온에서 열적 활성화로 분위기를 벗어나면 항복점이 사라진다. 이것은 연강(mild steel)의 응력–변형곡선의 온도 의존성을 보여주는 실험 결과와도 근사적으로 일치한다(그림 2.6).

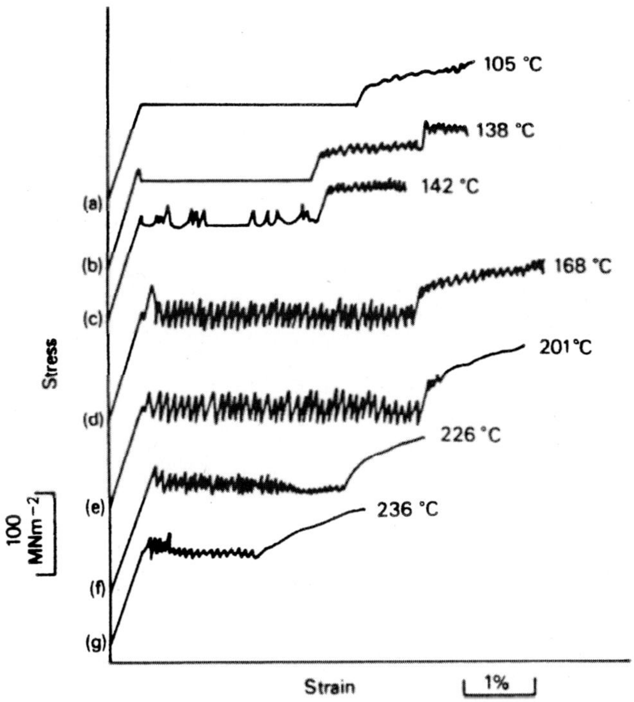

그림 2.6 연강의 전형적인 온도별 응력–변형곡선

예상대로 낮은 온도영역에서는 항복구간이 뚜렷하며 온도가 올라감에 따라 규칙성이 약해지다가 전체 응력–변형곡선에 걸쳐 톱니모양(scrration)을 보인다. 이러한 현상을 동적 변형시효(dynamic strain ageing)라 하며 톱니모양 거동은 초기 항복점이 시편 내의 무수한 국부 항복점들로 바뀌기 때문에 일어난다. 이러한 현상은 침입형 원자가 변형 동안에도 확산할 수 있을 정도로 온도가 올라감에 따라 전위 주위에 분위기가 만들어지

기 때문이다. 이러한 조건에서 시험된 강은 낮은 연성을 보이게 되는데, 이것은 높은 전위밀도에도 부분적으로 기인하고 탄소농도가 높은 곳에서 탄화물입자들이 전위에 핵 생성하는 것에도 부분적으로 기인한다. 이러한 온도 영역에서 산화된 강의 표면이 청색을 띠므로 이러한 연성감소 현상을 청열취성(blue brittleness)이라 부르기도 한다.

하지만 항복점현상의 원인이 탄소분위기로부터 전위가 벗어나는 것에 기인한다는 이론은 논쟁의 여지가 있다. 왜냐하면 자유 전위의 공급, 즉 시험편 표면을 스트레칭(stretching)해도 급격한 항복점현상이 사라지지 않기 때문이다.

이와 달리 Gilman과 Johnson은 철에서 집결된 탄소분위기가 일단 형성되면 전위가 고착되어 움직이지 못한다고 가정한 후, 새롭게 만들어진 전위의 생성과 이동에 의해 항복점현상이 일어난다고 주장했다. 이때의 새로운 전위의 이동속도 ν는 가해준 응력과 다음 관계에 있다.

$$\nu = \left(\frac{\sigma}{\sigma_r}\right)^m \tag{2.6}$$

여기서 σ_r은 기준응력, σ는 항복응력이며 m은 재료특성 지수로서 1~60 사이의 값이다. 변형률 속도 $\dot{\epsilon}$는 전위이동으로 정의된다.

$$\dot{\epsilon} = n\nu b \tag{2.7}$$

여기서 n은 단위면적당 이동전위의 수, ν는 평균속도, b는 버거스 벡터다.

식 (2.7)을 이용해 상부항복점에서의 변형률($\dot{\epsilon}_U$)과 하부항복점에서의 변형률($\dot{\epsilon}_L$)은 다음과 같이 정의한다.

$$\dot{\epsilon}_U = \rho_U \nu_U b$$

여기서 ρ_U는 상부항복점에서의 전위밀도이고

$$\dot{\epsilon}_L = \rho_L \nu_L b$$

ρ_L은 하부항복점에서의 전위밀도다. 따라서

$$\frac{\nu_U}{\nu_L} = \frac{\rho_L}{\rho_U}$$

식 (2.6)을 사용하면

$$\frac{\sigma_U}{\sigma_L} = \left(\frac{\rho_L}{\rho_U}\right)^{\frac{1}{m}} \tag{2.8}$$

따라서 m이 작을수록 그리고 ρ_L이 ρ_U보다 클수록 σ_U/σ_L이 커지게 되므로 항복점 강하가 크게 일어난다. 결과적으로 만약 상부 항복응력에서 용질원자가 고착으로 인해 이동전위의 밀도가 낮다면 많은 수의 새로운 전위의 생성을 통해 큰 항복강도 강하가 일어날 것이다. 관찰에 의하면 하부 항복강도에서의 전위밀도가 상부 항복강도에서 관찰된 것보다 훨씬 높은 것으로 나타났다.

요약하면, 급격한 항복점현상은 이동전위 수의 급격한 증가가 일어나느냐에 의해 결정된다. 그러나 이러한 것이 일어나는 정확한 기구는 이미 존재하는 전위의 고착(locking) 효율에 의해 결정될 것이다. 만약 고착이 약하면 고착상태를 벗어나면서 항복점이 나타날 것이며, 전위가 침입형 분위기나 석출물 등에 의해 강하게 고착되어 있다면 항복점은 새로운 전위의 빠른 생성에 의해 일어날 것이다.

새롭게 생겨나는 전위에 탄소원자 분위기가 연속적으로 형성되는 동적변형시효 조건에서는 대부분의 전위가 탄소분위기로 인해 고착된다고 가정하면 변형을 하기 위해 높은 전위밀도가 필요할 것이다. 전자현미경 관찰에 의하년 200℃에서 변형된 철에서 전위밀도는 상온에서 비슷하게 변형된 시험편에 비해 약 10배 정도 높은 것으로 나타났다. 이것은 상온에서의 시험에 비해 청열취성 조건에서 가공경화 속도가 증가하는 사실도 뒷받침해준다.

2.3.3 높은 침입형 농도에서의 강화

오스테나이트는 급속 퀜칭을 통해 10at%에 이르는 탄소를 고용한 고용체를 형성할 수 있지만 이렇게 하게 되면 페라이트가 아닌 bct 구조의 마르텐사이트로 상변태가 일어난다(5장 참조). 이렇게 무확산 전단변태의 결과로 형성된 이러한 상은 래스(lath) 혹은 판상(plate)의 형태를 가지며 연마 후 에칭을 하면 침상(acicular) 형태를 띤다. 퀜칭을 충분히 빠르게 하면 정방정계 구조를 갖는 철 기지에 과포화 탄소를 함유한 고용체인 마르텐사이트가 형성되고 탄소량이 페라이트의 평형농도 보다 크게 과잉 상태가 되므로 강도가 현저히 올라간다. 고탄소 마르텐사이트는 아주 단단하고 취성을 보이며 항복강도가 1500MN m^{-2}까지 이른다. 이러한 강도증가는 침입형 고용체 경화효과의 증가에 기인하기도 하지만 철-탄소합금에서 마르텐사이트 변태의 특징 중 하나인 전위밀도의 증가 또한 강도증가에 기여한다. 마르텐사이트는 5장에서 자세히 설명하며, 중간온도에서의 열처리인 템퍼링(tempering)을 통해 강도는 다소 낮추면서 인성과 연성을 부여하는 내용도 중점적으로 다룬다.

2.4 철의 치환형 고용체 강화

많은 금속원소들은 α철과 γ철에서 고용체를 형성한다. 이 원소들은 당연히 치환형 고용체를 형성하는데 동일한 합금원소 농도에서 얻어지는 강도는 많은 차이를 보인다. 여러 금속들의 단결정 데이터에 근거한 [그림 2.7]을 보면 바나듐은 낮은 농도(<2 at%)에서 α철에 대해 강화효과가 크지 않은 반면 실리콘과 몰리브데늄은 더욱 높은 강화효과를 보인다. 다른 데이터를 참고하면 인, 망간, 니켈, 구리 또한 양호한 강화효과를 보이기는 하지만 상대적인 강화효과는 시험온도와 강에 존재하는 침입형 용질원자의 농도온도에 따라 변한다.

치환형 용질원자를 통한 강화는 Hume-Rothery 치수효과를 적용하면 일반적으로 철과 용질원자 간의 원자 크기의 차이가 클수록 증가한다. 하지만 Fleischer와 Takeuchi의 연구에 의하면 용질과 용매원자의 탄성거동의 차이가 총체적인 강화효과를 결정짓는데 중요한 역할을 함을 알 수 있다. 실제로 고용체 효과에 의한 강화기여도는 입자크기와 분산물과 같은 다른 요인에 의한 강화효과와 중첩된다. 또한 입자미세화를 통한 강화는 연성의 저하를 수반하지 않는 강화효과를 보인다. 상용강의 경우 고용체강화는 무시하지 못할 강화 요인이다. 망간, 실리콘, 니켈, 몰리브데늄 등과 같이 알려진 합금원소에 의해 고용강화가 되며 이들 중 일부는 특정 강에서만 자주 사용되기도 하고 그 효과가 부가적이기도 하다. 다양한 합금원소가 여러 이유로 첨가되는데 실리콘은 탈산 목적으로, 망간은 황이나 몰리브데늄과 결합해 경화능을 증가시킬 목적으로 첨가한다. 따라서 이러한 원소로 인한 고용체강화 효과는 추가로 얻는 부가효과로 볼 수 있다.

2.5 입자크기

2.5.1 Hall-Petch 효과

페라이트 입자의 미세화는 강의 열처리에서 가장 중요한 강화 경로 중 하나다. Hall과 Petch가 ARMCO철을 대상으로 입자크기와 강도 사이의 관계를 연구해 항복강도 σ_y와 입자직경 d 사이에 다음의 Hall-Petch 관계식이 성립함을 밝혔다.

$$\sigma_y = \sigma_0 + k_y d^{-1/2} \tag{2.9}$$

여기서 σ_0와 k_y는 상수다. 이러한 관계는 광범위한 철강재는 물론 많은 비철금속과 합금에서도 잘 적용된다. [그림 2.7]에 연강(mild steel)을 대상으로 입자크기 효과를 나타냈는데 3가지 시험온도에서 σ_y와 $d^{-1/2}$사이에 선형적인 관계를 뚜렷하게 보인다.

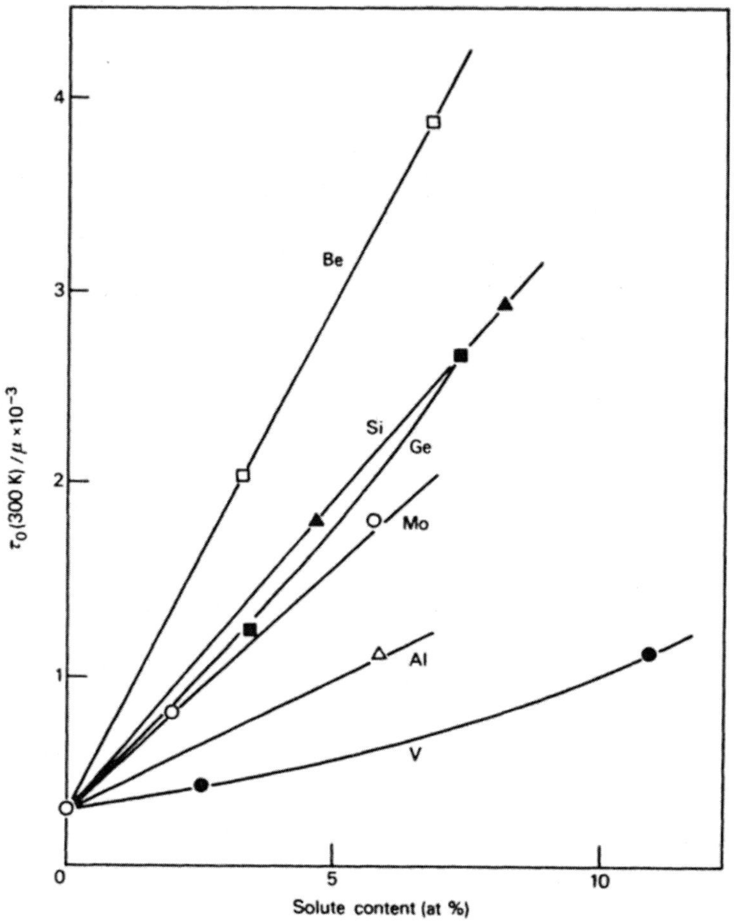

그림 2.7 α철 결정의 치환형 고용체 강화. 용질원자 농도의 함수로 나타낸 전단계수(μ)에 대한 임계분해전단응력(τ_0)의 비율

σ_0는 마찰응력이라 부른다. 이것은 응력축의 절편으로서 bcc 결정에서 슬립면을 따라 자유전위를 이동시키는데 필요한 응력을 의미하며 또한 단결정($d^{-1/2}=0$)의 항복응력으로 간주할 수도 있다. 이 응력은 온도(그림 2.7)와 화학조성에 특히 민감하다. k_y항은 σ_y와 $d^{-1/2}$ 관계식의 기울기를 나타내며 온도(그림 2.8), 화학조성, 변형속도에 민감하지 않다.

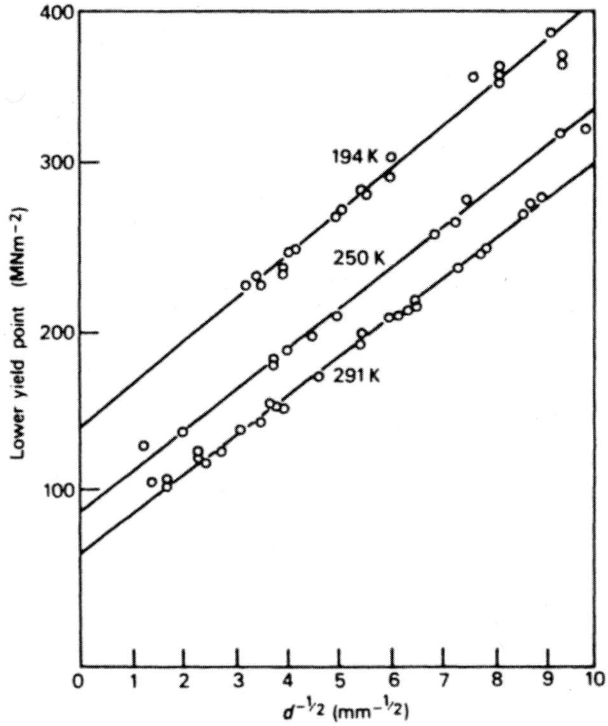

그림 2.8 연강에 있어 하부항복강도의 입자크기 의존성

침입형 탄소 분위기로부터 전위가 벗어난다는 Cottrell-Bilby의 항복점 이론에 근거해 k_y는 비고착(unpinning) 인자로 간주되어왔다. 그러나 k_y의 온도 둔감성은 전위가 고착 상태에서 벗어나 이동하는 것이 쉽지 않다는 것을 의미하며 이는 항복점에서 새로운 전위가 생성된다는 이론에 힘을 실어준다. 이것은 새로운 전위의 이동으로 항복점을 설명하는 이론과 일치하며 전위이동의 속도는 응력에 의존한다(2.3.2절).

따라서 항복강도에 미치는 입자크기 효과는 결정 내에서 작동하는 전위원(dislocation source)으로부터 생성된 전위가 이동해 결정입계에서 집적(pile-up)된다는 가정에 의해 설명된다. 전위집적은 인접 입자에 응력을 유발시키고 이 응력이 임계값에 이르면 그 입자에 새로운 전위원을 가동케 한다. 이러한 방법으로 항복과정이 입자를 통해 전파한다. 이것은 Lüders 밴드의 전파를 통해 거시적으로 관찰할 수 있다. 입계 전위집적을 형성하기 위해 전위들이 이동해야 하는 거리와 관여해야 할 전위의 수가 입자크기에 의해 결정된다.

입자크기가 클 경우에는 전위집적이 많은 수의 전위를 필요로 하므로 인접 입자에 큰 응력집중을 일으킨다. 전위집적 선단부의 전단응력 τ_i는 $n\tau$와 동일하다. 여기서 n은 전위집적에 관여한 전위의 수며, τ는 슬립 면에서의 전단응력이다. 이것은 입자크기가 조대할수록 항복과정이 전파하기가 쉽다는 것을 의미한다.

실제로 입자크기가 작을수록 항복응력이 증가하므로, 현대의 제철공정은 최종 페라이트 입자크기에 많은 주의를 기울이고 있다. $d^{-1/2}=2$, 즉 $d=0.25\text{mm}$인 조대한 입자를 갖는 연강은 100MN m^{-2} 정도의 항복강도를 가지며, $d^{-1/2}=20$, 즉 $d=0.0025\text{mm}$인 미세한 입자를 갖는 연강은 500MN m^{-2} 정도로 항복강도가 증가하므로 입자크기를 2~10μm로 유지하는 것은 아주 유용하다. 지난 40여 년 동안 압연기술의 개발과 특수합금원소 첨가 등을 통해 범용재료의 기계적 성질이 현저히 개선되었다.

2.5.2 나노입자 강

기술의 진보로 인해 1μm의 미세 입자크기를 갖는 강을 큰 무리 없이 대량생산할 수 있게 되었다. 강에서 20~100nm 입자크기를 갖는 나노입자의 페라이트를 얻기 위해 극한 열가공적 공정을 포함하는 한계공정들이 개발되어왔다. Hall-Petch 식이 20nm 입자크기까지는 성립되는 것이 실험으로 검증되었으므로, 입자크기를 미세화하면 아주 높은 강도를 얻을 수 있다는 것은 확실하다. 20nm보다 작은 입자크기에서는 아마도 입계 슬라이딩(grain boundary sliding)과 같은 다른 변형기구가 주요 역할을 하게 되어 Hall-Petch 식이 성립되지 않는 것으로 알려져 있다. 입계에 의해 차지되는 재료의 체적분율 V_B는 다음과 같다.

$$V_B \simeq 2a/\overline{L}$$

여기서 $\overline{L}$는 입자크기를 정하는 선형교점(linear intercept)의 평균값을 의미하고, a는 입계층의 두께를 말한다. 입자표면에 놓여 있는 원자분율이 나노입자 재료에서는 아주 크므로 입계 슬라이딩과 같은 확산성 공정들이 촉진된다(그림 2.9).

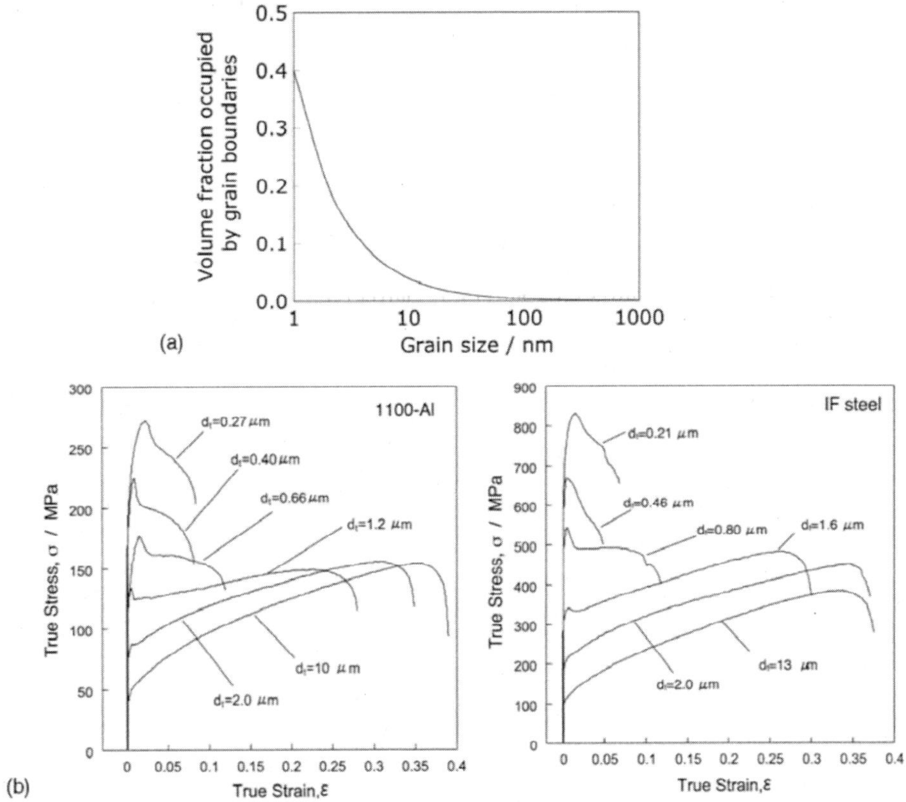

그림 2.9 (a)주어진 체적에서 입자크기의 함수로 나타낸 입계의 체적분율, (b)알루미늄과 철합금의 입자크기 감소에 따른 연신율 감소와 강도 증가

나노입자 강이 Hall-Petch 관계를 따르면서 강화된다 해도 항복 후에 불안정 소성거동을 보인다. 소성불안정은 인장 및 압축시험 모두에서 나타나는데 압축의 경우에는 전단밴드(shear band)가 파단을 일으킨다. 이것은 마치 항복 후의 가공경화 능력이 사라지는

것과 같다. 결과적으로 나노미터 수준으로 입자크기가 줄어들면 수용하기 힘든 수준으로 연신율이 저하한다. 아주 미세한 입자크기에서는 알려진 전위증식(multiplication) 기구가 너무 근접한 입계들로 인해 더 이상 유효하지 않게 되어 변형 중 전위의 축적이 불가능하다. 입계 또한 결함들을 흡수하는 역할을 한다. 나노입자 재료가 가공경화 시 보이는 불안정성은 상기의 이유로 설명되며, 이러한 기술적 어려움을 극복하는 방법은 6장에서 설명한다.

전위기구에 의한 변형 시 나노결정입자가 갖는 어려움은 페라이트 나노결정을 전단 변형시킨 근래의 실험[3)]에서 잘 나타났다. 결정들은 오스테나이트로 전단변태되었다.

2.6 분산강화

대부분의 강에는 여러 상들이 존재하며 미세 조직상으로도 여러 상들이 관찰되는 것이 일반적이다. 페라이트(bcc)나 오스테나이트(fcc) 기지조직은 입자크기 미세화와 고용체 강화를 통해 강화되며 추가적인 강화효과를 얻기 위해 미세 조직 내에 다른 상들의 분산물(dispersion)들을 조절해 강화시키기도 한다. 가장 보편적인 분산상으로는, 낮은 탄소 고용도를 갖는 α철에서 생성되는 탄화물을 들 수 있다. 일반 탄소강에서 이러한 탄화물은 주로 Fe_3C(시멘타이트)이며 조대한 층상(lamellar) 형태(펄라이트)로부터 미세한 봉(rod)상이나 구(spheroidal)형의 석출물(템퍼링된 강)에 이르기까지 다양한 형태로 만들어진다. 합금강에서도 동일한 탄화물들이 존재할 수 있으나 많은 경우 철탄화물이 열역학적으로 더욱 안정적인 다른 탄화물로 대체된다. 다른 분산상들로는 질화물, 금속간 화합물이 있으며 주철의 경우에는 흑연을 들 수 있다.

대부분의 분산물은 강화효과를 갖지만 연신율과 인성에 부정적인 영향을 미치기도 한다. 기지(matrix)조직에 작은 구형으로 이상적으로 분산된 미세 분산물의 경우에는, 항복강도 또는 초기 유동응력과 분산물 인자들 사이의 관계가 잘 정립되어 있다. 가장 간단

3) Ivanisenk, Y., MacLaren, I., Vailiev, R. Z., and Fecht, H-J., Advanced Engineering Materials 7, 1011, 2005.

한 관계식으로는 Orowan이 제시한 분산 강화된 합금의 항복강도 τ_0와 분산 입자간 간격 Λ 사이의 관계식을 들 수 있다.

$$\tau_0 = \tau_s + \frac{T}{b\Lambda/2} \tag{2.10}$$

여기서 τ_s는 기지의 항복강도, T는 전위의 선 장력, b는 버거스 벡터를 나타낸다.

이 결과는 구형의 입자 주위를 전위가 이동하는 것을 분석해 얻었으며 항복강도가 입자 간격에 반비례함을 보여주었다. 만약 분산물이 열처리를 통해 조대해지면 합금의 강도는 감소한다. Orowan식은 Ashby가 입자들의 반경 r을 반영해 보다 정확한 형태로 수정 제안했다.

$$\tau_0 = \tau_s + \frac{G}{4r}\phi \ln\left(\frac{\Lambda - 2r}{2b}\right)\left(\frac{1}{(\Lambda - 2r)/2}\right) \tag{2.11}$$

여기서 ϕ는 상수이고, G는 전단 탄성계수다.

이러한 관계식은 페라이트 기지조직에 구형의 시멘타이트 입자가 존재하는 템퍼링된 일반 탄소강에서 관찰되는 바와 같이 간단한 형태의 분산물에 적용될 수 있다. 그러나 많은 강들의 분산물이 그러하듯이 미세한 봉상과 판상에서 불규칙한 다면체(polyhedra)까지 그 형태가 이상적이지 않은 분산물을 갖는 경우에도 근사적인 정보를 제공해준다.

강에서 가장 흔한 미세 조직은 페라이트와 시멘타이트가 층상으로 교차하는 공석(eutectoid) 펄라이트일 것이다. 이것은 하나의 상이 다른 상에 대해 심하게 분산된 형태로 볼 수 있으며 의심할 여지없이 양호한 강화효과를 보인다. 층간 간격은 큰 범위로 변할 수 있으며 강도는 이러한 변화에 민감하다(3장 참조). 펄라이트－페라이트강에서 펄라이트의 조대함은 페라이트 평균이동거리(mean uninterrupted free ferrite path: MFFP)로 나타내는데 유동응력은 Hall-Petch 형태와 유사하게 $\text{MFFP}^{-1/2}$에 비례한다(그림 2.10).

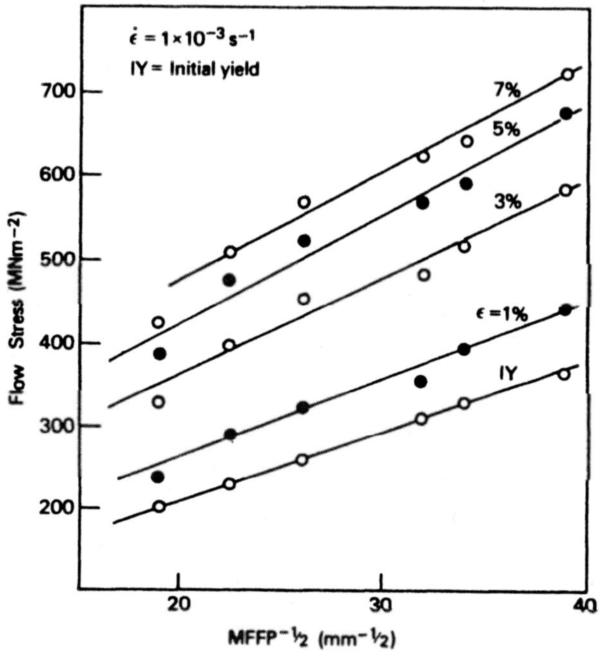

그림 2.10 펄라이트강의 MFFP가 여러 변형률에서의 유동응력에 미치는 영향

2.7 요약

강의 강화효과는 여러 요인들에 기인하며 이러한 요인들이 함께 기여해 최종적인 기계적 성질을 나타낸다. 강의 열처리는 이러한 상호 기여분을 조정해 얻고자 하는 기계적 성질의 균형을 맞추기 위한 것으로 볼 수 있다. γ/α 변태의 변화는 다양한 미세 조직의 변화를 가능하게 하여 일반 탄소강에서도 넓은 범위의 기계적 성질을 얻을 수 있게 해준다. 금속합금원소의 첨가를 통한 상변태 조절로 훨씬 다양한 미세 조직을 얻을 수 있게 되었으며 원하는 기계적 성질 또한 보다 다양하게 얻을 수 있게 되었다.

페라이트와 강한 마르텐사이트로 구성된 이상조직강(dual phase(DP) steel)과 같은 복합조직의 강화와 변형거동은 이 장에서 다루지 않았다. 이것은 미세 소성 변형 시 복합적인 구속(constraint) 조건과 적합(compatibility) 조건으로 인한 변형의 불균질성으로 응력과 변형거동이 근본적으로 바뀔 수 있기 때문이며 이러한 혼합 미세 조직에 대해서는 14장에서 설명한다.

2.8 실용적 관점

강에서 급격한 항복점현상이 나타나는 것은 바람직하지 않다. 프레스 작업 시 복합적인 Lüders 밴드의 패턴이 형성되면 표면이 거칠어지고 가공성이 저하되는 것을 그 예로 들 수 있다. 항복점현상의 정도는 페라이트 고용체 내의 탄소와 질소함량에 직접 영향을 받으므로 이것의 농도를 낮추어주는 것이 도움이 된다. 그러나 항복점현상은 아주 낮은 함량의 탄소와 질소에서도 일어나기 때문에 한계 이하의 함량을 갖는 강을 현장조업을 통해 생산하기는 현실적으로 쉽지 않다. 그러나 어닐링 처리 후 서냉시키는 열처리와 같이 침입형 고용체를 낮추어주는 열처리 형태는 유효하다. 항복점현상은 성형가공 이전에 적은 양의 냉간가공(0.5~2%)을 해주는 템퍼 압연(temper rolling)을 통해 보다 쉽게 제거할 수 있다. 하지만 이 경우에는 질소와 탄소 모두 상온에서도 페라이트 안으로 확산해 들어갈 수 있으므로 압연이나 어닐링 후 곧바로 작업하는 것이 바람직하다.

탄소와 질소 모두 변형시효와 항복점현상을 일으키게 하므로, 페라이트의 높은 질소 고용도는 딥 드로잉(deep drawing)과 프레스(press)에 사용되는 강에서 심각한 문제를 일으킬 수 있다는 것을 의미한다. 제철공정에서 질소함량을 낮추어주는 단계들이 있지만 알루미늄, 티타늄, 바나듐과 같은 강한 질화물 형성원소를 미량 첨가해주는 것이 고용체 내의 질소를 낮은 수준으로 줄여주는 가장 쉬운 방법이라 할 수 있다.

건설자재용으로 사용되는 연강(mild steel)에서의 변형시효 발생은 항복강도와 인장강도를 증가시킨다는 측면에서 바람직하다. 또한 실온에서 350℃까지 피로저항을 개선시켜 준다. 강에서 뚜렷하게 나타나는 피로한계, 즉 그 이하에서는 피로파손이 일어나지 않는 피로응력의 한계가 시험 도중에 발생한 변형시효와 연관이 있는 것으로 알려져 있으며 아주 순수한 철에서도 비슷한 거동이 관찰된다.

비교적 단순한 저탄소강의 강화에 있어서도 탄소와 질소의 강화효과뿐만 아니라 다른 강화기구도 기여하게 되는데, 실리콘과 망간 원소의 고용체강화에 의해서도 강도가 증가하며, 페라이트입자의 미세화를 통해서도 강화효과가 일어난다.

2.9 강도의 한계

강도가 항상 유용한 것만은 아니다. 공학적 구조에 재료의 최대능력까지 하중을 가한다는 것은 사실상 위험하다. 이러한 강도와 치수의 한계를 보여주기 위해 근래의 관심 주제인 강과 탄소나노튜브의 강도를 비교분석했다.

2.9.1 이론강도

결정의 강도는 작게 만들어질수록 급격하게 증가한다. 이것은 시편의 체적이 줄어들수록 결함을 피할 수 있는 가능성이 증가하기 때문이다. 금속의 경우, 전위를 통한 이동은 전체 면에 걸쳐 원자들이 집합적으로(collectively) 이동하는 것보다 훨씬 낮은 응력에서 전단이 일어날 수 있게 해준다. 결함들은 제거하기가 불가능하거나 어렵기 때문에 결함이 없는 상태의 강도를 이상결정(ideal crystal)의 강도라 부른다.

이상결정에서 인장강도는 $\sigma_t \simeq 0.1E$(여기서 E는 탄성계수)이며 이에 상응하는 이론 전단강도는 $\sigma_s \simeq b\mu/2\pi a$이다. 여기서 μ는 전단탄성계수, b는 변위방향의 반복주기이며, a는 슬립 면들 간의 간격이다. 페라이트 철에서 $\mu = 80.65\,\mathrm{GPa}$, $E \simeq 208.2\,\mathrm{GPa}$이다. 따라서 인장과 전단의 이론강도는 각각 21과 11GPa가 된다. 실제로 이론값에 근접한 인장강도는 1956년에 Brenner가 2μm보다 작은 직경을 갖는 철 휘스커(whisker) 시험을 통해 얻은 바 있다(그림 2.11a). 흥미로운 것은 이러한 높은 강도 수준에서는 Hooke의 탄성법칙이 적용되지 않는다는 점이다(그림 2.11b).

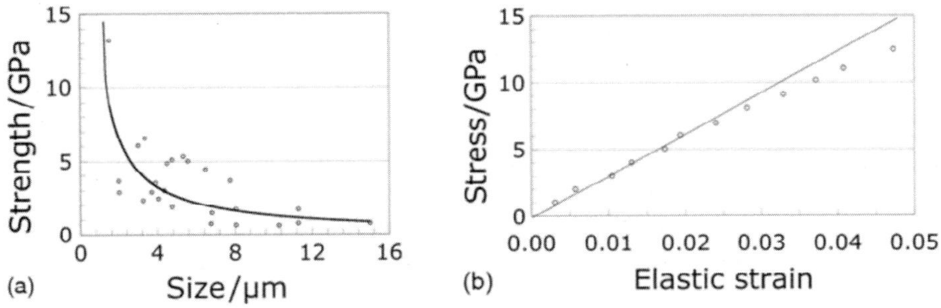

그림 2.11 (a)철 휘스커의 인장강도, (b)큰 응력범위에서의 비선형 탄성거동

휘스커의 치수가 증가함에 따라 결함이 발견될 가능성이 증가하므로 강도가 급격하게 감소한다(그림 2.11a). 철의 경우에 μm 수준으로 치수를 줄이면 아주 높은 강도가 얻어질 수도 있지만 결함이 없는 상황, 즉 완전함(perfection)에 의존해 강한 재료를 설계하는 것이 바람직하지 않다는 사실은 오래전부터 인지되어왔다.

이것이 아주 긴 탄소나노튜브를 사용해 큰 공학적 구조물을 설계한다는 개념을 검토하는 배경이 되었다.[4] 로켓발사를 대신하기 위해 제안된 특별한 구조물이 우주승강기인데 이것은 120,000km 길이의 로프를 필요로 한다.

2.9.2 탄소 나노튜브

탄소 나노튜브는 육각형 격자에 sp^2 탄소가 배열된 2차원 나노구조물인 그래핀(graphene) 판막이 말려진 구조로 쉽게 도식화 될 수 있다.(그림 2.12). 판막을 실린더 모양으로 말아 올려 맞닿는 부문을 접합한 것이 나노튜브다. 나노튜브는 풀러린(fullerne) 반구체로 봉할 수도 있고 그대로 둘 수도 있다. 이것의 실제 형상은 복잡한데 경우에 따라서는 형상변화에 맞추기 위해 탄소원자가 육각형상 대신 오각 링형상으로 배열하기도 한다. 이러한 튜브의 파단강도는 특이하게도 130GPa에 이르는 것으로 평가되며 파단강도가 워낙 크다보니 강과 비교해 많이 과장된 비교가 이루어졌다. 하지만 이 강도는 눈에 잘 보이

4) Edwards, B. C., Acta Astronautica 47, 735, 2000.

지도 않는 작은 나노튜브의 강도이다. 보다 큰 튜브는 강도의 저하를 야기하는 결함을 포함하게 될 것이므로 철 휘스커와 유사하게 거동할 것이다. 이러한 결함들의 일부는 평형 상태에서 존재하므로 피할 수 없다. 예를 들면 금속은 평형농도의 공공을 포함한다. 공공의 형성과 관련된 엔탈피(enthalpy) 변화가 이것의 존재를 저지하지만 공공형성으로 인한 배열 엔트로피(configurational entropy)의 변화가 공공을 형성하게 한다.

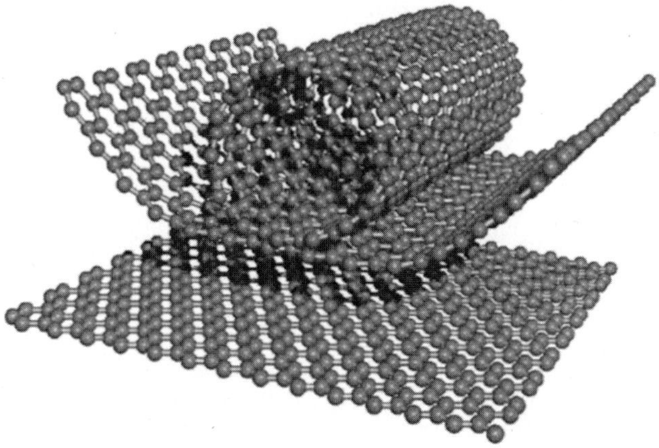

그림 2.12 그래핀 판막이 말려서 튜브를 만드는 과정을 보여주는 모습

n개의 공공이 형성될 때 전체 자유에너지 변화는 다음과 같다.[5]

$$\triangle G = n\triangle g - kT[(N+n)\ln\{N+n\} - N\ln\{N\} - n\ln\{n\}]$$

여기서 k는 Boltzmann상수, T는 절대온도, N은 원자 수, $\triangle g = \triangle h - T\triangle s$, $\triangle h$는 1개의 공공에 대한 형성엔탈피이고, $\triangle s$는 1개의 공공에 대한 형성엔트로피로서 2번째 항에 나타낸 배열 엔트로피의 영향은 제외한 값이다. 공공의 평형 몰분율(x: mole fraction)은 $\partial \triangle G/\partial n = 0$로부터

5) Christian, J. W., Theory of Transformations in Metals and Alloys, 3rd edition, Pergamon Press, Oxford, 2003.

$$x = n/N \simeq \exp\{-\Delta g/kT\}$$

위 식을 토대로, 나노튜브의 공공 형성에너지를 7eV, 온도 T를 튜브의 제조온도(2000~4000K)로 하면 5,000kg의 무게를 갖는 우주승강기에 적합한 탄소 나노튜브 구조에는 약 10^{10}~10^{20}개의 결함들이 존재한다. 따라서 나노튜브의 물성을 18차수만큼 증가시키는 것과 그 강도를 유지한다는 것이 불가능하다는 것을 알 수 있다.

이것은 목표 강도를 얻기 위해 결함 없는 완전격자에 의존하는 시스템은 실제적인 치수를 갖는 공학적인 스케일에서는 절대로 실현될 수 없다는 것을 다시 한 번 보여준다. 실제로 2mm 이상의 크기에서 철의 강도를 능가하는 탄소 나노튜브는 없다.

2.9.3 파괴

130GPa의 응력을 지지할 수 있도록 만들어진 탄소 기가튜브(gigatubes)를 생각해보자. 이것이 안전한 공학적 설계를 가능하게 할까? 안전설계의 한 측면은 급격한 파단을 피해야 하는 것인데 대부분의 금속들은 궁극적인 파괴에 이르기까지 소성변형을 통해 에너지를 흡수한다. 충돌사고 시 에너지 흡수는 자동차 안정의 핵심 요소다. 탄소 나노튜브는 파괴 직전의 변형까지도 탄성적이므로 이러한 측면에서 큰 문제를 내포한다. 길이 방향의 탄성계수를 $E = 1.2\,\mathrm{TPa}$로 가정하고 130GPa까지 응력이 가해질 때 튜브에 축적되는 에너지밀도는 다이너마이트의 값보다도 크다(표 2.1).

표 2.1 최대부하가 걸린 탄소 나노튜브와 다이너마이트의 에너지 밀도 및 탄성파 속도비교

	$\mathrm{J\,g^{-1}}$	$\mathrm{m\,s^{-1}}$
Dynamite	4650	6000
Carbon nanotube	5420	21,500

다이너마이트는 에너지 밀도가 높고 에너지가 빠르게 방출되므로 폭발성이 있으며 폭발 선단부 전파 속도가 $6000 ms^{-1}$에 이른다. 탄소에서의 탄성파의 속도가 $\sqrt{E/\rho}$ 이다. 여기서 ρ는 밀도다. 파괴 시 축적에너지가 방출되는 속도는 다이너마이트보다 훨씬 크며(표 2.1) 이것은 파괴가 안전하게 일어날 수 없음을 의미한다.

인장하중을 받는 구조물이 작동하기 위해 능력 이상의 에너지를 가역적으로 축적하게 되면 파괴 시 안전상의 문제가 발생된다. 강도는 파괴 시 충분한 에너지를 흡수할 능력이 있느냐는 측면에서 안전하게 다루어져야 한다.

참고문헌

AIME, Iron and its Dilute Solutions, Interscience, New York, 1963.

Baird, J. D., Strain Ageing of Steel-A Critical Review, Reprinted from Iron and Steel, 36, 186, 1963.

Baker, T. N.(ed.), Yield, Flow and Fracture, Professor N. J. Petch Retirement Meeting, Applied Science Publishers, UK, 1982.

Bhadeshia, H. K. D. H., Bulk nanocrystalline steels, Ironmaking and Steelmaking 32, 405, 2005.

Bhadeshia, H. K. D. H. and Murugananth, M., Components of the Creep Strength of Welds, Mathematical Modelling of Weld Phenomena 6, Maney Publishers, London, 243, 2002.

Charles, J. A. and Smith, G. C.(eds), Advances in Physical Metallurgy, Sir Alan Cottrell 70th Birthday Meeting, The Institute of Materials, London, UK, 1990.

Christian, J. W., Some surprising features of the deformation of bcc metals, Metallurgical Transactions 14A, 1237, 1983.

Cottrell, A. H., Dislocations and Plastic Flow in Crystals, Oxford University Press, Oxford, 1953.

Gleiter, H., Nanocrystalline materials, Progress in Materials Science 33, 223, 1989.

Hall, E. O., Yield Point Phenomena in Metals and Alloys, Macmillan, London, 1970.

Hansen, N., Hall-Petch relation and boundary strengthening, Scripta Materialia 51, 801, 2004.

Honeycombe, R. W. K., The Plastic Deformation of Metals, 2nd edition, Edward Arnold, London, 1984.

Howe, A. A., Ultrafine grained steels: industrial prospects, Materials Science and Technology 16, 1264, 2000.

Langer, E. W., The Quench Ageing Process in Iron, Copenhagen, 1967.

Leslie, W. C., Metallurgical Transactions 3, 5, 1972.

Pickering, F. B., Physical Metallurgy and the Design of Steels, Applied Science Publishers, London, 1978.

Speich,G. R. and Clark, J. B.(eds), Precipitation from Iron-base Alloys, Gordon and Breach, New York, 1965.

Takeuchi, S., Journal of the Physical Society of Japan 27, 929, 1969.

Valiev, Z., Islamgaliev, R. K. and Alexandrov, I. V., Bulk nanostructured materials from severe plastic deformation, Progress in Materials Science 45, 103, 2000.

Yokota, T., Garica-Mateo, C. and Bhadeshia, H. K. D. H., Formation of nanostructured steel by phase transformation, Scripta Materialia 51, 767, 2004.

Steels-Microstructure and Properties

Chapter 3

철-탄소 평형상태도와 일반 탄소강

철–탄소 평형상태도 3.1

오스테나이트–페라이트 변태 3.2

오스테나이트–시멘타이트 변태 3.3

$\gamma \rightarrow \alpha$ 변태의 속도론 3.4

오스테나이트–펄라이트 반응 3.5

페라이트–펄라이트 강 3.6

참고문헌

3.1 철-탄소 평형상태도

강과 철의 조성과 조직에 대한 연구는 철－탄소 평형상태도에서 출발한다(그림 3.1). 철－탄소강의 기본 특성 중의 상당 부분이 훨씬 복잡한 합금강의 거동에도 영향을 미친다. Fe-C 이원계 합금에서 발견되는 상들이 복잡한 강들에서도 존재하므로 합금성분이 이러한 상들의 형성과 성질에 미치는 효과를 분석할 필요가 있다. 철－탄소 평형상태도는 광범위한 종류의 일반 탄소강과 합금강에 대한 지식을 축적하는데 중요한 이론적 토대를 제공한다.

일반 평형상태도는 철과 철탄화물(시멘타이트) 사이의 준안정 평형 상태를 나타낸다. 시멘타이트는 준 안정적이며 실제의 평형은 철과 흑연 사이에서 일어난다. 주철(2~4wt% C)에서는 흑연이 광범위하게 생기지만 강(0.03~1.5wt% C)에서는 평형상을 얻기 쉽지 않다. 대부분의 강의 거동이 이러한 상황에 놓여 있으므로 철과 철탄화물 사이의 준안정 평형 상태도를 이용한다.

α철(페라이트)에 비해 γ철(오스테나이트)의 상 영역이 훨씬 넓다는 것은 γ철에서 탄소의 고용도가 1147℃에서 2wt%에 이를 정도로 α철에 비해 훨씬 크다는 것을 의미한다(E, 그림 3.1). γ영역으로 고용체 처리 후 실온으로 빠르게 퀜칭시키면 γ철의 높은 탄소 고용도로 인해 철 속에 탄소가 과포화된 고용체가 형성되는데 이 열처리는 여러 측면에서 매우 중요하다. α철의 상영역이 723℃에서 최대 탄소 고용도가 0.02wt% (P)로 극히 제한되어 있으므로, 0.05~1.5wt%에 걸쳐 있는 강의 탄소함량을 고려하면 α철은 어떤 형태로든 철탄화물과 관련된다. δ상 영역은 1390~1534℃ 사이에 국한되어 있고 탄소함량이 0.5wt% (B)에 이르면 완전히 사라진다.

[그림 3.1]의 철－탄소 상태도에 중요한 여러 온도 또는 임계점들이 표기되어 있다. 먼저 공석반응이 일어나는 A_1온도(P-S-K)를 들 수 있는데 이원계 상태도에서는 723℃가 이에 해당한다. 둘째로는 α철이 γ철로 변태하는 A_3온도가 있다. 순수한 철은 이 변태가 910℃에서 일어나지만 탄소함량이 증가할수록 GS를 따라 점점 낮아진다. 셋째 점은 A_4온도로서 γ철이 δ철로 변태하는 온도다. 순수한 철은 이 변태가 1390℃에서 일어나

지만 탄소함량이 증가할수록 이 온도가 올라간다. A_2온도는 페라이트 철이 강자성(ferromagnetic)에서 상자성(paramagnetic) 조건으로 바뀌는 큐리(Curie)온도다. 순수한 철은 이 온도가 769℃이며 결정구조의 변화는 없다. A_1, A_3 및 A_4점은 냉각이나 가열 사이클 동안 열분석이나 팽창계를 이용해 쉽게 알아낼 수 있으며 이력현상(hysteresis)이 관찰된다. 결과적으로 각 점에서 3개의 값, 즉 가열시의 값 Ac(chauffage), 냉각시의 값 Ar(refroidissement), 평형값 Ae(equilibrium)가 얻어질 수 있다. Ac와 Ar은 가열과 냉각속도뿐만 아니라 합금원소에 따라 민감하게 변한다.

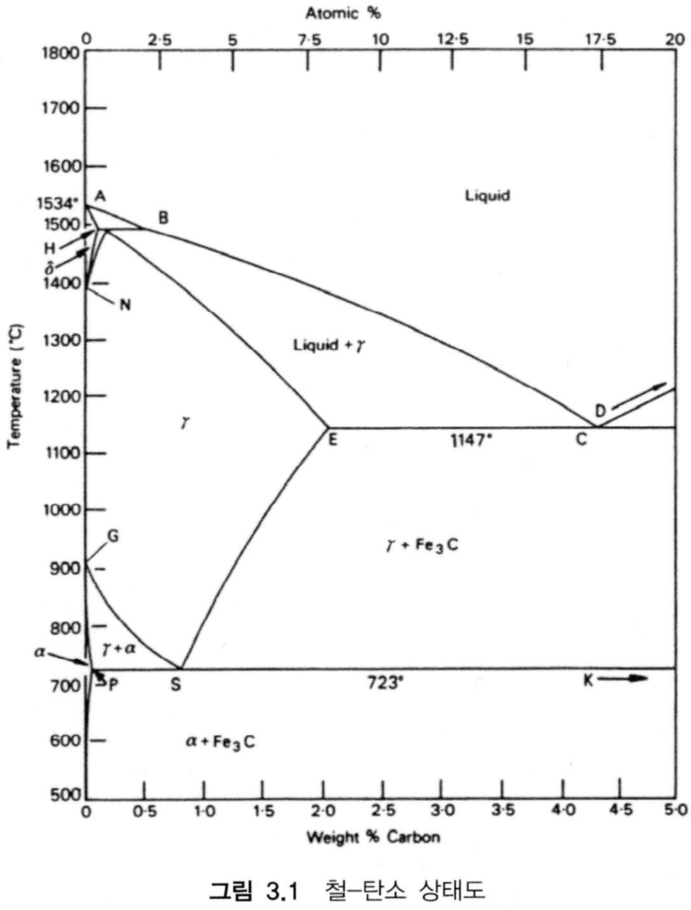

그림 3.1 철-탄소 상태도

γ철과 α철 사이의 탄소고용도 차이가 크므로 γ상 영역의 경계에 철탄화물 형태로 탄소를 밀어낸다. γ철 → α철의 변태는 공석반응을 통해 일어나며 열처리 시 중요한 반응이다. 공석온도는 723℃이고 공석조성은 약 0.8wt% C(S)(그림 3.1)이다. 0.8wt% C 이하의 탄소를 함유한 오스테나이트를 서서히 냉각하면 910~723℃ 온도에서 아공석(hypo-eutectoid) 페라이트가 오스테나이트로부터 생겨나고 잔류된 오스테나이트의 탄소 함량을 증가시킨다. 723℃에 이르면 남아 있는 오스테나이트의 조성은 0.8wt% C가 되고 이 오스테나이트가 페라이트와 철탄화물(시멘타이트)의 층상 혼합물인 펄라이트로 변태한다(그림 3.2a).

0.8~2.06wt% 탄소를 함유한 오스테나이트를 서서히 냉각하면 1147~723℃ 온도에서 시멘타이트가 먼저 생겨나면서 오스테나이트 내의 탄소함량을 줄여준다. 723℃에 이르면 남아 있는 오스테나이트의 조성은 0.8wt% C가 되고 이 오스테나이트가 펄라이트로 변태한다. 0.8wt% C보다 낮은 탄소를 함유한 강은 페라이트와 펄라이트로 구성된 아공석 합금(그림 3.2b)이며 2상의 체적분율은 지렛대법칙(lever rule)으로 결정된다. 탄소함량이 증가할수록 펄라이트의 체적분율이 증가하다가 공석조성에 이르면 펄라이트의 체적분율이 100%가 된다.

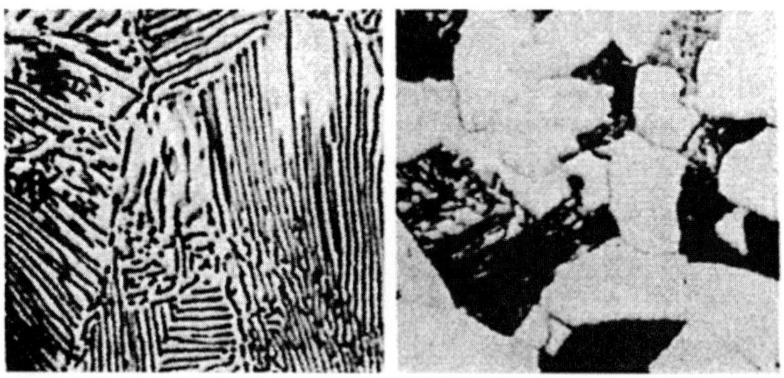

(a) (b)

그림 3.2 (a)0.8wt% C 탄소강–펄라이트, 광학현미경(×1000), (b)0.4wt% C 탄소강–페라이트와 펄라이트, 광학현미경(×1100)

준안정상이 형성되지 않도록 상대적으로 느리게 냉각된다고 가정할 때, 전술한 페라이트, 시멘타이트, 펄라이트는 일반강의 3가지 주요한 미세 조직이다. 따라서 이러한 상들의 핵생성과 성장과정을 연구하고 상의 형상에 영향을 미치는 주요 인자들의 영향도를 파악하는 것이 중요하다.

3.2 오스테나이트-페라이트 변태

평형조건에서 0.8wt%보다 적은 탄소를 함유하는 철-탄소합금은 초석(pro-eutectoid) 페라이트를 형성한다. 오스테나이트-페라이트 변태는 순철의 경우 910℃에서 철-탄소 합금의 경우에는 910~723℃에서 일어난다. 그러나 오스테나이트 상태에서 공석온도 이하로 퀜칭하면 페라이트가 600℃ 정도의 낮은 온도에서 형성된다. 아공석(hypo)강과 과공석(hyper)강에서 관여하는 상들의 결정학적 특징이 각각 다르기 때문에 어느 정도의 차이는 있을 수 있겠지만 아공석과 과공석상 모두 변태온도가 낮아지면 현저한 형상변화를 일으킨다는 점은 유사하다. 오스테나이트에서 시멘타이트가 형성되는 것도 동일한 원리가 적용되며 시멘타이트와 페라이트를 형상으로 구분하는 것은 어려운 것이 아니다.

Dubé는 일반 탄소강의 거동을 관찰해 γ/α 변태온도가 낮아짐에 따른 페라이트의 형상을 분류해 대표 형상을 제안했다. Dubé는 광학현미경 조직에 근거해 4가지로 구분된 형상을 제시했고 이후 Aaronson에 의해 확장되었다.

1. **입계타형(grain boundary allotriomorph)**: 타형(allotriomorph)은 오스테나이트 입자 표면에서 핵 생성해 입계의 굴곡을 따라 층을 형성하게 되므로 입자 내부의 결정대칭성과 무관한 형상을 보인다(그림 3.3a). 타형은 최소 2개 이상의 오스테나이트 입자와 접하고 있으며 한쪽 입자와는 무질서한 배열을 보이지만 또 다른 입자와는 정합배열을 가지려 한다. 따라서 결정학적으로 한쪽은 반듯한 면이고 다른 쪽은 굴곡진 경계를 보이는 것이 일반적이다.
2. **Widmanstätten 페라이트 판(plate) 또는 레스(lath)**: 판들이 오스테나이트의 특정 면을

따라 성장하지만 오스테나이트 입계를 거슬러 성장하지는 않는다. 1차(primary) Widmanstätten 페라이트는 오스테나이트 입자 표면에서 바로 성장하지만 2차(secondary) Widmanstätten 페라이트는 미세 조직 내에 이미 존재하는 페라이트의 타형에서 발달해 성장한다(그림 3.3b).

3. **입내자형(intragranular idiomorphs)**: 오스테나이트 입자 내부에서 핵 생성된 등축상(equi-axed) 결정들(그림 3.3c)이며 대개 강 내부에 존재하는 비금속개재물에서 발생한다. 자형(idiomorph)은 오스테나이트 입자 표면과 접촉 없이 형성되므로 표면이 결정학적 면이 있는(facet) 형태를 갖는다.
4. **입내 판상(intragranular plates)**: 이 판들은 입계에서 성장하는 것들과 유사하지만 오스테나이트 입자 내부에서 모두 핵 생성된다(그림 3.3d).

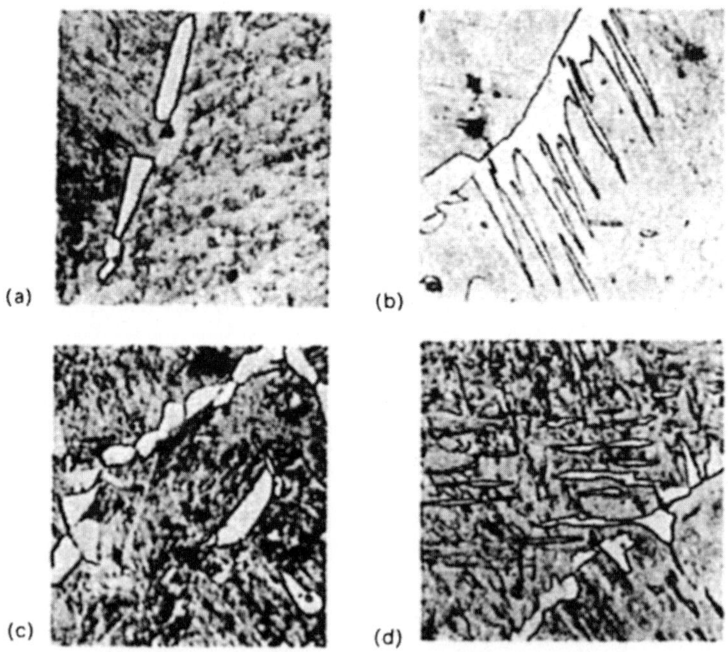

(e) (f)

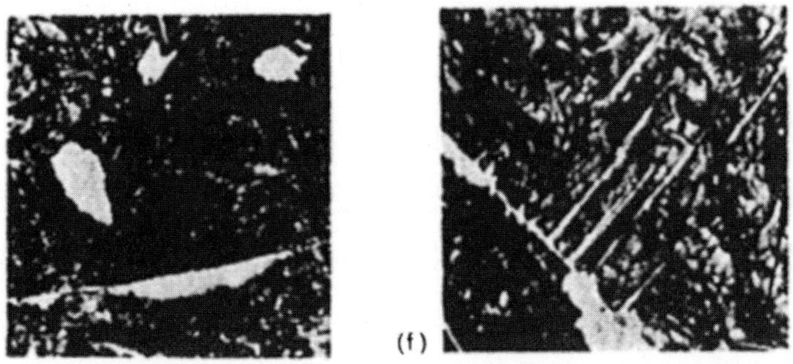

그림 3.3 초석페라이트와 과공석 시멘타이트의 성장: (a)0.34wt% C 탄소강: 790℃에서 12분. 페라이트의 입계타형들, (b)0.34wt% C 탄소강: 725℃에서 15분. 입계 페라이트로부터 Widmanstätten 페라이트 성장, (c)0.34wt% C 탄소강: 790℃에서 12분. 페라이트의 입계타형들과 입내자형, (d)0.34wt% C 탄소강: 725℃에서 15분. 입내 Widmanstätten 페라이트 판(plate)들, (e)1.2wt% C 탄소강: 730℃에서 10분. 입계타형들과 시멘타이트의 입내자형, (f)1.2wt% C 탄소강: 730℃에서 10분. Widmanstätten 시멘타이트. 광학현미경 (a)~(d)×500, (e)와 (f)×350

입계타형은 전체 조성 및 온도영역에 걸쳐 가장 먼저 나타나는 형상이다. 하지만 아주 높은 온도에서(800℃ 이상) 입계타형은 입계를 통해 주도적으로 성장하며 입내로도 성장해 등축상 페라이트라는 뚜렷한 입자구조를 보인다. 타형은 하나의 오스테나이트 입자($\gamma 1$)와 근사적 Kurdjumov–Sachs 배열과 같이 재현 가능한 방위관계를 갖고 핵 생성한다.

$$\{111\}_{\gamma 1} \parallel \{110\}_{\alpha}$$

$$\langle 1\bar{1}0 \rangle_{\gamma 1} \parallel \langle 1\bar{1}1 \rangle_{\alpha}$$

또한 입계타형은 인접한 오스테나이트 입자($\gamma 2$) 내부로도 성장하는데 이 입자와는 불규칙한 방위관계를 갖고 있다. 이러한 성장으로 인해 생겨난 불규칙 경계는 비등방적 성장속도를 나타내는 faceted면으로 성장할지라도 고온에서 더욱 잘 이동한다. 더욱 낮은 변태온도에서는 굴곡지고 무질서한 γ/α 경계의 이동도가 감소하므로 정합성의 경계가 더욱 지배적이다. 페라이트 레스가 정합경계를 갖는 입계 페라이트의 노듈(nodule)부에서 성장해 Kurdjumov-Sachs 관계를 갖는 오스테나이트로 이동해가는 것이 그 예다. 레스는 순수 오스테나이트 입계에서도 성장해 1차 Widmanstätten 페라이트라 불리는 조직을 만든다. 이 조직은 오스테나이트 입자크기가 클 때 잘 형성되는데 이는 입계페라이트의 성장으로 인한 입내 상호충돌 가능성이 입자가 클수록 줄어듦으로 Widmanstätten 페라이트가 클 수 있는 여지가 증가하기 때문이다. 탄소함량이 너무 높으면(>0.4wt%) 펄라이트 영역이 충분히 커서 페라이트 레스의 성장이 저지된다. 그러나 탄소함량이 0.2wt%보다 낮으면 γ 입자들을 통한 타형의 충돌로 인해 Widmanstätten 페라이트의 성장이 다시 줄어든다. 그러나 가장 중요한 인자는 페라이트의 성장온도이며 이것은 강의 냉각속도나 등온변태온도에 의해 좌우된다. Widmanstätten 페라이트의 중요한 미세 조직학적 특성은 레스의 형성 시 큰 전단성분의 불변면 변형(invariant-plane strain) 형태로 표면기복(surface relief)이 수반된다는 점이다.

모재와 정합 또는 반정합 경계면을 갖는 많은 다른 상들과 마찬가지로 Widmanstätten 페라이트 판들은 경계를 따라 작은 스텝(step)들의 측면이동을 통해 성장하는 것으로 알려져 왔다(그림 3.4). 낮은 변태온도에서는 전단변위가 관여한다는 사실이 이러한 관점을 뒷받침하는 증거라 할 수 있다. 변태온도가 낮을수록 페라이트의 전위밀도는 증가하고 변태 후 표면기복(relief)이 관찰된다.

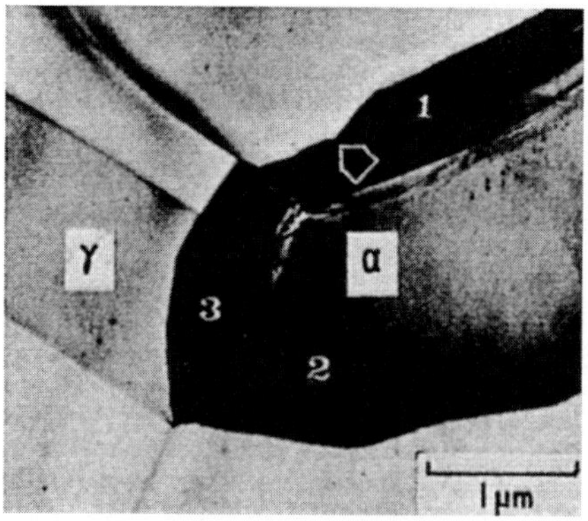

그림 3.4 저탄소 합금강의 오스테나이트에서 형성된 면형상과 스텝형태의 경계를 갖는 타형 페라이트, 광여기(photoemission) 전자현미경

3.3 오스테나이트-시멘타이트 변태

Dubé의 분류는 점진적으로 변태온도를 낮추면서 형성시킨 시멘타이트의 다양한 형상에도 동일하게 잘 적용된다. 입계타형의 초기 생성은 페라이트의 경우와 유사하며, 측면판(side plate) 또는 Widmanstätten 시멘타이트의 성장도 동일한 패턴을 따른다(그림 3.3e, f). 시멘타이트 판들은 오스테나이트와의 방위관계가 더욱 복잡함에도 불구하고(Pitsch에 의해 발견) 훨씬 엄격한 결정학적 방위를 갖고 있다.

$$(100)_c // (5\bar{5}4)_\gamma$$
$$(010)_c // (110)_\gamma$$
$$(001)_c // (\bar{2}25)_\gamma$$

페라이트의 경우에서와 같이 측면판의 대부분은 입계타형에서 형성되지만 시멘타이트 반응에서는 보다 많은 측면판이 오스테나이트의 쌍정경계에서 핵생성되는 경향을 보인다.

3.4 $\gamma \rightarrow \alpha$ 변태의 속도론

연속냉각 시 강의 오스테나이트 변태는 팽창법, 열분석, 전기저항측정과 같은 다양한 물리적 방법으로 연구할 수 있으며 결과들을 종합하면 변태가 냉각속도에 아주 민감함을 알 수 있다. Davenport와 Bain이 등온변태법을 처음으로 소개했는데, 여러 온도에서 등온 상태의 반응을 분석해 소재별로 시간-온도-변태(Time-Temperature-Transformation: TTT) 곡선을 만들었다. 변태곡선의 형태는 간략하게 표현하면 'C' 형태의 모양을 뚜렷하게 보인다(그림 3.5). 곡선의 노즈부는 반응이 가장 빠르게 일어난 온도를 의미하며 온도가 더 높아지거나 낮아지면 반응이 느려진다.

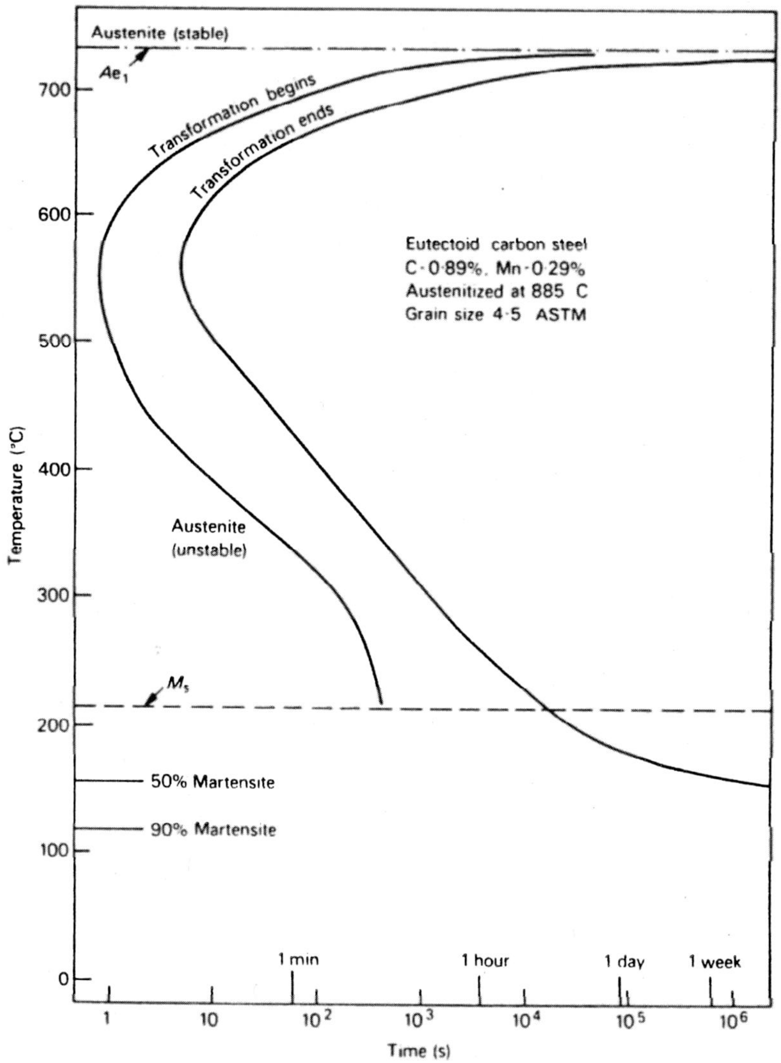

그림 3.5 0.89% 탄소강의 TTT 곡선

이것은 일반적으로 다음과 같이 설명된다. 공석온도 부근에서 변태시킨 공석강의 경우, 과냉도 ΔT가 낮기 때문에 변태의 구동력이 작다. 하지만 ΔT가 증가하여 구동력이 증가하면 반응이 빨리 일어나 곡선의 노즈부에서 최대속도를 보인다. 이 온도보다

온도를 더 낮추면 변태의 구동력은 더욱 증가하겠지만 낮은 온도에서 속도 의존적 원소들의 확산속도가 낮아져 반응이 지연된다. 일반 탄소강의 경우 탄소와 철이 이러한 속도 의존적 원소들로 볼 수 있다.

0.8%C 공석탄소강의 TTT 곡선이 가장 간단한 예다. [그림 3.5]에서 TTT 곡선은 넓은 온도영역에서 변태 개시와 종료 시간을 측정한 두 곡선으로 구성된다. 강의 탄소함량이 공석조성보다 낮으면 펄라이트 변태 이전에 페라이트 반응이 일어나므로 이 반응에 관한 별도의 곡선을 동일곡선에 중첩시킨다. 동일하게 과공석강의 경우에는 시멘타이트 변태를 추가로 중첩시켜 나타낸다. TTT 곡선은 오스테나이트에서 펄라이트로의 핵생성과 성장에는 잘 적용되지만 낮은 온도에서는 베이나이트와 마르텐사이트와 같은 다른 상이 나타날 수 있다. 이 상들은 페라이트와 펄라이트와는 다른 특성을 가지므로 5장과 6장에서 별도로 설명한다.

3.4.1 페라이트의 성장속도론

입계타형의 길이 및 두께 방향 성장에 대해 연구가 진행되었는데, 먼저 두께 방향 성장에 대해 다룬다. 경계 선단 오스테나이트 내의 탄소의 확산을 통해 오스테나이트 입자 쪽으로 타형이 1차원적으로 두꺼워지는 경우를 생각해보자.

페라이트의 탄소 고용도($c^{\alpha\gamma}$)가 오스테나이트($c^{\gamma\alpha}$)보다 낮으므로 탄소가 오스테나이트로 분배(partition)된다. 페라이트가 성장함에 따라 오스테나이트 내에서의 페라이트 확산역도 증가한다. 따라서 용질원자가 보다 먼 거리를 확산해야 하므로 성장이 늦추어진다. 나중에 확인되겠지만 페라이트의 두께는 시간의 제곱근에 비례하므로 성장속도가 시간이 증가함에 따라 느려진다. Zener는 기지(matrix)의 농도 기울기가 일정하고 일정 거리 이상 떨어진 부위의 농도 $\bar{c}$는 변하지 않는다(기지가 진행경계면에 수직방향으로 무한하다)는 가정을 하여 식을 유도했다. 이것은 문제의 본질을 훼손하지 않고 단지 수학적 간편화를 위한 것이다.

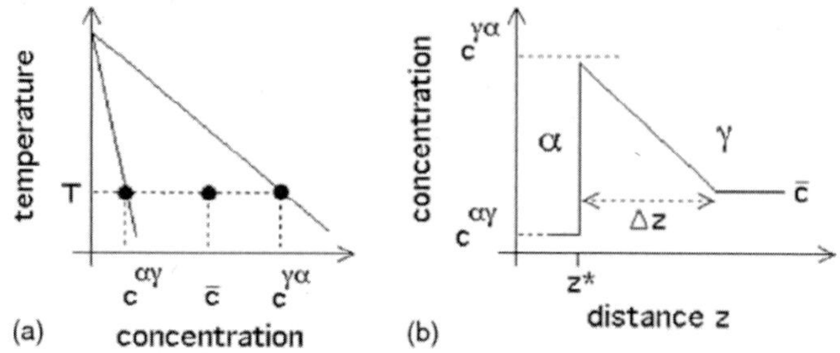

그림 3.6 상변태도와 농도분포의 관계(확산제어 성장 시 페라이트/오스테나이트 경계면에서의 농도 기준)

일반 탄소강의 등온변태에서 경계면의 농도는 [그림 3.6]에 보인 바와 같이 상태도의 연결선(tie line)으로 주어진다. 경계면으로부터 용질원자의 확산유동은 용질원자가 석출물에 편입되는 속도와 동일해야 하므로

$$\underbrace{(c^{\gamma\alpha} - c^{\alpha\gamma})\frac{\partial z^*}{\partial t}}_{\text{Rate solute partitioned}} = \underbrace{-D_{\mathrm{C}}^{\gamma}\frac{\partial c}{\partial z}}_{\text{Diffusion flux from interface}} \simeq D_{\mathrm{C}}^{\gamma}\frac{\bar{c} - c^{\gamma\alpha}}{\Delta z} \tag{3.1}$$

여기서 z는 경계면에 수직한 좌표로서 경계면 위치에서 z^*의 값을 갖는다. 경계면의 위치($z = z^*$)에서 농도기울기가 평가된다.

두 번째 식은 총 질량보존을 고려해 유도할 수 있다.

$$(c^{\alpha\gamma} - \bar{c})z^* = \frac{1}{2}(\bar{c} - c^{\gamma\alpha})\Delta z$$

식을 정리해 Δz를 소거하면

$$\frac{\partial z^*}{\partial t} = \frac{D_{\mathrm{C}}^{\gamma}(\bar{c} - c^{\gamma\alpha})^2}{2z^*(c^{\alpha\gamma} - c^{\gamma\alpha})(c^{\alpha\gamma} - \bar{c})}$$

따라서

$$z^* = \frac{(\bar{c} - c^{\gamma\alpha})}{\left[2(c^{\alpha\gamma} - c^{\gamma\alpha})(c^{\alpha\gamma} - \bar{c})\right]^{\frac{1}{2}}} \times \sqrt{D_{\mathrm{C}}^{\gamma} t} \tag{3.2}$$

Fe-Mn-C와 같은 3원계 강을 고려하면 식 (3.1) 형태의 2가지 식을 만족시켜야 하고 동시에 각각의 용질에 대해

$$\begin{aligned} (c_{\mathrm{C}}^{\gamma\alpha} - c_{\mathrm{C}}^{\alpha\gamma})\nu &= -D_{\mathrm{C}}^{\gamma} \nabla c_{\mathrm{C}} \\ (c_{\mathrm{Mn}}^{\gamma\alpha} - c_{\mathrm{Mn}}^{\alpha\gamma})\nu &= -D_{\mathrm{Mn}}^{\gamma} \nabla c_{\mathrm{Mn}} \end{aligned} \tag{3.3}$$

$D_{\mathrm{C}}^{\gamma} \gg D_{\mathrm{Mn}}^{\gamma}$이므로 이러한 식들은 합금성분 $\bar{c}_{\mathrm{C}}$, $\bar{c}_{\mathrm{Mn}}$을 지나는 연결선(tie line)에 대해서는 일반적으로 동시에 충족되지 않는다. 그러나 식 (3.3)을 만족하는 다른 연결선을 선택할 수 있다. 만약 연결선이 $c_{\mathrm{C}}^{\gamma\alpha} = \bar{c}_{\mathrm{C}}$(즉 [그림 3.7a]에서 A합금의 cd선)이라면 ∇c_{C}가 아주 작아지게 되어 탄소확산의 구동력이 실제로 줄어들고 탄소원자의 유동이 망간의 확산과 비슷한 수준으로 줄어든다. 이러한 기구에 의한 페라이트 형성은 PLE(분배, 국부평형: Partitioning, Local Equilibrium) 기구에 의한 성장이라 부르며 $c_{\mathrm{Mn}}^{\alpha\gamma}$는 $\bar{c}_{\mathrm{Mn}}$와의 차이가 클 수 있다는 사실을 고려하면 망간으로 하여금 오스테나이트로의 상당한 분배와 장거리(long-range) 확산이 가능토록 해준다.

또 다른 연결선으로 $c_{\mathrm{Mn}}^{\alpha\gamma} \rightarrow \bar{c}_{\mathrm{Mn}}$(즉 [그림 3.7b]에서 B합금의 cd선)을 생각하면 아주 적은 양의 망간이 오스테나이트로 분배되어 ∇c_{Mn}이 크게 증가한다. 따라서 경계면에서의 망간 원자의 유동이 증가하고 망간의 확산이 탄소의 확산과 비슷하게 일어나 식 (3.3)의 질량보존 조건을 만족시킨다. 이러한 기구에 의한 페라이트 형성은 NPLE(분배 거의 없음, 국부평형: Negligible Partitioning, Local Equilibrium) 기구에 의한 성장이라 부르며 페라이트의 망간 함량이 근사적으로 $\bar{c}_{\mathrm{Mn}}$과 동일하다는 사실을 고려하면 망간의

오스테나이트로의 분배가 일어난다 해도 아주 소량에 국한된다.

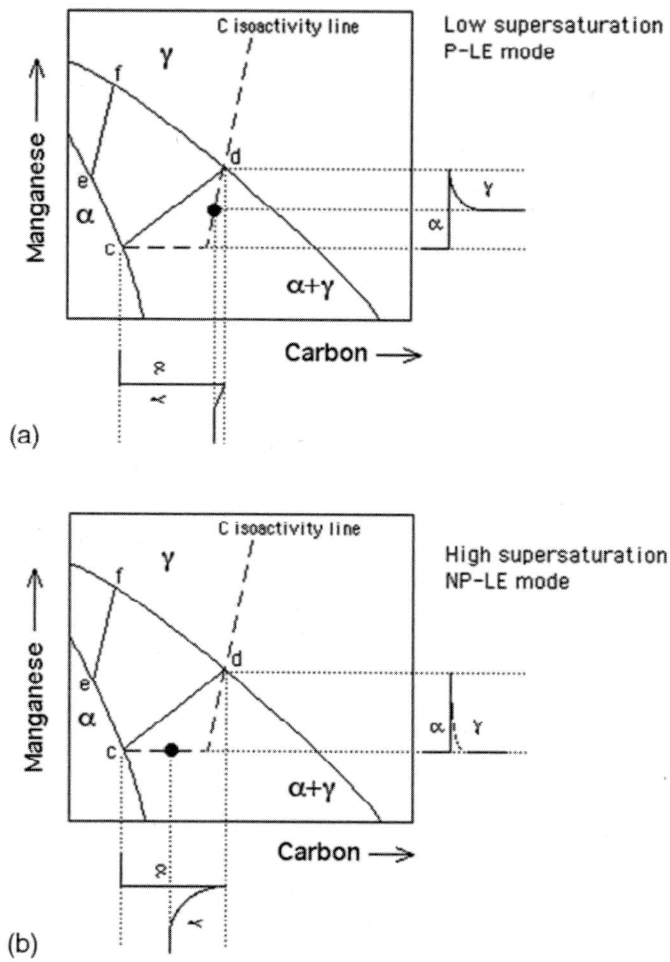

그림 3.7 α/γ 국부평형 하에서 페라이트의 성장을 보여주는 Fe–Mn–C계의 등온단면의 그림. (a)낮은 과포화도에서의 성장(PLE). 망간의 벌크(bulk) 재분포, (b)높은 과포화도에서의 성장(NPLE). 변형 중 무시할 정도의 망간 분배. 벌크 합금의 조성은 각각의 경우에 • 으로 나타냈다.

어떤 상황에 의해 성장이 PLE와 NPLE 모드로 결정되는가? [그림 3.8]은 PLE와 NPLE 둘 중 하나가 가능한 도메인으로 나눈 Fe-Mn-C 상태도를 보여주고 있다. $\alpha+\gamma$ 상 영역에서 각 연결선에서 직각삼각형을 그려 꼭짓점을 모두 연결해 도메인을 구한다. 예를 들어 PLE 도메인에서 NPLE 조건을 정하고자 하면 경계면 조성을 정해주는 연결선이 오스테나이트와 페라이트 모두 $\bar{c}_C$보다 적은 탄소를 함유하는 것으로 틀리게 보여주는데 이것은 물리적으로 불가능한 것이다.

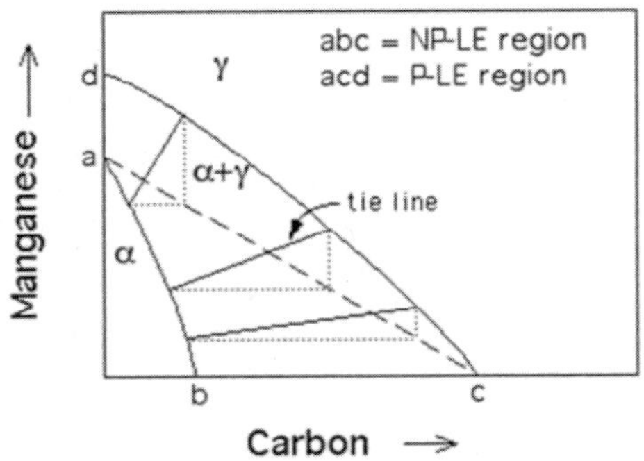

그림 3.8 PLE나 NPLE 변태모드가 가능한 2상 영역의 공간

Para-평형은 제한된(constrained) 평형을 의미한다. 이것은 주어진 온도가 시간 내에 치환형 용질원자의 확산을 일으키기는 불가능한 온도지만 침입형 원자의 이동성은 비교적 높게 유지될 수 있을 때 일어난다. 페라이트와 오스테나이트 사이에 망간의 분배가 일어나지 않는 상황에서 탄소가 재분포해서 두 상의 화학적 퍼텐셜을 동일하게 맞추어 준다. 망간이 페라이트와 오스테나이트 사이에 분배되지 않으므로 상태도의 연결선(그림 3.9)은 탄소 축과 사실상 평행하게 놓인다. [그림 3.10]에 보인 바와 같이 3원계 상태도의 등온단면에서 para-평형 상경계는 반드시 평형 상경계 안에 놓인다.

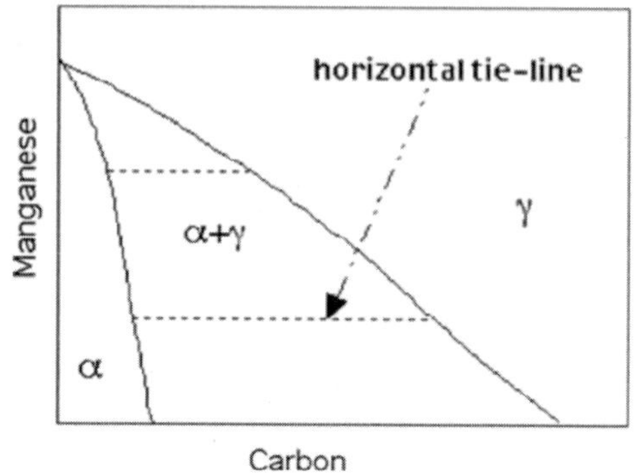

그림 3.9 Para-평형상태도

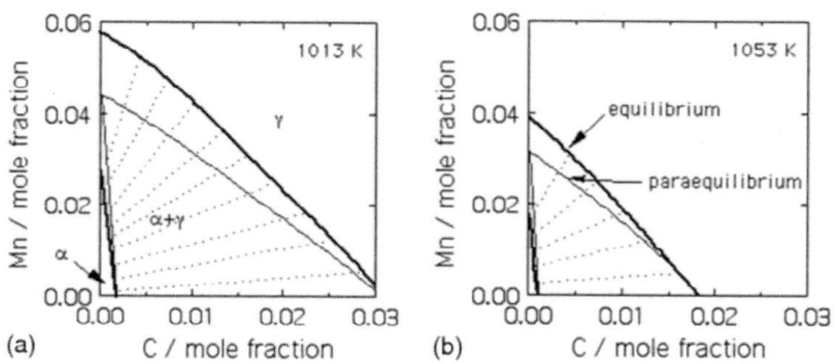

그림 3.10 평형 상영역 안에 놓인 para-평형 상영역. 보여진 연결선들은 평형 상태의 경우에 대한 것이다.

타형의 두께는 시간에 따라 포물선 형태로 증가하므로(그림 3.11a), 페라이트가 두꺼워짐에 따라 성장속도는 줄어든다. 이것은 페라이트가 두꺼워짐에 따라 오스테나이트 쪽으로 배출되는 탄소함량이 증가해 변태 선단으로부터의 탄소 확산이 더욱 어려워지기 때문이다.

Zener와 그 이후에 Hillert는 성장속도가 오스테나이트 내의 탄소확산에 의해 조절된다는 가정 하에 곡률 끝단의 타형 가장자리를 따르는(edgewise) 성장(그림 3.11b)에 대해 이론적으로 연구했다. 기다란 판 형상은 성장하는 페라이트에 의해 배출된 탄소가 판의 측면으로 밀려 나와 분포하게 된다는 것을 의미한다. 따라서 판 선단부 전방의 탄소농도 프로파일은 판이 길어져도 거의 일정하게 유지된다. 결과적으로 두께성장과는 달리 타형 페라이트의 길이성장은 일정속도 G_L로 일어난다.

$$G_{\mathrm{L}} = D_{\mathrm{C}}^{\gamma} \frac{(c^{\gamma\alpha} - \bar{c})}{4r'(\bar{c} - c^{\alpha\gamma}) \sin\phi} \tag{3.4}$$

여기서

r'는 입자교차점에 인접한 타형의 곡률 반경(그림 3.11).

ϕ는 상경계와 입계의 상대에너지에 의해 결정되는 평형 성장각도(그림 3.11).

$\sin\phi$ 항은 타형의 각 측면이 γ/γ 입계와 $\phi - \pi/2$의 각도를 이루기 때문이다(그림 3.11).

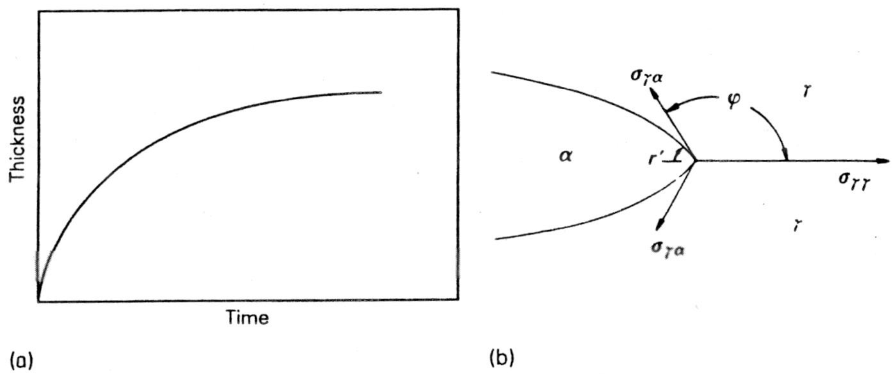

그림 3.11 (a)식 (3.1)에 의해 표현된 포물선형 두께성장 추이, (b)페라이트 타형 선단부에서의 경계에너지

3.4.2 Widmanstätten 페라이트의 성장 속도론

페라이트 판(Widmanstätten 페라이트)의 성장에 식 (3.4)를 적용하기 위해서는 $r' \sin\phi$를 판 가장자리의 곡률 반경 r로 바꾸어준다. 성장속도 G_L은 탄소농도와 온도에 대한 D_C^γ의 변화를 고려함으로써 보다 정확하게 표현할 수 있다. 실제로 Widmanstätten 페라이트에서 길이방향 성장속도는 판의 곡률반경이 증가함에 따라 최댓값을 보인다(그림 3.12). 이것은 선단부 반경이 작으면 잉여탄소의 확산방출이 더욱 빨라지기 때문이지만 반경이 작을수록 체적에 대한 표면적 비율을 증가시켜 많은 비율의 에너지가 표면을 생성시키는 데 소모되기 때문이다. Zener는 판이 최대성장속도에 해당하는 반경을 갖는다는 것에 대해 의문을 제기했지만 실제 관찰결과가 이를 뒷받침한다.

열전자방출(thermionic emission) 현미경을 이용한 Widmanstätten 페라이트 판의 두께방향 성장에 관한 연구결과 공정이 불규칙함을 밝혔다(그림 3.13). 이러한 불규칙성은 두께성장이 스텝(step)의 반복된 이동에 의해 일어나는 것을 암시하는 것으로 해석되었다. Jones와 Trivedi는 이러한 스텝의 속도 ν를 구하는 식을 다음과 같이 제시했다.

$$\nu = \frac{D_C^\gamma (c^{\gamma\alpha} - \bar{c})}{\delta\beta(c^{\gamma\alpha} - c^{\alpha\gamma})} \tag{3.5}$$

여기서 δ는 스텝의 높이, β는 속도인자 $p = \nu\delta/2D_C^\gamma$의 함수다. 이 식은 스텝 높이가 실험을 통해 얻어지지 않으면 적용할 수 없다. 불규칙 성장의 또 다른 해석으로 먼저 생겨난 판 옆에서 새로운 판이 형성된다는 관찰에 근거한 것도 있다.

Widmanstätten 페라이트의 성장은 불변면 변형(invariant-plane strain)을 통한 형상변화가 수반되고 판의 연속적인 자기 조율적(self accommodating)성장이 일어나기도 한다. 이로 인해 오스테나이트 입자 표면에서 뻗어 나오는 쐐기 형상의 판 모양으로 대표되는 형상을 보인다. 따라서 합금강의 Widmanstätten 페라이트는 항상 치환형 용질원자의 분배가 없는 para-평형 기구에 의해 일어난다.

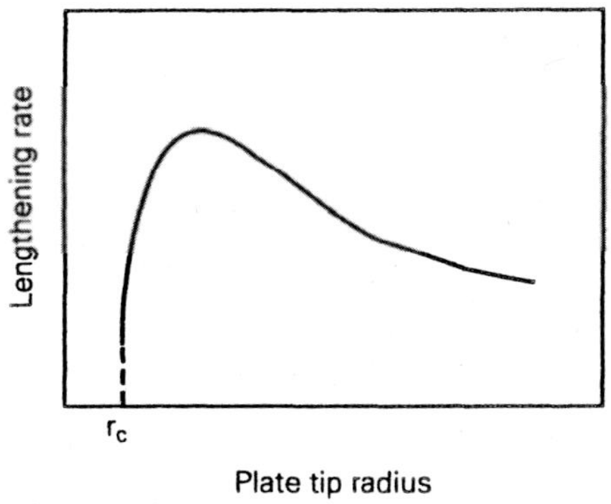

그림 3.12 판의 곡률반경의 함수로 나타낸 판의 길이방향 성장속도 변화 추이. r_c는 성장속도가 0이 되는 임계 반경

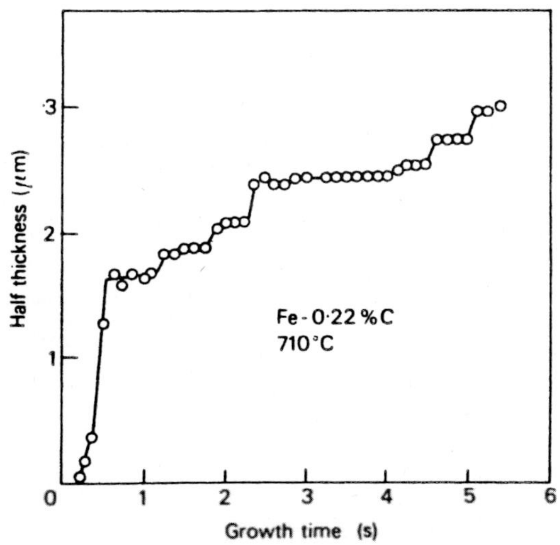

그림 3.13 710℃에서 Fe–0.22Cwt% 합금 페라이트 판의 두께방향 성장

3.5 오스테나이트-펄라이트 반응

펄라이트는 전체 금속조직에서 가장 많이 다루어지는 미세 조직일 것으로 보인다(그림 3.14a, b). 120년 전에 철과 철탄화물의 층상혼합물(lamellar mixture)상일 것이라 가정한 Sorby에 의해 발견되었다. 펄라이트는 다양한 강종에서 아주 보편적인 조직이며 강도에 상당한 기여를 하므로 널리 연구되어왔다. 이러한 형태의 층상 공석조직은 야금학적으로 널리 나타나는데 펄라이트가 이러한 것에 대한 총칭 명으로 사용된다. 이러한 조직들은 세포상(cellular) 석출반응과 유사점이 많다. 두 형태의 반응은 핵생성과 성장에 의해 일어나며(그림 3.14a) 확산에 의존한다. 펄라이트 핵은 오스테나이트 입계에서 생겨나며, 초석 페라이트나 초석 시멘타이트와도 관련된다. 상용강에서 펄라이트 노듈이 개재물에서 핵생성될 수도 있다.

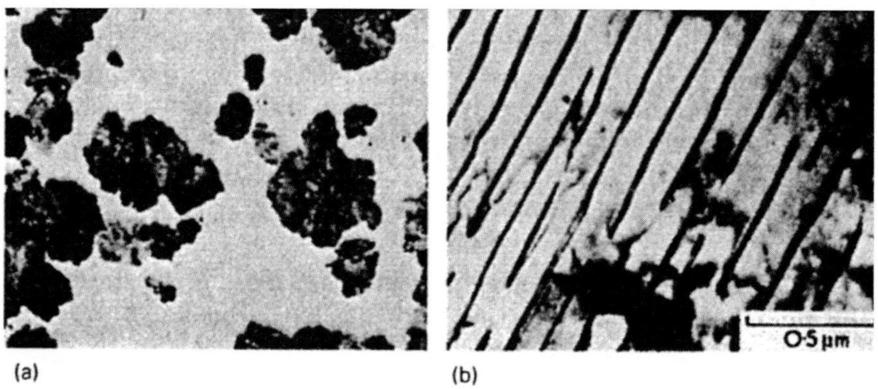

그림 3.14 0.8wt% 탄소강을 650℃에서 10초 동안 등온변태. (a)광학현미경 사진, ×80, (b)펄라이트 노듈뷰에서의 Thin-foil 전자현미경 사진. ×34,000

3.5.1 펄라이트의 형상

펄라이트는 오스테나이트 입계에서 반구형의 노듈 모양이 핵생성된 후 오스테나이트 내부로 점진적으로 성장해가는 모양을 보인다(그림 3.15). 핵생성 가능위치를 고찰하는 것에 부가해서 별개로 다음의 정보도 필요하다.

(a) 층(lamellar)의 수를 늘여가는 방법
(b) 상들 사이의 결정학적 관계
(c) 펄라이트/오스테나이트 경계의 상태
(d) 속도제어 공정

이러한 모든 질문에 대한 완전한 답이 존재하는 것은 아니지만 기본적인 원리는 이해하고 있다. Mehl 등의 이전 연구에 근거해 Hillert 등은 강이 조성적으로 아공석 또는 과공석인지에 따라서 펄라이트가 페라이트나 시멘타이트에서 핵생성이 가능하다는 것을 보일 수 있었다. 이러한 결론은 펄라이트형 페라이트(pearlitic ferrite)와 초석페라이트, 마찬가지로 펄라이트형 시멘타이트(pearlitic cementite)와 과공석(hyper-eutectoid) 시멘타이트의 격자연속성을 관찰한 결과에서 나온 것이다.

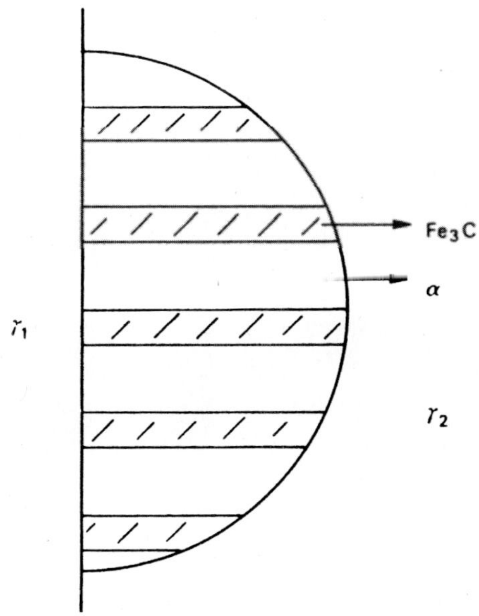

그림 3.15 오스테나이트 경계에서의 이상적인 펄라이트 모듈

Mehl 등은 펄라이트 노듈이 측면으로의(sideway) 핵생성과 가장자리(edgeway) 성장에 의해 형성된다고 보았다(그림 3.15). 이러한 방법으로 펄라이트 노듈이 성장하는 동안 얇은 층의 수가 급격히 증가하는 현상을 설명할 수 있었으며 Modin은 성장 중에 얇은 층의 분기(branching)에 의해서도 가능하다고 했다. Dippenaar와 Honeycombe 등은 13% Mn-0.8% C 탄소강의 Thin-foil 전자현미경을 이용해 망간의 첨가로 안정화된 오스테나이트 기지에서 성장 초기 단계의 아주 작은 노듈을 연구했다. 이 강은 과공석이므로 입계 시멘타이트가 펄라이트의 핵생성에 앞서 형성되며 펄라이트는 주로 시멘타이트에서 형성된다. 이 연구는 결론적으로 입계와 펄라이트형 시멘타이트의 연속성을 보여주었고(그림 3.16) 또한 시멘타이트와 페라이트 모두 특정 노듈 내에서 특정 배열을 가짐을 보였다. [그림 3.16]은 또한 Fe_3C층이 일으키는 초기의 분기를 보여주고 있다. 그러나 다른 노듈에서는 시멘타이트와 페라이트 레스의 측면(sideway) 핵생성이 관찰되었다. 펄라이트의 핵생성은 또한 순수한 오스테나이트 경계에서도 일어난다. Hillert는 페라이트에서도 일어남을 보였기 때문에 3가지 핵생성점 모두 유효하며 지배적인 핵생성점은 주로 조성에 의해 결정된다.

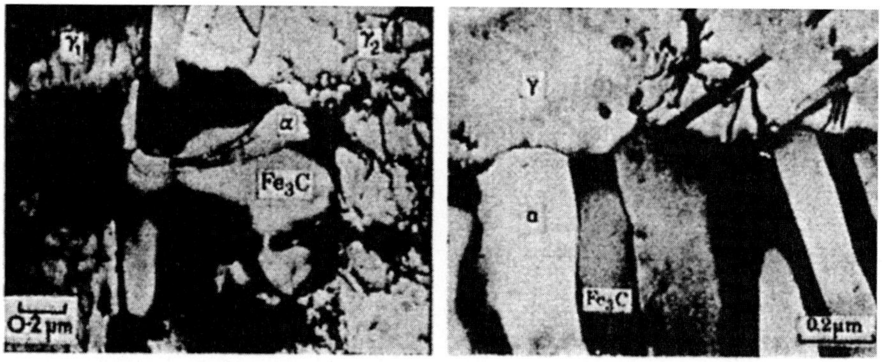

(a) (b)

그림 3.16 600℃에서 부분적으로 변태된 Fe–13Mn–0.8C. 오스테나이트가 페라이트, 시멘타이트와 함께 잔류한다. (a)입계 시멘타이트에서 펄라이트 노듈의 핵생성. (b)오스테나이트와 노듈의 경계. Thin–foil 전자현미경

C. S. Smith가 오스테나이트와 접하고 있는 이동성의 펄라이트 경계는 부정합 고에너지 경계이며 펄라이트형 페라이트와 시멘타이트가 방위적인 연계성 없이 성장함을 최초로 밝혔다. 따라서 이미 존재하고 있는 입계 시멘타이트와 페라이트에서 핵생성된 노듈들은 인접한 오스테나이트와 방위상의 상관성을 갖지 않는 경계상(boundary phase)을 품고 있는 고에너지 경계(high energy interface)를 선택한다.

Hillert 등은 펄라이트가 이러한 방식으로 핵생성 할 수 있는 적절한 열처리 방법을 제시했지만 저에너지 경계에서는 페라이트(또는 시멘타이트)의 Widmanstätten 성장이 일반적으로 관찰되었다. 전자현미경 관찰 시 펄라이트 경계는 오스테나이트와 부정합이다. [그림 3.16b]는 13Mn-0.8Cwt% 강을 나타내고 있으며 변태되지 않은 오스테나이트가 상온에서 잔류하고 있다.

펄라이트 층의 간격은 특정 강에서는 아주 예민한 인자인데 변태온도가 높을수록 간격이 커진다. Mehl 등에 의해 여러 강종에 대한 간격이 체계적으로 측정되었으며 공석온도 이하의 과냉도, 즉 ΔT가 증가할수록 간격이 줄어들었다. Zener는 최초로 x축 한 방향으로 성장하는 층 간격 S_0, 깊이 δ의 펄라이트의 체적(그림 3.17)을 고려한 이론적인 해석을 실시했다. 만약 dx 만큼의 성장이 일어나게 한다면 층 간격 당 변태되는 오스테나이트의 체적은 $S_0 \delta \, dx \rho$가 된다. 여기서 ρ는 밀도다. 이러한 체적의 펄라이트를 형성하는데 필요한 자유에너지 G는

$$G = \Delta H \left(\frac{T_e - T}{T_e} \right) S_0 \delta \, dx \rho \qquad (3.6)$$

여기서 T_e는 공석온도, T는 변태온도, ΔH는 변태 잠열이다.

이러한 새로운 체적의 펄라이트가 형성되면 새로운 페라이트와 시멘타이트 경계가 형성되어 경계면 에너지가 증가한다. 따라서

$$\text{경계면 면적 증가} = 2\delta dx$$

$$\text{경계면 에너지 증가} = 2\sigma\delta dx \qquad (3.7)$$

σ는 단위면적당 경계면 에너지다.

펄라이트 층의 성장은 표면에너지의 증가보다 변태로 인한 에너지 감소가 클 때에만 일어난다. 따라서 성장의 조건은 식 (3.4)와 식 (3.5)에서 구할 수 있다.

$$\triangle H\left(\frac{T_e - T}{T_e}\right)\rho S_0 = 2\sigma \tag{3.8}$$

이 식은 변형에너지를 무시한 아주 간단한 형태다. 또한 단위체적당 엔탈피 변화로 자유에너지를 구했으며 오스테나이트와 펄라이트의 비열도 동일하다고 가정했다.

그럼에도 불구하고 이 식은 변태에서 중요한 다음의 3가지 사항을 제공해준다.

1. 펄라이트 간격 S_0는 변태온도가 낮을수록 감소한다.
2. 간격의 미세화는 변태 시 자유에너지에 의해 제한된다.
3. 간격과 과냉도 사이에는 역비례 관계가 성립한다.

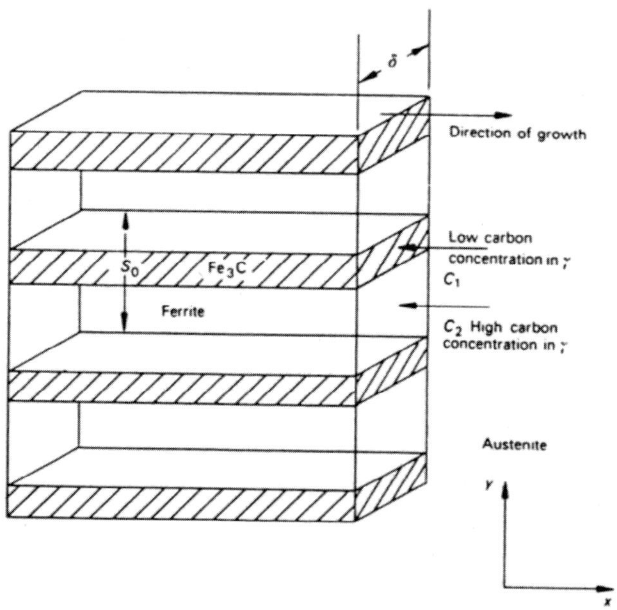

그림 3.17 펄라이트 성장모델

여러 일반강 및 합금강에 대해 간격의 온도 의존성을 [그림 3.18]에 나타냈다. Zener의 분석은 낮은 과냉도에서는 잘 일치했으나 ΔT가 증가할수록 더욱 산포되는 경향을 보였다. 이러한 산포의 부분적인 이유로 구식의 간격측정법을 들 수 있는데 복잡한 펄라이트 층 형상에서 노듈의 정확한 측정이 어려웠을 것으로 추정된다. 근래에는 강 봉(steel rod)에 큰 온도구배를 부여해 한 방향으로 펄라이트를 성장시킴으로써 산포문제를 상당부분 해소시켰다. 이 기술은 균일한 간격은 물론 성장속도와 간격 간의 밀접한 관계를 잘 보여준다.

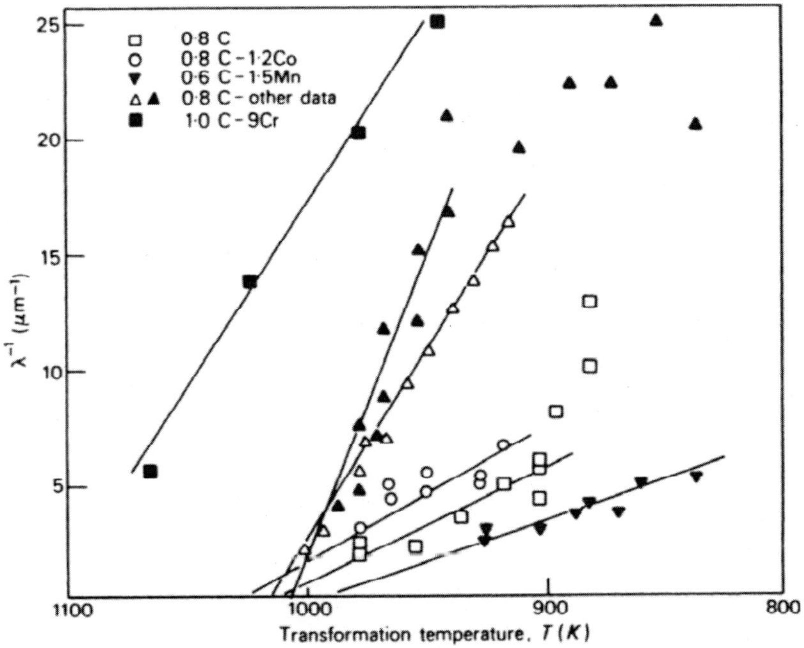

그림 3.18 온도의 함수로 나타낸 여러 합금의 펄라이트 층간 간격의 역수. 농도는 wt%

앞의 설명에서 주어진 합금과 변태온도에서의 층간 간격은 일정한 것으로 가정했다. 이것은 펄라이트의 평균 조성이 펄라이트가 성장해 나오는 오스테나이트의 조성과 동일한 일반 탄소강에서는 유효하다. 그러나 치환형 용질이 존재할 때는 상들 사이에 분배가 일어나 변태가 진행됨에 따라 오스테나이트가 과잉 또는 고갈될 수 있어 변태 구동력을 낮추게 된다. 이로 인해 펄라이트가 성장함에 따라 층간 간격이 증가하는 경우가 있는데 이것을 발산 펄라이트(divergent pearlite)라 한다.

일반 탄소강에서는 공석온도에서만 시멘타이트, 페라이트, 오스테나이트가 공존할 수 있다. 완전 펄라이트계 강에서는 모든 오스테나이트가 변태에 소모된다. 치환형 합금강에서는 3가지 상이 평형 상태에서 공존할 수 있는 온도영역이 존재한다. 이러한 온도영역에서의 변태는 완전히 종료되지 않고 미세 조직적으로 오스테나이트 내부에 펄라이트 콜로니(colony)가 관찰되는데 등온 변태된 Hadfield 망간강에서 흔히 관찰된다.

실제 펄라이트의 형상은 2차원 단면에서 명확하지 않은 때가 많다. 3차원적으로 각 콜로니는 시멘타이트와 페라이트의 상호 침입형 이중결정(interpenetrating bi-crystal)으로 구성되며 이것의 단면형상이 층(lamellar) 모양이 된다.

3.5.2 펄라이트의 결정학

전형적인 펄라이트 노듈에는 페라이트와 시멘타이트 2개의 상호침입형(interpenetrating) 단결정이 있는데 이 중 어느 것도 이들이 성장해 나오는 오스테나이트 입자와 방위상의 관련성을 갖지 않는다. 그러나 펄라이트 노듈 내의 시멘타이트와 페라이트 층 사이에는 뚜렷한 결정학적 방위관계를 갖는다. 최소 2가지의 관계가 알려져 있는데 가장 중요한 것은

Pitsch/Petch 관계

$(001)_c // (\bar{5}2\bar{1})_\alpha$

$[11\bar{3}]_\alpha$로부터 $(010)_c\, 2-3°$

$[131]_\alpha$로부터 $(100)_c\, 2-3°$

Bagaryatski 관계

$(100)_c // (0\bar{1}1)_\alpha$

$(010)_c // (1\bar{1}\bar{1})_\alpha$

$(001)_c // (211)_\alpha$

2가지 관계가 동일한 강에서 나란히 발견되었고 각각의 빈도는 예측 불가하게 변한다. Thin-foil 전자현미경을 통해 순수 오스테나이트 경계에서 핵생성된 펄라이트 노듈은 Pitsch/Petch 관계를 보임을 확인했다. 펄라이트형 페라이트는 이 방향으로 성장이 일어나지 않는 오스테나이트 입자인 $\gamma1$(그림 3.15)과 방위관계를 보이는데 이 관계는 대부분 Kurdjumov-Sachs 관계와 유사하다. 또한 펄라이트형 시멘타이트도 Pitsch가 오스테나이트 내 Widmanstätten 시멘타이트에서 발견한 관계식에 의해 오스테나이트 입자 $\gamma1$과 관련된다. 펄라이트형 시멘타이트와 페라이트 모두 오스테나이트 입자 $\gamma2$와는 관련이 없다.

대조적으로, Bagaryatski 관계가 오스테나이트 입계에서 형성된 과공석 시멘타이트에서 핵생성된 펄라이트 노듈에서는 적용됨이 밝혀졌다. 이런 경우 펄라이트형 시멘타이트가 오스테나이트 입자 $\gamma1$과 Widmanstätten 시멘타이트에 대한 Pitch 관계식의 형태로 관련되는 반면, 펄라이트 내 페라이트는 오스테나이트 입자 $\gamma1$과 무관해진다. 명백한 것은 입계 시멘타이트가 새롭게 형성되는 페라이트로 하여금 오스테나이트 입자 $\gamma1$과의 접촉을 막아준다는 것이다. 또한 입계 시멘타이트와 펄라이트형 시멘타이트는 연속적이며 이는 동일 방위를 갖는다는 것을 의미한다. 이 경우에도 펄라이트형 페라이트와 펄라이트형 시멘타이트 어느 것도 오스테나이트 입자 $\gamma2$와는 관련이 없다.

따라서 실제 공석조성에 근접함에 따라 Pitsch/Petch 형태의 펄라이트 콜로니(colony)가 지배적인 것으로 예측되는 반면 Bagaryatski 형태의 콜로니는 높은 탄소함량에서 나타날 것이다. Bagaryatski 관계가 아공석강에서 탄소함량이 감소함에 따라 더욱 지배적일 것으로 보이지만 아직 최종적으로 증명되지는 않았다.

3.5.3 펄라이트 형성의 속도론

펄라이트의 형성은 핵생성과 성장의 적합한 공정 예다. 펄라이트가 오스테나이트 내의 선호 위치에서 핵생성한 후 핵이 서로 충돌할 때까지 성장한다. 공정은 관련된 원자의 확산에 의해 지배되므로 시간과 온도에 의존한다. Johnson과 Mehl은 펄라이트 반응에 핵생성과 성장의 자세한 해석을 적용해 변태된 오스테나이트의 분율(X)을 핵생성율 $\dot{N}$과 이 핵의 성장속도 G로 표현했다. 핵생성율 $\dot{N}$은 미변태 오스테나이트의 단위체적당 단위 시간(초)당 핵의 수로 정의했고 G는 단위시간당 반경방향의 성장, cm s^{-1}로 정의했다.

그들은 단순화를 위해 다음과 같은 주요 가정을 했다.

1. 핵생성은 무질서한 사건으로 간주
2. 핵생성율 $\dot{N}$은 시간에 대해 일정하다고 가정
3. 핵성장율 G는 시간에 대해 일정하다고 가정
4. 핵은 구형이고 이웃하는 구와 궁극적으로 맞닿게 된다.

시간 t 동안 변태된 오스테나이트의 분율 X에 대한 표현을 식 (3.9)에 나타냈다.

$$X = 1 - e^{-(\pi/3)\dot{N}G^3t^4} \tag{3.9}$$

이러한 관계식은 주어진 $\dot{N}$과 G에서 X를 t에 대해 나타내면 S자형의 곡선을 보인다.

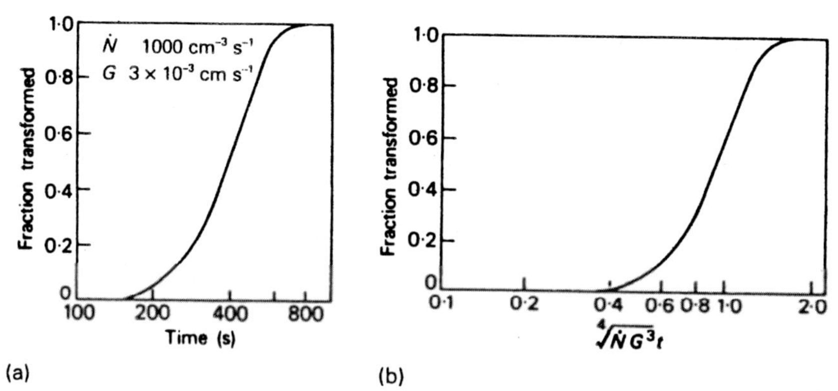

그림 3.19 펄라이트 반응의 속도론 (a)특정 $\dot{N}$과 G에서 계산된 곡선, (b)일반 핵생성의 주반응곡선

[그림 3.19a]에 특정 $\dot{N}$과 G값에서 대표적 곡선을 나타냈다. 만약 X를 $\sqrt[4]{(\dot{N}G^3)}t$로 표시하면 주어진 합금에서 핵생성과 성장공정에서 예상되는 속도거동을 표현하는 S자형의 주곡선을 얻는다(그림 3.19b). 그러나 실제 펄라이트반응은 위에서 나타낸 단순한 핵생성과 성장모델을 따르지 않으며 다음과 같은 어려운 점이 있다.

1. $\dot{N}$이 시간에 따라 일정하지 않다.
2. G는 노듈(nodule)에서 노듈로 시간에 따라 변한다.
3. 핵은 무질서하게 분포하지 않는다.
4. 노듈은 정확한 구형이 아니다.

이로 인해 Cahn과 Hagel은 펄라이트 반응에서 불균질 핵생성 양상을 고려해 새로운 이론적 접근을 시도했다. 모든 입계 핵생성 자리가 대등하지 않음을 지적했는데 입자 모서리가 가장자리보다 더욱 효과적이고 가장자리는 입자 표면보다 효과적임을 지적했다. Cahn은 이러한 특정 위치에서 핵생성이 빠르게 일어나 결국 자리포화(site saturation)가 반응 초기에 일어난다고 가정했다. 이러한 경우 반응은 반경 방향으로의 성장속도에 의해 좌우되지만 이론을 간편화시키기 위해, 이를 또 다시 일정하다고 가정했다. 입자 코너부에서의 자리포화를 가정해 변태되는 오스테나이트의 분율은 식 (3.10)과 같이 표현된다.

$$X = 1 - e^{-(4/3)\pi\eta G^3 t^3} \tag{3.10}$$

여기서 η는 단위체적당 입자 모서리의 개수다. 실제로 20% 변태 이전에 자리포화가 일어나게 되어 실제 핵생성율이 중요하지 않으므로 식 (3.10)에 포함되지 않았다. 반응 완료 시간 t_f는 간단하게 다음과 같이 정의한다.

$$t_f = 0.5\mathrm{d}/G \tag{3.11}$$

여기서 d는 오스테나이트 입자반경, d/G는 한 노듈이 한 입자를 흡수하는데 걸리는 시간이다. 따라서 입자 당 몇 개의 노듈만 있다면 t_f에 대한 위 식을 만족시키게 된다. Ae_1온도 이하로의 적은 과냉만이 핵생성율 $\dot{N}$을 충분히 낮추어 오스테나이트 입계에서의 자리포화를 피할 수 있게 할 것이다. 이러한 경우 $\dot{N}$은 전체 반응속도를 나타내는 식에 포함될 것이다. 측정된 핵생성율은 다음과 같이 시간에 따라 변한다.

$$\dot{N} = kt^n \tag{3.12}$$

여기서 k와 n은 상수다. 그러나 대부분의 실험조건에서 성장속도 G가 지배적이다.

펄라이트 핵의 성장속도는 특정 온도 하에서 시간을 증가시키면서 일련의 시료를 반응시켜 측정할 수 있다. 연마 및 에칭된 단면에 대한 측정결과 가장 큰 펄라이트 면적의 반경을 핵생성된 노듈의 투영(projection) 형상으로 가정해 이를 시간에 대해 작도할 수 있다. 대개 일직선형이 얻어지며 이것의 기울기가 G다(그림 3.20). G는 조직에 둔감한 것으로 밝혀졌는데 이는 입자크기, 탄화물 입자들의 유무 등이 별로 영향을 못 미친다는 의미다. 그러나 G는 온도, 특히 T_e 이하의 과냉도 ΔT에 대단히 민감해 TTT 곡선의 노즈부에 도달할 때까지는 과냉도가 증가할수록 G가 증가하며, G는 또한 존재하는 합금성분의 농도에도 크게 영향을 받는다.

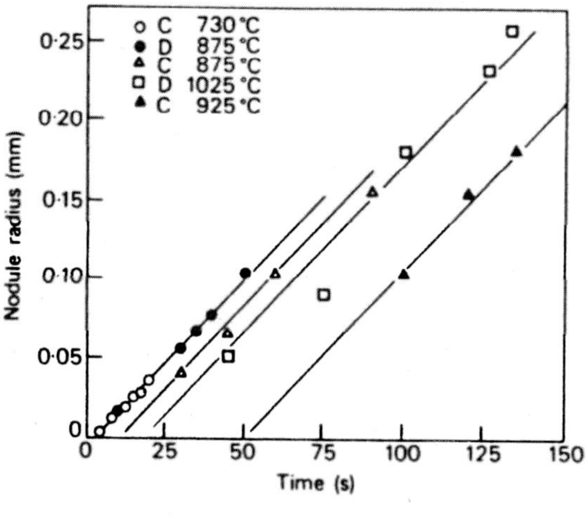

그림 3.20 2가지(C, D) 0.8C–0.6Mn wt% 강의 펄라이트 성장

펄라이트의 형성에 미치는 치환형 원소의 작용은 매우 복잡하다. 펄라이트는 확산성 변태이므로 이것의 성장은 철을 포함한 모든 원소의 확산을 필요로 한다. 따라서 치환형 용질은 반응온도에 무관하게 항상 상들 사이에서 분배된다. 펄라이트는 오스테나이트의 para-평형 변태에 의해 성장되지 않는다.

3.5.4 속도제어공정

일반 탄소강을 대상으로 한 초기 연구는 펄라이트 성장에서, 속도제어공정은 오스테나이트 내에서의 탄소확산으로 가정했으며 Mehl은 G에 대해 아래의 식을 제안했다.

$$G = \frac{K\,D_c^{\gamma}}{S_0} \tag{3.13}$$

여기서 D_c^{γ}는 오스테나이트 내 탄소의 확산계수, S_0는 펄라이트 층간 간격, K는 상수다.

성장속도는 반응의 구동력이 증가하기 때문에 변태온도가 낮아질수록 증가한다. 그러나 반응이 확산을 통해 진행되므로 온도저하에 따른 확산율 저하를 보정해주기 위해 확산거리가 감소되어야 한다. 결과적으로 온도가 낮아질수록 층간 간격은 감소한다.

따라서 Brandt와 Zener의 초기 이론에서는 오스테나이트 내의 탄소확산이 속도제어공정임을 가정해 펄라이트의 성장속도를 단순 모델로 계산했다. [그림 3.17]은 면상의 펄라이트 선단이 오스테나이트 입자로 진행하는데 사용된 모델을 보여주고 있다. 오스테나이트의 탄소농도는 시멘타이트 층의 중간부에서 낮고(c_1), 페라이트 층의 중간부에서 높다(c_2). c_1과 c_2의 값은 철-탄소 평형상태도에서로부터 구하는데 Hultgren이 제안한 오스테나이트-페라이트와 오스테나이트-시멘타이트 상경계로부터 구하며 필요시 외삽법(extrapolation)을 이용한다(그림 3.21).

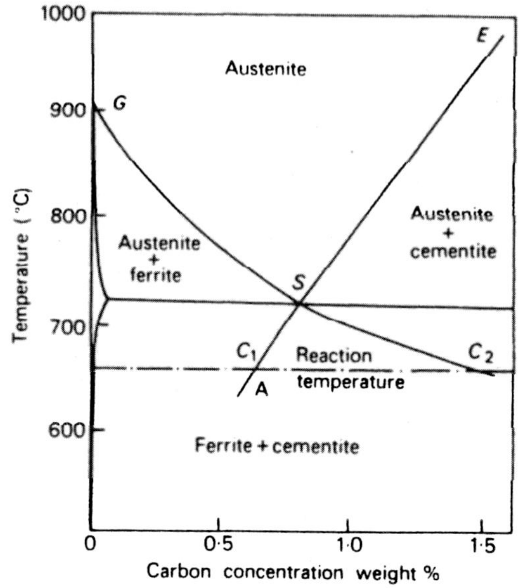

그림 3.21 Fe–C 상태도에서 상경계에 대한 Hultgren의 외삽법

Brandt는 적용 가능한 확산식을 풀어 식 (3.13)과 유사한 관계식을 얻었는데 이 식 또한 오스테나이트와 펄라이트 경계에서 발생하는 것으로 가정된 탄소농도차 c_1과 c_2를 이용해야만 K값을 구할 수 있다. Zener도 비슷하게 G에 대한 표현을 2개의 농도항을 포함시켜 비슷한 형태로 유도했다.

$$G = \left(\frac{\Delta c}{c_{\mathrm{p}} - c_{\gamma}} \right) \left(\frac{D_c^{\gamma}}{S_0} \right) \tag{3.14}$$

여기서 c_{p}와 c_{γ}는 2가지 상에서 단위체적당 용질원자수다. Δc는 진행하는 경계면에서의 오스테나이트의 농도차 $c_2 - c_1$을 의미하며 이것이 확산을 일으키는 용질원자의 농도 기울기이다.

그러나 이러한 초기 이론들은 Hillert, Cahn, Hagel, Kirkaldy와 Lundquist 등에 의한 이론들로 대체되어 왔으며 철–탄소 합금계가 보다 세밀하게 해석되었고 합금성분의 역할도 구체적으로 반영되었다. 여기서도 오스테나이트에서 탄소의 확산을 속도제어공정으로 가정했으며 일부 경우에서는 경계확산(boundary diffusion)을 속도제어공정으로 가정하기도 했다. Hillert는 후자의 접근법을 이용해 페라이트나 탄화물 층이 부근에 있느냐의 여부에 따라 오스테나이트가 경계면을 따라 주기적인 조성 차이를 보인다고 가정해 다음 관계식을 구했다.

$$G = \left(\frac{12AD_b\delta\, S_0^2(c_2 - c_1)}{S_\alpha S_\beta (c_\beta - c_\alpha)} \right) \left(\frac{1}{S_0^2} \right) \left(1 - \frac{S_c}{S_0} \right) \tag{3.15}$$

여기서

$D_b =$ 상경계 확산계수

$\delta =$ 상경계 두께

$A =$ 상수

c_1과 $c_2 =$ Hultgren 외삽에서 거론된 농도

$c_\beta =$ 시멘타이트 내의 탄소농도

$c_\alpha =$ 페라이트 내의 탄소농도

$S_0 =$ 펄라이트의 층 간격

$S_c =$ 성장속도가 0일 때의 펄라이트 층 간격

S_α와 $S_\beta =$ 페라이트와 시멘타이트 층의 폭

식은 체적확산을 포함하는 식들과 형태가 비슷하지만 S_0가 아닌 S_0^2항을 포함한다. 또한 현재 모델에서는 생성될 경계면에서의 오스테나이트 조성 차이를 고려해 경계면 앞 오스테나이트에서의 체적확산을 포함하고 있다.

3.5.5 펄라이트의 강도

펄라이트의 강도는 층 간격이 감소함에 따라 증가한다. Gensamer 등은 펄라이트로만 구성된 공석 탄소강의 항복강도는 펄라이트형 페라이트 평균 간격의 로그값에 역비례함을 보였다. 후에 Hugo와 Woodhead는 시험편 전체를 통해 균일한 펄라이트 조직을 보이는 3wt% 니켈강을 사용해 층 간격이 과냉도에 역비례함을 보였다. 이것은 항복강도와 인장강도(UTS)가 층 간격의 제곱근에 또는 과냉도에 역비례한다는 것을 보여준다. [그림 3.22]는 3Ni-0.67Cwt% 공석강에서 얻어진 선형적 관계를 보여준다.

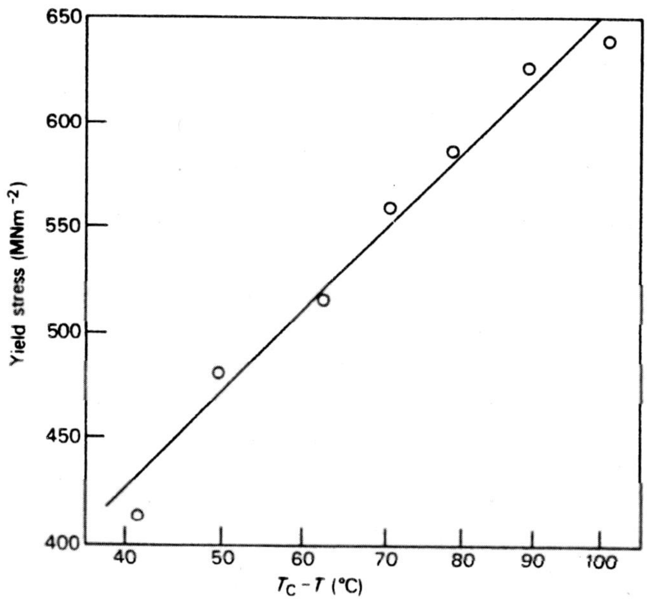

그림 3.22 0.67C, 0.49Mn, 2.92Ni wt% 펄라이트계 니켈강의 강도에 과냉도가 미치는 영향

0.3wt% 정도의 낮은 탄소함량에서도 초석 페라이트의 부분을 감안해주면 비슷한 결과를 나타냈다. 미세 조직적으로 펄라이트 체적분율이 적은 0.3wt% 이하의 저탄소강에서는 그 양상이 달라진다. 이러한 강에서는 페라이트 입자크기와 같은 다른 인자를 고정

한 후 항복강도를 평가하면 펄라이트가 증가해도 항복강도가 이에 현저하게 영향을 받지는 않는다. 그러나 인장강도는 펄라이트 함량에 민감하게 변한다. 이것은 펄라이트가 페라이트에 비해 훨씬 빠르게 가공경화되기 때문인데 이것은 가공경화와 펄라이트 함량 간의 선형적 관계(그림 3.23)로부터 설명될 수 있다.

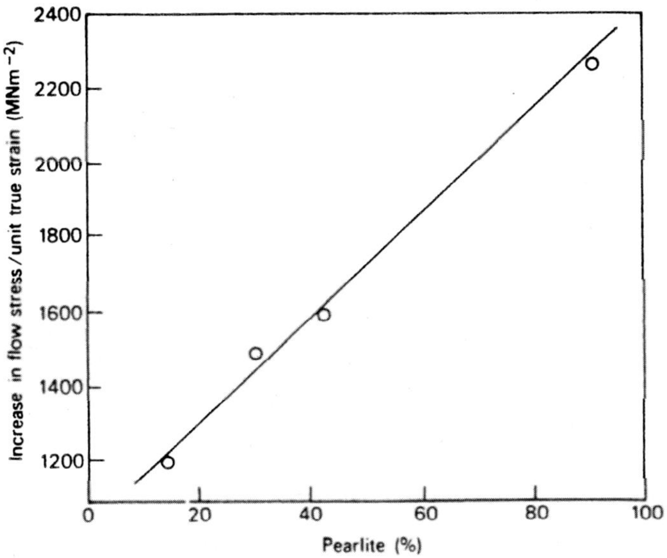

그림 3.23 가공경화에 미치는 펄라이트 함량의 영향

그러나 펄라이트는 일반 탄소강의 연성과 인성에 불리한 영향을 미친다. 예를 들면 탄소함량이 증가함에 따라 충격 천이온도(11장 참조)가 상당 부분 증가하게 되며(그림 3.24) 정량적인 분석결과 펄라이트 체적 1wt%는 천이온도를 약 2℃ 정도 상승시키는 것으로 나타났다. 미세 조직 내에 펄라이트의 존재는 균열이 쉽게 생성될 수 있는 자리를 제공하며 특히 페라이트-시멘타이트 경계가 그러하다. 하지만 균열이 다른 시멘타이트 층과 만날 때까지 페라이트를 통해 짧은 거리만을 전파할 수 있으므로 균열전파 동안 에너지가 흡수된다. 결과적으로 넓은 천이온도 영역이 존재하게 된다(그림 3.24). 펄라이트 조직의 충격시험 시 흡수에너지가 낮게 나타나는 것은 펄라이트 경계에서 많은 균

열의 핵이 발생될 수 있고 높은 가공경화속도로 인해 균열 부근에서의 소성변형이 제한되기 때문이다.

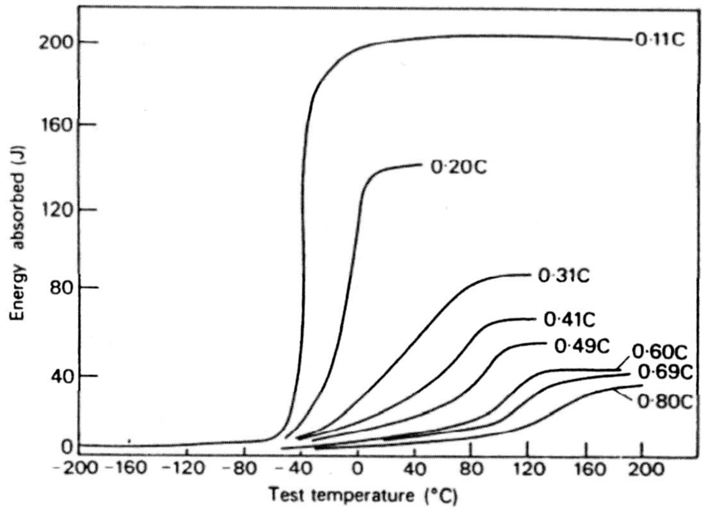

그림 3.24 샤르피 충격천이온도에 의해 측정된 인성에 펄라이트가 미치는 영향

3.6 페라이트-펄라이트 강

상용되는 많은 강들은 페라이트-펄라이트 조직을 갖는다. 합금원소가 강화 역할도 하겠지만 주로 제강 목적으로 합금이 첨가되는 많은 종류의 일반탄소강들이 이에 해당한다. 예를 들어 망간이 첨가되어 황과 결합하면 강화효과를 나타내며, 망간과 실리콘은 탈산제이고 알루미늄은 탈산제이자 입자미세화제이며 결과적으로 강화제의 역할도 한다. 많은 저합금 및 중합금강도 페라이트-펄라이트 조직을 갖지만 여기서는 일반 탄소강만 다룬다.

대부분의 일반탄소강은 퀜칭과 템퍼링의 열처리를 하지 않지만 다양한 조직들을 얻기 위해 속도를 달리해 냉각된다. 2가지 중요한 열처리가 노말라이징(normalizing)과 어닐링(annealing)이다.

노말라이징 노말라이징 공정에서는 강을 Ac_3 온도보다 100℃ 정도 높은 온도로 가열해 오스테나이트를 형성시킨 후 공냉을 통해 상변태를 일으킨다. 이를 통해 오스테나이트와 페라이트 입자크기를 미세화시켜 상대적으로 미세한 펄라이트를 얻는다. 높은 마무리(finishing)온도로 인한 조대한 미세 조직 때문에 열간압연 후에 실시하기도 한다. 노말라이징 동안의 냉각속도는 강의 치수에 의존하며 강제 공냉을 실시하기도 한다.

어닐링 어닐링된 강은 대개 상당히 높은 온도에서 오스테나이트를 형성시킨 후 노냉한 것을 말한다. 이로 인해 펄라이트 영역에서 변태가 많이 일어나 우수한 가공성을 갖는 조대한 펄라이트를 얻게 된다.

흔히 사용되는 다른 형태의 어닐링인 등온(isothermal) 어닐링은 강을 높은 하임계(subcritical) 변태온도로 냉각시켜 유지함으로써 페라이트와 조대한 펄라이트로 등온변태시키는 것을 말한다. 구상화(spheroidize) 어닐링은 보다 탄소를 많이 함유한 펄라이트강의 가공성을 개선시키기 위해 실시한다. 강을 Ae_1 온도 바로 아래에서 충분히 긴 시간 유지시켜 시멘타이트-페라이트의 표면에너지를 줄이기 위해 펄라이트의 층이 구상화되도록 한 것이다.

일반 페라이트-펄라이트 탄소강은 본질적으로 탄소와 망간에 의해 그 성질이 결정된다. 탄소 농도는 0.05~1.0wt% 범위이며 망간은 0.25~1.7wt% 범위다. [그림 3.25]는 두 원소의 변화에 대한 인장강도의 효과를 나타냈다. 3가지 주요 기구인 고용체강화, 입자미세화, 층상 펄라이트의 분산강화의 상대적 기여도를 회귀분석을 통해 결정해 나타낼 수 있었다. 나타낸 결과는 노말라이징된 조건의 강에서 얻은 것으로 오스테나이트 입자크기들이 근사적으로 비슷할 것이라는 사실을 암시한다. 일정 망간 수준에서 탄소함량 증가는 상당한 강도증가를 보이는데 이는 거의 전적으로 미세 조직 내 펄라이트의 비율 증가에 기인한다. 일정 탄소함량에서 망간함량의 변화는 3가지 강화기구가 모두 영향을 받으므로 더욱 복잡하다. 망간은 공석반응이 보다 낮은 탄소함량에서 일어나게 하여 미세 조직 내 펄라이트의 분율을 증가시킨다. 망간은 또한 효과적인 고용체 강화제이며 입자미세화에도 영향을 준다.

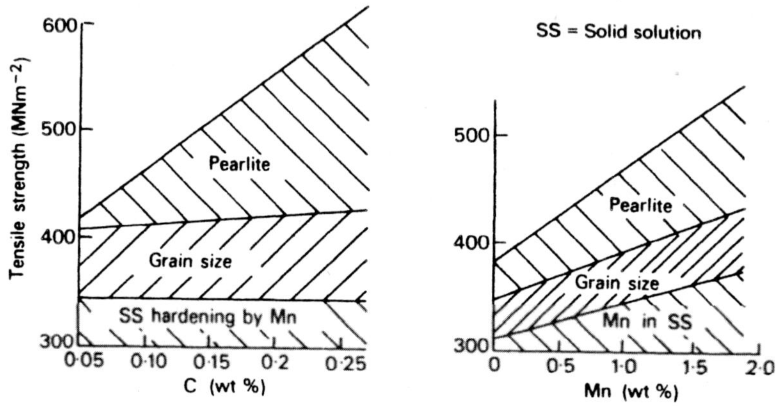

그림 3.25 C–Mn강의 강도에 기여하는 인자

탄소첨가가 노말라이징된 강의 강화를 위한 가장 저렴한 방법인 것은 확실하지만 이 강이 용접재로 사용되느냐의 여부에 따라 이러한 강화방법의 적용 범위가 결정된다. 고탄소강의 용접은 용접부에 균열이 쉽게 발생되므로 탄소농도를 0.2wt%보다 낮게 한정시켜야 한다. 이러한 경우 추가적인 강도는 망간함량을 1~1.5wt% 수준으로 올려서 고용체 강화로 강화시켜준다.

알루미늄, 바나듐, 티타늄, 니오브 등과 같은 미세합금원소를 0.1wt% 이하 수준으로 첨가해도 입자를 미세화 시킬 수 있다(9장). 알루미늄은 안정적인 AlN 입자를 형성시키는데 그 일부는 고온에서 오스테나이트의 입계에 잔류해 입계를 고정시켜줌으로써 입자성장을 억제시켜준다. 페라이트와 펄라이트로의 변태 시에는 강 내에 0.03wt% AlN 정도만 있어도 12 ASTM(5~6μm 직경) 입자크기까지 얻을 수 있다. 바나듐, 티타늄, 니오브는 아주 안정적인 탄화물을 형성하고 또한 오스테나이트 입계를 고착시켜줌으로써 오스테나이트의 변태 시 아주 미세한 페라이트 입자를 얻을 수 있도록 해준다(10장). 많은 일반 탄소강은 열간가공 상태에서 사용된다. 다시 말해 열간압연 후 후속 냉간압연이나 열처리 없이 사용한다. 고탄소로 인한 연성 및 용접성의 저하 문제로 인해 열간가공된 강은 저탄소강 및 중탄소강에 주로 적용되는 가장 경제적인 형태의 강이다.

가장 보편적인 열간 마무리된 일반 탄소강은 0.25wt% 이하의 탄소를 함유하며, 구조적 형상을 갖는 빌딩, 교량, 선박, 압력용기, 저장탱크용으로 사용되는 판, I-빔, 앵글의 제작에 주로 사용된다. 열간압연된 저탄소강 판재 또한 중요한 생산품이며 우수한 표면 마무리가 요구하지 않는 제품의 생산에 광범위하게 사용된다. 보다 우수한 표면 마무리가 요구되거나 냉간가공을 통한 추가적인 강도 상승이 필요하면 냉간압연을 실시한다. 그러나 복잡한 프레스작업을 위해 고품질의 판재가 필요하면 냉간가공된 강을 어닐링해 페라이트를 재결정시켜 줄 필요가 있다. 이것은 Ae_1 온도 이하에서 실시한다(하임계(subcritical) 어닐링).

0.2~0.5% 탄소를 함유한 탄소강은 밀폐형 다이나 드롭 해머(drop hammer)에도 널리 사용되고 샤프트나 기어류를 포함한 다양한 용도에도 사용된다. 일반 탄소강의 또 다른 주요 용도는 주조품이다. 0.25% C까지 함유하는 저탄소 주강은 적당한 강도와 연신율을 쉽게 얻을 수 있으므로 다양한 제품의 주조에 널리 사용된다. 240MN m^{-2}의 항복강도와 30%의 연신율을 이러한 주강의 대표 물성으로 볼 수 있다.

참고문헌

Bhadeshia, H. K. D. H., Diffusional formation of ferrite in iron and its alloys, Progress in Materials Science 29, 321, 1985.

Bhadeshia, H. K. D. H., Alternatives to the ferrite-pearlite microstructures, Materials Science Forum 284-86, 29, 1998.

Cahn, R. W., Haasen, P. and Kramer, E. J.(eds), Materials Science and Technology, Vol. 7, Constitution and Properties of Steels(ed. Pickering, F. B.).

Christian, J. W., The Theory of Phase Transformations in Metals and Alloys, 3rd edition, Pergamon Press, Oxford, 2004.

Dippenaar, R. J. and Honeycombe, R. W. K., Proceedings of the Royal Society of London SeriesA 333, 455-671, 1973.

Hackney, S. A. and Shiflet, G. J., Pearlite growth mechanism, Acta Materialia 35, 1019, 1987.

Hornbogen, E., in Physical Metallurgy(ed. Cahn, R. W.), 2nd edition, North Holland, Amsterdam, The Netherlands, 1970.

Howell, P. R., The pearlite reaction in steels: mechanism and crystallography, Materials Characterisation 40, 227, 1998.

Hutchinson, C. R., Hackenberg, R. E. and Shiflet, G. J., The growth of partitioned pearlite in Fe-C-Mn steels, Acta Materialia 52, 3565, 2004.

International Conference on Phase Transformations in Ferrous Alloys(eds Marder, A. R. and Goldstein, J. I.), American Society of Metals, Cleveland, 1984.

Leslie, W. C., The Physical Metallurgy of Steels, Mcgraw-Hill, Tokyo, Japan, 1982.

Phase Transformations, American Society for Metals, Ohio, USA, 1970.

Sinha, A. K., Ferrous Physical Metallurgy, Butterworths, Boston, USA, 1989.

Van derVen, A. and Delaey, L., Models for precipitate growth during transformation in Fe-C and Fe-C-M alloys, Progress in Materials Science 40, 181, 1996.

Zhenghong G., Furuhara, T. and Maki, T., Intragranular pearlite on MnS and VC inclusions, Scripta Materialia 45, 525, 2001.

Chapter 4

철-탄소합금의 합금원소 영향

γ상 영역과 α상 영역 4.1

강의 합금원소 분포 4.2

γ / α 변태 속도에 합금원소가 미치는 영향 4.3

합금원소 첨가에 따른 조직 변화 4.4

합금강의 변태곡선 4.5

참고문헌

4.1 γ 상 영역과 α 상 영역

이 책에서 철－탄소 평형상태도에 합금원소가 미치는 영향을 자세하게 다루기는 불가능한데, 가장 단순하게 생각해보더라도 넓은 온도영역에서 많은 수의 3원계 합금 상태도를 분석해야 할 필요가 있기 때문이다. Wever는 철 2원계 평형시스템을 γ 영역 개방형, γ 영역 밀폐형, γ 영역 확장형, γ 영역 수축형과 같은 4가지로 구분했다. 이러한 접근은 합금원소가 평형상태도에 2가지 방법으로 영향을 미침을 보여준다.

(a) γ 상 영역을 확장시켜 넓은 조성영역까지 오스테나이트를 형성. γ-안정화원소로 부름.
(b) γ 상 영역을 수축시켜 넓은 조성영역까지 페라이트를 형성. α-안정화원소로 부름.

상태도의 형태는 합금원소의 전자구조에도 어느 정도 영향을 받게 되며 이러한 전자구조는 주기율표의 상대적 위치에 반영되어 있다.

Class 1(γ영역 개방형): 강의 중요한 합금원소인 니켈, 망간 그리고 코발트와 루테늄, 로듐, 팔라듐, 오스뮴, 이리듐, 플레티늄 등과 같은 불활성 금속들이 이 그룹에 속한다. 니켈과 망간은 충분히 많이 첨가되면 bcc α상이 사라지고 실온에서 완전히 γ상으로 대체된다. 니켈과 망간은 γ상에서 α상으로의 변태온도를, 즉 Ae_1과 Ae_3를 낮추어준다(그림 4.1a). 또한 γ상 영역에서 상온으로 퀜칭을 통해 준안정 오스테나이트를 얻기가 쉬워지며 결과적으로 니켈과 망간이 오스테나이트강의 성분구성에 효과적인 원소다(11장).

Class 2(γ영역 확장형): 탄소와 질소가 이 그룹에서 가장 중요하다. γ상 영역을 확장시키지만 이것의 존재 영역이 화합물의 형성으로 제한된다(그림 4.1b). 구리, 아연, 금 등도 비슷한 영향을 미친다. 탄소와 질소에 의한 γ상 영역의 확장은 2.0wt%의 탄소 또는 2.8wt%의 질소까지 포함할 수 있는 균질한 고용체(오스테나이트)의 형성을 가능하게 하여 강의 열처리의 기초가 된다.

Class 3(γ영역 밀폐형): 많은 원소들이 γ상의 형성을 제한하고 상태도의 γ상 영역을 γ 루프라 불리는 적은 영역으로 수축시킨다(그림 4.1c). 이것은 관련된 원소들이 bcc 철(페라이트)의 형성을 촉진시킨다는 의미이며 그 결과 δ상 영역과 α상 영역이 연속된다. 따라서 이러한 합금들은 γ/α 상변태를 통한 냉각과 같은 통상적인 열처리를 따르지 않는다. 실리콘, 알루미늄, 베릴리움, 인 등과 같은 원소와 강한 탄화물 형성원소인 티타늄, 바나듐, 몰리브데늄, 크롬 등이 이 분류에 속한다. 이 원소들은 오스테나이트를 완전히 없애야 할 경우에 유용하다. 조대한 페라이트 입자조직은 변압기에 적용할 연자성(magnetically soft)용 강에 필요하다. δ 페라이트 입자는 녹는점에 가까운 온도에서 형성되므로 입자가 조대하다. 4wt% 실리콘을 첨가하면 오스테나이트를 형성시키지 않고 페라이트 입자를 상온에서 잔류시킬 수 있다.

Class 4(γ영역 수축형): 이 그룹에서는 보론이 가장 중요한 원소이고 탄탈륨, 니오브, 지르코늄과 같은 탄화물 형성원소도 여기에 속한다. γ루프가 심하게 수축되고 화합물의 형성이 수반된다(그림 4.1d).

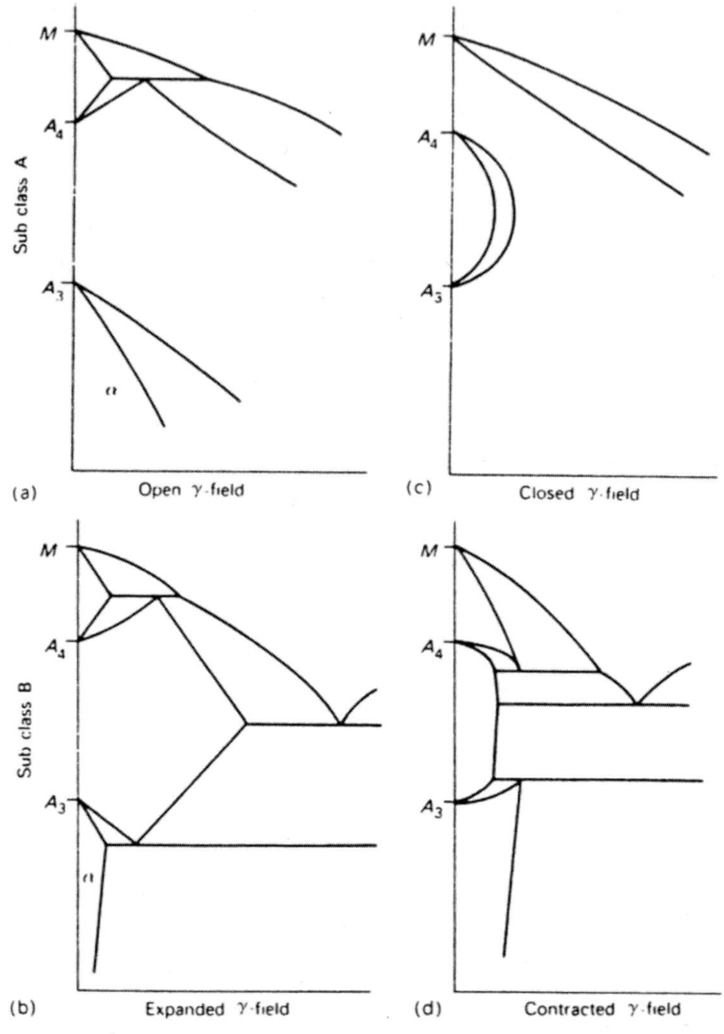

그림 4.1 철합금 상태도의 분류. (a)γ 영역 개방형, (b)γ 영역 확장형, (c)γ 영역 밀폐형, (d)γ 영역 수축형

전체적인 거동은 Zener와 Andrews에 의해 개발된 선을 따라 열역학적으로 잘 설명된다. 만약 c_α와 c_γ가 α상과 γ상에 있는 합금원소의 농도분율이라면 아래의 관계가 성립한다.

$$\frac{c_\alpha}{c_\gamma} = \beta e^{\Delta H/RT}, \quad 즉 \ \log_e \frac{c_\alpha}{c_\gamma} = \frac{\Delta H}{RT} + \log_e \beta$$

여기서 ΔH는 엔탈피 변화로서 $\Delta H\gamma$(γ상에 용해되는 단위용질 당 흡수된 열)에서 ΔH_α(α상에 용해되는 단위용질 당 흡수된 열)를 뺀 값이다.

페라이트 형성원소일 경우 $H_\alpha < H_\gamma$, $\therefore \Delta H$가 양수

오스테나이트 형성원소일 경우 $H_\alpha > H_\gamma$, $\therefore \Delta H$가 음수

간단한 처리를 통해, 근본적으로 다른 2가지 형태의 평형 상태도를 얻을 수 있다. 상태도의 상경계는 유사한 열역학적 식으로 표현되며 ΔH가 양수냐 음수냐에 따라 서로 거울대칭 모양을 보인다(그림 4.2). ΔH가 음수인 경우에는 γ상이 무제한적인 반면 ΔH가 양수인 경우에는 γ루프가 나타난다. ΔH는 첨가원소에 따라 광범위하게 변한다. [그림 4.3]에 보인 히스토그램은 합금성분의 상대강도를 ΔH로 나타냈다. 페라이트 형성원소는 (a)에 오스테나이트 형성원소는 (b)에 나타냈다.

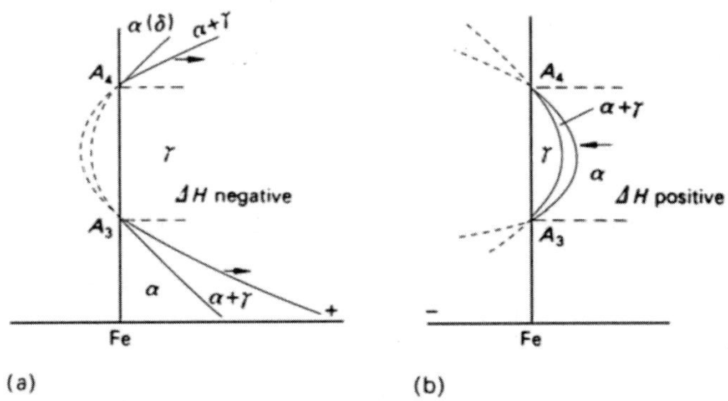

그림 4.2 두 가지 기본 상태도. (a)ΔH가 '음', $H_\alpha > H_\gamma$, 오스테나이트 형성원소일 경우, (b)ΔH가 '양', $H_\alpha < H_\gamma$, 페라이트 형성원소일 경우

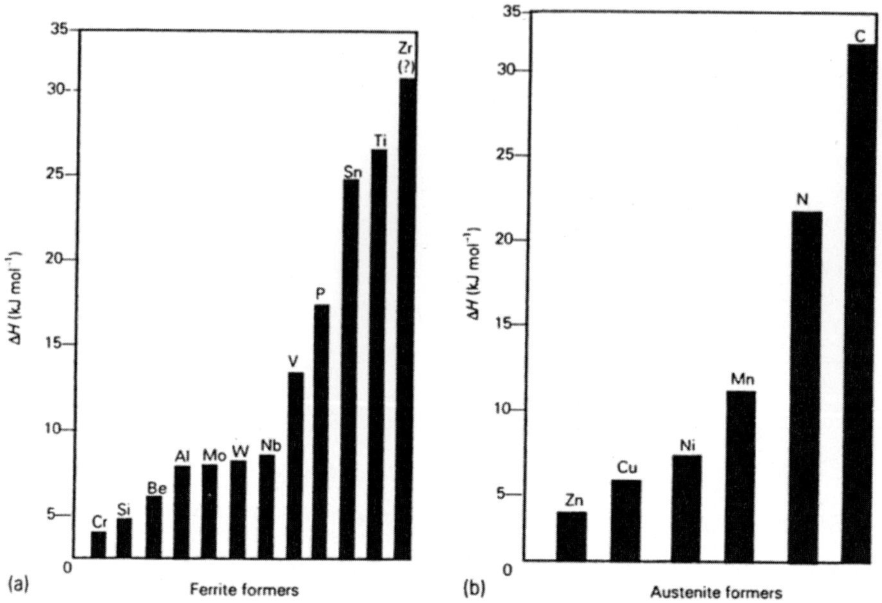

그림 4.3 합금성분의 상대강도. (a)페라이트 형성원소, (b)오스테나이트 형성원소

4.2 강의 합금원소 분포

지금까지 2원계만 주로 고려했지만 탄소가 3원계를 형성하기 위해 포함되더라도 유사한 원칙이 적용된다. 정해진 탄소함량에서 합금원소가 γ상에 첨가되면 용질의 특성에 따라 γ상 영역이 확장되거나 수축한다. 실리콘과 같은 원소가 첨가되면 γ상은 제한되고 α상의 확장이 일어난다. 만약 바나듐이 첨가되면 γ상이 수축되고 페라이트와 평형 상태에 있는 바나듐 탄화물이 페라이트상에 널리 존재한다. 니켈은 탄화물을 형성하지 않고 γ상을 확장시킨다. 서로 반대 성향의 원소들은 적절한 조합 시 대개 서로 상쇄효과를 보이지만 예외를 보이는 경우도 있다. 예를 들어 크롬이 니켈을 포함한 강에 약 18wt% 정도 첨가되면 18Cr-8Ni wt% 오스테나이트계 강에서와 같이 γ상을 안정화시킨다(12장).

Fe-C 계에서 γ상 영역에 합금원소가 미치는 영향을 정량적으로 보여주는 편리한 방법 중 하나는 3원 상태도의 Fe-C 면 위에 특정합금원소의 농도를 증가시키면서 γ상 영역의 경계를 나타내는 것이다. [그림 4.4]에 티타늄과 크롬의 경우를 나타냈다. 그림에서 티타늄의 경우 1wt% Ti 이상에서는 γ상 루프가 사라지는 반면 크롬은 20wt% Cr에서 γ상 루프가 사라짐을 알 수 있다. 다른 3원 상태도에서도 동일한 방법이 적용된다. Fe-V-C에서 바나듐은 티타늄과 크롬의 중간 정도 효과를 준다.

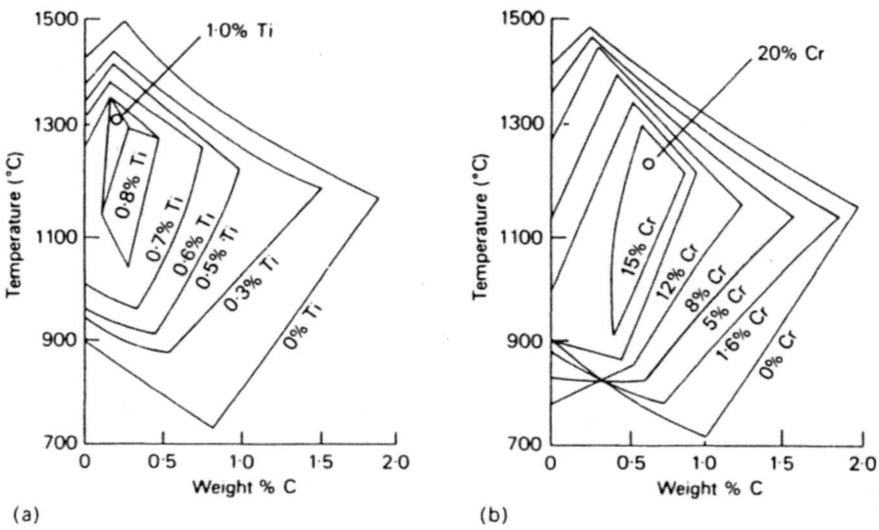

그림 4.4 γ상 영역의 경계에 합금원소가 미치는 영향. (a)티타늄, (b)크롬

더욱 정확하고 광범위한 정보를 얻기 위해서는 실제 3원 상태도 Fe-C-X에서 등온단면을 연속해서 분석할 필요가 있지만 잘 알려진 시스템에서도 이러한 정보를 완벽하게 얻기 어렵다. 분석특성 상 데이터를 얻기 쉽지 않고 매우 시간소모적인 분석과정을 거쳐야 하기 때문이다. 근래에는 컴퓨터를 이용한 방법 등을 통해 광범위한 열화학적 데이터와 상평형 데이터의 통합을 통해 광범위한 온도영역에 걸친 등온단면의 재현이 가능해졌다(14장). 이와 관련한 연구결과가 전문지[6]에 발표되었으며 Fe-Mn-C와 Fe-Cr-C

6) Calphad, Computer Coupling of Phase Diagrams and Thermochemistry, Pergamon Press, Oxford.

시스템[7]을 대상으로 데이터가 제공된 예가 있다.

서서히 냉각하면 오스테나이트가 페라이트와 탄화물로 변태하는 강종만을 고려한다면 합금성분은 다음의 3가지로 분류할 수 있다.

(a) 페라이트 상에만 들어가는 원소

(b) 안정적인 탄화물을 형성하고 페라이트 상에 들어가는 원소

(c) 탄화물 상에만 들어가는 원소

처음의 분류에는 변태 가능한 강 내에 존재하는 니켈, 구리, 인, 황 등의 원소가 해당되며 페라이트 상내에서 고용체로 존재하며 시멘타이트나 합금탄화물에서의 고용도는 매우 낮다.

강에서 사용되는 탄화물 형성 합금원소의 대부분이 두 번째 분류에 해당하며, 그 농도가 낮을 경우에는 시멘타이트 내에 고용체로 존재하지만 페라이트 내에서도 고용체를 형성하기도 한다. 보다 높은 농도에서는 대부분 시멘타이트에 비해 열역학적으로 훨씬 안정적인 합금탄화물을 형성한다. 대표적인 원소로 망간, 크롬, 몰리브데늄, 바나듐, 티타늄, 텅스텐, 니오브 등이 있다. 강에서 발견되는 합금 탄화물이나 질화물의 안정도를 시멘타이트의 안정도와 대비해 [그림 4.5]에 형성 엔탈피, ΔH로 나타냈다. 망간탄화물은 강에서는 발견되지 않지만 그 대신 망간이 Fe_3C 내에 고용체로 쉽게 들어간다. 탄화물상이 필요로 하는 탄화물 형성원소의 양은 강의 탄소함량에 의해 정해지는데 일반적으로 요구되는 양보다는 탄화물 형성원소가 과잉 함유되어 있다. 이러한 과잉원소는 탄화물형성원소가 아닌 니켈 및 실리콘과 함께 페라이트 내 고용체로 들어간다. 이러한 원소의 일부, 특히 티타늄, 텅스텐, 몰리브데늄 등은 페라이트 내에 치환형 고용체를 만든다. 세 번째 분류에는 탄화물에 최우선적으로 들어가는 몇몇 원소가 포함된다. 질소가 가장 중요한 원소이며 철 및 여러 합금원소들과 탄질화물(carbo-nitride)을 형성한다. 티타늄 및 알루미늄과 같은 아주 강한 질화물 형성원소가 존재하면 별도의 합금질화물 상이 만들어질 수 있다.

---

7) Hillert, M. and Walderström, M., Calphad 1, 97, 1977(Fe-Mn-C); Lundberg, R., Waldenström, M. and Uhrenius, B., Calphad 1, 159, 1977(Fe-Cr-C).

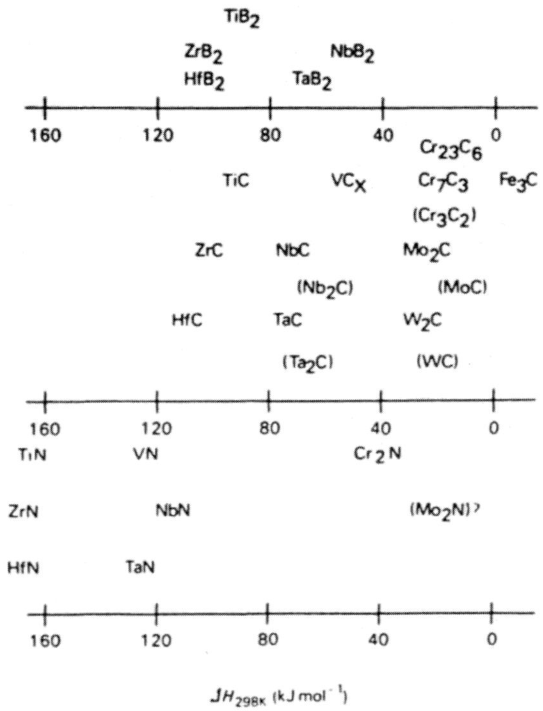

그림 4.5 탄화물, 질화물 및 붕소화물(boride)의 형성 엔탈피

Fe-C-X 3원 상태도가 단순한 강들에 존재할 수 있는 여러 상들을 이해하는데 큰 도움이 되지만 형성될 수 있는 평형상을 적절하게 묘사하기 위해서는 여러 온도에서의 등온단면이 필요하다. 보다 복잡한 강에서는 이러한 것을 얻기 쉽지 않으므로 평형상태도는 단지 생성 가능한 미세 조직에 대한 근사적인 지침만을 제공해준다. 일부 강들에 대해서는 준(pseudo) 2원계 상태도를 만들 수 있으므로, 이를 통해 특정 온도에서 존재할 수 있는 평형 상들을 개괄적으로 예측할 수 있다. 예를 들어 Cr-V 강은 열처리된 조건에서 널리 사용되며 크롬과 바나듐 모두 탄화물 형성원소다. 만약 0.2wt%의 탄소농도와 평형에 쉽게 도달할 수 있는 온도로 700℃를 선택했다면 그 온도에서 페라이트와 평형을 이루는 탄화물 상들을 넓은 조성영역에 걸쳐 구분해낼 수 있다. 상 영역을 [그림 4.6]에 보인 바와 같이 상태도 상에 크롬과 바나듐의 함수로 나타낼 수 있다. 시멘타이

트는 1.5wt% 크롬이나 0.6wt% 바나듐까지 안정함을 알 수 있으며, 다양한 조성의 상태도에서 여러 합금탄화물이 시멘타이트를 대체한다.

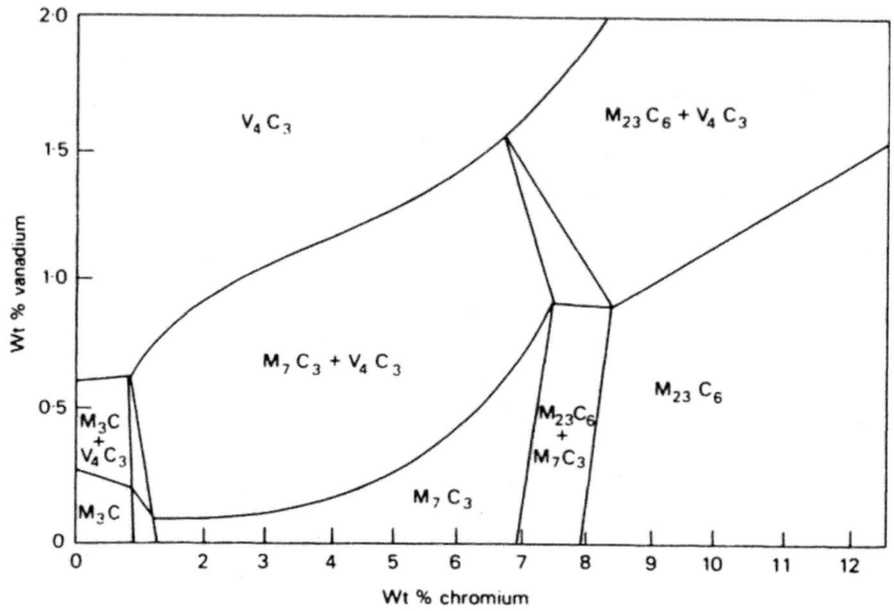

그림 4.6 700℃에서 0.2wt% C 강에 대해 바나듐과 크롬의 함수로 나타낸 탄화물 구성

4.3 γ/α 변태 속도에 합금원소가 미치는 영향

합금원소들은 페라이트나 탄화물상에 서로 다른 형태로 존재하게 되므로 오스테나이트의 분해가 일어나는 속도는 강 내 합금원소의 농도에 민감할 것으로 예상된다. 펄라이트와 페라이트의 성장이 모두 영향을 받게 되므로 이러한 반응들은 별도로 나누어 다룬다. 대부분의 합금원소들은 일반탄소강의 TTT 곡선을 오른쪽, 즉 변태 시간이 증가하는 쪽으로 이동시키지만 일부 소수의 원소들은 곡선을 보다 짧은 변태 시간 쪽으로 이동시킨다.

4.3.1 페라이트 반응에 합금원소가 미치는 영향

오스테나이트에서 초석(proeutectoid) 페라이트의 두 가지 다른 성장모드를 Fe-C-X 합금을 대상으로 관찰하였다. 실제 관찰된 모드는 합금의 조성에 의존하지만, 동일합금에서도 두 가지 모드가 서로 다른 온도에서 일어날 수 있다(3장). 이러한 모드로는

(a) 국부 평형조건에서 α와 γ 사이의 합금성분 X의 분배(partition)에 의한 성장
(b) 국부 평형조건에서 α와 γ 사이의 합금성분 X의 분배(partition)없이 성장

첫 번째 모드의 경우, 페라이트는 γ상에서의 X 합금원소의 확산율에 의존하는 상대적으로 낮은 속도로 성장한다. 이러한 거동은 합금조성에 민감하다. Fe-1.3at%, C-3.2at%, Mn 합금은 742℃에서 망간이 분배(partition)를 나타내지만 Fe-1.0at%, C-1.5at%, Mn 합금은 725℃에서 망간의 분배를 보인다. X가 Ni 또는 Pt인 합금들 또한 높은 변태온도에서 분배를 보인다.

분배 없는 모드에서는, X가 γ 안정화 원소인지 또는 α 안정화 원소인지의 여부에 따라 α/γ 경계면의 전방을 움직이는 확대 또는 축소의 좁은 영역을 포함한다. Aaronson과 Domian은 X=Si, Mo, Co, Al, Cr, Cu인 합금들은 모든 관찰온도 영역에서 이와 같은 치환형 용질의 분배가 부족하다는 것을 밝혀냈다. 반면 Ni, Mn, Pt는 γ상에 높은 분배경향을 보였다. 분배 없는 모드의 경우에는 성장속도가 상대적으로 높게 관찰되었는데 이것은 성장속도가 금속합금원소보다 월등히 빠르게 확산하는 탄소의 확산율에 의해 결정되기 때문이다. 그러나 X의 분배가 관찰되지 않았음에도 Fe-C-X 합금에서의 페라이트는 Fe-C 합금에 비해 훨씬 느리게 성장한다. 이것은 치환형 용질이 열역학적으로 α상보다 γ상을 안정화시키기 때문인데 이것도 이러한 느린 성장의 부분적 이유가 될 수 있다. [그림 4.7]에 Kinsman과 Asronson이 수행한 X=Mn과 Mo인 경우에 대한 연구결과를 나타냈다. Mo를 함유한 합금의 느린 성장을 변태가 일어나는 동안 α/γ 경계에 모여든 원자들로 인한 불순물 지연(impurity drag)으로 설명하였다.

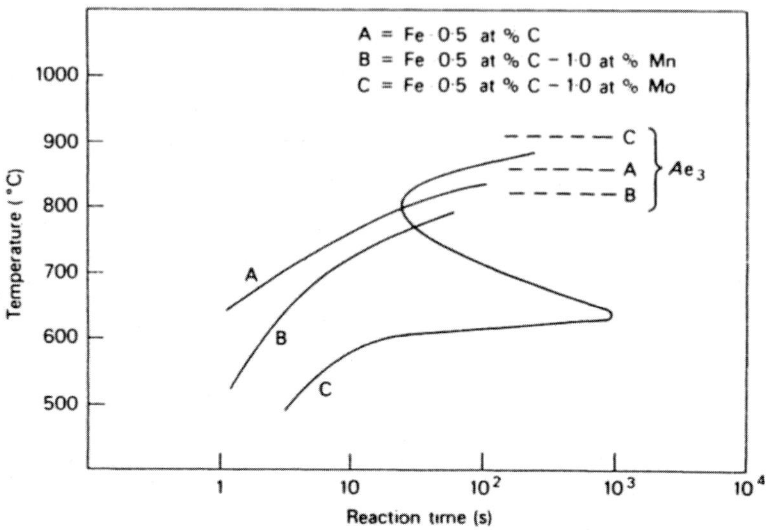

그림 4.7 페라이트 반응속도에 Mn과 Mo가 미치는 영향

페라이트 반응에 대한 세 번째 분석은 γ/α 경계에서의 para-평형상태를 제안했던 Hultgren에 의해 행해졌다. 이 경우의 변태는 치환형 용질들이 분배될 수 없는 속도로 일어난다. 따라서 치환형 용질/철원자의 비율이 어디서나 일정하게 유지된다. 이러한 제약조건 하에서 철 속에서 빠르게 이동할 수 있는 탄소는 γ/α 경계에서 국부적(para) 평형을 이룰 수 있을 정도로 분배된다. 이것은 준안정 모드 변태로서 페라이트의 성장이 합금원소 X의 분배 없이 탄소의 확산으로 조절되게 한다. 합금원소의 분배가 일어나지 않으므로 오스테나이트와 페라이트의 열역학적 안정도에 큰 영향을 미치게 되고 이를 통해 변태가 영향을 받는다.

4.3.2 펄라이트 반응에 합금원소가 미치는 영향

펄라이트 반응은 대표적 핵생성 및 성장반응이며 적절한 실험조건에서 핵생성속도 N과 성장속도 G를 결정할 수 있다(3장 참조). Mehl 등은 많은 합금원소들이 N과 G 모두를 낮추어준다고 했다. 예를 들어 공석조성의 Mo강은 N과 G 모두 낮아졌고 니켈강도 비슷한 경향을 보였다. 여러 강종에 대한 성장속도를 합금원소에 대한 원자농도의 함수로 [그림 4.8]에 나타냈다.

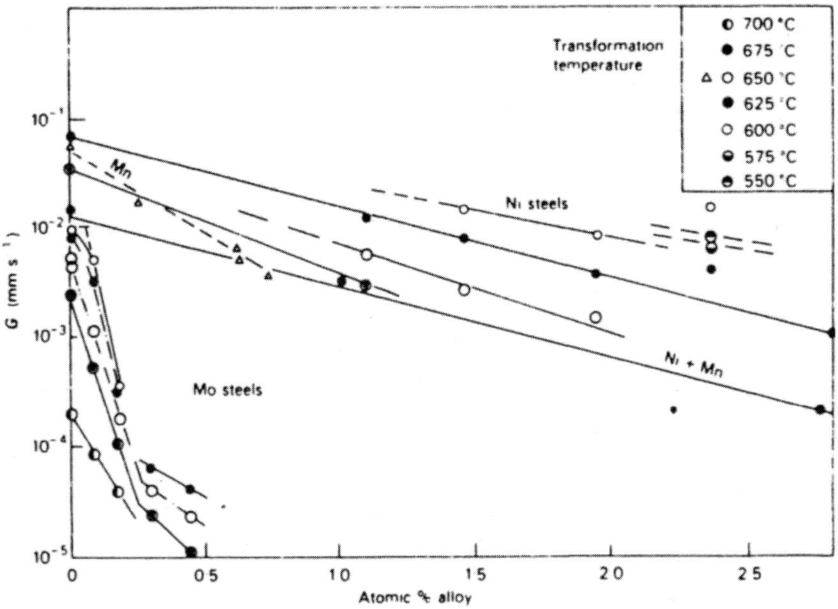

그림 4.8 550~700℃ 온도영역에서 펄라이트의 성장속도에 합금원소가 미치는 영향

Mo강의 기울기 변화는 시멘타이트가 풍부한 Mo로 이루어진 탄화물로 치환되는 것과 관련된다. 코발트의 경우는 펄라이트 빈응을 위한 N과 G 모두를 증가시킨다. 코발트강의 660℃에서 펄라이트 노듈의 성장속도를 코발트를 함유하지 않는 강과 비교한 결과를 [그림 4.9]에 나타냈다.

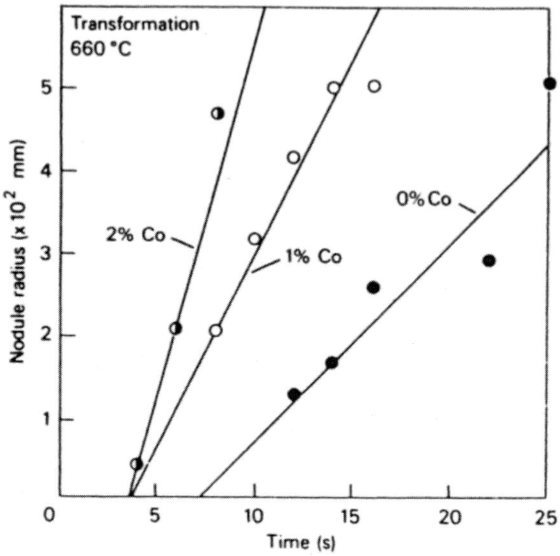

그림 4.9 펄라이트 성장속도에 코발트가 미치는 영향

크롬강에 대한 근래의 연구에서, 공석강에 1wt% Cr을 첨가하면 펄라이트의 성장속도가 상당 부분 낮아지는 것으로 나타났다. 따라서 펄라이트강의 C-곡선이 합금원소가 첨가됨에 따라 시간이 오래 걸리는 쪽으로 이동한다.

변태동안 펄라이트와 오스테나이트 사이의 경계를 분석해보면 시멘타이트와 페라이트 사이의 탄소 분배가 필요한 펄라이트 반응의 속성이 나타난다(3장). 그러나 금속성 합금원소가 존재할 때 이러한 원소들의 분배도 처음부터 일어나는지의 여부는 불명확하다. 여기서 분배는 펄라이트/오스테나이트 경계에서의 분배를 의미하며 펄라이트가 형성됨에 따라 X-원소가 시멘타이트와 페라이트 사이에 분배된다. 반응의 후반 단계와 반응 종료 후에는 넓은 온도영역에 걸쳐 합금원소가 펄라이트 내에서 분배될 수 있다.

오스테나이트와 경계한 부분에서 시멘타이트와 페라이트 사이의 X-원소의 분배가 많은 합금 계에서 일어나며 이러한 분배가 상대적으로 낮은 변태온도에서도 일어난다는 사실이 일반적으로 받아들여지고 있다.

이론적으로 분배가 예측될 수 있겠지만 지금은 전자탐침미량분석(electron probe

microanalysis)법을 사용하여 실험적[8])으로 연구할 수 있다. 0.1μm 보다 작은 탐침을 이용하여 부분적으로 변태된 합금의 펄라이트형 페라이트와 시멘타이트의 실시간 분석이 가능하게 되었다.

원자탐침(atom-probe) 기술은 보다 고해상도[9]) 분석을 가능하게 했다. 이러한 방법으로 Fe-Mn-C와 Fe-Cr-C를 연구하였고 550℃의 낮은 온도에서까지도 분배가 관찰되었다.

펄라이트 반응에 대한 접근은, 페라이트 반응에 대해 이전에 거론하였던 접근과 유사하게, 온도와 조성에 의존하는 두 가지 성장모드인 국부 평형조건에서의 분배에 의한 성장과 분배에 의하지 않은 성장[10])을 구분하는 것이다. 오스테나이트의 형성을 조장하고 따라서 공석온도를 낮추어주며 시멘타이트에 낮은 고용도를 갖는 원소들, 특히 그중에서도 Ni은 분배에 의하지 않은 반응을 촉진시킨다. 강한 페라이트 형성원소이고 따라서 공석온도를 상승시키며 시멘타이트에 고용되는 원소들인 Cr, Mo, Si 등은 높은 변태온도에서의 분배에 의한 반응을 보이게 된다. 분배에 의하지 않는 반응의 경우, 펄라이트 성장은 오스테나이트 내의 탄소의 체적확산에 의해 좌우되겠지만 이러한 탄소 확산율은 다른 합금원소가 존재하게 되면 감소하게 된다. 이것은 Ni과 같은 원소가 펄라이트 성장속도에 미치는 효과에 대해 관찰된 결과를 부분적으로 설명해준다. X의 분배가 일어나면 오스테나이트 내의 합금원소의 확산율이 제한인자가 된다.

합금원소 분포가 성장 중인 경계면에 있는지의 여부에 무관하게, 페라이트와 시멘타이트사이의 후속적인 재분포가 일어나서 시멘타이트에 상당한 고용도를 갖는 원소(탄화물 형성원소)들은 시멘타이트 상으로 확산하고 탄화물 형성원소가 아닌 원소들은 확산하지 못한다. 이러한 방법으로 시멘다이드의 소성은 넓은 범위에서 변할 수 있다. 망간은 Fe_3C에 잘 고용되며 철원자의 20%가 크롬으로 대체될 수 있는 반면 바나듐은 10%를 몰리브데늄은 4%가 대체될 수 있다. 시멘타이트의 조성변화는 결정구조에는 영향을 미치지 않지만 펄라이트 층의 간격, 조직 형상, 구상화 경향 등에는 영향을 미치게 된다.

합금원소의 농도가 임계수준에 도달하면 시멘타이트는 또 다른 탄화물 상으로 대체되

---

8) Ridley N., Solid-Solid Phase Transformations, TMS-AIME, Pennsylvania, p.807, 1981.

9) Williams, P. R., Miller, M. K. and Smith, G. D. W., Solid-Solid Phase Transformations, TMSAIME, Pennsylvania, p.813, 1981.

10) Coates, D. E., Metallurgical Transactions 4, 2313, 1973.

게 된다. 예를 들어 크롬, 텅스텐, 몰리브데늄 강에서 복합 정육면체 $M_{23}C_6$ 탄화물이 형성될 수 있다. 여기서 M에는 철, 크롬, 몰리브데늄 또는 텅스텐 등이 포함된다(그림 4.10과 4.11). 탄화물 상에서의 이러한 변화가 기본 펄라이트의 형상을 바꾸어주지는 않을지라도 결과적으로 합금 펄라이트가 얻어진다(그림 4.11). 이러한 펄라이트들은 중간 수준 및 다량으로 합금된 강이 높은 온도에서 변태될 때 주로 얻어진다. 동일 강에서 변태온도가 낮은 경우에는 합금성분의 불충분한 확산으로 인해 시멘타이트형 펄라이트(cementitic pearlite)가 얻어진다.

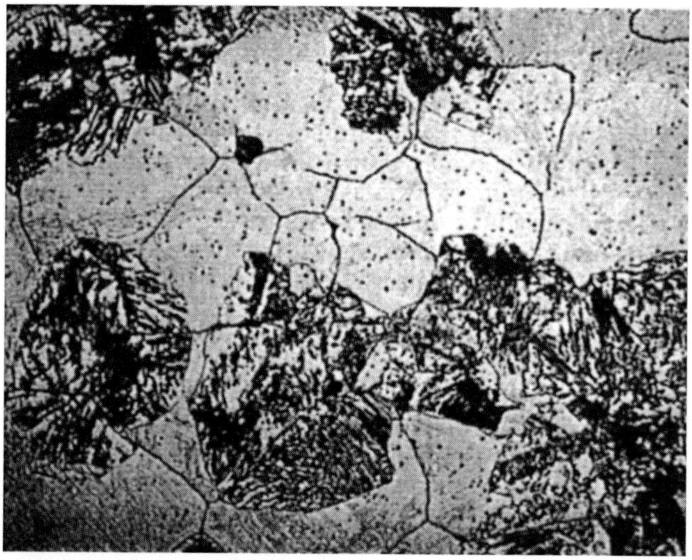

그림 4.10 775℃에서 30분간 변태시킨 Fe-12Cr-0.2C. $M_{23}C_6$을 포함하는 펄라이트 반응. 광학현미경 ×300

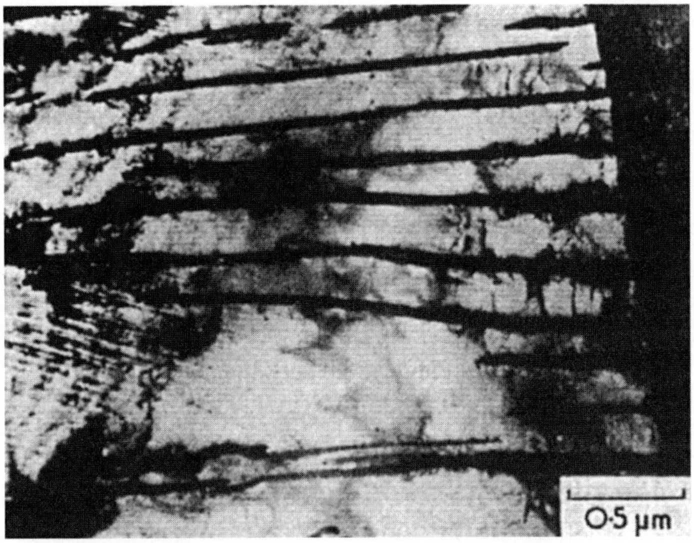

그림 4.11 750℃에서 15분간 변태시킨 Fe–12Cr–0.2C. 합금 펄라이트. $M_{23}C_6$/페라이트. Thin–foil 전자현미경

4.4 합금원소 첨가에 따른 조직 변화

철–탄소 합금에 시멘타이트보다 우선적으로 탄화물을 형성하지 않는 니켈, 실리콘, 망간 등의 첨가는 기본적으로 변태 후 형성되는 미세 조직을 바꾸어주지는 않는다. 그러나 몰리브데늄, 크롬, 텅스텐과 같은 강한 탄화물 형성원소들의 경우에는 시멘타이트가 이러한 원소들의 합금탄화물들로 대체되며 상대적으로 낮은 합금원소 농도에서도 이러한 현상이 나타난다. 니오브, 티타늄, 바나듐과 같이 더욱 강한 탄화물 형성원소들은 0.1wt%보다 낮은 합금농도에서 우선적으로 합금탄화물을 형성할 수 있다. 따라서 이러한 원소를 함유하는 강의 미세 조직은 근원적으로 바뀌게 될 것으로 예상할 수 있다.

탄화물이나 질화물을 형성하는 경향은 결합(bonding)으로 나타낼 수 있다. Cottrell은 천이금속의 탄화물에서 관찰된 안정성, 결정구조, 화학양론적(stoichiometry) 측면의 여러 경향들을 화학결합으로 설명하였다(참고문헌 참조). 그는 Ti, Zr, Hf과 같이 주기율표의 장주기(long period) 시작점 가까이에 위치한 원소들은 아주 안정적인 MC 탄화물을 형성하지만 탄소 친화도(affinity)는 주기율표의 가로줄을 따라 감소한다고 하였다(그림 4.12). 이러한 경향은 주기율표의 가로줄을 따라 원소에 더욱 많은 전자가 수용되어야 하므로 반결합(antibonding) 상태가 점점 채워져 결합차수(bond order)가 낮아지는 것이 부분적 이유가 될 수 있다.[11)]

이것이 경향을 완전히 설명해주지 못하는 이유는 Cr, Mo, W의 경우 최대 결합차수가 얻어지지만 이 원소들의 탄화물이 안정적이지 못하기 때문이다.

MC 탄화물(여기서 M은 금속원자를 의미)에서 금속은 탄소와 결합을 형성하기 위해 4개의 전자를 희생시켜야 한다. 티타늄은 정확하게 그 수를 가지므로 TiC를 형성할 때 *d*-궤도가 비어 있게 된다. VC의 경우는 그렇지 못한데, 바나듐은 V-V 결합을 형성하는 추가적인 *d*-전자를 가지고 있기 때문이다. 2종류의 결합 V-C와 V-V에서 전자들은 서로 밀어내므로 TiC에 비해 VC의 안정도는 낮게 나타난다. 이러한 문제는 주기율표의 가로축을 따라 증가하며 MC 탄화물의 형성이 불가능하거나 일어나기 힘들 때까지 이 경향이 지속된다.

비록 Cottrell이 란탄족(lanthanide)이나 악티늄족(actinide) 원소들의 탄화물은 고려하진 않았지만 동일한 원리가 적용가능하다. NdC과 UC 둘 다 존재한다. Igarashi와 Sawagari 등은 네오디늄(neodynium) 질화물을 이미 페라이트계 크립 저항용 강에 적용시켜 좋은 결과를 얻은 바 있다. 사용된 네오디늄의 농도는 단지 0.04wt%지만 650℃에서의 크립파단 수명이 2배 정도 증가되었다. 이들은 하프늄(hafnium)도 시도했지만 조대한 입자들을 형성하는 경향으로 인해 권장하지는 않았다.

---

11) 각각 1개의 전자를 갖는 2개의 수소원자가 결합하게 되면 이들은 더 이상 별도의 원자궤도를 갖지 않는다. 대신 각각 2개의 전자를 가질 수 있는 communal orbital(결합과 반결합) 쌍을 갖게 된다. 따라서 H_2의 경우 두 전자가 결합차수 2를 갖는 결합궤도(bonding orbital)에 존재하게 되어 강한 분자가 된다. 반면 He_2의 경우 4개의 전자가 결합과 반결합(antibonding orbital)을 채우고 있으므로 결합차수가 0이 되어 분자가 형성되지 않는다.

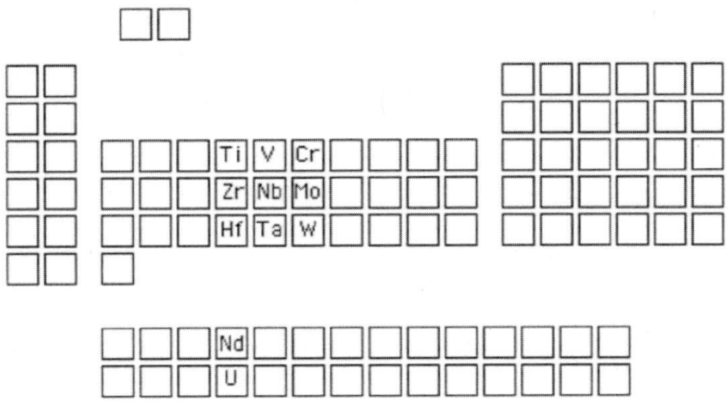

그림 4.12 강한 탄화물 형성원소의 위치를 보여주는 주기율표

오스테나이트와 페라이트에서의 탄소 고용도 차이로 인해 일반 탄소강에서 흔히 나타나는 페라이트/시멘타이트 집합체(aggregate)가 형성되는 것은 이미 알려져 있다. 이것은 오스테나이트의 고용도가 페라이트의 고용도보다 월등히 크므로 강을 오스테나이트 영역에서 유지해 시멘타이트를 고용체로 재분포시킨 후 페라이트와 시멘타이트로 변태를 일으킬 수 있다는 것을 의미한다. 동일한 방법으로 생성 가능한 합금탄화물과 질화물들을 관찰하면 많은 화합물이 시멘타이트에 비해 오스테나이트에서 훨씬 적게 고용된다는 것을 알 수 있다.

[그림 4.13]에 오스테나이트 내의 바나듐, 티타늄, 니오브의 탄화물과 질화물들의 고용도를 $1/T$의 함수로 나타냈다. 크롬과 몰리브데늄의 탄화물들은 포함되지 않았지만 이들은 다른 탄화물들에 비해 오스테나이트에 더욱 잘 고용된다. 합금강의 거동에 관한 실제적인 지식을 동원해 이러한 데이터를 자세히 보면 약 0.25wt% 이상의 농도를 갖는 니오브와 티타늄의 경우, 높은 고용온도에서도 오스테나이트에 용해되지 않는 과잉 합금탄화물을 형성함을 보여준다. 바나듐의 경우 한계가 1~2wt% 정도로 높고 몰리브데늄은 5wt%에 이른다. 크롬은 오스테나이트 내에서 크롬탄화물의 완전용해가 어렵기 때문에 보다 높은 한계를 보인다. 이러한 학설들은 합금원소들과 결합할 수 있는 충분한 탄소가 강 속에 존재한다고 가정한 것인데 만약 그러하지 못하다면 과잉 금속원소들은 오스테나이트와 페라이트에 있는 고용체에 고용되게 될 것이다.

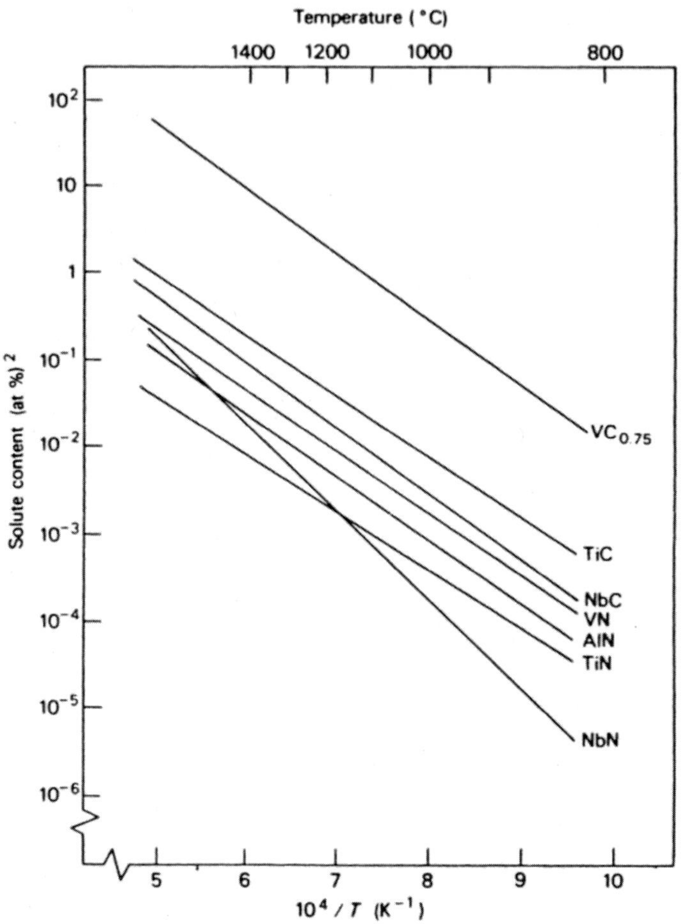

그림 4.13 온도의 함수로 나타낸 오스테나이트 내의 탄화물과 질화물의 고용도 곱(solubility products)

4.4.1 페라이트/합금 탄화물 집합체

강한 탄화물 형성원소를 함유한 강들은 니켈이나 실리콘을 함유한 강들과 유사한 방법으로 오스테나이트에서 페라이트로 변태한다. 그러나 탄화물 형성원소가 γ루프를 상당 부분 제한시키므로(그림 4.4) 공석조성을 훨씬 낮은 탄소 수준으로 내리며 변태온도를 올려준다. 이로 인한 한 가지 결과로, 펄라이트가 변태된 미세 조직에서 완전히 사라지고 이것이 전혀 다른 페라이트/탄화물 집합체로 나타날 수 있는데 대체적으로 펄라이트보다는 미세한 크기를 갖는다. 합금탄화물-펄라이트와는 별개로 고크롬강에서 특히 잘 발견되어지는 3가지 합금탄화물의 형상이 있는데 일반 탄소강이 페라이트/펄라이트 조직을 형성하는 변태온도 영역에서 페라이트와 긴밀하게 관련되어 있다.

섬유상/레스의 연속성장

합금 탄화물이 미세 섬유상(fibre)이나 레스(lath) 형태로 형성되어 γ/α 경계에 수직으로 성장해 탄화물과 페라이트의 섬유상 집합체(fibrous aggregates)를 형성하며 전방으로 이동한다(그림 4.14).

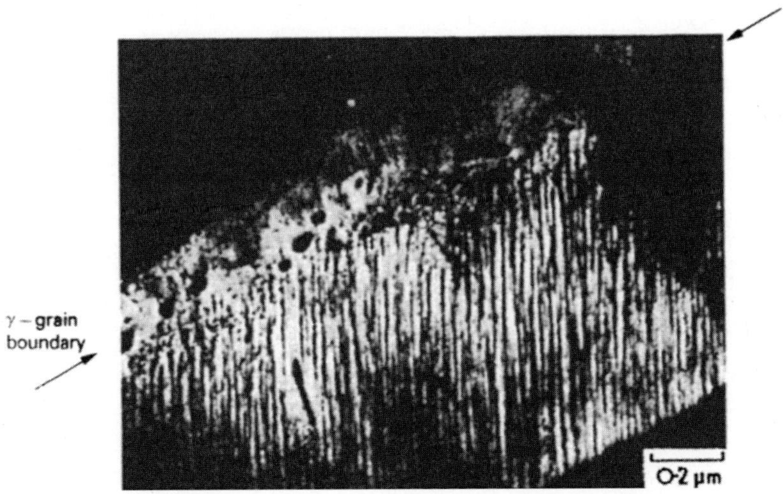

그림 4.14 650℃에서 20분간 변태시킨 Fe-4Mo-0.2C. 섬유상 Mo_2C가 γ 경계에서 성장. Thin-foil 전자현미경

탄화물(상간 석출)의 반복 핵생성

이 성장 모드에서는 탄화물 입자들이 대개 작은 판이나 봉 형태로 γ/α 경계에서 핵생성한 후 새로운 위치로 이동하게 되고 이 위치에서 또다시 핵생성 사이클을 일으킨다. 이 공정은 특정 오스테나이트 입자 내에서 수백 회 반복되어 아주 미세한 분산물 밴드(banded dispersions)가 존재하는 페라이트 기지조직을 만든다. 이러한 예를 [그림 4.15]에 0.75wt% 바나듐강을 대상으로 보였다. 크롬강은 조대한 분산물을 보인다(그림 4.17).

과포화 페라이트에서 핵생성

강한 탄화물 형성원소가 0.1wt% 이하의 농도로 존재하는 미세합금강에서 γ/α 변태 동안 탄화물 석출이 아주 적은 또는 아예 일어나지 않는 과포화 상태의 페라이트를 얻을 수 있다. 대신 강을 변태온도에 유지하게 되면 새로이 형성된 페라이트 입자 내에서 특히 전위에서 탄화물 석출물이 형성된다(그림 4.16).

합금과 실험조건을 엄밀하게 선택하면 전술한 각각의 미세 조직을 분리해 얻을 수도 있지만 실제로는 강이 강한 탄화물 형성원소를 포함하고 있을 경우 전술한 모든 조직들이 변태된 합금강에서 나타나는 수도 있다. 결과적으로 변태 가능한 합금강의 미세 조직은 아주 복잡하며 이러한 복잡성은 고배율 전자현미경을 이용한 연구를 통해 밝혀지고 있다.

그림 4.15 725℃에서 5분간 변태시킨 Fe–0.75V–0.15C. 페라이트 내에서 VC의 상간(interphase) 석출. Thin–foil 전자현미경

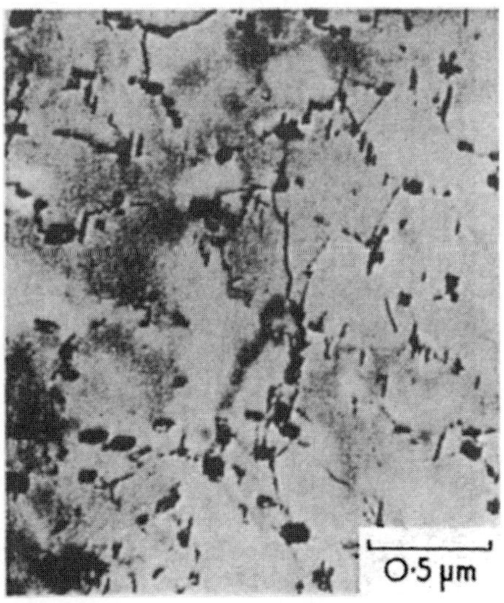

그림 4.16 변태 후 740℃에서 2.5시간 유지시킨 Fe–0.25V–0.05C. 전위에서의 VC석출. Thin–foil 전자현미경

일반적으로 섬유상 형상은 평형조직에 가깝게 근접했다는 것이고 서서히 변태한 강에서 더욱 지배적으로 나타난다. 반면 상간(interphase)석출과 전위 핵생성 조직은 미세합금강과 같이 높은 구동력이 있어 빠르게 변태하는 강에서 더욱 쉽게 일어난다.

4.4.2 합금 탄화물 섬유상과 레스

펄라이트와의 가장 두드러진 유사점은 레스 형상의 합금 탄화물이 페라이트와 함께(공동으로) 노듈을 형성한다는 것이다. 이러한 펄라이트 노듈은 상대적으로 느리게 변태하는 강에서 Ae_1 바로 아래 온도에서 나타나곤 한다. 예를 들면, 이러한 조직은 4~12wt% Cr 사이의 크롬강에서 얻어지며(그림 4.11) 형상은 시멘타이트 펄라이트의 형상과 유사하다. 그러나 가능한 탄화물의 결정구조가 다르므로 자세하게는 다르다. 이 경우 Cr_7C_3은 육방정이고 $Cr_{23}C_6$는 복합입방체(complex cubic)다. 관찰된 조직은 상대적으로 조대하지만 합금성분의 분배(partition), 즉 탄화물과 페라이트 사이의 크롬의 분배가 필요하기 때문에 동일 조건에서 형성된 펄라이트보다는 미세하다. 분배를 위해서는 대등한 철-탄소 경우에 비해 층 간격(interlamellar spacing)이 훨씬 미세해야 한다.

보다 낮은 온도에서는 레스 형상이 더욱 미세한 섬유상 집합체로 대체될 수 있는데 고Cr강의 경우 조대한 $Cr_{23}C_6$ 레스가 500Å 정도의 직경을 갖는 동일 탄화물의 미세 섬유상으로 대체될 수 있다. 페라이트 콜로니(colony)의 치수에 의해 결정되는 섬유상의 길이는 거의 분기(branching) 없이 10μm에 이른다. W, Ti, V, Nb를 함유하는 강에서도 비슷한 형상이 생기지만 훨씬 덜하다.

탄화물 섬유상은 펄라이트 형태 경계면과 함께 평면 경계(planar interface)와도 자주 관련된다. 그럼에도 불구하고 이러한 경계들은 스텝이동(step migration)의 필요 없이 빠르게 전파할 수 있다. 오스테나이트계 강을 대상으로 유사한 경계면들에 대한 컴퓨터분석을 실시한 결과 이것은 비교적 높은 밀도의 CLS(coincident lattice site)[12)]를 가지고 있음이 밝혀졌다.

---

12) Ainsley, M. H., Cocks, G. J. and Miller, D. R., Metal Science 13, 20, 1979.

4.4.3 상간 석출

상간(interphase) 석출은 변태 동안 γ/α 경계에서 주기적으로 일어나는 것으로 알려져 있다. 상간 석출물 입자는 경계에 거의 평행하고 계면 방향이 급하게 바뀌어도 일반적으로 그 계면의 방향을 따라서 띠를 형성한다. 또 다른 특성으로는 가능한 Widmanstätten 변종(variant)들 중에서 단지 하나만의 반복성장에 의해 발달한다는 것을 들 수 있다. 그 예로서, 특정 영역 내의 모든 VC 미세판(platelet) 들이 불변면에 대한 단 하나의 변종이다. 즉, 판들이 경계에 거의 평행하게 놓인다. 띠는 저에너지 경계면과 관련되며 띠 간 간격은 경계를 따라 이동하는 스텝의 높이에 의해 결정된다(그림 4.17).

(a)

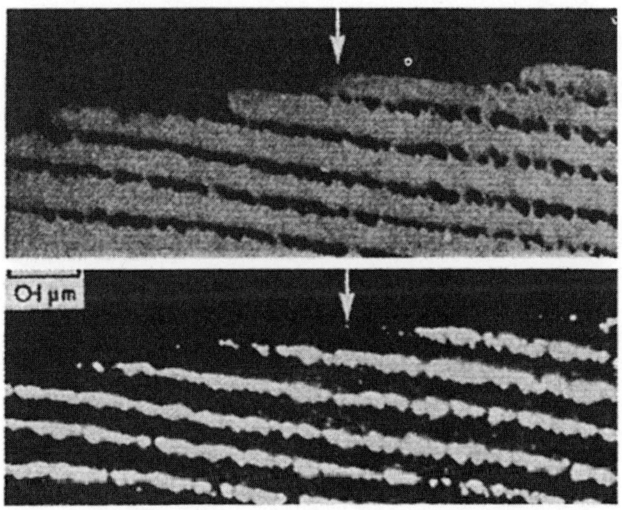

(b)

그림 4.17 650℃에서 30분간 변태된 Fe-12Cr-0.2Cwt% 스텝형성(stepped) γ/α 경계에서 $M_{23}C_6$ 석출. (a)명시야(bright field) 상, (b)석출점 암시야(precipitate spot dark field) 상. Thin-foil 전자현미경

탄화물 입자의 핵생성은 일반적으로 빠르게 이동하는 고에너지 스텝[13]에서보다는 저에너지면 경계를 따라서 일어난다. γ/α 경계를 따른 스텝 이동의 필요성은 스텝이 관

13) Ainsley, M. H., Cocks, G. J. and Miller, D. R., Metal Science 13, 20, 1979.

찰되지 않은 경계 뒤에서의 섬유상 탄화물의 성장과 대비된다. 실제로 이러한 상황에서 스텝이 경계를 따라 이동한다면 섬유상 성장은 중단되고 상간(interphase)석출을 일으킨다. 따라서 스텝 높이와 석출물의 띠 간격은 변태온도와 조성에 의존함을 알 수 있다. 변태온도가 낮아지면 띠 간격이 감소하는데, 1wt%V-0.2wt%C강의 경우 띠 간격이 825℃에서는 25nm이지만 725℃에서는 7.5nm로 변하며(그림 4.18) 더욱 낮은 온도에서는 5nm보다 낮게 관찰되었다. 바나듐강에서 나타나는 이러한 미세화 현상은 Ti강이나 Nb강에서도 일어나며 이는 γ/α 변태가 빠르게 일어나는데 기인한다.

높은 변태온도에서는 낮은 변태속도로 인해 조대한 조직을 얻게 된다. 비슷한 논리로 Ni, Mn 등의 합금원소가 첨가되어 반응이 늦추어지면 석출 분산물이 조대해진다. 분산물의 크기 또한 강종에 따라 다른데 크롬, 텅스텐, 몰리브데늄 강에서는 반응이 상대적으로 느려서 조대해지고 바나듐, 니오브, 티타늄 등이 주요 합금원자인 강에서는 변태가 빨라져 미세해진다.

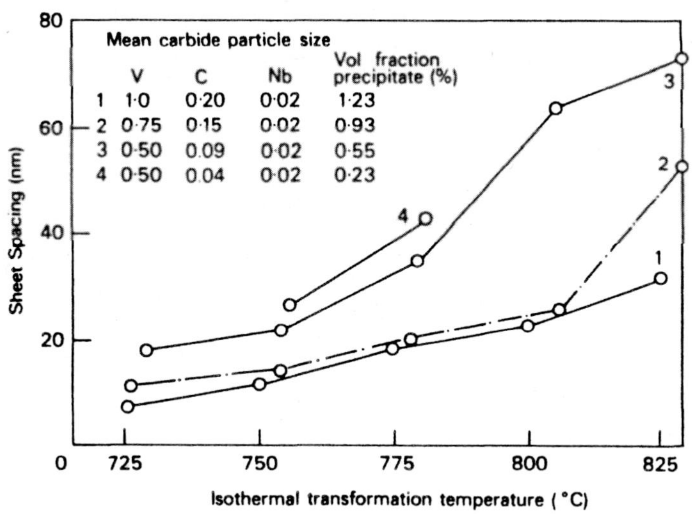

그림 4.18 바나듐강에서 VC의 상간(interphase)석출. 변태온도의 함수로 나타낸 석출 판(precipitate sheet)의 간격

4.4.4 과포화 페라이트에서의 핵생성

페라이트는 변태온도에 따라 다양한 형상을 갖게 되는 것으로 알려져 있다. 아주 높은 변태온도에서 등축상의 입계타형이 오스테나이트 입계에서 형성되고 탄소가 오스테나이트로 확산한다. 저 바나듐강과 같은 합금강에서 합금원소 또한 분배(partition)될 수 있다는 근거가 있다. 결과적으로 이러한 페라이트에서는 합금탄화물이 형성되지 않으므로 순수 초석(pro-eutectoid)이다. 이보다 낮은 온도에서는 페라이트가 아직 등축상이지만 합금탄화물이 상간석출이나 또는 섬유상 형태로 동시에 형성된다. 이것은 강한 탄화물 형성원소를 함유하는 합금강이 보여줄 수 있는 순수 공석반응에 가장 근접한 거동으로 볼 수 있다.

더욱 낮은 변태온도에서는 페라이트가 순수 철-탄소합금처럼 Widmanstätten 정벽(habit)을 따라 레스 형태로 형성된다. 그러나 이러한 페라이트는 처음 형성될 때 과포화될 수 있다. 만약 변태온도에서 짧은 시간 동안만 유지된다면 합금탄화물의 석출이 페라이트 내의 전위에서 일어난다. 이러한 거동은 V, Ti, Nb와 같은 강한 탄화물 형성원소가 존재하는 침상(acicular) 페라이트를 갖는 합금강에서 일어날 것으로 예상되지만 이론적으로는 일반 강에서도 비슷한 조직을 얻을 수 있다.

4.5 합금강의 변태곡선

공석온도 이하에서 오스테나이트의 변태는 온도와 시간의 함수로 변태개시와 변태종료를 표시한 등온변태곡선으로 잘 표현된다(3장). 이러한 시간-온도-변태곡선(TTT)은 강의 열처리 시 중요한 정량적인 정보를 제공한다. 공석 일반강의 경우를 보면, 곡선이 C형상을 보이며 곡선의 노즈부에 해당하는 온도에서 펄라이트 반응이 빠르게 일어나고 노즈부에서 멀어질수록 느려진다. 낮은 온도에서는 베이나이트와 마르텐사이트가 형성된다(5장, 6장). 변태곡선은 아공석과 과공석 합금으로 가면 더욱 복잡해지고 추가 곡선을 이용해 페라이트와 시멘타이트 반응을 나타내야 한다.

전반적으로 합금원소는 초석반응과 펄라이트 반응을 지연시켜 합금원소의 함량이 증가함에 따라 합금강의 TTT 곡선이 장시간 쪽으로 이동한다. 또한 γ 영역을 확장시키는 합금원소는 공석온도를 낮추어주고 TTT 곡선이 온도 축에 대해 낮아진다. 이러한 거동은 망간과 니켈을 함유하는 강에서 잘 나타난다. 13Mn-0.8wt%C 강의 예로 보면 펄라이트는 400℃ 정도의 낮은 온도에서도 형성된다. 반면 페라이트를 선호하는 원소는 공석온도를 상승시키며 TTT 곡선을 높은 온도를 이동시킨다.

합금원소에 의한 페라이트와 펄라이트반응의 지연효과는 열처리 시 이러한 반응에 대한 임계냉각속도의 여유를 제공해주므로 보다 강한 저온 변태상들인 베이나이트와 마르텐사이트 미세 조직을 용이하게 얻게 해준다. 경한 마르텐사이트 조직을 일반 탄소강의 경우 오스테나이트 조건에서 수냉을 통해서만 얻을 수 있지만 합금원소를 첨가하면 TTT 곡선이 장시간 쪽으로 충분히 이동하게 되어 많은 합금강의 경우 유냉이나 심지어는 공냉을 통해서도 경화조직을 얻을 수 있게 된다.

참고문헌

Andrews, K. W., Metal Treatment 19, 425; 489, 1952; Iron and Steel, March 1961.

Bain, E. C. and Paxton, H. W., Alloying Elements in Steel, American Society for Metals, Ohio, USA, 1966.

Bullens, D. K., Steel and Its Heat Treatment, Vols 1 and 2, John Wiley, USA, 1956.

Cerjak, H., Hofer, P. and Schaffernak, B., ISIJ International 39, 874, 1999.

Cottrell, A. H., Chemical Bonding in Transition Metal Carbides, The Institute of Materials, London, 1995.

De Ardo, A. J.(ed.), Proceedings of the Conference on Processing, Microstructure and Properties of HSLA Steels, TMS-AIME, Pittsburgh, 1987.

Goldschmidt, H. J., Interstitial Alloys, Butterworths, UK, 1967.

Gray, J. M., Ko, T., Zhang Shouhwa, Wu Barong and Xie Xishan(eds), HSLA Steels: Metallurgy and Applications, ASM International, Ohio, USA, 1986.

Hillert, M., ISIJ International 30, 559, 1990.

Honeycombe, R. W. K., Ferrite, Hatfield Memorial Lecture, 1979, Metal Science 14, 1980.

Igarashi, M. and Swaragi, Y. Proceedings of the International Conference on Power Engineering-1997, Japan Society of Mechanical Engineers, Tokyo, Japan, p.107, 1997.

Krauss, G., Steels: Heat Treatment and Processing Principles, ASM International, Ohio, USA, 1990.

Leslie, W. C., The Physical Metallurgy of Steels, McGraw-Hill, Tokyo, Japan, 1981.

Marden, A. R. and Goldstein(eds) Phase Transformations in Ferrous Alloys, TMS-AIME, Warrendale, 1984.

Pickering, F. B., Physical Metallurgy and the Design of Steels, Applied Science Publishers, London, UK, 1978.

Pierson, H. O., Handbook of Refractory Carbides and Nitrides, Noyes Publications, USA, 1996.

Steels-Microstructure and Properties

Chapter 5

마르텐사이트의 형성

서론 5.1
일반적 특성 5.2
마르텐사이트의 결정구조 5.3
마르텐사이트 변태의 결정학 5.4
철계 마르텐사이트의 형상 5.5
마르텐사이트 변태속도론 5.6
마르텐사이트의 강도 5.7
형상기억 효과 5.8
참고문헌

5.1 서론

강에서 오스테나이트를 상온으로 퀜칭하면 마르텐사이트가 형성되는데 이 새로운 상은 아주 단단하며 오스테나이트에 고용되어 있던 탄소가 상(phase) 내에서 고용체로 존재한다. 페라이트나 펄라이트와 달리 마르텐사이트는 원자의 확산 없이 오스테나이트 격자의 변형에 의해 형성된다. 변형은 변태영역에서 큰 전단 및 체적 팽창으로 구성된 형상 변화를 일으킨다. 따라서 마르텐사이트는 무확산 전단변태(diffusionless shear transformation)로 불리며 오스테나이트의 특정 변형에 의해 변태가 일어나기 때문에 결정학적 특성을 잘 보인다. 마르텐사이트의 형성이 주위에 의해 억제되면 변형으로 인한 변형에너지를 최소화시키기 위해 얇은 판(plate)이나 레스(lath)를 형성한다.

5.2 일반적 특성

강의 마르텐사이트 반응은 비열적으로(athermally) 일어나며 변태분율은 마르텐사이트 형성개시온도(M_s) 이하로 과냉된 정도에 의존한다. 변태된 양은 M_s 이하에서 변태진행을 표현한 Koistenen과 Marburger식[14]에 나타냈듯이 시간에 의존하지 않는다.

$$1 - V_{\alpha'} = \exp\{\beta(M_s - T_q)\}, \quad \beta \simeq -0.011 \tag{5.1}$$

$V_{\alpha'}$는 마르텐사이트의 분율, T_q는 시료가 냉각된 M_s 이하의 온도를 의미한다. 이러한 비열적 특성은 아주 빠른 핵생성과 성장의 결과이며 너무 빨라서 소요시간이 무시된다. 대신 변태분율은 단지 핵생성점의 수에만 의존하며 과냉도가 클수록 관여하는 잠재적 핵생성점의 수는 줄어든다.

식 (5.1)로부터 T_q를 실온으로 설정하면 일부 오스테나이트는 변태하지 않고 잔류하게 된다는 것을 알 수 있는데 이것을 잔류(retained) 오스테나이트라 한다. 마르텐사이트

---

14) Koistinen, D. P. and Marburger, R. E., Acta Metallurgica 7, 59, 1959.

변태 종료온도(M_f)가 존재하진 않지만 편의상 마르텐사이트 변태의 95%가 종료되는 점으로 규정한다. 강에서 마르텐사이트의 기술적 중요성은 매우 크며 강 이외의 금속에서도 그러하다. [표 5.1]에 마르텐사이트 변태를 일으키는 다양한 재료들의 M_s온도를 경도와 함께 나타냈다.

표 5.1 여러 금속에서 냉각 시 마르텐사이트 형성이 개시되는 M_s온도와 얻어진 마르텐사이트의 개략적인 비커스 경도

Composition	M_s/K	Hardness HV
ZrO_2	1200	1000
Fe–31Ni–0.23C wt%	83	300
Fe–34Ni–0.22C wt%	<4	250
Fe–3Mn–2Si–0.4C wt%	493	600
Cu–15Al	253	200
Ar–40N_2	30	

마르텐사이트를 얻기 위해서는 오스테나이트 상영역에서 강을 충분히 빠른 속도로 냉각시켜 페라이트나 펄라이트와 같은 고상변태가 일어나지 않게 해줄 필요가 있다. 이 냉각속도는 일반 탄소강의 경우에는 아주 빠르지만 오스테나이트 안정화원소를 많이 함유한 고합금강은 훨씬 낮다. 마르텐사이트는 반응시간 동안 확산, 심지어 침입형 원자의 이동도 생각할 수 없는 아주 낮은 온도에서 형성될 수 있다. [표 5.1]은 여러 재료의 마르텐사이트 변태개시온도를 나타내고 있다. 마르텐사이트 판(plate)은 강에서 음속보다 빠른 속도인 약 $1100 ms^{-1}$로 성장할 수 있다. 이러한 빠른 성장은 변태 동안의 확산현상과 양립할 수 없다. 확산이 동반되는 변태는 훨씬 느리게 일어나는데 순수 니켈에서 가장 빠르게 기록된 응고속도는 약 $80 ms^{-1}$이다. 마르텐사이트의 화학조성은 측정 가능하며 모상인 오스테나이트와 동일한 것으로 나타났다. 이러한 관찰들은 마르텐사이트 변태가 무확산 변태임을 확인시켜 준다.

5.2.1 정벽면

정벽면(habit plane)은 거시적으로 오스테나이트와 마르텐사이트 사이의 경계면을 말한다. 구속되지 않은 변태의 경우 이 경계면은 편평하지만 변태가 주변에 의해 구속되면 변형을 최소화하기 위해 약간의 굴곡이 발생되기도 한다. 그럼에도 불구하고 거시적인 정벽면은 두 경우 모두 [그림 5.1]에 보인 바와 같이 동일하다. 화학조성이 아주 다른 강들도 동일한 정벽면을 갖는 마르텐사이트를 가질 수 있고(표 5.2) 실제로 결정학적 특성도 동일하다.

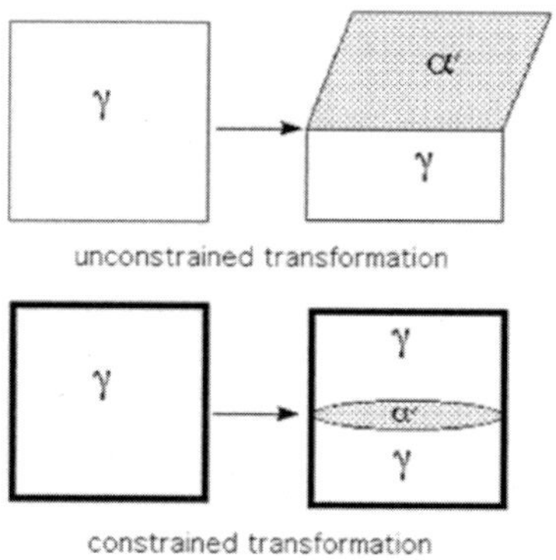

그림 5.1 오스테나이트(γ)와 마르텐사이트(α') 사이의 정벽면

표 5.2 마르텐사이트의 정벽면 지수. ϵ–마르텐사이트를 제외한 인용 지수들은 근사적인데 정벽면 자체가 일반적으로 정수화되지 않는(irrational) 방위지수를 갖기 때문이다.

Composition/wt%	Approximate habit plane indices
Low-alloy steels, Fe–28Ni	$\{1\ 1\ 1\}_\gamma$
Plate martensite in Fe–1.8C	$\{2\ 9\ 5\}_\gamma$
Fe–30Ni–0.3C	$\{3\ 15\ 10\}_\gamma$
Fe–8Cr–1C	$\{2\ 5\ 2\}_\gamma$
ϵ-martensite in 18/8 stainless steel	$\{1\ 1\ 1\}_\gamma$

5.2.2 방위관계

마르텐사이트의 형성은 원자의 일괄적(coordinated) 이동을 의미한다. 따라서 오스테나이트와 마르텐사이트 격자는 밀접하게 관련되며 모든 마르텐사이트 변태는 모재와 생성된 격자 사이에 재현 가능한 방위관계를 갖게 된다. 이것은 페라이트와 오스테나이트 내의 조밀충진면[15] 쌍이 평행하거나 거의 평행한 경우인데 이러한 면상의 방향도 근사적으로 평행하다.

$\{111\}_\gamma \parallel \{011\}_\alpha$

$\langle 10\bar{1}\rangle_\gamma \parallel \langle 11\bar{1}\rangle_\alpha$ Kurdjumov-Sachs

$\{111\}_\gamma \parallel \{011\}_\alpha,$

$\langle 10\bar{1}\rangle_\gamma$ $\langle 11\bar{1}\rangle_\alpha$로부터 $\langle \bar{1}1\bar{1}\rangle_\alpha$방향으로 5.3° Nishiyama-Wasserman

$\{111\}_\gamma$ $\{011\}_\alpha$로부터 약 0.2°

$\langle 10\bar{1}\rangle_\gamma$ $\langle 11\bar{1}\rangle_\alpha$로부터 $\langle \bar{1}1\bar{1}\rangle_\alpha$방향으로 2.7° Greninger-Troiano

이러한 것은 근사적으로 표현되었으며 실제 관계들은 정수화되지 않는(irrational) 방위지수를 가지며 이는 평행한 면들과 방향들의 지수를 유리수로 표현할 수 없다는 것을 의미한다.

---

15) 체심입방격자는 최조밀면을 갖지 않지만 $\{011\}_\alpha$이 가장 조밀한 면이다.

5.2.3 경계면의 구조

마르텐사이트의 형성에 기여하는 어떠한 공정도 열적활성화의 도움을 기대할 수 없다. 따라서 마르텐사이트와 오스테나이트 간의 경계에는 높은 수준의 연속성이 존재해야 한다. 경계는 정합 또는 반정합이어야 하며 반정합의 경우에는 경계면에 있는 전위들이 마르텐사이트가 성장함에 따라 활주할 수 있어야 한다. 오스테나이트와 마르텐사이트 사이에는 무응력(stress-free) 정합경계가 발견되지 않는 것으로 밝혀졌으므로 실현가능한 최선의 경우는 경계면의 한 방향만이 완전정합으로 남아 있는 반정합이다. 이 방향은 회전되지도 않고 휘어지지도 않았기 때문에 불변선(invariant line)으로 알려져 있다.

5.2.4 형상 변형

결정 내를 전위가 슬립을 통해 통과하면 활주면이 자유표면과 교차해 스텝(step)을 형성하게 된다(그림 5.2a, b). 평행한 슬립면들에서 많은 전위의 이러한 통과는 거시적인 전단(그림 5.2c, d)을 일으킨다. 슬립은 형상의 변화를 일으키지만 전위의 버거스 벡터가 또한 격자 벡터(lattice vector)이므로 결정구조는 바뀌지 않는다.

마르텐사이트 변태 동안 모재결정의 원자배열 패턴이 마르텐사이트에 적합하도록 변형되며 변태 후 결정의 거시적 형상도 이에 상응한 변화가 일어난다. 변형뿐만 아니라 결정구조의 변화도 일으킬 수 있는 버거스 벡터를 갖는 전위가 α'/γ 경계에서 변형에 관여한다. 변형 초기에 편평했던 표면이 경계면과 자유표면의 교차로 인해 형성된 교차선에 대해 균일하게 기울어지는 변형이 일어난다. 만약 표면 스크래치가 마르텐사이트 변형역에 놓여 있다면 변태 시 변형에 의해 스크래치들도 α'/γ 계부에서 비슷하게 휘어진 모양을 보이게 된다.

이러한 관찰은 측정된 형상변형이 불변면 변형(invariant-plane strain) 형태의 변형종류에 속한다는 것을 확인시켜준다(그림 5.2e-g). 마르텐사이트는 이러한 종류에서 가장 일반적인 경우로서 전단변형과 정벽면(habit plane)에 수직한 팽창변형($\delta \simeq 0.03$)이 조합된 형태다.

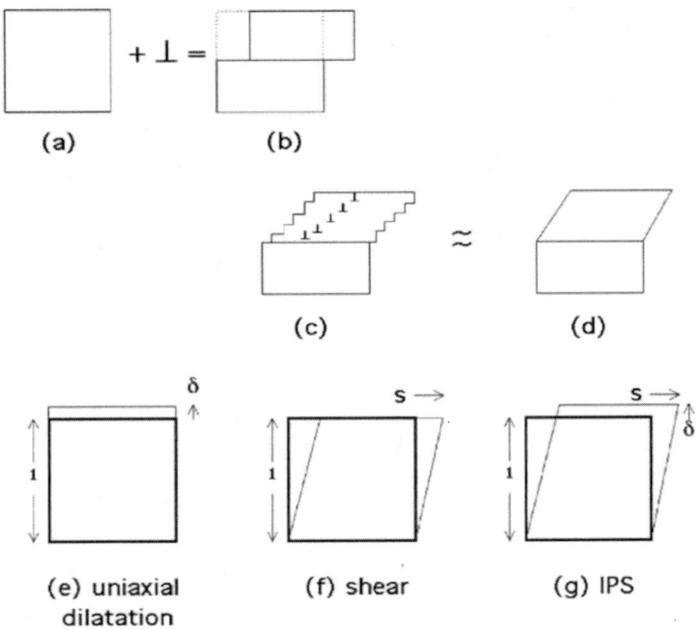

그림 5.2 (a)와 (b)전위가 슬립을 통해 통과하면서 형성된 스텝(step), (c)와 (d)많은 슬립 전위들이 거시적 전단을 유발, (e)단축 팽창이 일어난 불변면 변형, (f)단순전단 형태의 불변면 변형, (g)단축 팽창과 단순전단이 결합된 불변면 변형

변태가 큰 전단을 수반한다는 근거는 변태를 시키기 이전에 표면을, 더욱 좋기로는 직각으로 각진 두 표면을, 미리 연마한 후 변태를 시키면 쉽게 얻을 수 있다. 마르텐사이트 판들이 형상된 후 표면은 큰 전단변위(그림 5.3)를 포함하는 기복(relief)을 보이고 변태 전에 존재하던 스크래치들의 이동도 관찰된다(그림 5.4). 표면기복의 특성은 또한 2광 간섭법(two-beam interferometry) 또는 원자 간력 현미경(atomic force microscopy) 등을 이용하거나 프린지(fringe) 패턴 또는 표면윤곽(surface contour)의 이동변위를 통해서 구한 정량적인 데이터를 이용해 분석할 수 있다. 이러한 실험을 통해 얻어진 전단변형은 $s \simeq 0.22$ 정도이며 정벽면에 수직한 팽창변형은 $\delta \simeq 0.03$ 정도다.

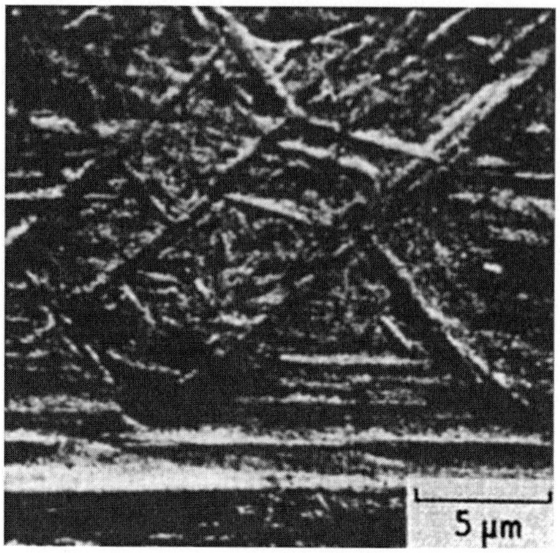

그림 5.3 미리 연마된 표면에서의 기복(relief)을 보여주는 Fe−0.4C−4Niwt% 강에서의 마르텐사이트, ×3400

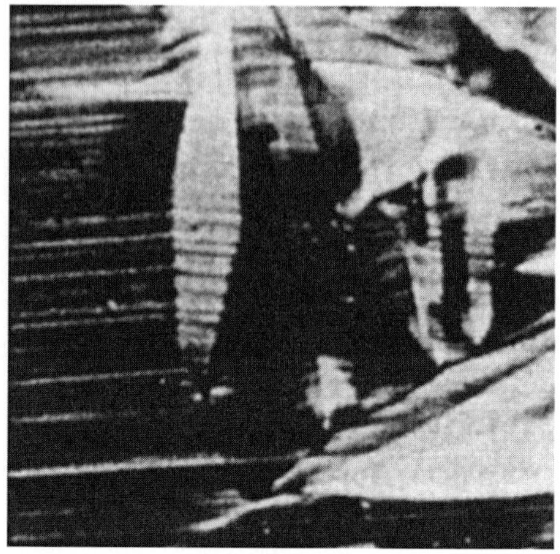

그림 5.4 Fe−30.5Ni−0.3Cwt% 강에서 마르텐사이트의 전단에 의한 표면 스크래치의 이동. 미분간섭관찰법(Nomarski interface contrast), ×650

5.3 마르텐사이트의 결정구조

강의 마르텐사이트는 페라이트 철에 탄소가 과포화 된 고용체다. 낮은 마르텐사이트 개시온도를 갖거나 높은 탄소농도를 갖는 합금에서는 결정구조가 bcc에서 bct로 변하도록 탄소원자가 배열하려는 경향이 있다. 축 길이의 비율 c/a에 의해 측정된 규칙(ordered) 마르텐사이트의 정방성(tetragonality: c/a)은 탄소함량과 함께 증가한다.

$$\frac{c}{a} = 1 + 0.045\,\text{wt\%}\ \text{C} \tag{5.2}$$

탄소함량이 없다면 구조는 bcc이고 변형이 없다는 의미를 내포하고 있다. 탄소가 오스테나이트의 격자상수와 마르텐사이트의 a 및 c 상수에 미치는 효과는 [그림 5.5]에 나타냈다.

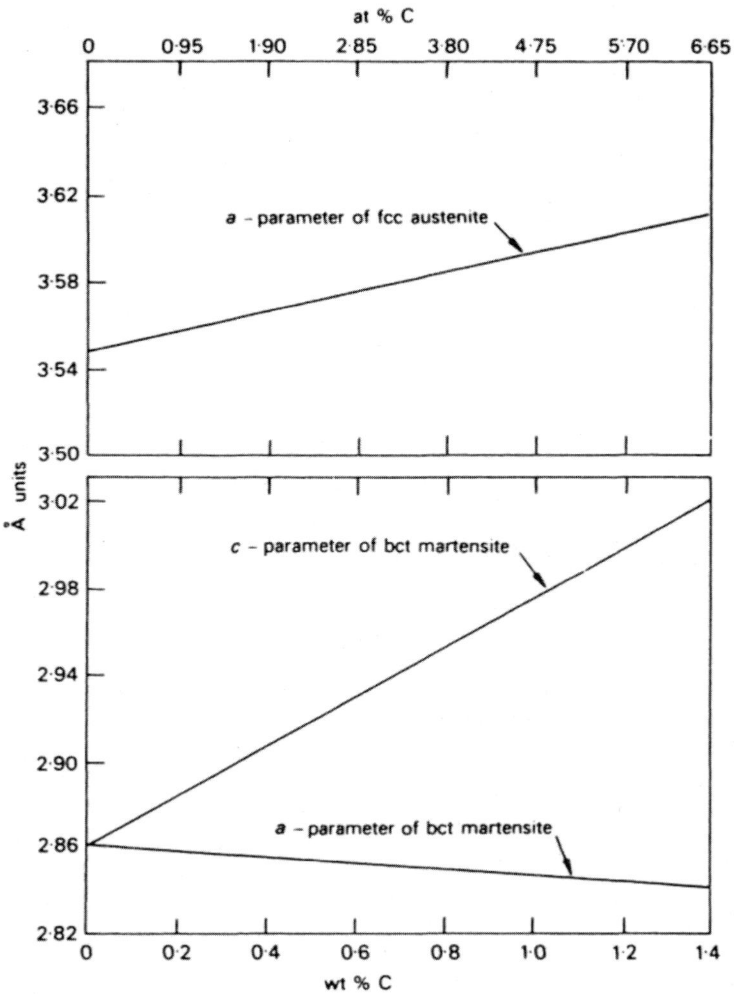

그림 5.5 탄소가 오스테나이트와 마르텐사이트의 격자상수에 미치는 효과

탄소가 침입형 고용체로 fcc 철에 첨가될 경우에는 격자를 균일하게 팽창시키지만 bcc 철에서는 팽창이 정방형(tetragonal) 변형을 야기하는 비대칭 팽창을 일으킨다는 것은 흥미롭다. 이러한 중요한 거동 차이를 이해하기 위해서는 두 격자의 탄소 침입위치를 비교할 필요가 있다. [그림 5.6]에 마르텐사이트를 대상으로 보인 바와 같이, 검은색의 탄

소원자는 8면체(octahedral) 공극 위치를 차지하고 있으며 6개의 근접 철 원자를 갖는다. fcc 격자에서 침입형 탄소원자 주위의 6개의 철 원자는 정8면체를 형성하는 반면 bcc에서는 상응하는 정8면체가 아니고 z축을 따라 짧다(그림 1.4e, f). 이러한 압축된 8면체는 짧은 z축에 대해서만 4회(four fold) 대칭인데 반해 fcc 구조는 정8면체이므로 x, y, z의 3축에서 4회 대칭축을 갖는다.

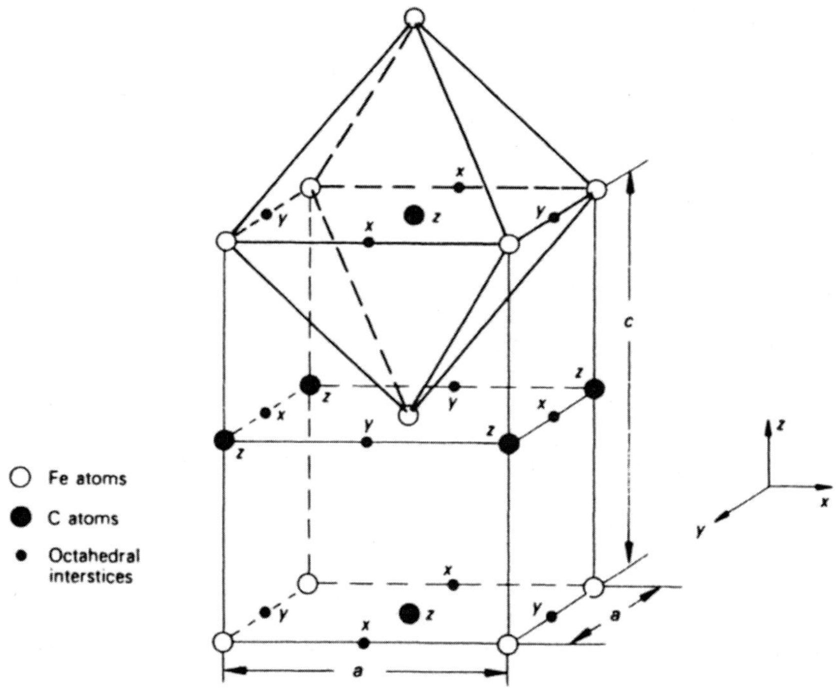

그림 5.6 3가지 세트의 8면체 공극을 갖는 마르텐사이트 BCT 격자. z세트는 탄소원자로 완전히 채워져 있다.

fcc와 bcc 격자에서 탄소원자가 침입 가능한 여러 형태의 위치에서 생겨난 변형을 분석한 결과 fcc 구조는 변형이 완전히 대칭적인 반면 bcc 구조는 z위치에서의 침입형 원자가 x와 y축에 비해 z축을 따라 철–철 원자간 간격을 훨씬 크게 확장시킨다.

fcc→bcc 변태가 무확산 방법으로 일어난다고 가정하면 탄소원자가 이동할 기회는 없다. 페라이트는 철 원자당 3개의 8면체 공극을 포함하는 반면 오스테나이트는 철 원자당 단지 1개의 8면체 공극을 포함한다. 페라이트 내의 3개의 8면체 공극(3개의 부격자(sublattice))은 페라이트 단위격자의 6면체 모서리들 중 하나와 각각 관련된다. 무확산 변태에서는 오스테나이트 내의 모든 탄소원자들이 페라이트의 8면체 부격자에 편입되어 bcc 격자에서 bct 격자로 정방정 변형을 일으킨다. 따라서 [그림 5.6]에서 단지 z위치만이 fcc와 bcc 격자에 공통이므로 변태 시 z축이 정방정계 형태의 c축이 된다.

따라서 마르텐사이트의 정방성은 bcc 격자에서 탄소원자의 침입형 고용체의 직접적 결과와 함께 반응의 무확산 특성에 의해 야기된 특정 형태의 8면체 공극위치의 선호에 의한 것이다.

5.4 마르텐사이트 변태의 결정학

마르텐사이트 변태에서 무확산 변태 결정구조의 변화는 오스테나이트의 균일변형에 의해 이루어진다. γ의 fcc 격자를 bcc 또는 α'의 bct 격자로 변태시키는데 필요한 변형량은 1924년 Bain에 의해 처음 소개되었고 'Bain 변형'으로 알려져 있다(그림 5.7). 마르텐사이트의 c-축에 해당하는 $[0\,0\,1]_\gamma$를 따라 17% 정도의 압축이 일어나고 $(0\,0\,1)_\gamma$ 면에서 12% 정도의 균일 팽창이 일어난다.

Bain 변형은 기지와 생성격자 사이에 아래의 방위관계를 가지고 있다.

$$[0\,0\,1]_\gamma \parallel [0\,0\,1]_{\alpha'} \quad [1\,\bar{1}\,0]_\gamma \parallel [1\,0\,0]_{\alpha'} \quad [1\,1\,0]_\gamma \parallel [0\,1\,0]_{\alpha'}$$

그러나 실제 관찰되는 방위관계는 정수화되지 않는(irrational) 방위지수를 가지며, 거의 평행한 최조밀 충진면과 조밀 충진방향을 갖는다. 이것은 Bain 변형 자체가 상경계에서 높은 수준의 정합성을 유지시켜야 할 필요가 있으므로 오스테나이트에서 마르텐사이트를 형성시킬 수 있는 완전한 변형이 아니기 때문이다. 오스테나이트에서 마르텐사이트로의 변화를 위한 변형을 위해서는 변형 전후에 불변선(invariant line)이라 불리는 하나의 선이 완전히 정합 상태로 회전 및 변형 없이 남아 있어야 한다. 이러한 변형을 불변선 변형(invariant-line strain, ILS)이라 한다.

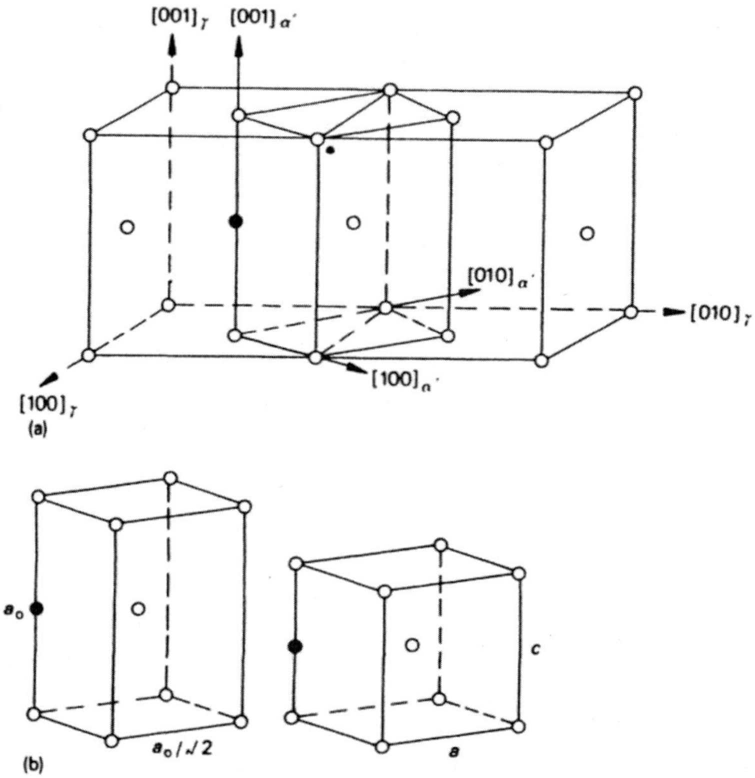

그림 5.7 오스테나이트로부터 마르텐사이트 형성 시 격자상관성. (a)오스테나이트에서의 정방정 단위 격자, (b)정확한 Bain 변형 c/a 비율을 갖는 마르텐사이트의 격자변형(c 축에 대해 압축)

[그림 5.8a, b]에서 Bain 변형 **B**로 인해 구형의 오스테나이트는 마르텐사이트를 나타내는 회전타원체(ellipsoid of revolution)로 변형된다. **B**에 의해 회전 및 변형되지 않고 남아 있는 선은 없다. $(0\,0\,1)_\gamma$ 면에 변형되지 않은 선은 없다. wx선과 yz선은 변형되지

않지만 새로운 $w'x'$와 $y'z'$위치로 회전했다. 이렇게 회전한 선은 불변선이 아니다. 그러나 Bain 변형 B와 강체회전 R의 결합은 yz와 $y'z'$가 일치하게 하므로 실제 ILS이다(그림 5.8c). 이것이 관찰된 정수화되지 않는(irrational) 방위관계가 Bain 변형에 의해 수반된 방위관계와 달리 정수화되지 않는 방위지수를 갖는 이유이다. 실제로 B를 ILS로 정확하게 변환하기 위해 요구되는 회전이 Bain 방위를 실험적으로 관찰된 방위로 교정해준다.

또 다른 차이가 남아 있다. [그림 5.8c]에서 보이듯이 B를 불변면 변형(invariant-plane strain)으로 만들 수는 없는데 이것은 불변면 변형이 2개의 평행하지 않은 불변선을 필요로 하기 때문이다. 따라서 오스테나이트가 하나의 불변면(plane invariant)을 남기는 균일 변형에 의해 마르텐사이트로 변태하는 것은 불가능하다. 하지만 마르텐사이트 변태에 수반되는 형상 변형에서는 변형 및 회전이 없는 정벽면이 관찰되는데 그것이 바로 불변면 변형이다.

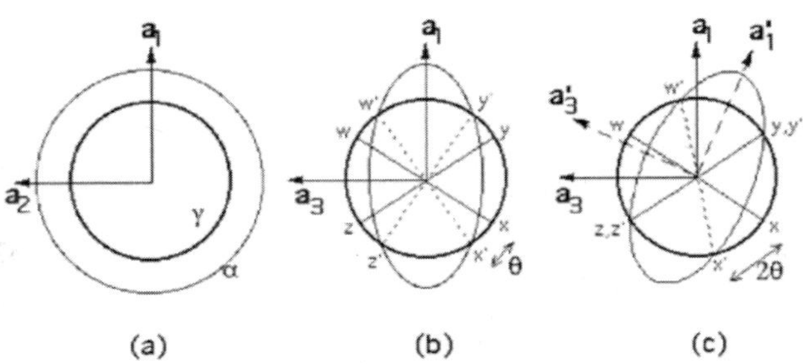

그림 5.8 (a)와 (b)는 Bain 변형이 오스테나이트에 미치는 효과를 보여준다. 변형이 되지 않았을 때 3차원적으로 직경 $wx = yz$를 갖는 구를 나타내고 변형으로 인해 회전타원체로 변태된다. (c)는 Bain 변형을 각도 θ 만큼의 강체 회전과 결합시켜 얻은 ILS를 보여준다. a_1, a_2, a_3 는 $[100]_\gamma$, $[010]_\gamma$, $[001]_\gamma$ 축을 각각 의미한다.

마르텐사이트 결정학의 현상학적 이론은 이러한 남아 있는 문제를 무리 없이 해결해준다(그림 5.9). Bain 변형은 모상의 구조를 생성 상의 구조로 변환시킨다. 적절한 강체회전과 결합 시 순수 균일 격자변형 RB는 ILS([그림 5.9]의 a단계에서 c단계)이다. 그러나 관찰된 형상변형은 불변면 변형 P_1(a단계에서 b단계)에 해당하지만 이러한 균일변형으로는 오스테나이트에서 마르텐사이트로의 올바른 결정구조의 변환을 가져올 수 없다. 만약 2번째 균일전단변형 P_2가 P_1과 결합하면(b단계에서 c단계) 정확한 구조가 얻어지게 되지만 이러한 경우에는 결정구조의 변환을 위한 변형(P_1P_2)이 실제 관찰되는 불변면 변형을 설명할 수 없다.

$$P_1P_2 = RB$$

이러한 차이는 만약 P_2의 형상 변화 효과가 불균질한 격자불변(lattice invariant) 변형에 의해 거시적으로 제거된다면 모두 해결되게 되는데 [그림 5.9]에 보인 슬립이나 쌍정이 이러한 변형이 될 수 있다.

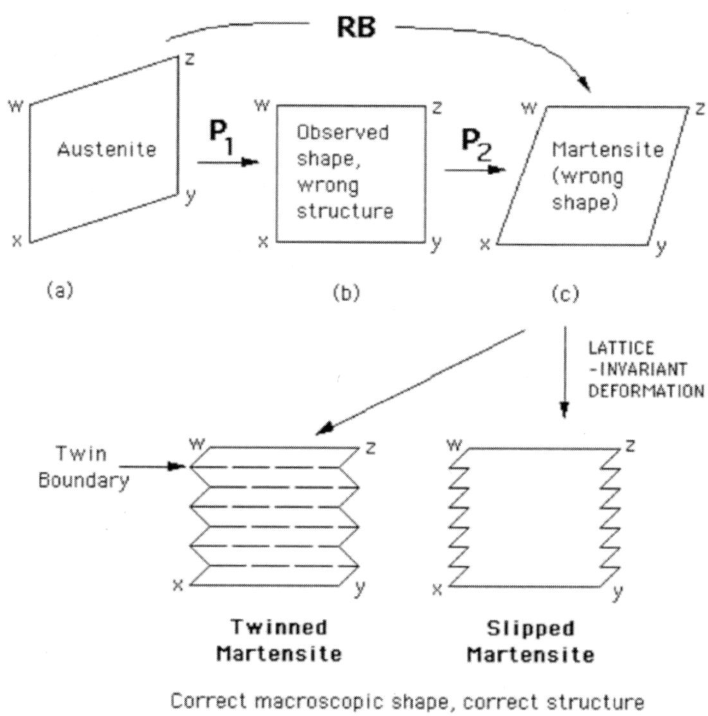

그림 5.9 마르텐사이트 결정학의 현상학적 이론

이러한 이론은 마르텐사이트 결정학과 관련해서 관찰된 모든 특성들을 설명해준다. 방위관계는 Bain 변형을 ILS로 바꾸는데 필요한 회전을 고려함으로써 예측된다. 정확한 거시적 형상을 회복하는 데 필요한 격자불변 변형의 양이 대개 정수화되지 않는(irrational) 방위를 갖고 거시적으로 관찰되는 정벽면은 쌍정경계 또는 슬립이 일어난 영역의 경계에 불과하므로 정벽면은 정수화되지 않는 면지수를 갖는다. 이 이론은 실험적으로 관찰되는 마르텐사이트 판 내 하부조직(substructure: 쌍정이나 슬립스텝(slip step))을 설명할 수 있다. 형상 변화가 거시적으로 불변면 변형이 되도록 변태를 일으키는 이유는 형상 변형이 불변선 변형(ILS)인 경우와 비교할 때 변형에너지를 낮추어주기 때문이다.

[그림 5.10]은 마르텐사이트 판 내에서 일어나는 2가지 형태의 격자불변 변형을 보여준다. 형성된 마르텐사이트 블록으로 인한 표면의 기울어짐(surface tilt)이 발생하지만, 슬립(그림 5.10a)이나 쌍정(그림 5.10b)에 의한 조절을 통해서 거시적으로 관찰되는 정벽면은 그대로 유지되는 점을 주목할 필요가 있다. 결국 아주 미세하게는 당연히 불규칙하지만 거시적으로는 평평한 면 경계(planar interface)를 나타낸다.

이상의 이론적 접근법은 관찰된 정벽면, 기지와 마르텐사이트 간의 방위관계, 철계 마르텐사이트를 포함한 여러 마르텐사이트 변태를 위한 형상변형 예측 등에 성공적으로 적용되었다. 이를 위해서는 모상인 오스테나이트와 생성상인 마르텐사이트의 격자구조에 관한 정확한 데이터가 필요하며 이를 통해 각각의 마르텐사이트 판의 정벽면들이 인접한 기지와 갖게 되는 특정 방위관계를 직접 분석할 수 있다. 예를 들면 Greninger와 Troiano는 마르텐사이트와 잔류 오스테나이트가 존재하는 Fe-22Ni-0.8C wt% 합금을 이용해 $\{3\ 10\ 15\}_\gamma$에 가까운 정수화되지 않는(irrational) 면이 정확한 정벽면임을 정확하게 예측함은 물론 마르텐사이트와 잔류 오스테나이트 사이의 형상 변화와 방위관계를 밝힌 바 있다.

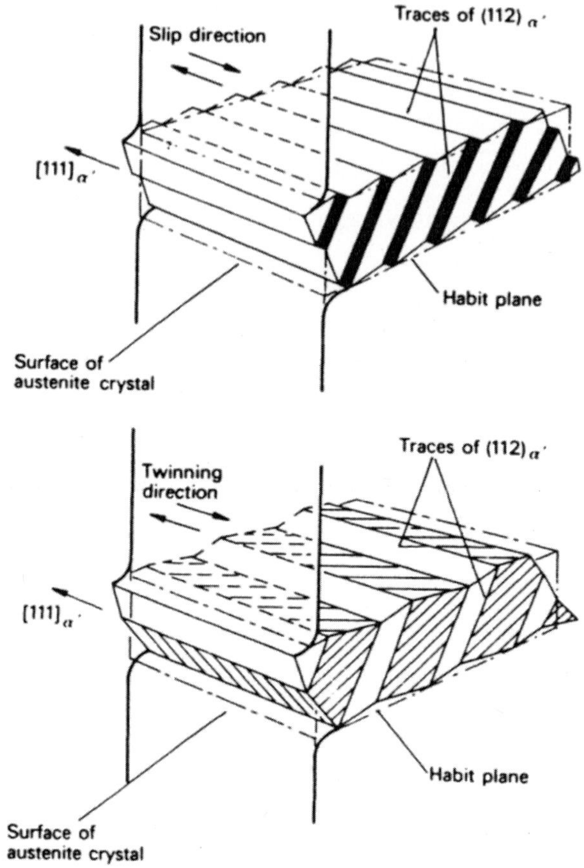

그림 5.10 2가지 형태의 격자변형을 보여주는 마르텐사이트 판의 형성: 슬립과 쌍정

5.5 철계 마르텐사이트의 형상

마르텐사이트 형성의 2회－전단(two-shear)이론은 2상들에 대한 결정학적 측정에 의해 처음 검증되었지만 불균질한 격자불변변형의 존재는 현미경 관찰에 의해 직접 확인될 수 있었다. 여러 종류의 비철계 마르텐사이트 변태에 대한 광학현미경 관찰을 통해 마르텐사이트 층이 수많은 아주 미세한 쌍정의 규칙적 배열로 구성됨이 밝혀졌다. 예를

들어 인듐－탈륨(indium-thallium)계의 경우 마르텐사이트 반응은 fcc에서 fct로 변태가 일어나는 한 철계 마르텐사이트와 비슷한 특성을 보인다. 마르텐사이트 층(lamella)은 아주 균일하고 각 층마다 유일하게 존재하는 (101) $[10\bar{1}]$ 변종(variant)에 미세한 쌍정들을 포함하고 있다.

강에서 마르텐사이트 판들이 평행하지 않고 대신 렌즈형상(lenticular)을 띠는 경우가 있는데 이것은 변태로 인한 형상변화에 저항하기 위한 기지(matrix)에서의 제약(constraint) 때문이다. 이것이 철계 마르텐사이트에서 정벽면을 정확하게 인식하기 어려운 이유 중의 하나이다. 이것은 irrational 면들과는 무관하지만 실험에서 얻어지는 산포에는 영향을 미친다. 고탄소 마르텐사이트의 다른 특성은 burst 현상인데 1개의 초기 마르텐사이트 판이 입계나 다른 마르텐사이트 판 등을 만나게 되면 이로 인한 응력집중으로 인해 연속적으로 판들을 생성시키는 것을 말한다(그림 5.11).

그림 5.11 Fe−1.8C−3Mn−2Si. burst 현상을 보이는 렌즈형상 마르텐사이트. 광학현미경, ×300

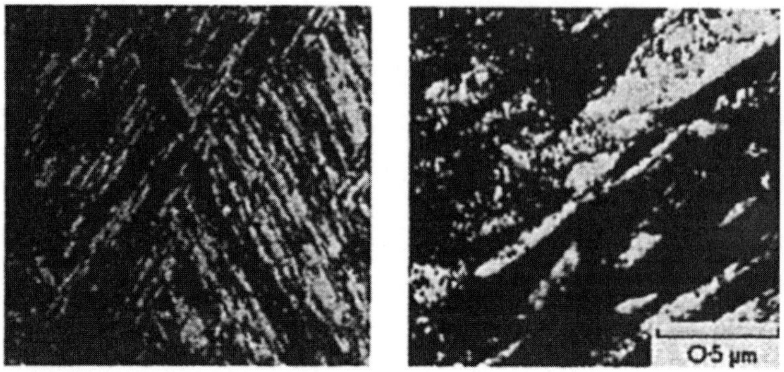

(a) (b)

그림 5.12 Fe–0.16C wt%합금. 1050℃ 퀜칭을 통해 형성된 마르텐사이트. (a)광학현미경, ×95, (b)심하게 전위된(dislocated) 레스를 보여주는 Thin–foil 전자현미경

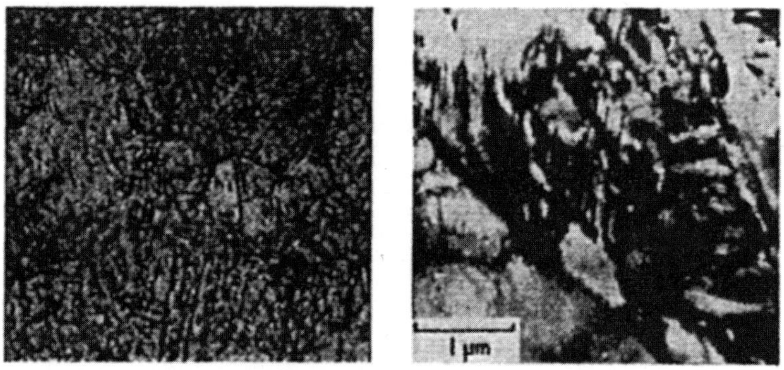

(a) (b)

그림 5.13 1100℃에서 퀜칭된 Fe–0.8C wt%합금 (a)광학현미경, ×200, (b)마르텐사이트 레스에 있는 쌍정을 보여주는 Thin–foil 전자현미경

철계 마르텐사이트 조직에 관한 이해의 수준은 Thin-foil 전자현미경이 이러한 문제들의 분석에 사용되면서 비약적으로 높아졌다. Kelly와 Nuting은 변태 시 불균일 변형 부분에 필요한 2가지 모드의 소성변형인 슬립과 쌍정에 대해 관찰했다. 모든 철계 마르텐사이트는 10^{11}~$10^{12}$$cm^{-2}$ 수준의 높은 전위밀도를 보이는데(그림 5.12b) 이것은 심하게 냉

간가공된 합금의 경우 전위밀도에 근접한다. 따라서 전위가 생성된 면을 체계적으로 분석한다거나 전위의 버거스 벡터를 결정하는 것은 불가능하다고 볼 수 있다.

저탄소(< 0.5wt% C) 마르텐사이트는 대체적으로 전위만을 보여준다. 탄소함량이 더욱 높은 영역에서는 아주 미세한 쌍정(5~10nm 폭)이 일반적으로 일어난다(그림 5.13b). 쌍정면은 $\{110\}_\gamma$로부터 생겨난 $\{112\}_{\alpha'}$이며, 쌍정방향은 $\langle 110\rangle_\gamma$에 상응하는 $\{111\}_{\alpha'}$ 방향이다. 경우에 따라서는 쌍정이 광학현미경에서도 관찰될 수 있지만 전자현미경에서는 제한시야회절도형(selected area diffraction pattern: SADP) 기법을 이용해 쌍정을 정확하게 인식할 수 있다. 이를 통해 쌍정전단(twin shear)이 정확하게 분석될 수 있었고 위에서 다루어진 결정학적 이론들의 정확도에 대한 확실한 근거가 제공되었다. 그러나 쌍정은 항상 완전하게 발달되는 것은 아니므로 하나의 판 내에서도 쌍정을 일으키지 않은 부분이 존재할 수 있으며, 이러한 현상은 조성에 민감하다.

상기의 근거는 전위와 쌍정에 의한 변형이 이를 이용한 격자불변변형(lattice invariant deformation)을 일으키기 위한 대체 방법들임을 의미한다. 2가지 변형공정들에 대한 일반적인 이론에 의하면, 쌍정을 위한 임계분해전단응역은 일반 슬립면에서 슬립을 일으키기 위한 응력보다 항상 더 크며, 이것은 서로 다른 결정구조를 갖는 많은 합금에 적용된다. 따라서 오스테나이트와 마르텐사이트의 항복강도를 올려주는 요인들은 쌍정의 발생 가능성을 증가시킬 것으로 예상할 수 있다. 중요한 변수로는 탄소농도, 합금원소 농도, 변태온도, 변형률 등을 들 수 있다.

오스테나이트와 마르텐사이트의 항복강도는 탄소함량과 함께 증가하므로 쌍정의 발생 가능성이 올라갈 개연성이 증가한다. 치환형 용질농도의 증가 또한 강도를 증가시킨다. 탄소가 존재하지 않는 상태에서 Fe-32Ni wt%와 같은 고농도 이원계 합금의 치환형 용질농도를 증가시키면 마르텐사이트에서 쌍정이 관찰된다.

변태온도의 감소, 즉 M_s의 감소 또한 쌍정의 형성을 도와주게 될 것이므로 실온보다 충분히 낮은 온도에서 변태된 합금에서 쌍정이 많이 일어날 것이다. 탄소농도와 합금원소농도의 증가 또한 M_s의 감소를 통해 쌍정발생을 촉진시키게 된다. 마르텐사이트가 온도 구간에 걸쳐 형성되는 일부 강에서는 먼저 생겨난 판들에는 쌍정이 없는 반면

M_f 근처에서 형성된 판들에서는 쌍정이 주로 발생되는 경우도 있다. 만약 M_s 부근에서의 판의 성장이 저온에서도 계속된다면 판 내 불균질성이 관찰될 수 있다. 판들이 주맥(mid-rib)에서는 쌍정을 일으키나 판의 바깥 영역에서는 쌍정을 일으키지 않는 경우도 종종 있다. 이것은 M_s가 실온보다 낮을 때 일어날 수 있으며 상온에서 유지되었다면 쌍정판이 더욱 성장하였을 것이다. 5.2절에서 설명한 3가지 형태의 마르텐사이트에 대한 형상적/결정학적 특성을 요약하고자 하며 제시된 방위는 근사적인 방위임을 유의해야 한다.

5.5.1 저탄소 마르텐사이트

정벽면 $\{111\}_\gamma$ 부근

Kurdjumov-Sachs 관계 $\{111\}_\gamma \parallel \{110\}_{\alpha'}$, $\langle 1\bar{1}0 \rangle_\gamma \parallel \langle 1\bar{1}1 \rangle_{\alpha'}$

레스 마르텐사이트로 지칭.

이 형태의 마르텐사이트는 일반 탄소강과 탄소를 0.5wt% C 이하 함유하는 저합금강에서 관찰된다. 형상은 레스 또는 판상(그림 5.12a)이며 레스는 매우 길고 0.5μm 폭을 갖는다. 이들은 서로 그룹으로 뭉쳐 각 레스 사이에 소경각경계(low angle boundary)를 갖는 다발 형태의 패킷(packet)으로 존재하며 소수의 레스는 대경각경계(high angle boundary)로 분리되어 있기도 하다(그림 5.12b). 일반 탄소강의 경우에서는 쌍정과 관련된 레스가 관찰되지 않는다.

그러나 철-니켈 합금에서는 인접한 레스들이 쌍정과 자주 관련된다. 레스 사이의 경계는 엄격하게 면 형태(planar)도 렌즈형상도 아니지만 패킷 내에서 대개 치밀하게 얽혀 있다. 내부적으로 레스는 심하게 전위되어 복잡하게 얽혀 있기 때문에 개개 전위를 분리하기가 어려운 경우가 많다. 쌍정은 이러한 마르텐사이트 형태에서는 잘 일어나지 않는다.

5.5.2 중탄소 마르텐사이트

정벽면 $\{225\}_\gamma$ 부근

Kurdjumov-Sachs 관계

침상(acicular) 마르텐사이트로 지칭.

이 형태의 마르텐사이트를 침상 마르텐사이트라 부르는 것은 다소 부적절한 면이 있는데 그 이유는 형상특성이 렌즈형상(lenticular) 판의 특성을 가지고 있으며(그림 5.13) 직각을 이루는 두 표면과 교차하는 판들을 관찰하면 이것을 쉽게 볼 수 있다는 사실 때문이다. 이러한 판들은 약 0.5wt%탄소(그림 5.14)를 함유하는 강에서 형성되기 시작하며 0.5~1wt% 탄소영역에서는 레스 마르텐사이트와 함께 나타날 수 있다.

레스와는 달리 렌즈형상 판들은 $\{225\}_\gamma$ 부근의 면들과 입자 내 작은 영역 내에 있는 여러 변종(variant)에서 패킷 형태보다는 고립형으로 형성되며 조직이 매우 복잡하다(그림 5.13). burst 현상이 변태를 전파시키는데 중요한 역할을 하여 오스테나이트가 레스 마르텐사이트에서처럼 규칙적이고 효율적으로 제거되지 못한다.

이러한 물리적 차이는 탄소함량이 증가함에 따라 잔류 오스테나이트가 많이 생겨난다는 사실과 직결되며(그림 5.14) 마르텐사이트는 대부분 렌즈 형상이다. 전술한 미세쌍정(micro-twinning)이 탄소함량의 증가로 인해 낮은 M_s 온도에서 형성된 이러한 형태의 마르텐사이트에서 주로 관찰된다(그림 5.13b).

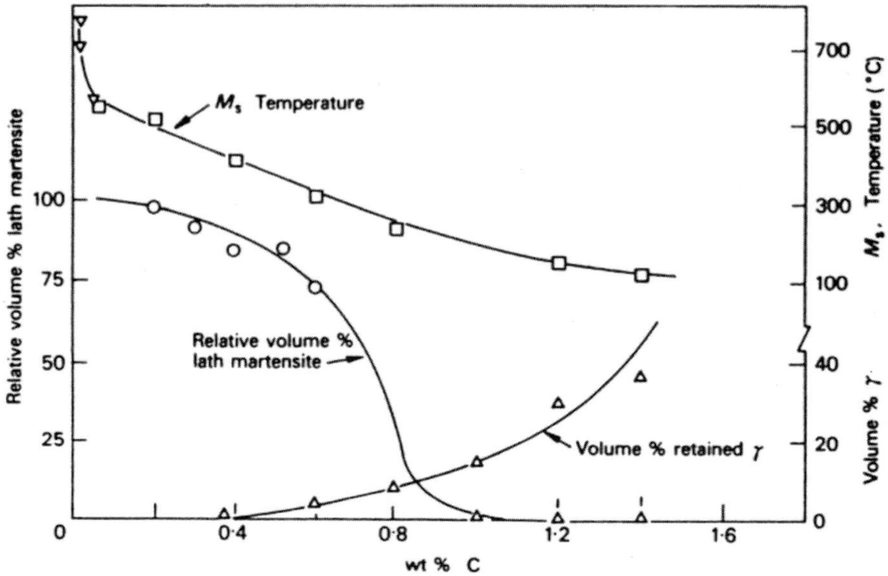

그림 5.14 Fe–C합금에서 마르텐사이트 형태와 잔류 오스테나이트의 양에 탄소함량이 미치는 영향

5.5.3 고탄소 마르텐사이트

정벽면 $\{259\}_\gamma$ 부근

Nishiyama-Wasserman 관계 $\{111\}_\gamma \parallel \{110\}_{\alpha'}$, $\langle 11\bar{2}\rangle_\gamma \parallel \langle 1\bar{1}0\rangle_{\alpha'}$

탄소함량이 1.4wt%보다 크면 방위관계가 Kurdjumov-Sachs 관계에서 Nishiyama 관계로 바뀌고 정벽면이 $\{259\}_\gamma$ 부근으로 바뀐다. 이 변화는 현미경적으로 관찰되지 않는데 그 이유는 형상이 아직도 개별적으로 형성되어 심하게 쌍정 변형된 렌즈형상 판이기 때문이다. 자세한 결정학적 분석을 통해 이러한 형태의 마르텐사이트는 {225} 마르텐사이트보다 이론적 예측을 더욱 잘 따르는 것으로 밝혀졌다. 판은 burst 기구에 의해 형성되며 종종 소리가 들리기도 한다(cf. 기계적 쌍정). {259} 마르텐사이트는 탄소함량이 아주 높은 일반 탄소강에서 형성되며 금속합금원소가 첨가되면 보다 낮은 탄소함량에서 형성되

기도 한다. 극단적인 경우, 니켈함량이 29wt%를 초과하는 Fe-Ni과 같이 탄소가 함유되지 않은 합금에서도 형성되기도 한다.

5.6 마르텐사이트 변태속도론

마르텐사이트 변태는 대개 비열적(athermal) 변태로 표현한다. 왜냐하면 변태가 잘 정의된 M_s 온도에서 시작되어 M_f 온도에 도달할 때까지 온도가 지속적으로 떨어지면서 반응이 종료될 때까지 변태가 계속된다. 그러나 일정 온도에서도 진행될 수 있는 마르텐사이트 변태도 있다.

5.6.1 마르텐사이트의 핵생성과 성장

변태개시의 구동력은 $T_0 - M_s$로 나타낼 수 있으며 여기서 T_0는 응력이 없는 상태에서 오스테나이트와 마르텐사이트가 동일한 자유에너지를 갖는 온도를 말한다. [그림 5.15]에 오스테나이트와 마르텐사이트에 대한 2가지 자유에너지 곡선을 온도의 함수로 나타냈다. M_s온도는 마르텐사이트가 재가열에 의해 오스테나이트로 변태를 시작하는 A_s온도와 함께 나타냈다. 두 반응은 일정 수준의 과냉(supercooling)과 과열(superheating)을 필요로 한다.

여러 시스템에 대한 관찰 결과 변태로 인해 큰 형상변화가 생기는 경우는 구동력($T_0 - M_s$)이 크다는 것이며 온도구간 $M_s - M_f$ 또한 크다는 것을 의미한다. 형상변화가 작다면 그 반대의 경우로 보면 된다. 철계 마르텐사이트에서는 형상변화가 크고 $M_s - M_f$ 온도구간이 수백 도에 이르기도 한다. 따라서 작은 마르텐사이트 판이 형성됨에 따른 변형에너지가 핵생성 시 중요한 역할을 할 것으로 보인다.

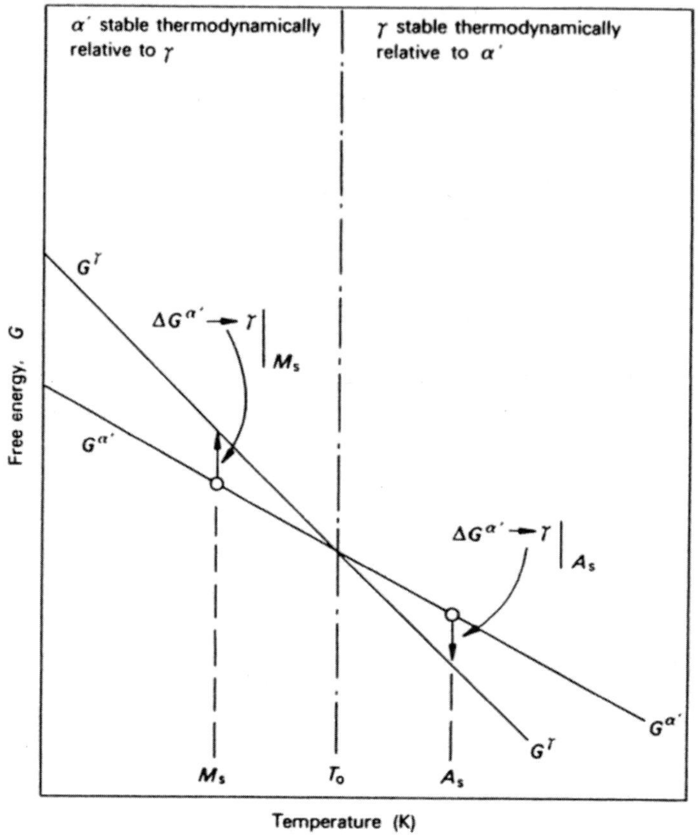

그림 5.15 온도함수로 나타낸 오스테나이트와 마르텐사이트의 자유에너지

균일 핵생성에 관한 고전적 이론을 비열적 반응에도 적용시킬 수 있다.

(a) 핵은 M_s 온도에서 빠르게 형성된다.

(b) M_s 온도에서 초임계(supercritical)핵이 될 수 있는 아임계(subcritical)핵이 미리 존재한다.

핵생성이 일어날 때의 전체적인 자유에너지 변화, $\triangle G$는 3가지 항의 결과다.

- 화학자유에너지의 변화 $\triangle g(= g^{\alpha'} - g^{\gamma})$
- 변형에너지
- 기지와 마르텐사이트 사이의 경계면에너지

반경 r, 절반두께(semi thickness) c의 편구(oblate spheroidal) 형상을 갖는 반정합 마르텐사이트 핵(그림 5.16)에 대해

$$\triangle G = \frac{4}{3}\pi r^2 c \triangle g + \frac{4}{3}\pi r c^2 A + 2\pi r^2 \sigma \tag{5.3}$$

여기서 A는 변형에너지 인자, σ는 γ/α' 경계부의 단위면적당 자유에너지, $\triangle g$는 단위체적당 화학자유에너지 변화를 의미한다.

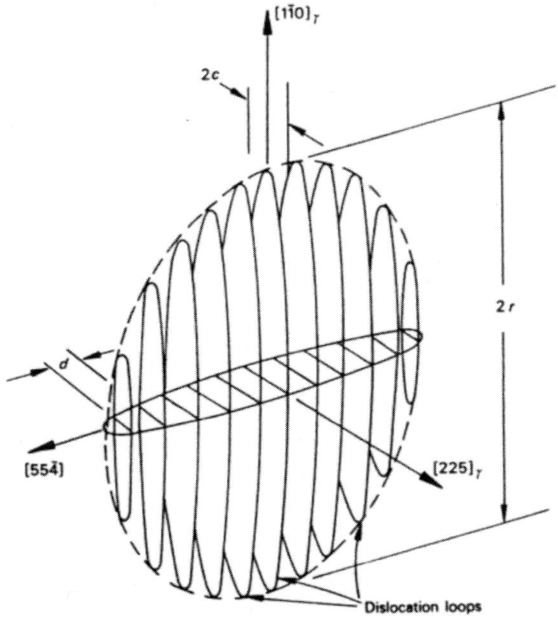

그림 5.16 마르텐사이트 핵의 모델

임계 핵의 크기는 c^*와 r^*로 정해지는데 이때의 임계 자유에너지변화 $\triangle G^*$, 즉 $c-r$ 곡선의 변곡점에서의 자유에너지는

$$c^* = -2\sigma/\triangle g \tag{5.4}$$

$$r^* = 4A\sigma/\triangle g^2 \tag{5.5}$$

$$\triangle G^* = 32\pi A^2\sigma^3/3(\triangle g)^4 \tag{5.6}$$

그러나 만약 $\triangle g$, A, σ에 대한 적절한 값을 식 (5.5)에 적용하면 $\triangle G^*$값이 너무 커서 ($\simeq 3\times10^5$ kJ) 핵생성의 장벽이 너무 높게 나타난다. 따라서 이것은 마르텐사이트의 핵이 무작위적(random) 진동에 의해 일어나는 것은 불가능함을 의미한다.

이러한 계산결과는 마르텐사이트의 핵생성이 자유에너지 곡선의 변곡점을 넘어선다는 가정 하에서 이미 존재하는 예비핵(embryo)으로부터 불균질하게 일어나야 하는 것을 의미한다. 하지만 이러한 핵에 대한 연구는 성공적이지 못했고 정통적인 핵생성 이론으로부터 추론될 뿐이다. 아주 특별한 경우에는 핵이 얻어질 수도 있다. 예를 들면 고망간강에서는 오스테나이트의 적층결함에너지(stacking fault energy)가 낮으므로 적층결함이 쉽게 일어난다. 마르텐사이트로 변태 시 육방정구조의 ϵ-마르텐사이트가 얻어지는데 이 상이 이러한 적층결함에서 핵생성 되는 것으로 밝혀졌다.

예비 핵은 오스테나이트와 반정합 전위경계를 갖는 것으로 보이며 예비핵과 기지조직을 연결해주는 평행한 전위루프의 배열로 예측되며(그림 5.16) 경계면을 연결하는 새로운 전위루프의 핵생성에 의해 성장이 일어나고 확장된다. 근래에 Olson과 Cohen은 핵생성의 새로운 이론을 제시했는데 조밀 충진된 면에 존재하는 전위그룹에 의해 생겨난 스텝(step)에서 일어난다고 했다. 이러한 핵생성이 가능한 위치로는 입계, 부정합 쌍정경계와 개재물 입자 경계 등이 있다.

각각의 마르텐사이트 판은 10^{-7}초에 형성될 정도로 아주 빠른 속도로 성장한다. 성장속도는 넓은 온도 범위에 걸쳐 일정한데 이는 성장공정이 그다지 열적활성화와 관계가 없다는 것을 의미한다. 이것은 원자이동이 규칙적이고 작다는 결정학적 근거와도 일치하며 원자들이 확산에 의해 위치를 바꾸지 않는다. 성장은 경계면에 놓인 동일 버거스 벡터를 갖는 평행한 전위들의 배열 이동으로 볼 수 있다. 경계면이 오스테나이트 기지로 전진 이동함에 따라 전위들은 적당한 슬립면을 활주해 경계를 쫓아간다. 이러한 형태의 이동은 경계에 수직한 방향으로 정벽면(habit plane)의 이동을 포함한다.

Fe-Ni-Mn 합금의 경우 마르텐사이트 판의 등온 성장이 광학현미경에서 직접 관찰 가능한 속도로 관찰되기도 한다. Fe-Ni, Fe-Ni-C 등과 같은 합금들은 burst 현상을 보이긴 하지만 이러한 현상을 보이는 낮은 M_s 온도를 갖는 합금들에서 등온변태가 일어나기도 한다는 상당한 근거가 있다. 이러한 경우 주요 인자는 느린 성장보다는 느린 등온 핵생성이다. 마르텐사이트 형성의 반응속도를 넓게 보면 3가지의 거동으로 나누어 볼 수 있다(그림 5.17).

첫 번째 형태는 S자 곡선을 보이는 평범한 비열적 변태로서 오스테나이트의 변태분율이 온도만의 함수인 경우다(그림 5.17a). 두 번째 형태는 비열변태이긴 하지만 오스테나이트 일부를 효율적으로 등온변태 시켜 주는 burst 현상과 함께 반응이 갑자기 일어나는 형태이다(그림 5.17b). 그 이후의 변태는 다시 비열적 변태특성을 보인다. 마지막으로 등온변태(그림 5.17c)로서 주어진 온도에서 변태 오스테나이트의 분율이 시간에 비례한다. 이러한 형태는 탄소가 함유되지 않은 철계 합금에서만 발견된다.

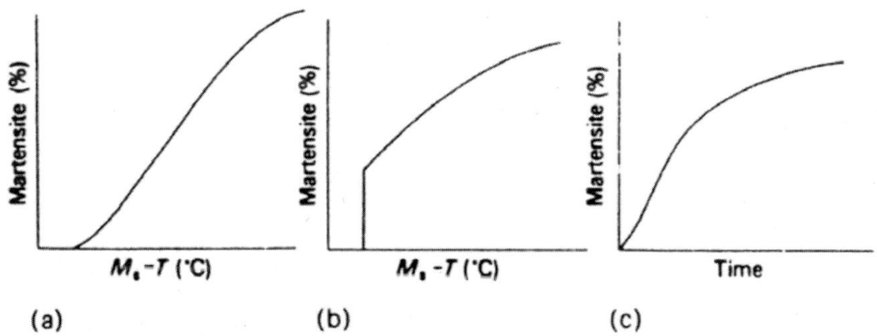

그림 5.17 마르텐사이트의 변태곡선. (a)비열변태, (b)burst 현상의 비열변태, (c)등온변태

5.6.2 합금원소의 영향

오스테나이트에 고용체로 들어가는 대부분의 합금원소들은 코발트와 알루미늄을 제외하고는 M_s 온도를 낮추어준다. 그러나 침입형 원소인 탄소와 질소는 금속 용질원소보다 훨씬 큰 영향을 미친다. M_s와 M_f 온도에 미치는 탄소의 영향을 [그림 5.18]에 나타냈으며 1wt% 탄소가 M_f 온도를 약 300℃ 이상 낮추어주는 것을 보여준다. 0.7wt% C 이상에서 M_f 온도는 실온보다 낮으며 결과적으로 탄소를 많이 함유한 강들은 수냉해도 상당량의 잔류 오스테나이트를 함유한다.

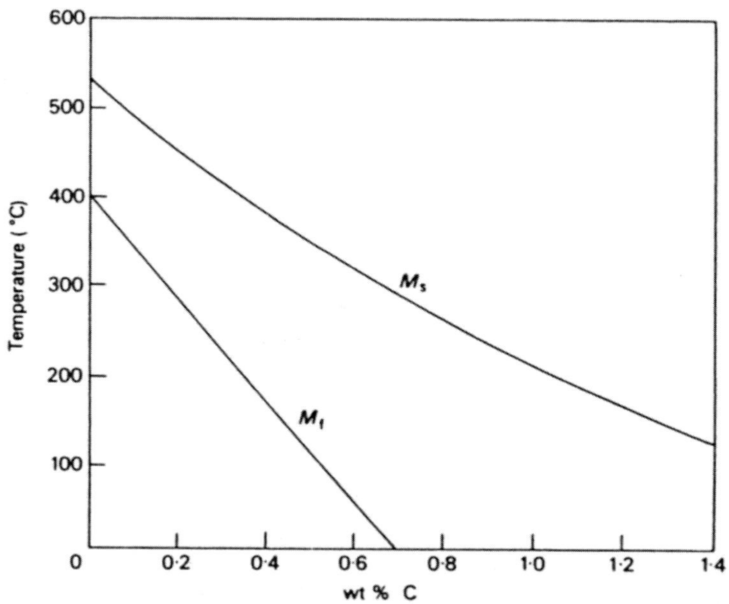

그림 5.18 M_s와 M_f 온도에 미치는 탄소의 영향

다른 합금성분들의 상대적인 효과는 아래의 Andrews 경험식(농도는 wt%)에 나타나 있다.

$$M_s(℃)=539-423(\%℃)-30.4(\%Mn)-17.7(\%Ni) \\ -12.1(\%Cr)-7.5(\%Mo) \tag{5.7}$$

이 식은 한정된 종류의 강들에서만 적용된다. 따라서 [그림 5.18]에서의 곡선의 기울기는 Andrews 관계에서 내포된 것과는 다르다. M_s 온도를 표현하기 위한 보다 나은 접근은 변태 구동력으로 나타내는 것이다.

오스테나이트/마르텐사이트 변태에 합금원소가 미치는 영향은 Zener에 의한 열역학적 분석으로 독창적으로 설명되었다. Fe-X 이원계 합금을 대상으로 오스테나이트와 마르텐사이트의 화학자유에너지 G^{γ}와 $G^{\alpha'}$를 이용해 식들을 표현할 수 있다. 오스테나이트에서

$$G^{\gamma}=(1-x)G^{\gamma}_{Fe}+G^{\gamma}_{X}+G^{\gamma}_{M} \tag{5.8}$$

여기서 x는 합금원소의 원자분율, G^{γ}_{Fe}는 γ형태에서 철의 자유에너지, G^{γ}_{X}는 γ형태에서 X-원소의 자유에너지로서 fcc 형태로 존재하지 않는 합금은 반드시 추정치를 사용해야 하며, G^{γ}_{M}은 오스테나이트의 혼합 자유에너지(free energy of mixing)를 말한다.

$G^{\alpha'}$에 대한 비슷한 식을 식 (5.8)에서 빼주면

$$\Delta G^{\alpha'\to\gamma}=(1-x)\Delta G^{\alpha\to\gamma}_{Fe}+\Delta G^{\alpha\to\gamma}_{X}+\Delta G^{\alpha'\to\gamma}_{M} \tag{5.9}$$

Zener는 합금 문제를 고용체가 충분히 희석되어 이상적이라 가정함으로써 혼합항인 $G^{\alpha'\to\gamma}_{M}$의 값을 0으로 가정했다.

$$\Delta G^{\alpha\to\gamma}_{X}=\Delta H^{\alpha\to\gamma}_{X}-T\Delta S^{\alpha\to\gamma}_{X} \tag{5.10}$$

여기서 ΔS는 α와 γ 사이의 엔트로피 변화, ΔH는 엔탈피 변화, T는 온도를 말한다.

$$\Delta G_{\mathrm{X}}^{\alpha \to \gamma} = RT \ln \frac{x_\alpha}{x_\gamma} \tag{5.11}$$

여기서 x_α와 x_γ는 모든 온도에서 γ와 α와 평행을 이루는 α와 γ의 조성을 말한다.

Zener는 $RT \ln(x_\alpha / x_\gamma)$가 일정하고 $\Delta S_{\mathrm{X}}^{\alpha' \to \gamma}$가 0이라는 가정을 통해 문제를 단순화시켜 이상적인 고용체에 대해

$$\Delta H_{\mathrm{X}}^{\alpha \to \gamma} = RT \ln \frac{x_\alpha}{x_\gamma} = \Delta H_{\mathrm{X}}^{\alpha' \to \gamma} \tag{5.12}$$

이것은 오스테나이트와 마르텐사이트 상에서 합금원소 X의 엔탈피 차이로 정의된다. 따라서 식 (5.9)는 반응의 구동력을 표현하는 $\Delta G^{\alpha' \to \gamma}$로 다시 표현할 수 있다.

$$\Delta G^{\alpha' \to \gamma} = (1-x)\Delta G_{\mathrm{Fe}}^{\alpha \to \gamma} + x \Delta H_{\mathrm{X}}^{\alpha' \to \gamma} \tag{5.13}$$

$\Delta H_{\mathrm{X}}^{\alpha' \to \gamma}$를 결정한 후 마르텐사이트 반응의 자유에너지변화 $\Delta G^{\alpha' \to \gamma}$를 계산할 수 있다. γ와 α'가 동일한 자유에너지를 갖는 온도인 T_0 값은 $\Delta G^{\alpha' \to \gamma}$를 0인 관계로부터 구할 수 있다. 합금원소는 γ 루프를 확장, 즉 γ를 안정화시키거나 γ 루프를 수축시켜 α 형성을 촉진할 수도 있으며 이것은 $\Delta H_{\mathrm{X}}^{\alpha' \to \gamma}$에 서로 다른 효과를 미친다(4.1절). γ 루프를 확장시키는 합금원소는 이 항을 '음'으로 만들고 T_0를 낮추는 반면 α 형성을 좋아하는 원소들은 이 항을 '양'으로 만들고 T_0를 상승시킨다.

표 5.3 오스테나이트(γ)와 마르텐사이트(α')에서 X원소의 엔탈피 차이 값

X	C	N	Mn	Ni	Cu	Cr	W	Mo	V	Ti
$\Delta H_{\mathrm{X}}^{\alpha' \to \gamma}$ (kJ mol^{-1})	−33.9	−22.4	−10.7	−8.4	−5.4	−5.0	+5.7	+5.7	+11.8	+37.7

몇몇 합금원소들에 대해 알려져 있는 $\Delta H_X^{\alpha' \to \gamma}$값을 보면 흥미롭다(표 5.3). 여기에는 약간의 예외가 있는데 Cr의 경우 γ 루프를 수축시키는데도 '음'의 ΔH값을 갖는다는 것은 ΔH가 너무 낮은 온도에서 얻어진 데이터로부터 계산되었다는 것을 의미한다.

Cohen 등은 0에서 1.1wt% 탄소를 함유하는 철-탄소합금에 대한 자세한 데이터를 [그림 5.19]와 같이 제공했는데 $\Delta G^{\alpha' \to \gamma}$의 온도 의존도를 탄소함량별로 표기했다. $\Delta H^{\alpha' \to \gamma} = 0$인 축과 만나는 곡선은 주어진 조성에서의 T_0 값을 제공해준다. 합금의 M_s 온도에서 구동력 $\Delta G^{\alpha' \to \gamma}$의 값은 약 1250Jmol^{-1}로 실제로는 일정하며 탄소함량에 무관함을 밝혀졌다. 그러나 Fe-Ni에 대한 연구결과는 Ni 함량이 증가할수록 구동력이 증가함을 보였으며 이로 인한 M_s 온도의 저하가 관찰되었다.

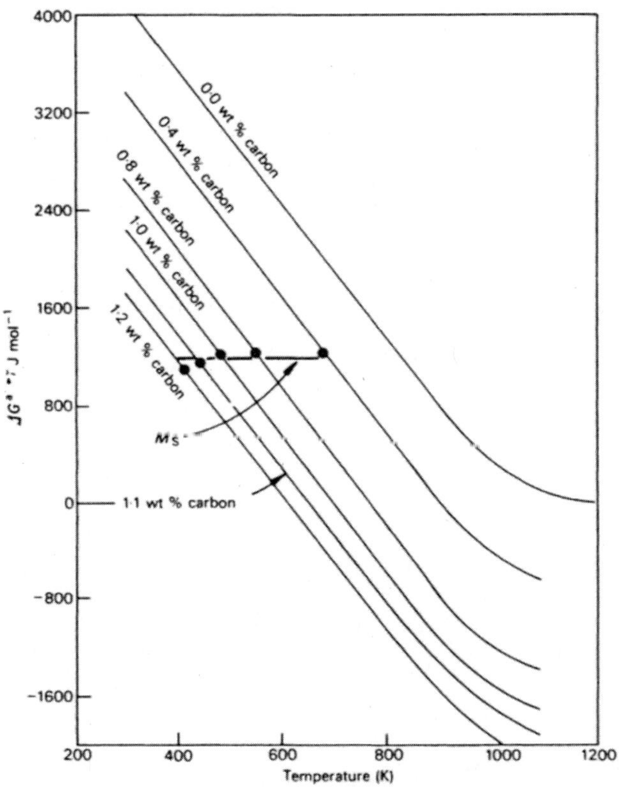

그림 5.19 온도와 탄소함량의 함수로 나타낸 오스테나이트-마르텐사이트 반응에 대한 자유에너지변화

5.6.3 변형효과

마르텐사이트 변태에서 일축응력이 가해지면 M_s 온도를 올리는 효과가 있다. 소성 또는 탄성변형으로 인한 부가적인 응력장은 마르텐사이트 판의 핵생성으로 인해 발생된 응력을 증가시키게 되므로, 어떤 의미에서는 계속되는 형상변화를 부가적인 소성변형공정으로도 볼 수 있다. M_s 온도보다 높은 M_d 온도를 정의할 수 있는데 이 온도 이상에서는 모상의 어떠한 변형도 마르텐사이트를 형성시키지 못한다. 하지만 M_d 온도 이상에서 오스테나이트의 변형은 마르텐사이트 영역으로 연이은 냉각 시 M_s 온도를 변화시킬 것이다. 이러한 환경에서는 대개 M_s 온도가 낮아지게 되고 이로 인한 오스테나이트의 안정성 증가를 기계적 안정화(mechanical stabilization)라 부른다.

5.6.4 안정화

안정화(stabilization)는 오스테나이트가 마르텐사이트로 변태하는 양의 감소를 의미하며 판의 핵생성과 성장을 저지시키는 공정들로 인한 결과다. M_d 온도 이상에서 소성변형을 시키면 안정화를 피할 수 있다. 그러나 안정화라는 용어는 일반적으로 강의 냉각이 $M_s - M_F$ 온도영역에서 억제될 때 적용한다. 온도를 낮추어 다시 변태시키면 등온 중단이 없는 경우에서와 같은 마르텐사이트로의 완전한 변태가 일어나지 않는다. 선택된 지연 온도에서 안정화의 정도는 시간과 함께 최대치로 증가하고 온도가 M_F 온도에 근접함에 따라 안정화의 정도가 증가한다. 기지 내에 적은 양의 마르텐사이트만이 존재할 때 안정화는 최소 상태를 보인다.

이러한 복잡한 효과는 마르텐사이트 판의 형성이 인근 기지에서의 소성변형을 일으키게 되고 이것으로 인해 오스테나이트 내의 전위밀도가 크게 증가하는 것으로 설명된다. 이러한 전위의 일부가 마르텐사이트 판 경계에 있는 활주전위들과 반응해 더 이상 움직이지 못하게 하면 판이 더 이상 성장을 못할 수 있다. 이러한 공정을 조장하는 모든 현상들은 안정화에 기여한다. 중간온도에서의 정지는 탄소원자에 의한 경계부 전위의 고착뿐만 아니라 소성이완(plastic relaxation), 즉 전위의 이동을 위한 시간을 제공해준다.

5.7 마르텐사이트의 강도

급속 냉각된 강의 높은 강도와 취성은 마르텐사이트의 형성 때문이다. 하지만 비철 합금 계에서는 전단변태로 얻어지는 경화효과가 그다지 월등하지 않다. 실제로 탄소가 강에서 제거되면 결과적인 경도는 훨씬 낮게 나타난다. [그림 5.20]은 마르텐사이트의 경도에 탄소함량이 미치는 큰 효과를 니켈 첨가를 통해 상온까지 잔류시킨 오스테나이트의 강도에 탄소가 미치는 작은 효과와 비교했다.

얻어지는 강도수준은 마르텐사이트의 구체적 조직 상태에도 의존하는데 퀜칭한 후 상온에서 시험할 동안 마르텐사이트가 안정하게 존재하는지의 여부도 영향을 준다. Winchell과 Cohen은 철-탄소합금에 니켈의 첨가를 통해 M_s 온도를 −35℃로 낮춤으로써 마르텐사이트가 저온에서만 형성되게 하여 자동−템퍼링(auto-tempering)을 저지시켰다(8장). 또한 시편을 0℃에서 변형시켜 [그림 5.21]에 보인 바와 같이 마르텐사이트의 유동응력이 0.5wt% C까지는 탄소함량이 증가함에 따라 증가하는 결과를 얻었다. 마르텐사이트를 0℃에서 3시간 동안 유지한 후 얻어진 상부 곡선(그림 5.21)은 마르텐사이트가 상온 또는 그 이하에서도 시효 경화될 수 있음을 보여준다. 마르텐사이트의 강도가 높은 근본 이유에 대한 질문은 어려운 질문인데 조직의 복잡성, 고용체 내에 침입형 탄소를 갖는 정방정계 격자, 전단에 의해 형성된 높은 밀도의 전위와 미세 쌍정의 존재 등이 복잡하게 얽혀 있다.

다시 말하면 여러 강화기구가 관련된 결과다.

(a) 치환형 및 침입형 고용체
(b) 전위 강화(가공경화)
(c) 미세 쌍정
(d) 입자크기
(e) 탄소원자의 편석
(f) 철 탄화물의 석출

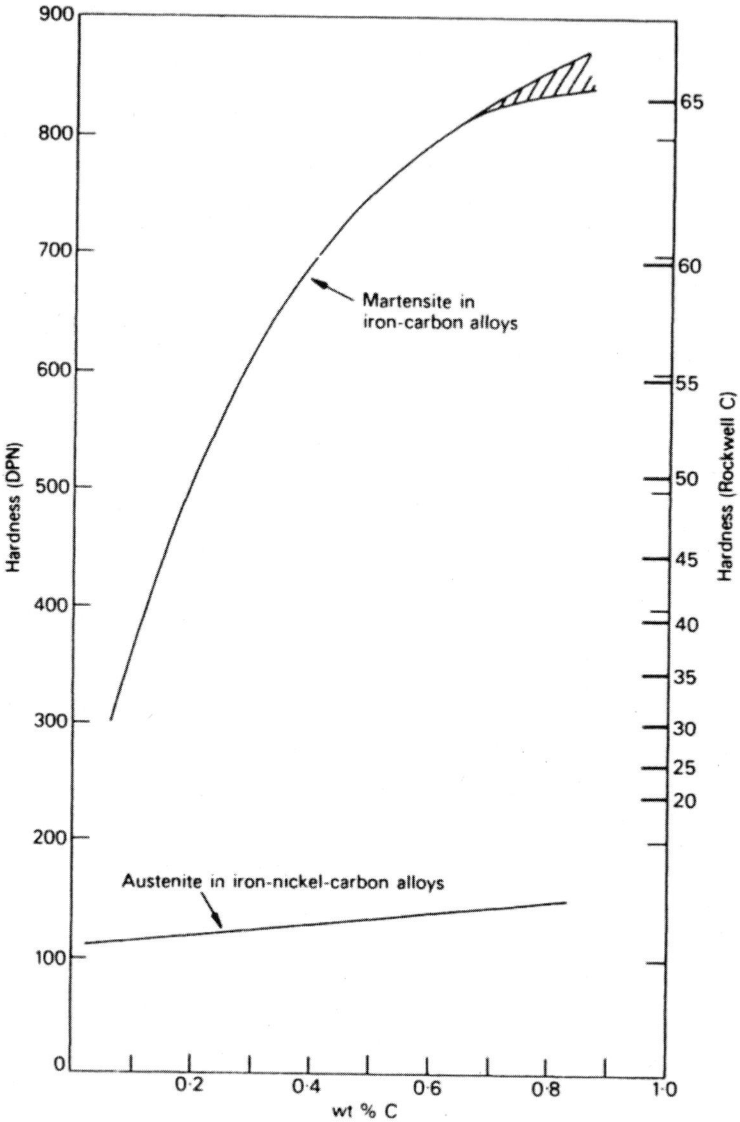

그림 5.20 마르텐사이트와 오스테나이트의 경도에 미치는 탄소의 영향

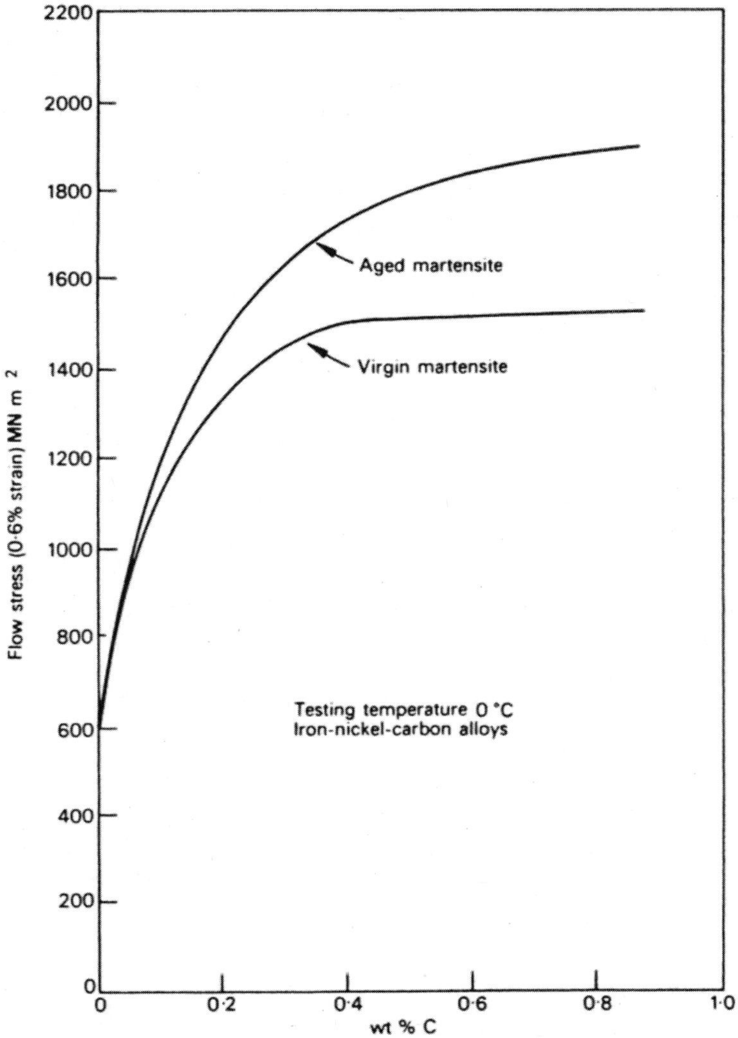

그림 5.21 Fe–Ni–C 합금에서 0℃ 마르텐사이트 시효

마르텐사이트의 정방성(tetragonality)을 일으키는 탄소의 침입형 고용체는 최우선적인 주요 강화 요인이다. Winchell과 Cohen은 탄소가 분위기나 석출물을 형성하기 위해 확산할 수 없는 조건에서의 항복강도의 탄소함량의존도를 제시했다. 유동응력은 $c^{1/3}$에

의해 변하는 것으로 보여주었지만(c: 탄소농도) 이후에 $c^{1/2}$에 의해서도 잘 표현될 수 있음이 밝혀졌다.

Fleischer는 전위가 침입형 용질원자를 휘어져 나가는 단범위(short range) 상호작용 모델과 침입형 탄소원자로 인한 마르텐사이트 길이방향과 세로방향의 격자변형 차이인 $\Delta\epsilon$라는 인자를 이용해($\Delta\epsilon \simeq 0.38$) 상황을 이론적으로 고찰했다.

그는 유동응력에 관한 아래의 식을 제안했으며 유동응력은 $c^{1/2}$에 비례한다고 예측했다.

$$\tau = \tau_0 + \frac{2G\Delta\epsilon c^{1/2}}{3} \tag{5.14}$$

곡선은 G/15에서 G/20의 기울기를 보였다. 낮은 M_s 온도를 갖는 마르텐사이트에 대한 다른 실험에서도 $c^{1/2}$ 관계를 보였으며 마르텐사이트가 레스 형태인지 쌍정인지에 따라 약간의 기울기 차이를 보였다(그림 5.22).

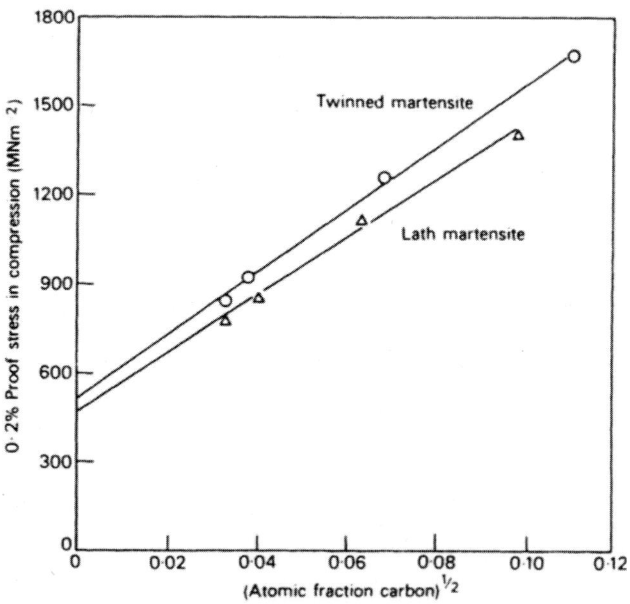

그림 5.22 마르텐사이트의 강도에 미치는 탄소의 효과

고탄소 마르텐사이트의 경우 미세 쌍정특성이 주요 강화기구라는 제안은 아직은 널리 받아들여지지 않고 있다. 확실한 것은 전위된(dislocated) 마르텐사이트가 쌍정된(twinned) 마르텐사이트로 전이가 일어날 때 큰 강도의 증가가 나타나지 않는다는 점이다. 그러나 쌍정 없는 마르텐사이트의 높은 전위밀도는 300MN m^{-2} 이하의 강도 기여를 하는 것으로 평가되며 미세 쌍정도 이와 유사한-하지만 가산적(additive)이지는 않은-기여를 하는 것으로 받아들여지고 있다.

오스테나이트 입자크기는 마르텐사이트 판의 최대크기를 결정해주므로 입자크기에 대한 강도의 의존도가 예상된다. 실제로 오스테나이트 입자크기가 다른 여러 합금을 마르텐사이트 조건에서 시험해 얻은 Petch-형태의 도표를 [그림 5.23]에 나타냈다. 마르텐사이트의 미세 조직을 분석할 때 오스테나이트 입자크기보다 훨씬 미세한 여타 가능한 결정 크기들도 강도기여 측면에서 검토할 수 있다. 먼저 레스 마르텐사이트 내 패킷(packet) 치수 또는 렌즈형상 마르텐사이트의 개별 판(plate) 등이 있고, 보다 중요하게는 두께 1μm 이하의 레스 하부조직(substructure)이 있다. 이러한 경계들이 소경각 아경계(low angle sub-boundary)이지만 전위이동을 방해하므로 전체 강도에 대한 기여 분을 반드시 고려해야 하다.

탄소원자가 마르텐사이트의 높은 전위집적부에 편석하는 것도 예상할 수 있으며, 페라이트의 경우 강한 상호작용이 있었음을 염두에 둘 필요가 있다. Kurdjumov 등은 내부 마찰측정을 통해 잘 발달된 온도 의존적인 피크를 밝혔는데 이러한 Snoek peak는 페라이트와 마르텐사이트 내에서 응력유기(stress induced) 탄소원자의 이동에 의해 일어난다. [그림 5.24]는 0.026wt% C 마르텐사이트에서의 Snoek peak이 동일 조성에서의 페라이트보다 낮다는 것을 보여주고 있다. 이것은 높은 전위밀도로 인한 고착(pinning)으로 마르텐사이트 조직 내에 자유 탄소원자가 감소된 직접적인 결과다. 이러한 고착된 탄소원자는 그 높이가 격자 내 자유탄소 농도에 비례하는 Snoek peak에 직접 기여하지 못한다.

이와 달리 페라이트는 아주 낮은 전위밀도를 가지므로 훨씬 높은 Snoek peak을 보이는데(그림 5.24) 그 이유는 높은 농도의 탄소원자가 팔면체공극에 침입형으로 이동할 수 있기 때문이다. Fe-Ni-C 합금에서 마르텐사이트 유동응력의 온도 의존성에 대한 연구는 [그림 5.25]에 보인 바와 같이 응력—변형곡선에 톱니모양 유동(serrated flow)과 관련된 곡선에서 최고점과 함께 높은 온도 의존성을 보였다. α철에서 일어나는 항복점(yield point) 현상과 같이 이것은 탄소와 전위의 Cottrel-Bilby 상호작용의 결과로 여겨진다.

하지만 이러한 현상은 전위에 철탄화물의 석출을 일으켜 실온 또는 그 이상의 온도에서 시효된 마르텐사이트에서 나타나는 강도증가를 야기한다. 또한 상대적으로 높은 M_s 온도를 갖는 마르텐사이트는 급냉 동안 시멘타이트 분산물이 형성(자동—템퍼링)되어 강도증가에 어느 정도 기여한다. 마르텐사이트의 항복강도는 페라이트의 경우와 마찬가지로 온도에 크게 의존하지만 석출물의 유무나 고용체 내의 탄소량에는 별로 영향을 받지 않는다. 따라서 온도 의존성은 전위이동에 대한 격자의 저항에서 유래되며 이는 Peierls-Nabarro 힘의 온도 의존성의 결과다.

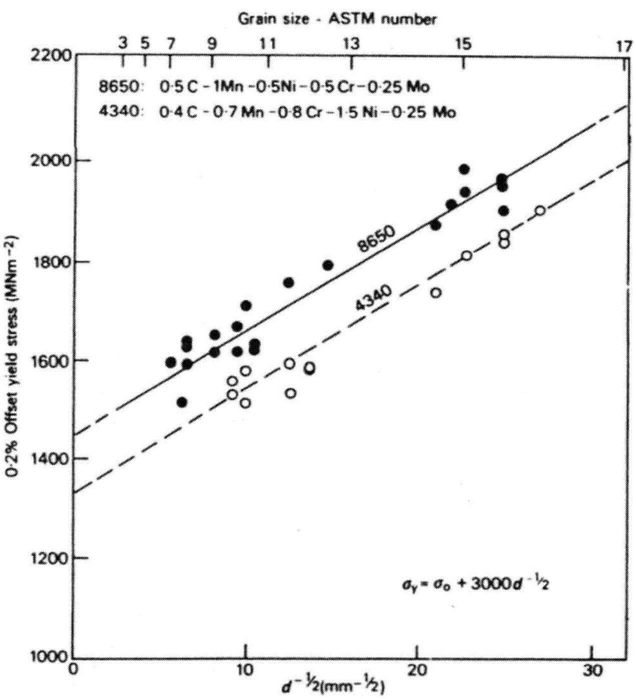

그림 5.23 마르텐사이트의 강도에 미치는 변태 전 오스테나이트 입자크기의 효과

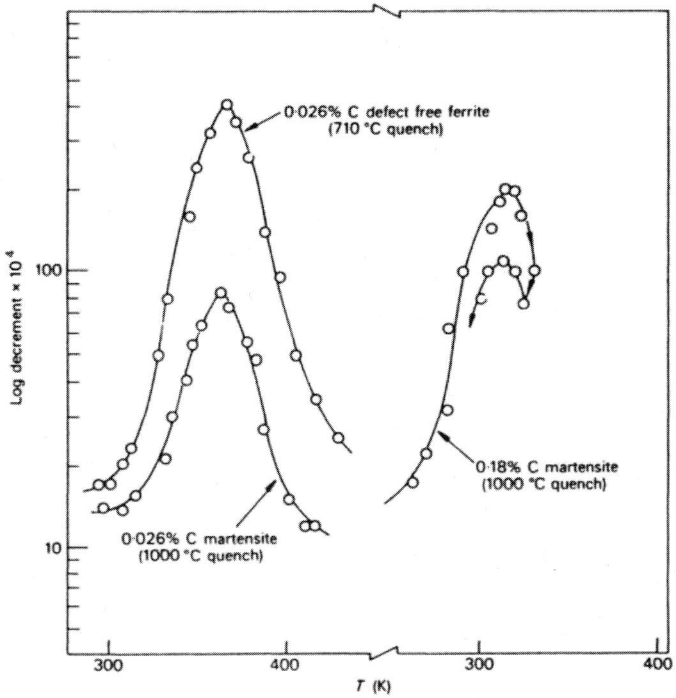

그림 5.24 저탄소 마르텐사이트 내부 마찰거동의 페라이트와의 비교

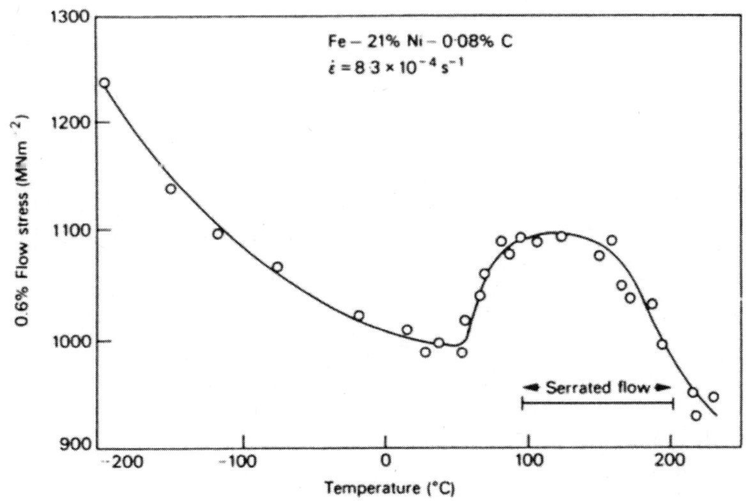

그림 5.25 Fe–Ni–C 마르텐사이트 유동응력의 온도 의존성

5.8 형상기억 효과

마르텐사이트 변태에 수반되는 형상변형은 모상으로 역변태시키면 되돌릴 수 있다. 오스테나이트 결정이 냉각되면서 많은 마르텐사이트의 변종(variant)을 형성해 변태로 인한 전체적인 형상변화가 없도록 조절(accomodate)한다고 생각하자. 이렇게 냉각된 마르텐사이트에 응력이 가해지면 가장 변형하기 쉬운 하나의 변종으로 성장하면서 형상변화를 일으킨다(그림 5.26). 가열하면 형상변화가 반대로 일어나 처음 형상으로 돌아간다. 이것이 형상기억 효과의 원리다. 기억 효과는 반복 사이클과 같이 변태 동안 결함을 개입시키면 소멸될 수 있다. 하나의 마르텐사이트 변종을 만드는데 요구되는 수준 이상의 과다한 변형은 비가역 변형을 일으켜 기억효과를 소멸시킨다.

가장 성공적인 형상기억합금은 니켈을 함유한 티타늄과 알루미늄에 기반을 둔 것이다. 다양한 철계 형상기억합금도 존재하지만 회복 가능한 변형이 작고 가역성이 덜하다. 이러한 철계 합금들은 비용 면에서 유리하고 이음부를 만드는데 한 번의 형상기억 효과만을 필요로 하는 파이프 결합부와 같은 용도에 사용가능하다. 일부 합금은 $\gamma \rightarrow \alpha'$ 변태를 활용하는데 비해 다른 합금들은 $\gamma \rightarrow \epsilon$ 마르텐사이트 변태에 의존하기도 한다. 오스테나이트가 fct 마르텐사이트로 변태하는 합금들도 있다.

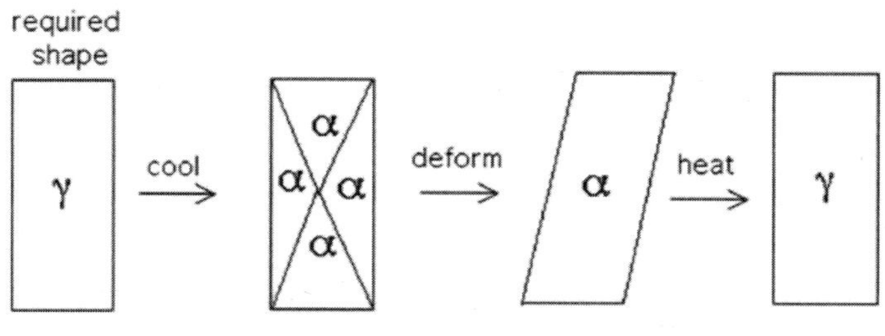

그림 5.26 형상기억 효과

참고문헌

Bhadeshia, H. K. D. H., Geometry of Crystals, 2nd edition, Institute of Materials, London, 2001. www.msm.cam.ac.uk/phase-trans/2001/crystal.html

Bhattacharya, K., Microstructure of Martensite, Oxford University Press, Oxford, UK, 2003.

Christian, J. W., Theory of Transformations in Metals and Alloys, 3rd edition, Pergamon Press, Oxford, 2003.

Kajiwara, S., Shape memory effect and transformation behaviour in iron-based alloys, Materials Science and Engineering A273~A275, 67, 1999.

Krauss, G., Steels: Heat Treatment and Processing Principles. ASM International, Ohio, USA, 1990.

Krauss, G., Martensite in steel: strength and microstructure, Materials Science and Engineering A273~A275, 40, 1999.

Maki, T., Recent developments in iron-based shape memory alloys, 1st Japan International SAMPE Symposium, 225, 1989.

Martensite(ATribute to Morris Cohen), (eds Olson, G. B. and Owen, W. S.), ASM International, Ohio, USA, 1992.

Nishiyama, Z., Martensite Transformation, English edition, Academic Press, New York, 1978.

Olson, G. B. and Cohen, M., A general mechanism of martensitic nucleation, Parts I-III. Metallurgical Transactions 7A, 1897-1923, 1976.

Roytburd, A. L., Kurdjumov and his school in martensite, Materials Science and Engineering A273-A275, 1, 1999.

Wayman, C. M., The crystallography of martensitic transformations, in alloys of iron, Advances in Materials Research 3, 147, 1968.

Wayman, C. M. and Bhadeshia, H. K. D. H., Physical Metallurgy(eds R. W. Cahn and P. Hassen), 4th edition, Elsevier, Netherlands, 1996.

Chapter 6

베이나이트 반응

6.1 서론

6.2 상부 베이나이트(550~400℃ 온도영역)

6.3 하부 베이나이트(400~250℃ 온도영역)

6.4 형상 변화

6.5 베이나이트 내의 탄소

6.6 속도론

6.7 상부 베이나이트의 하부 베이나이트로의 천이

6.8 입상 베이나이트

6.9 베이나이트의 템퍼링

6.10 합금원소의 역할

6.11 베이나이트강의 용도

6.12 나노구조를 갖는 베이나이트

참고문헌

6.1 서론

공석탄소강의 시간−온도−변태(TTT) 곡선을 보면(그림 3.5) 펄라이트반응이 550~720℃ 사이의 고온에서 일어나며 마르텐사이트는 낮은 온도영역에서 형성되는 반응인 것을 감안하면 250~500℃의 온도영역에서는 전술한 어느 상도 형성되지 않는다. 이 구간은 페라이트 판(또는 레스)과 시멘타이트 입자의 미세 집합체(aggregate)가 형성되는 영역이다. Edgar Bain와 Davenport가 오스테나이트의 등온 분해(isothermal decomposition)에 관한 독창적이고도 체계적인 연구를 통해 이러한 조직을 처음 발견한 이후 이러한 중간 조직을 베이나이트라 불렀다. 베이나이트는 펄라이트가 형성되기에는 너무 빠르고 마르텐사이트를 형성하기에는 아직 충분히 빠르지 못한 냉각속도에서의 비열적(athermal) 처리 동안 형성된다. 베이나이트의 거동은 변태온도가 낮아지면서 변하는데 2가지 주요 형태로 상부(upper)와 하부(lower) 베이나이트가 있다.

6.2 상부 베이나이트(550~400°C 온도영역)

상부 베이나이트의 미세 조직은 약 $0.2\mu m$ 두께와 약 $10\mu m$ 길이를 갖는 페라이트의 미세 판들로 구성된다. 판들은 다발(sheave)이라 불리는 클러스터 형태로 성장한다. 각각의 다발에는 평행하고 뚜렷한 결정학적 정벽(habit)을 갖는 동일한 결정학적 방위의 판들이 존재한다. 다발 내에 존재하는 각각의 판들은 베이나이트의 '부단위체(sub-unit)'라 불리기도 한다. 이것들은 낮은 결정방위차(misorientation) 경계 또는 시멘타이트 입자에 의해 분리되어 있다(그림 6.1).

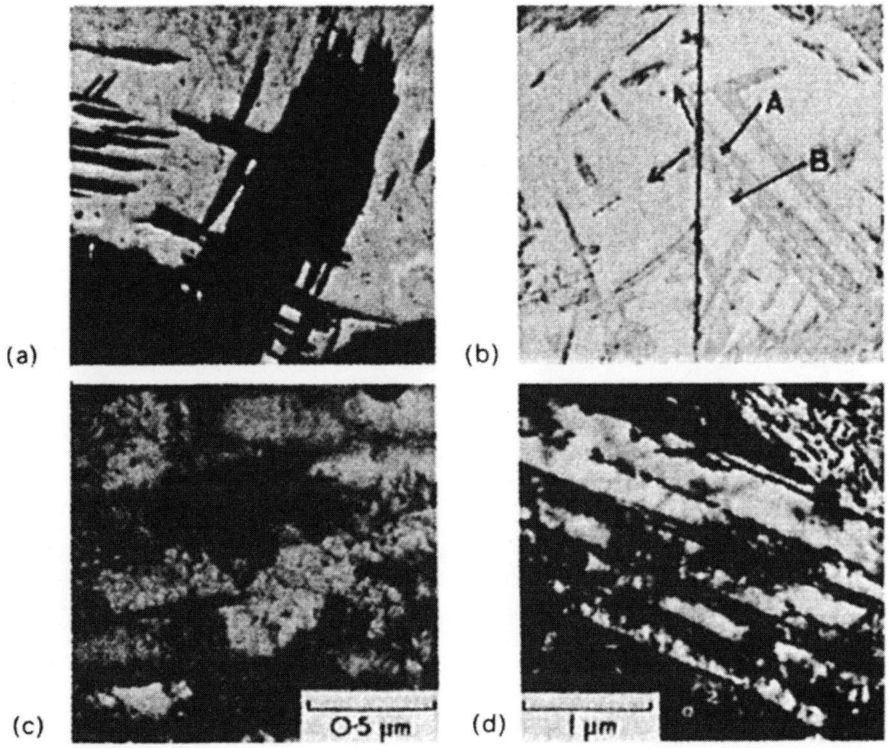

그림 6.1 상부 베이나이트의 미세 조직 (a)400℃에서 20초 동안 변태된 Fe-0.8wt% C 강 상부 베이나이트의 다발(sheave)에 대한 광학현미경 사진, (b)다발의 판상 조직을 보여주는 2면 복합현미경 사진, (c)다발을 형성하는 미세 부단위체를 보여주는 Thin-foil 전자현미경 사진. 전위도 관찰됨, (d)부단위체와 상부 베이나이트 다발 내 탄화물을 보여주는 Thin-foil 전자현미경 사진

상부 베이나이트는 오스테나이트 입계에서 페라이트 판의 핵생성과 함께 뚜렷하게 생겨난다. 각 판들의 성장에 의해 변태영역의 형상변화가 수반되며(그림 6.2a), 이 변화는 큰 전단성분을 갖는 불변면 변형(IPS)으로 정확하게 표현될 수 있으며 사실상 마르텐사이트 변태[16] 시 관찰된 것과 동일하다. 그러나 베이나이트는 마르텐사이트와 비교해서 상대적으로 높은 온도에서 성장한다. 형상변화와 관련된 큰 변형은 온도가 올라갈수록

16) Swallow, E. and Bhadeshia, H. K. D. H., Materials Science and Technology 12, 121, 1996.

강도가 감소하는 오스테나이트에 의해 지속될 수 없다. 이러한 변형은 인접한 오스테나이트의 소성변형에 의해 완화된다. 오스테나이트의 항복에 의한 전위밀도의 국부적 증가는 가동성 변태경계의 이동을 저지한다(그림 6.2b).

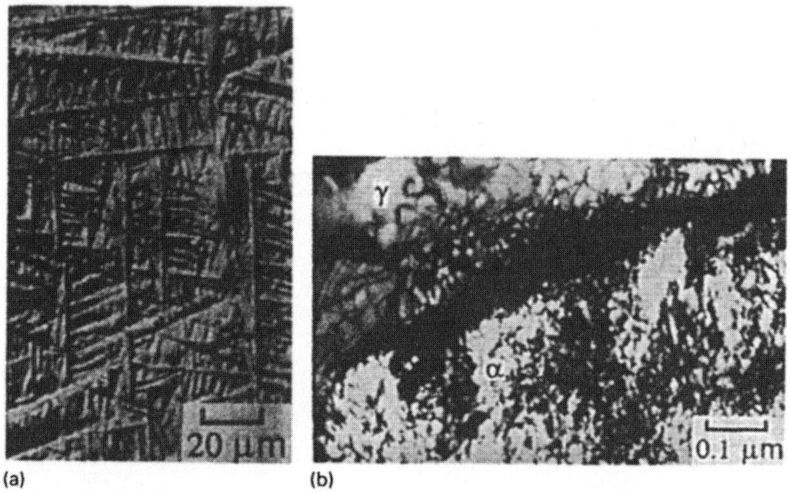

그림 6.2 베이나이트로 변태된 Fe-0.43C-3.0Mn-2.0Si wt% 합금. (a)먼저 연마 후 변태시킨 시편에서 베이나이트 형성에 의한 표면기복(surface relief), (b)베이나이트/오스테나이트 경계에서의 강한 전위 군집(debris)

이러한 국부적 소성변형은 페라이트 판의 성장을 중단시켜 각각의 부단위체가 한정된 크기를 보이게 되고 그 치수는 오스테나이트 입자의 치수보다 훨씬 작다. 마르텐사이트에서처럼, 형상변화는 베이나이트형 페라이트의 성장기구가 변위형(displacive)임을 의미한다. 이것은 베이나이트를 얇은 판으로 성장시키는데 필요한 변위와 관련된 변형에너지를 최소화시키기 위한 것이다. 베이나이트의 결정구조는 원자의 일괄적(coordinated) 이동에 의해 만들어지므로 오스테나이트와 베이나이트 사이에는 방위관계가 반드시 존재한다. 실험적으로 이러한 관계는 두 격자의 가장 조밀하게 충진된 면의 쌍(pair)이 근사적으로 평행한 형태이며 이러한 면 내의 조밀충진 방향도 그러하다. 이것은 Kurdjumov-Sachs 형태의 방위관계에 의해 빈약하게나마 표현할 수 있다.

베이나이트는 특정 결정면에서 형성되지만 정벽(habit)면 지수는 상당한 차이를 보인다(그림 6.3). 이것은 대부분의 측정이 광학현미경에 의해 수행되어 결정된 정벽면이 개별 부단위체의 정벽면이 아니기 때문이다. 이것은 다발 내 부단위체의 개수, 크기 및 분포에 의존하는 평균치에 해당하는 것이다. 이러한 모든 요인들은 변태온도, 시간 및 화학조성에 따라 변한다.

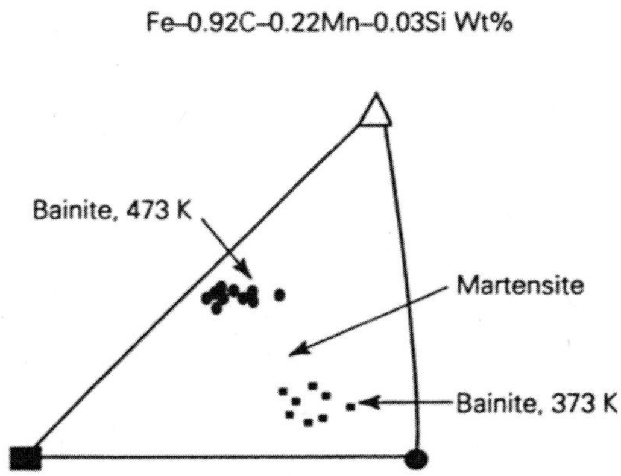

그림 6.3 동일 강에서 마르텐사이트와 비교된 베이나이트의 정벽면을 보여주는 스테레오 그래픽 삼각형

상부 베이나이트는 2가지 뚜렷한 단계를 통해 형성된다고 이전부터 강조되어왔는데 첫째는 아주 낮은 탄소고용도(<0.02wt%)를 갖는 베이나이트형 페라이트의 형성이다. 페라이트의 성장은 잔류 오스테나이트의 탄소함량을 증가시킨다. 결국 페라이트 부단위체 사이에서의 잔류 오스테나이트 층으로부터 시멘타이트가 석출한다. 시멘타이트의 양은 합금의 탄소농도에 의존한다. 높은 탄소농도는 페라이트의 작은 판들이 시멘타이트의 연속 층에 의해 분리된 미세 조직을 만든다. 합금탄소의 농도가 낮으면 작고 불연속적인 시멘타이트 입자들이 형성된다. 시멘타이트 입자는 이것이 석출해 나오는 오스테나이트와 'Pitch' 방위관계를 갖는다.

$$[0\,0\,1]_{Fe_3C} \parallel [\bar{2}\,2\,5]_{\gamma}$$
$$[1\,0\,0]_{Fe_3C} \parallel [5\,\bar{5}\,4]_{\gamma}$$
$$[0\,1\,0]_{Fe_3C} \parallel [\bar{1}\,\bar{1}\,0]_{\gamma}$$

탄화물의 다양한 변종(variant)들이 오스테나이트로부터 석출할 수 있으며 각 입자는 페라이트/오스테나이트 방위관계를 통해 간접적으로 페라이트와 관련된다.

만약 시멘타이트의 형성을 지연시키는 합금원소(Si, Al 등)를 강에 충분하게 첨가하면 시멘타이트의 형성을 완전히 억제시킬 수 있다. 베이나이트형 페라이트와 탄소를 과잉함유하는(C-enriched) 잔류오스테나이트로 구성된 상부 베이나이트 미세 조직이 대신 얻어진다(그림 6.4). 잔류 오스테나이트가 상온으로 냉각되는 동안 분해되면 미세 조직에 마르텐사이트도 포함될 수 있다.

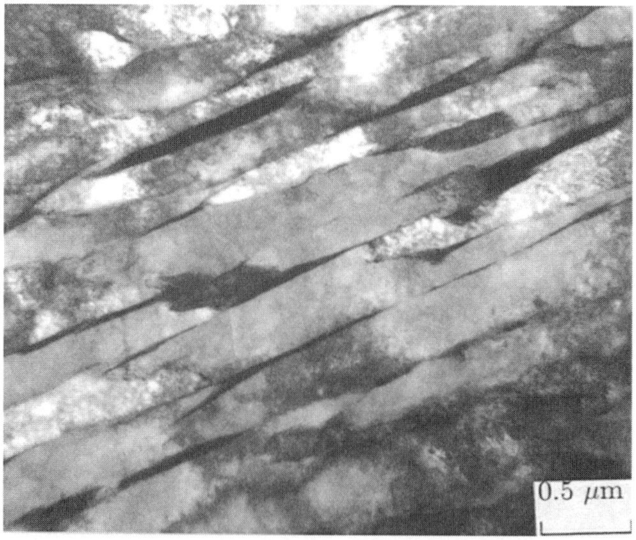

그림 6.4 400℃에서 등온변태된 Fe–0.095C–1.63Si–2Mn–2Cr wt% 강의 상부 베이나이트. 시멘타이트가 억제되어 오스테나이트 막이 베이나이트형 페라이트판 사이에 남는다.

6.3 하부 베이나이트(400~250°C 온도영역)

하부 베이나이트는 상부 베이나이트와 매우 비슷한 미세 조직 및 결정학적 특성을 갖는다. 주요한 차이점은 페라이트 판의 내부에서 시멘타이트 입자들의 석출이 있다는 점이다(그림 6.5). 여기에는 2가지 시멘타이트 석출물이 있으며 하나는 베이나이트형 페라이트의 미세판(platelet)을 분리하는 탄소를 과잉함유하는(C-enriched) 오스테나이트로부터 성장하는 것이며 다른 하나는 과포화 페라이트에서 석출하는 것이다. 과포화 페라이트에서 석출된 입자들은 '템퍼링' 방위관계를 보이는데 이것은 마르텐사이트 열처리 시 석출되는 탄화물에서 발견되는 Begaryatski 방위관계를 말한다.

$$[0\,0\,1]_{Fe_3C} \parallel [\bar{1}\,0\,1]_{\alpha}$$
$$[1\,0\,0]_{Fe_3C} \parallel [1\,1\,1]_{\alpha}$$
$$[0\,1\,0]_{Fe_3C} \parallel [\bar{1}\,2\,\bar{1}]_{\alpha}$$

페라이트 내의 탄화물이 항상 시멘타이트일 필요는 없다. 화학조성과 변태온도에 따라서 다른 천이(transition)탄화물이 먼저 석출할 수도 있다. 예를 들면 1wt% 이상의 Si(시멘타이트 형성을 지연)을 함유하는 고탄소강에서는 ϵ-탄화물이 베이나이트형 페라이트에서 석출되는 것이 관찰된다.

템퍼링된 마르텐사이트와 대비해, 하부 베이나이트에 있는 시멘타이트 입자들은 방위관계를 갖는 오직 하나의 변종(variant)에서만 주로 석출하며(그림 6.6a) 베이나이트 판의 축과 약 60° 각도로 평행한 배열을 만든다. 템퍼링된 마르텐사이트에서 탄화물은 Widmanstätten 배열로 석출하는 경향을 보인다.

그러나 이러한 일반적 관찰이 항상 그러한 것은 아니다. 시멘타이트의 Widmanstätten 배열은 하부 베이나이트가 고탄소강에서 형성되거나 또는 변태가 낮은 온도에서 일어나면 하부 베이나이트에서도 발견된다. 비슷하게 저탄소강의 마르텐사이트는 템퍼링 시 탄화물의 단일 변종만을 보인다. 이것은 탄화물 석출이 하부 베이나이트나 마르텐사이트의 변위형(displacive) 성장과 관련된 응력들에 의해 영향을 받기 때문이다. 다시 말하면,

응력이 가해졌을 때 가장 변형하기 쉬운 시멘타이트의 변종(variant)이 주도한다. 만약 석출을 위한 구동력이 크다면(즉 베이나이트로 인한 탄소농도가 크다면) 응력에 의해 잘 변형이 되지 않았던 변종을 포함한 다수의 변종들이 석출될 수 있다.

하부 베이나이트의 탄화물은 아주 미세해 수 nanometer 두께와 약 500nm 길이 정도에 지나지 않는다. 페라이트에서 석출하기 때문에 보다 작은 양의 탄소가 잔류 오스테나이트로 분배(partition)된다. 이것은 상부 베이나이트 조직과 비교해 페라이트 판들 사이에서 보다 미세하고 적은 양의 시멘타이트 입자가 석출한다는 것을 의미한다. 중요한 결과는 상부 베이나이트가 강해지려는 경향이 있음에도 불구하고 하부 베이나이트가 상부 베이나이트보다 훨씬 강인하다는 사실이다. 상부 베이나이트의 조대한 시멘타이트 입자는 벽개균열과 공동(void)을 생성시키는 경향 때문에 기피 대상이 되고 있다.

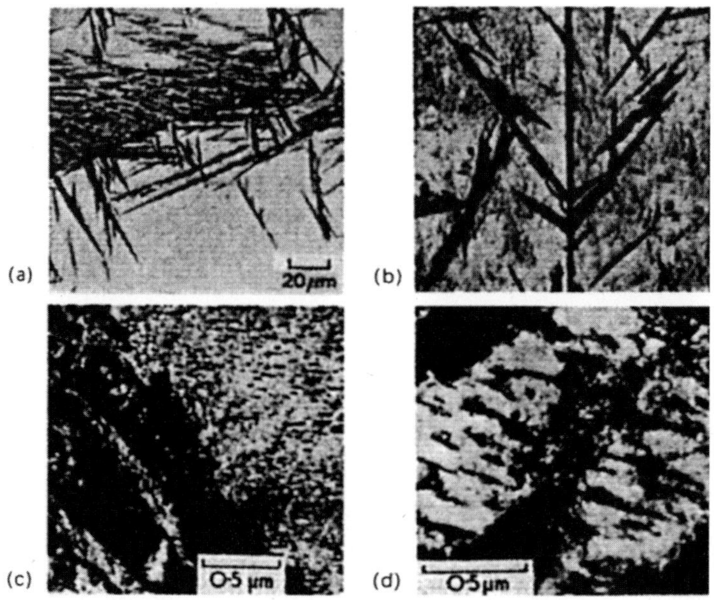

그림 6.5 하부 베이나이트의 미세 조직. (a)300℃에서 변태된 Fe–0.8wt% C강의 하부 베이나이트 다발을 보여주는 광학현미경 조직, (b)2면 복합현미경 사진, (c)와 (d)하부 베이나이트 부단위체에서 탄화물 석출을 보여주는 Thin-foil 전자현미경 사진

(a) (b)

그림 6.6 (a)435℃에서 등온변태된 Fe-0.3C-4Cr wt% 하부 베이나이트에서의 시멘타이트 단일 변종(variant), (b)300℃에서 등온변태된 Fe-0.4C-2Si-3Mn wt% 하부 베이나이트형 시멘타이트에 존재하는 다수의 변종들

6.4 형상 변화

베이나이트형 페라이트의 성장에 의해 일어나는 IPS 표면기복(surface relief)은 변태 시 체적 변형(0.03)에 부가해서 0.24의 큰 전단변형성분을 갖는다. 따라서 변태가 일어나면 원자의 일괄적(coordinated) 이동이 있다. 이와 함께 철과 Mn, Si, Ni, Mo, Cr과 같은 치환형 용질이 변태 동안에 위치에서 움직이지 않는 것을 고해상도 기법을 이용해 [그림 6.7]에 보였다. 따라서 결정조직의 변화는 오스테나이트 결정의 변형에 의해 이루어진다. 만약 변형이 탄성적으로 수용(accomodated)되면 베이나이트형 페라이트의 변형에너지는 $400Jmol^{-1}$에 이른다. 변형의 일부는 인접 오스테나이트에서의 소성변형에 의해 완화된다.

결정구조의 변화 동안 침입형 원자의 이동은 표면기복에 영향을 미치지 않는다. 따라서 표면기복의 관찰을 통해서는 변태 동안 탄소가 확산하는지의 여부에 대한 정보를 얻어내지 못한다.

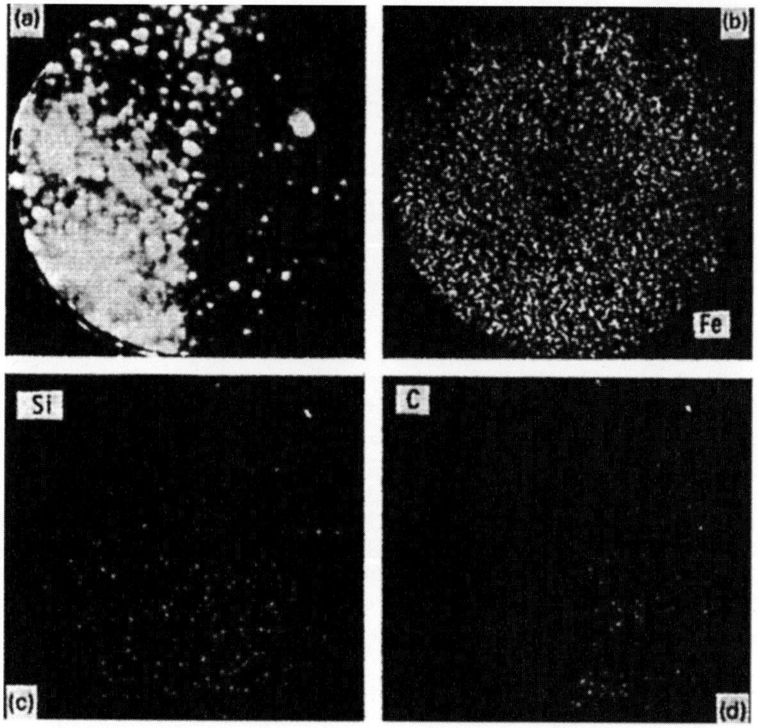

그림 6.7 Fe–C–Si–Mn 합금의 오스테나이트–베이나이트형 페라이트의 경계에서 얻어진 원자탐침(atom–probe) 현미경 조직. 치환형 원자가 변태 동안 확산하지 않음. (a)Field Ion Image: 각각의 점은 원자를 의미. 경계는 이미지에 수직하며 오스테나이트는 오른편에 위치, (b)Fe원자 맵(map), (c)상응하는 Si 원자 맵, 균일한 분포를 보임, (d)C 원자 맵

6.5 베이나이트 내의 탄소

변태 전후의 국부적 조성을 측정해 마르텐사이트 변태가 무확산 변태임을 확인하는 것은 간단하다. 베이나이트는 탄소가 빠르게 판에서 빠져나올 수 있을 정도의 다소 높은 온도에서 형성된다. 이것의 초기 조성은 직접 측정할 수가 없다. 여기에는 3가지 가능성을 생각해 볼 수 있다. 첫째, 성장 동안 탄소가 분배(partition)되어 페라이트가 과잉탄소를 함유하지 않는 경우이다. 둘째, 진행 중인 경계에 의해 탄소가 갇혀서 성장이 무확산으로 일어나는 경우이다. 셋째, 일부 탄소는 확산하고 나머지는 갇혀서 페라이트가 부분적으로 과포화된 상태로 남겨지는 중간 형태의 경우가 있다. 따라서 마르텐사이트보다도 베이나이트형 페라이트의 성장 동안 탄소의 정확한 역할을 알아내기가 훨씬 어렵다. 무확산 성장이 일어나려면 베이나이트의 자유에너지가 동일조성의 오스테나이트의 자유에너지보다 작은 T_0 이하의 온도에서 변태가 일어나야 한다. 탄소함량의 함수로 나타낸 T_0 온도의 궤적을 T_0 곡선이라 부르며 그 예를 Fe-C 상태도 상에 나타내 [그림6.8]에 보였다. 확산 없는 성장은 오스테나이트의 탄소농도가 T_0 곡선의 왼쪽 편에 놓일 때다.

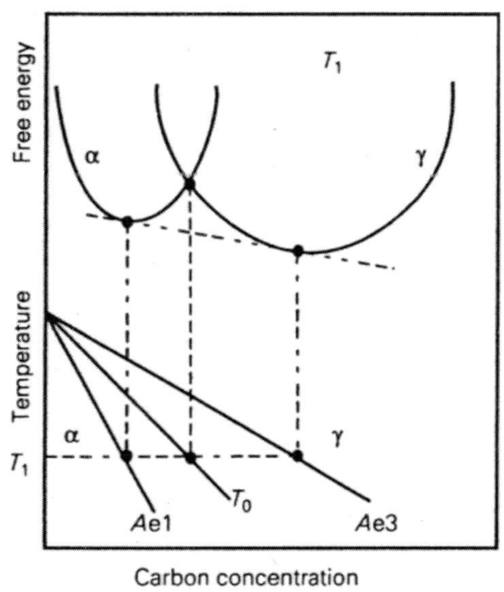

그림 6.8 Fe–C 상태도에 나타낸 T_0 곡선의 도식도. T_0 경계의 왼쪽 편에 해당하는 탄소농도를 갖는 오스테나이트는 원칙적으로 확산 없이 변태할 수 있다. 오스테나이트의 탄소농도가 T_0 곡선을 넘어서면 무확산 변태는 열역학적으로 불가능하다.

베이나이트의 판이 확산 없이 형성되는 경우 잉여 탄소가 곧 잔류 오스테나이트 쪽으로 밀려나게 된다. 그러면 다음에 생성되는 베이나이트의 판은 탄소를 과잉함유하는(C-enriched) 오스테나이트에서 성장해야 한다(그림 6.9a). 이 과정은 오스테나이트 탄소농도가 T_0 곡선에 이르면 종료되어야 한다. 반응이 종료된 시점에 오스테나이트가 평형조성(Ae_3곡선에 의해 주어지는)에 도달하지 못하므로 반응은 불완전하다고 한다. 반면 페라이트가 평형 탄소농도를 가지면서 성장하게 되면 변태는 오스테나이트 탄소농도가 Ae_3 곡선에 도달하면 종료된다.

실험적으로 베이나이트로의 변태는 T_0 경계에서 실제로 종료하는 것으로 밝혀졌다(그림 6.9b). 모든 가능성을 고려하면, B_s 온도 이하에서 베이나이트의 성장은 부단위체의 연속적인 핵생성과 마르텐사이트 성장을 포함하며, 상부 베이나이트의 경우 주위 오스테나이트로의 탄소의 확산이 수반된다. 그럼에도 불구하고 성장이 일어나는 동안 적은 분율의 탄소가 분배(partition)될 가능성은 완전히 배제할 수 없지만 베이나이트가 처음에는 탄소로 상당히 과포화된다는 것은 의심의 여지가 없다. 변태 시 변형에너지를 분석에 포함시킨다고 해도 이러한 결론은 크게 수정되지는 않는다.

팽창측정, 전기저항 측정, 자기력 측정, 금속조직분석과 같은 다양한 기법을 통해 보일 수 있는 2가지 중요한 특성을 베이나이트는 갖고 있다. 그 하나는 그 이상에서는 베이나이트가 형성되지 않는 뚜렷한 B_s 온도가 존재한다는 것인데 많은 합금에서 이러한 사실이 확인되었다. 형성되는 베이나이트는 변태온도가 B_s 온도 이하로 낮아질수록 증가한다. 등온변태 동안 변태분율은 시간에 대해 S자(sigmoidal) 함수로 증가하며, 이후 점근적 한계에 이르면 상당량의 오스테나이트가 미변태 상태로 남아 있음에도 추가적인 열처리에 더 이상의 변화를 보이지 않는다. 실제로 변태는 오스테나이트가 그 평형조성에 이르기 전에 중단되어 이 효과는 '불완전 반응현상'이라 부른다.

오스테나이트의 탄소농도가 상태도상의 T_0 곡선에 도달하면 성장을 반드시 멈춘다는 사실을 알게 되면 이러한 관찰이 이해된다. 이 조건이 변태온도가 낮아질 때 탄소농도가 증가해야 만족되므로 B_s 온도 이하로 과냉을 증가시킬수록 더욱 많은 베이나이트가 형성될 수 있다. 그러나 오스테나이트가 Ae_3 상경계에 의해 주어진 조성을 가질 때 T_0

제한은 실험에서도 관찰되었듯이 평형에 도달할 수 없음을 의미한다. 베이나이트 반응 종료온도 B_F는 정의되기도 하지만 그 중요성은 낮다.

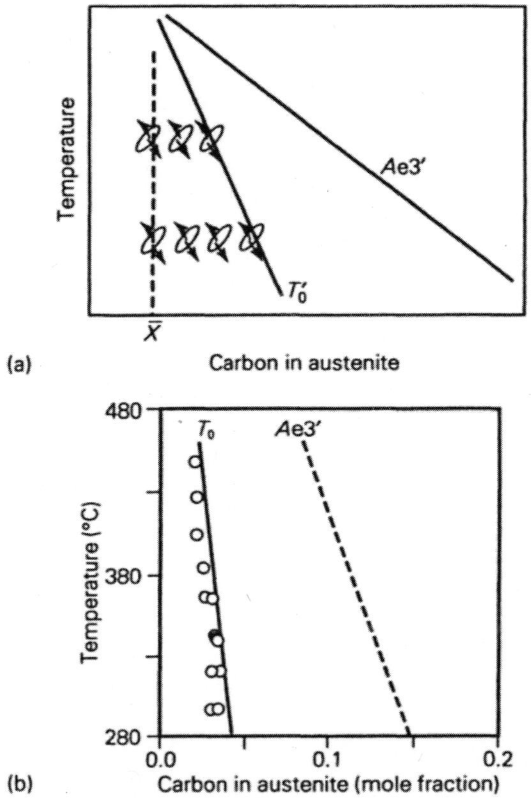

그림 6.9 (a)불완전 반응현상의 예시. 등온변태 동안 베이나이트 판이 확산 없이 성장한 후 잉여 탄소를 잔류 오스테나이트로 분배한다. 따라서 후속 판은 탄소를 과잉함유하는(C-enriched) 오스테나이트에서 성장해야 한다. 이 과정은 오스테나이트 조성이 결국 T_0 경계에 도달하게 되어 무확산 변태가 불가능해질 때까지 계속된다. (b)오스테나이트 탄소농도가 T_0 곡선(Fe-0.43C-3Mn-2.12Si wt% 합금)에 도달하여 베이나이트의 성장이 종료되는 것을 보여주는 실험 데이터

6.6 속도론

베이나이트의 반응속도는 몇몇 단계 구분을 통해 고려할 필요가 있다(그림 6.10). 부단위체가 오스테나이트 입계에서 핵생성되면 오스테나이트 내의 소성변형에 의해 성장이 억제되기 전까지 일정 속도로 길어진다. 그러면 새로운 부단위체가 그 선단에서 핵생성하게 되고 이러한 과정이 계속되면 다발(sheave)조직이 발달한다. 따라서 다발의 전체적인 길이 성장속도는 연속적인 부단위체의 형성 사이의 시간 간격 때문에 개개 부단위체의 성장속도보다 낮다. 베이나이트의 체적분율은 시편 내 여러 부위에서 성장하는 다발의 전체량에 의존한다. 탄화물 석출 또한 잔류 오스테나이트나 과포화 페라이트로부터 탄소를 제거함으로써 반응속도에 영향을 미치게 된다.

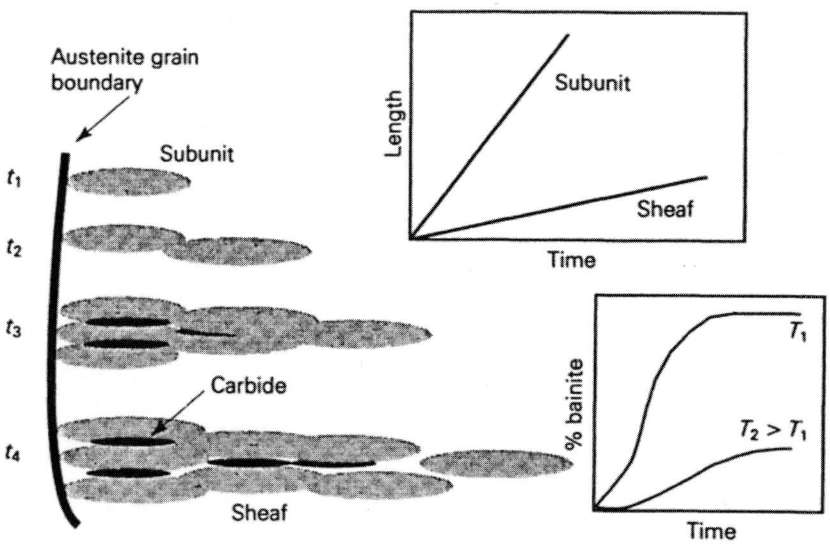

그림 6.10 베이나이트 조직의 반응속도와 관련된 미세특성의 도식적 표현

베이나이트의 핵생성에 대해서는 핵생성의 활성화 에너지가 변태를 위한 구동력에 직접 비례한다는 것 이외에는 별로 알려진 것이 없다. 이것은 마르텐사이트 핵생성에서도

그러하다. 하지만 마르텐사이트와 달리, 비록 핵이 부단위체로 발달해 확산 없이 성장하더라도 베이나이트의 핵생성 동안 탄소가 오스테나이트에 분배(partition)되어야 한다. 개별 페라이트의 크기가 워낙 작아서 광학현미경으로는 관찰이 어려우며 단지 판의 클러스터(cluster)는 식별 가능하다.

광여기(photoemission) 전자현미경과 같은 고배율 기법을 사용하면(그림 6.11) 베이나이트 반응의 진행을 직접 분석할 수 있다. 놀랍지는 않지만 개별 베이나이트 미세판(platelet)의 길이성장이 확산제어공정에서 예상되는 속도보다 훨씬 빠르게 일어나는 것으로 밝혀졌다. 그럼에도 불구하고 성장속도는 마르텐사이트보다 훨씬 느린데 이는 상대적으로 높은 변태온도로 인해 베이나이트 형성의 구동력이 작기 때문이다. 미세판은 일정 속도로 성장하지만 오스테나이트 입자를 가로지르기 전에 대개 멈춘다.

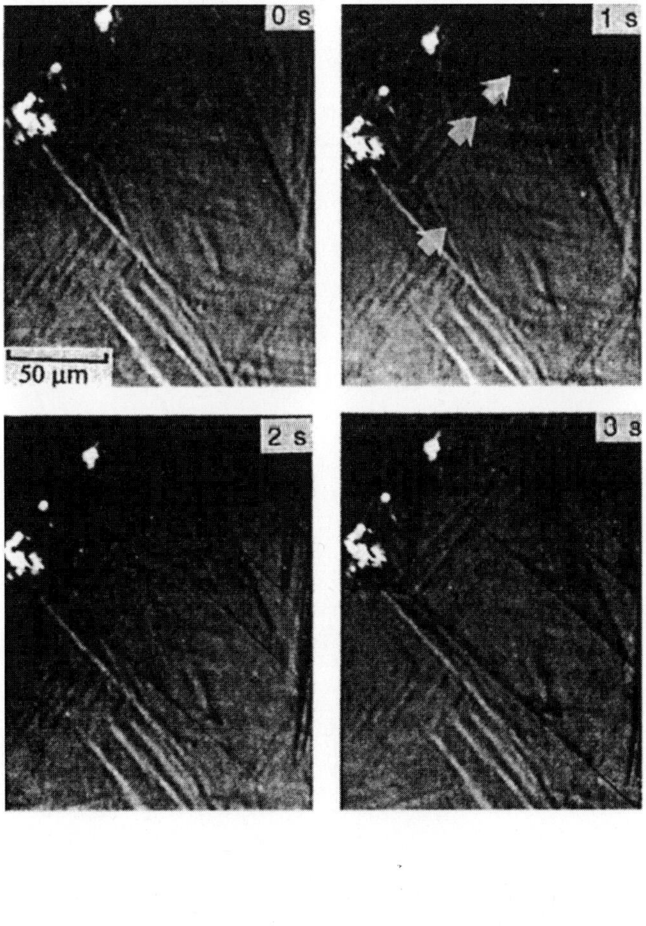

그림 6.11
베이나이트 다발의 개별 부단위체에 대한 광여기(photoemission) 전자현미경 관찰. 사진은 1초 간격으로 촬영

다발의 길이성장속도는 새로운 부단위체가 반복해서 핵생성해야 하므로 이로 인한 지연 때문에 느리다. 그럼에도 불구하고 다발의 길이성장속도는 일반적으로 탄소의 확산제어 성장에 비해 10배 정도 빠른 것으로 알려져 있다. 베이나이트 다발의 두께성장에 대한 측정을 통해 이 과정이 불연속적이고 두께가 약 0.5μm 간격으로 증가함을 관찰했다. 이러한 간격은 Thin-foil 전자현미경을 사용해서 관찰된 부단위체의 크기와 관련된다. 따라서 두께성장은 부단위체가 다발 내 근접 위치에서 핵생성하는 속도에 의존한다.

베이나이트 반응은 알려진 핵생성과 성장의 여러 특성을 갖는다. 이것은 등온에서 변태가 관찰되지 않는 잠복시간 이후 일어나며 변태속도가 최대에 이르기까지 점점 빨라져서 최대점에 이른 후 점점 느려진다. 이러한 특성은 Fe-1Cr-0.4C wt% 강을 대상으로 베이나이트 영역에서 3가지 변태온도에서 실시한 팽창시험 결과를 통해 [그림 6.12]에 나타냈는데 온도가 낮아질수록 변태의 정도는 증가되었다. 이 강에서 510℃에서 반응이 약 1시간 후 종료되었고 잔류 오스테나이트는 이 온도에서 장시간 안정했다.

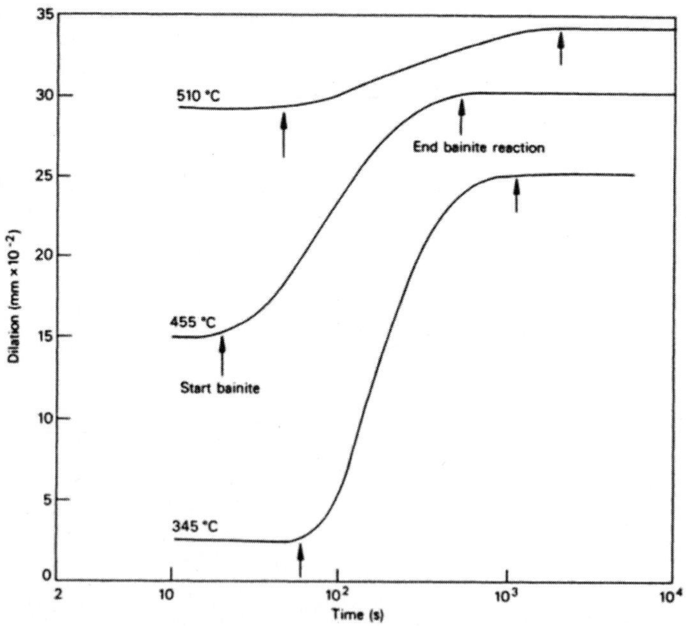

그림 6.12 Fe–1.0Cr–0.4C wt% 강의 베이나이트 형성을 위한 등온 반응곡선

이러한 전체 변태특성, 즉 시간, 온도, 오스테나이트 입자조직, 합금성분에 따른 베이나이트 분율의 변화는 *TTT* 곡선에서 잘 고려되어진다(그림 6.13). 2개의 분리된 C-곡선으로 구성된 *TTT* 선도를 이용해 간편하게 볼 수 있다. 고온에서의 C-곡선은 페라이트나 펄라이트와 같은 확산변태의 과정을 나타내고 낮은 쪽 C-곡선은 Widmanstätten 페라이트나 베이나이트와 같은 변위형(displacive) 반응을 나타낸다. 변태를 빠르게 일으키는 린(lean)강에서는 이러한 두 곡선이 겹쳐지게 되어 모든 반응이 조합된 하나의 곡선으로 된다. 오스테나이트의 분해를 지연시키기 위해 합금농도를 증가시킴에 따라 2개의 겹쳐진 곡선이 구별되게 되고 특성 '갭'이 *TTT* 선도의 B_s 온도 부근에서 생겨난다. 이 갭은 변태 개시 이전에 저온의 오스테나이트 조건에서 변형시켜야 하는 고강도 오스폼드(ausformed) 강의 설계에 중요하다.

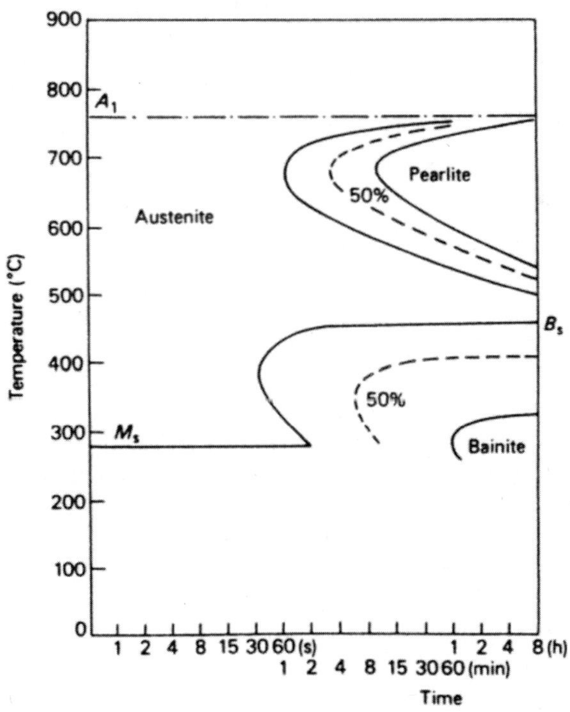

그림 6.13 Fe–3Cr–0.5C wt% 강의 *TTT* 곡선

6.7 상부 베이나이트의 하부 베이나이트로의 천이

등온변태온도가 B_s 온도 이하로 감소하면 탄화물이 페라이트 내에서 석출하는 하부 베이나이트가 얻어지며 이로 인해 페라이트 사이에 있는 오스테나이트로부터의 석출은 감소된다. 상부에서 하부 베이나이트로의 변태는 과포화된 베이나이트 판의 성장 후에 일어나는 급속한 템퍼링공정으로 설명할 수 있다(그림 6.14). 과잉 탄소는 확산에 의해 잔류 오스테나이트로 분배(partition)하려 하지만 과포화는 페라이트에서의 석출을 통해서도 감소될 수 있다.

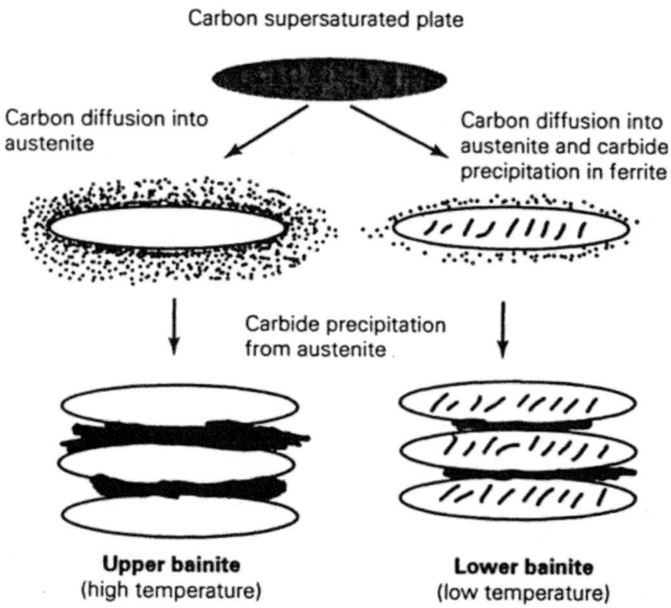

그림 6.14 상부에서 하부 베이나이트로의 변태를 나타내는 모습

페라이트의 과포화 판을 오스테나이트로의 확산을 통해 탈탄시키는데 소요되는 시간을 대표적인 강에 대해 [그림 6.15]에 나타냈다. 고온에서는 확산이 빨라서 페라이트 내에 탄화물이 석출할 기회가 없으므로 상부 베이나이트 미세 조직을 만들게 된다. 최종

적으로는 시멘타이트가 탄소를 과잉함유하는(C-enriched) 잔류 오스테나이트로부터 석출한다. 변태온도가 감소하고 탈탄을 위한 시간이 증가함에 따라 일부 탄소는 페라이트 내에서 미세 탄화물로 석출할 기회를 갖게 되는 반면 나머지는 오스테나이트로 분배해 최종적으로 판간(inter-plate) 탄화물로 석출된다. 이것이 하부 베이나이트다. 탄소의 일부만이 오스테나이트로 분배하기 때문에 판간 탄화물이 상부 베이나이트에서의 탄화물에 비해 훨씬 작다. 상부 베이나이트가 훨씬 높은 강도를 가짐에도 불구하고, 아주 미세한 미세 조직을 갖는 하부 베이나이트가 상부 베이나이트에 비해 항상 강인한 이유가 이것임이 밝혀졌다. 상부에서 하부 베이나이트로의 변태기구를 추론해보면 고농도의 탄소를 함유하는 강에서는 오로지 하부 베이나이트만이 얻어진다. 변태로 인해 페라이트 내에 갇혀진 많은 양의 탄소는 오스테나이트로 충분히 빠르게 빠져나가지 못하므로 페라이트로부터의 석출은 피할 수 없다. 반대로 저탄소강의 경우, 탈탄을 위한 시간이 너무 적어 상부 베이나이트만이 펄라이트 종료온도와 마르텐사이트 개시온도 사이의 온도구간에서의 변태를 통해 얻어진다.

등온변태에 의해 상부와 하부 베이나이트의 혼합상을 얻을 수도 있다. 상부 베이나이트가 먼저 형성되고 잔류 오스테나이트의 탄소함량이 증가하면 변태가 진행됨에 따라 하부 베이나이트를 형성하려는 경향이 증가한다.

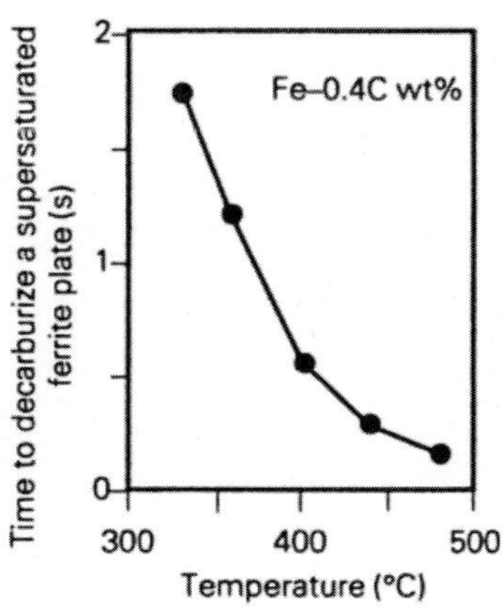

그림 6.15 과포화 베이나이트 판을 탈탄시키는데 요구되는 개략적인 시간

6.8 입상 베이나이트

입상(granular) 베이나이트(그림 6.16)는 연속냉각변태 동안 생겨나는 베이나이트를 표현할 때 자주 사용되는 명칭이다. 이러한 명칭은 대부분의 강이 비등온 열처리를 겪는 산업계에서 널리 사용된다. 좋은 예로 거대한 Cr-Mo강 부품을 오스테나이트 상태에서 자연적으로 냉각되도록 하여 베이나이트 미세 조직을 만들어내는 에너지발전 산업이 있다. 입상 베이나이트는 투과전자현미경으로 관찰하면 보통의 베이나이트와 구분이 쉽지 않은데 그 형성기구가 서로 다르지 않기 때문이다. 그러나 미세 조직이 냉각 동안 점진적으로 형성되기 때문에 베이나이트의 다발이 조대해질 수 있다.

광학현미경 조직은 베이나이트와 오스테나이트의 블록 형상을 가지므로 형용사 '입상'을 쓰는 것이 타당하다. 입상 베이나이트의 특성(유일한 것은 아니지만)은 미세 조직 내에 탄화물이 결여되어 있다는 것이다. 대신 베이나이트형 페라이트로부터 분배(partitioned)된 탄소가 잔류 오스테나이트를 안정화시켜 최종 미세 조직이 잔류 오스테나이트와 베이나이트형 페라이트에 부가해서 약간의 고탄소 마르텐사이트를 포함한다.

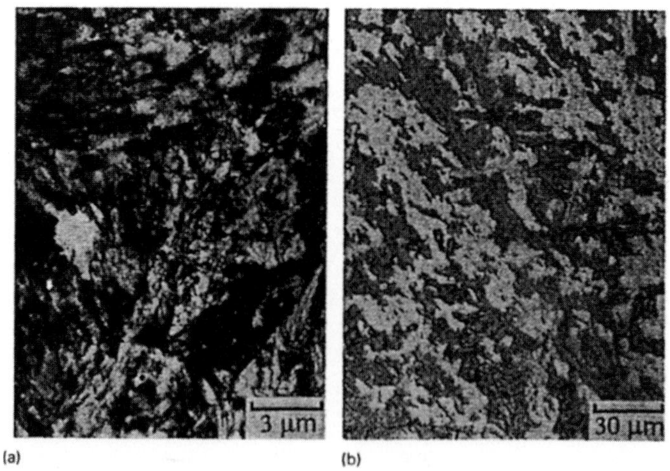

그림 6.16 에너지발전 산업에서 널리 사용되는 종류인 Fe–0.15C–2.25Cr–0.5Mo wt% 강에서의 입상 베이나이트. (a)광학현미경, (b)투과전자현미경

6.9 베이나이트의 템퍼링

템퍼링 동안의 미세 조직과 물성 변화의 속도와 정도는 초기 시편이 평형으로부터 벗어난 정도에 반드시 의존한다. 따라서 템퍼링 동안 베이나이트의 거동은 마르텐사이트의 거동과 다를 것으로 예상된다. 마르텐사이트와 달리 베이나이트형 페라이트는 대개 고용체 내에 경미한 초과분의 탄소를 포함한다. 변태된 베이나이트 시편 내의 대부분 탄소는 시멘타이트 입자 형태이며 템퍼링된 마르텐사이트의 경우에 비해 조대해지는 경향이 있다. 따라서 베이나이트의 템퍼링 열처리 효과는 동일한 강에서 마르텐사이트를 어닐링할 때에 비해 항상 약하다. 베이나이트는 변태 중에 어느 정도의 회복이 일어날 수 있는 정도의 비교적 높은 온도에서 형성된다. 결과적으로 저탄소 베이나이트강이 700℃(1시간) 정도의 온도에서 어닐링되면 회복, 형상 또는 탄화물 입자들 측면에서 변화가 미미하다. 페라이트의 판 모양(plate-like)조직이 등축상(equi-axed) 페라이트로 바뀔 때만 급격한 연화가 일어난다. 이 변화와 관련한 것이 시멘타이트의 구상화와 조대화이다. 추가적인 템퍼링은 효과가 미미하다.

마르텐사이트강과의 뚜렷한 대비는, 탄소농도(0.06~0.14 wt%)의 작은 변동이 베이나이트의 템퍼링에 거의 영향을 안 준다는 점이다. 탄소는 매우 강력한 고용체 강화효과를 갖는다. 따라서 마르텐사이트의 강도는 템퍼링 동안 탄소의 석출에 의해 급격하게 낮아진다. 베이나이트에서는 탄소가 대부분 조대한 탄화물로 존재하며 강도에 대한 기여가 미미하다. 따라서 템퍼링효과가 벌크(bulk) 탄소농도에 둔감한 편이다.

많은 베이나이트 미세 조직은 가시적인 양의 잔류 오스테나이트를 함유한다. 400℃ 이상에서의 보편적인 템퍼링은 오스테나이트의 분해를 일으켜 페라이트와 탄화물의 혼합상을 생성시킨다. Cr, V, Mo, Nb와 같은 강한 탄화물 형성원소를 함유하는 베이나이트강은 고온에서 어닐링 동안 2차 경화를 일으킨다. 미세한(더욱 안정적인) 합금탄화물이 시멘타이트를 대체해서 형성될 때 2차 경화가 일어난다(9장). 베이나이트형 시멘타이트는 조대하므로 2차 경화반응은 마르텐사이트와 비교할 때 완만한 경향이 있다.

Cu-함유 베이나이트강을 중공업 용도에 적용하는 것에 상당한 관심이 있었다. 템퍼링은 구리의 미세입자를 형성시키는데 이것이 인성의 감소 없이 강도에 기여한다. 요약하면 베이나이트와 마르텐사이트의 템퍼링 거동에 중요한 차이가 있으며 가장 현저한 것은 베이나이트에서의 고용체는 탄소가 거의 없다는 것이다. 적은 양의 용해탄소만을 제거하여 강도를 저하시키기는 어려우므로 베이나이트 미세 조직이 템퍼링에 덜 민감하게 해준다. 강도상의 큰 변화는 시멘타이트 입자의 조대화와 전위 하부조직(substructure)의 회복에 기인한다. 강한 탄화물 형성원소를 함유하는 베이나이트강은 2차 경화현상을 보이는 경향이 있으며, 이것은 미세한 합금탄화물의 석출에 의존하는 마르텐사이트 강에서 관찰되는 것과 유사하다.

6.10 합금원소의 역할

6.10.1 탄소

탄소는 상부와 하부 베이나이트가 일어나는 온도구간에서 큰 영향을 미친다. B_s 온도는 여러 합금원소에 의해 낮추어지지만 아래 경험식에서 보인 바와 같이 탄소가 가장 크게 영향을 미친다.

$$B_s(℃) = 830 - 270\mathrm{C} - 90\mathrm{Mn} - 37\mathrm{Ni} - 70\mathrm{Cr} - 83\mathrm{Mo}$$

여기서 농도는 모두 wt%이다. 탄소는 페라이트보다 오스테나이트에서 높은 고용도를 가지고 또한 아주 강력한 오스테나이트 안정화 원소이므로 반응속도를 대체적으로 늦추어준다. 최종 미세 조직에서 발견되는 탄화물 분율은 탄소농도에 비례해 증가하므로 신뢰할 만한 기계적 성질을 확보하기 위해서는 농도를 약 0.4wt% 이하로 유지해야 한다. 탄소의 증가는 하부 베이나이트 형성을 쉽게 해주며 이것은 과포화된 베이나이트형 페라이트의 판이 시멘타이트 석출 개시 전에 탈탄되기가 더욱 어려워지기 때문이다.

6.10.2 다른 합금원소

일반 탄소강에서 베이나이트 반응은 보다 높은 온도와 짧은 시간(그림 6.17a)에서 변태가 시작되는 페라이트와 펄라이트 반응에 의해 차단되므로(kinematically shielded) 연속 냉각된 시편에서는 베이나이트 조직을 얻기가 어렵다. 등온변태를 이용하더라도 페라이트 반응이 특별히 빠르다면 어려움이 생긴다. 4장에서 설명했듯이, 금속합금원소의 첨가는 대개 페라이트와 펄라이트 반응의 지연을 가져온다. 또한 베이나이트 반응은 낮은 온도에서 일어나게 된다. 이것은 반응을 더욱 분리시키게 되어 여러 합금강의 TTT 곡선에서 펄라이트와 베이나이트 반응의 C-곡선이 더욱 확연하게 분리된 모습을 보이게 된다(그림 6.17b). 그러나 마르텐사이트 반응의 근접해 있으므로 완전한 베이나이트 미세 조직을 얻기는 어렵다.

저탄소강에서 베이나이트 반응을 분리하는 매우 효율적인 방법이 발견되었는데 0.002wt%의 가용성(soluble) 보론을 0.5wt% Mo강에 첨가하는 방법이 그것이다. 순수 Mo강에서도 베이나이트 반응이 일어나지만(그림 6.17c) 보론이 아마도 변태전(prior) 오스테나이트 경계에 우선적으로 편석해 페라이트 반응을 현저히 지연시켜주게 된다. 이것이 베이나이트 반응을 짧은 시간 내에 일어나게 해준다. 동시에 베이나이트 반응의 C-곡선은 보론 첨가에 별로 영향을 받지 않으므로 마르텐사이트 형성이 촉진되지 않는다. 결과적으로 특정 구간의 냉각속도를 사용해 완전 베이나이트강을 얻을 수 있다.

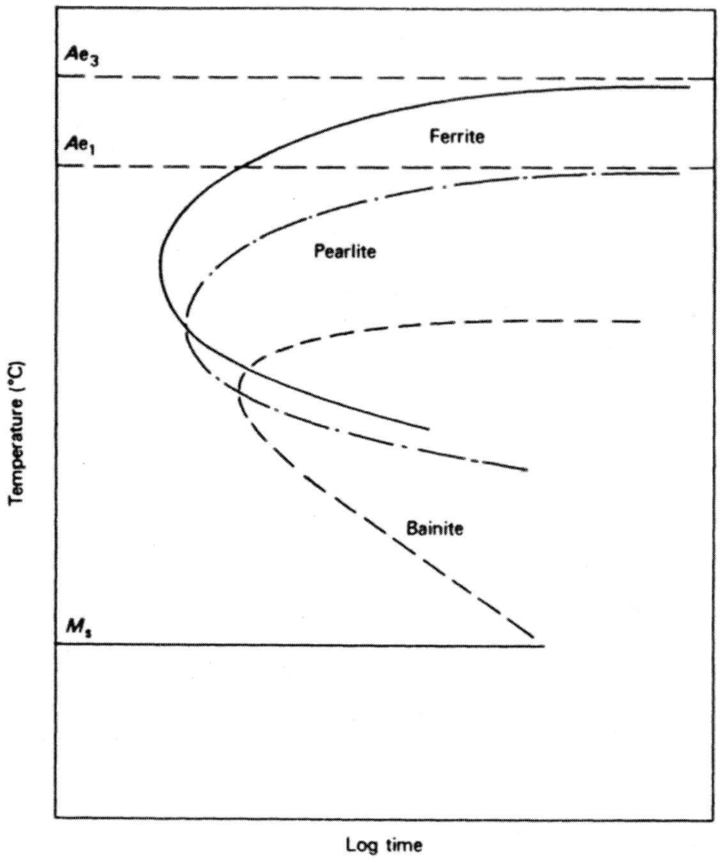

(a)

그림 6.17a 베이나이트 반응의 TTT 곡선에 미치는 합금원소의 영향. (a)저탄소강에 대한 그림

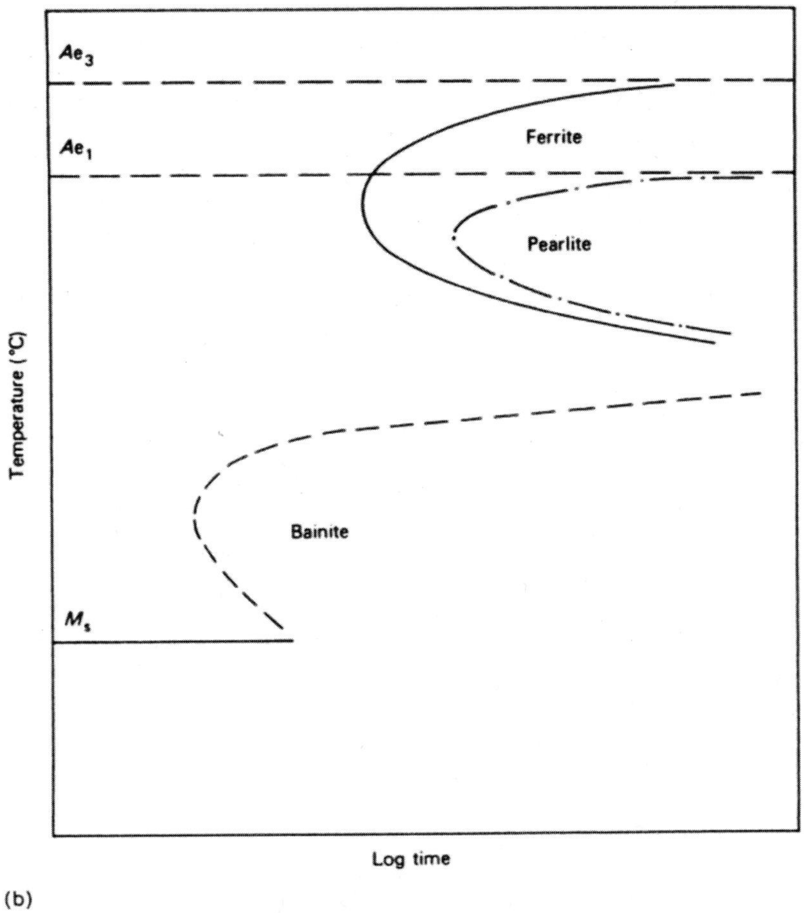

그림 6.17b 베이나이트 반응의 TTT 곡선에 미치는 합금원소의 영향. (b)저합금강에 대한 그림

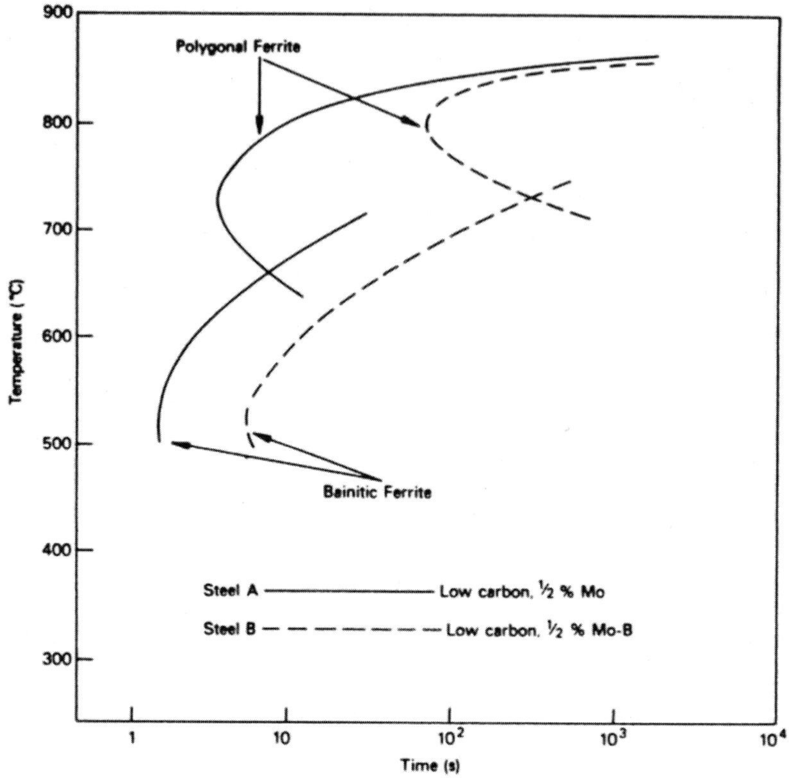

(c)

그림 6.17c 베이나이트 반응의 TTT 곡선에 미치는 합금원소의 영향. (c)가용성 보론의 함유 여부에 따른 저탄소 0.5Mo강에 대한 그림

6.11 베이나이트강의 용도

총 합금농도가 2wt% 이내이고 1000MPa 이하의 강도를 갖는 강에 대한 시장수요가 많으며 베이나이트강은 이러한 요건이 요구되는 용도에 적합한 재료다. 하지만 정확한 미세 조직을 얻기 위해서는 합금설계에 신중해야 한다. 불충분한 경화능을 갖는 강은 타형(allotriomorphic) 페라이트와 베이나이트의 혼합체로 변태한다. 경화능을 개선시키려는 시도는 대개 부분적으로 마르텐사이트 조직을 만들어낸다. 따라서 소량의 보론과 몰리브데늄을 함유하는 저합금강과 저탄소강의 경우 타형 페라이트의 형성을 억제시키는 것이 중요하다. 보론은 베이나이트의 경화능을 증가시킨다. 보론이 존재하는 상황에서의 다른 용질원자의 첨가는 마르텐사이트 형성을 피하기 위해 충분히 낮은 농도로 유지할 필요가 있다. 대표적 조성으로 Fe-0.1C-0.25Si-0.50Mn-0.55Mo-0.003B wt%을 들 수 있다. 이러한 강은 실질적으로 완전 베이나이트 미세 조직으로 변태하는 것으로 밝혀졌으며 노말라이징(normalizing) 열처리 시 미량의 마르텐사이트가 포함되기도 한다. 최근의 베이나이트강은 탄소와 다른 합금원소 농도를 많이 줄이는 합금설계를 한다. 그리고 필요로 하는 베이나이트 미세 조직을 얻기 위해 가속냉각공정을 적용한다.

감소된 합금농도는 용접성을 개선시키고 또한 미세한 베이나이트 미세 조직에 기인한 강한 강도를 제공한다. 상용 베이나이트 합금을 [그림 6.18]에 요약했고 대표적 조성은 [표 6.1]에 나타냈다. 초고강도강은 베이나이트형 페라이트, 마르텐사이트, 잔류 오스테나이트의 혼합 상으로 구성된다. 이 강은 Mn, Cr, Ni을 이용해 경화능을 높였고 대개 시멘타이트의 형성을 막기 위해 다량의 Si(~2wt%)을 함유하고 있다. 고강도강은 아주 낮은 불순물 및 개재물 농도를 갖도록 설계되어 강이 시멘타이트 입자를 형성하기가 쉬우므로 반드시 시멘타이트의 형성을 방지하거나 미세화시켜야 한다. 동일한 미세 조직을 갖지만 다소 낮은 합금함량을 갖는 중간 정도의 강도를 갖는 강은 측면 충돌 보호용 충격 보강바와 같은 자동차용 부품 제조에 적용되고 있다. 자동차 산업에서의 다른 용도로는 캠 샤프트와 같은 부품의 제조를 위해 베이나이트 단조합금을 사용한다.

이 부품들은 이전에는 마르텐사이트 강을 단조, 경화, 템퍼링, 변형보정 및 최종 응력

완화를 통해 만들었다. 이러한 공정들은 베이나이트 조직을 생성시키기 위한 다이 단조 온도에서의 제어냉각으로 대체되어 비용절감을 이루었다. 크립 저항성 베이나이트강은 1940년대 초반부터 전력발전 산업에서 성공적으로 사용되어져 왔다. 이들의 경화능은 직경이 1m에 이르는 큰 부품이 연속냉각을 통해 베이나이트 조직이 전체 단면에 걸쳐 생성될 수 있을 정도였다. 합금은 크롬과 몰리브데늄을 사용해 경화능을 증가시켰고 이어지는 열처리 동안 크립 저항을 개선시켜주는 합금탄화물이 석출되도록 했다.

비금속 입자의 조절적 첨가를 통한 용융강의 접종(inoculation)을 통해 오스테나이트 입자표면에서 보다는 개재물에서 입내(intragranular) 핵생성시켜 생성되도록 할 수 있다. 이러한 입내 핵생성된 베이나이트를 '침상(acicular) 페라이트'라 불린다. 이것은 균열을 휘어 나가게 하는 능력을 갖는 매우 무질서한 미세 조직이다. 접종된 강들은 상업적으로 구할 수 있으며 가혹한 환경에 놓인 석유굴착기의 제조와 같은 구조적 용도와 관련된 수요에 사용된다. 압연기술의 진보는 과도한 변형 없이 압연 동안 강판을 급속하게 냉각시키는 것을 가능하도록 했다. 이것은 기존의 제어압연강과 경쟁이 가능하고 성형성이 우수한 베이나이트 조직을 갖는 '가속냉각강판'의 개발을 가능하게 했다.

표 6.1 대표적 베이나이트강의 화학조성(wt%)

Alloy	C	Si	Mn	Ni	Mo	Cr	V	B	Nb	Other
Early bainitic steel	0.10	0.25	0.5	–	–	0.003	–	–	–	
Ultra-low carbon	0.02	0.20	2.0	0.3	0.30	–	–	0.010	0.05	
Ultra-high strength	0.20	2.00	3.0	–	–	–	–	–	–	
Creep resistant	0.15	0.25	0.50	–	1.00	2.30	–	–	–	
Forging alloy	0.10	0.25	1.00	0.50	1.00	–	–	–	0.10	
Inoculated	0.08	0.20	1.40	–	–	–	–	–	0.10	0.012 Ti
Nanostructured	1.0	1.50	1.90	–	0.26	1.26	0.1	–	–	

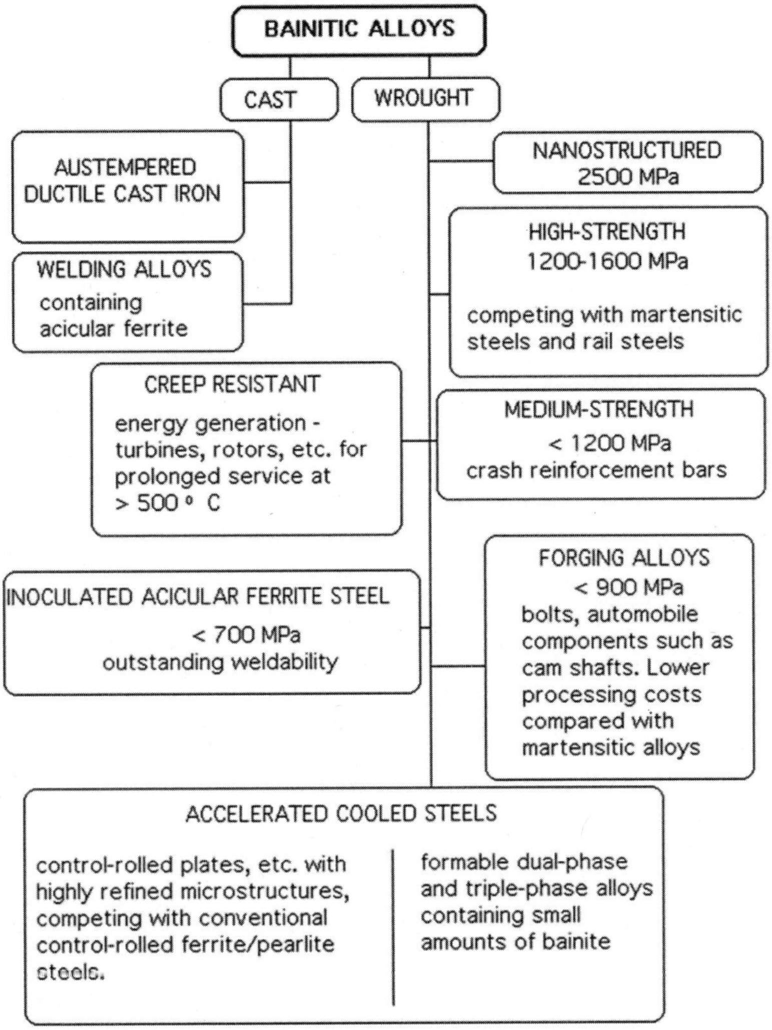

그림 6.18 상용 베이나이트강

6.12 나노구조를 갖는 베이나이트

모든 치수영역에서 대형 부품을 만들 수 있고 목표 물성을 얻기 위해 기계적 공정이나 급속냉각이 필요치 않는 강한 재료를 만드는 것은 바람직하며 이것을 이루기 위해서는 다음과 같은 조건이 요구된다.

(i) 재료는 그 물성을 얻기 위해 완전(perfection)에 의존하지 않아야 한다. 입계와 전위 등과 같은 결함들의 높은 밀도가 영향을 미쳐 강도가 증가하지만 재료의 형상이 제한되지 않는다면 변형에 의해 결함을 부여하지 말아야 한다.

(ii) 결함들은 상변태에 의해 발생될 수 있지만 충분히 미세한 스케일로 분산시키려면 큰과냉도(큰 자유에너지 변화) 하에서 상변화를 일으켜야 한다. 저온에서의 변태는 조직의 미세화 측면에서 더 이점이 있다.

(iii) 강한 재료는 안전한 형태로 파괴될 수 있어야 한다. 강인해야 한다.

(iv) 재열(recalescence)은 실현 가능한 과냉도를 제한한다. 따라서 생성상은 작은 형성잠열(latent heat of formation)을 가지고 열의 분산이 용이한 속도로 성장해야 한다.

근래에 탄화물이 없는 베이나이트가 이러한 기준[17)]을 만족시킬 수 있음이 밝혀졌다. 베이나이트와 마르텐사이트는 오스테나이트로부터 확산 없이 변위형(displacive) 기구에 의해 생성된다. 이것은 용질구속(solute-trapping)뿐만 아니라 거대한 변형에너지를 야기하고 이로 인해 변태열이 감소된다. 이러한 변태에서는 개별 판들의 성장이 빠르지만 마르텐사이트와 달리 베이나이트의 전체적인 반응속도는 훨씬 느리다. 이것은 변태속도가 성장보다는 핵생성에 의해 지배되는 부단위체(sub-unit) 기구에 의해 변태가 전파하기 때문이다. 이것이 재열을 완화시켜준다.

베이나이트 변태이론은 베이나이트의 성장[18)]이 가능한 가장 낮은 온도에 관한 추정이

17) Caballero, F. G. and Bhadeshia, H. K. D. H., Current Opinion in Solid State and Materials Science 8, 251, 2004.

18) Bhadeshia, H. K. D. H., Acta Metallurgica 29, 1117, 1981.

가능하게 해준다. 이러한 계산은 [그림 6.19a]에 보였으며 특정 합금계에서 탄소함량에 따른 베이나이트 개시(B_s)와 마르텐사이트 개시(M_s) 온도의 변화를 보여준다. 원칙적으로 베이나이트가 생성될 수 있는 하한온도는 존재하지 않는다. 반면 베이나이트가 형성되는 속도가 변태온도가 감소함에 따라 현저히 늦어진다(그림 6.19b). 실온에서 베이나이트를 형성시키기 위해서는 수백, 수천 년의 시간이 소요될 수 있다. 실용적 측면에서 보여진 경우에서는 탄소함량이 1wt% 이하로 제한되어야 한다.

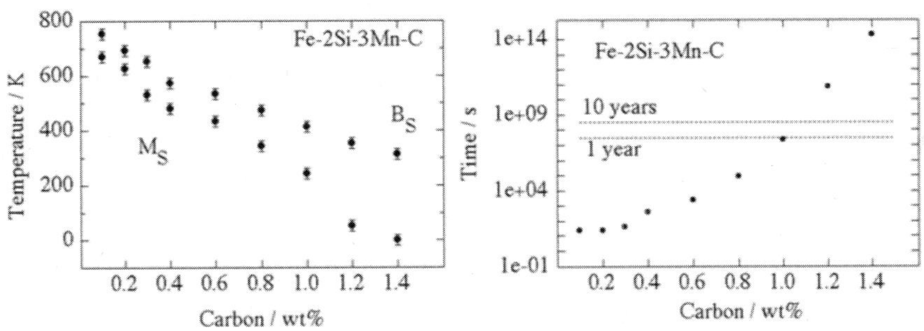

그림 6.19 (a)Fe–2Si–3Mn wt%강에서 탄소농도의 함수로 계산된 변태 개시온도, (b)B_s 온도에서 베이나이트를 개시하는데 요구되는 계산된 시간

합금을 이러한 방법으로 설계해 대략 Fe-1C-1.5Si-1.9Mn-0.25Mo-1.3Cr-0.1V wt%의 조성으로, 200℃에서 변태시켜 20~40nm 두께를 갖는 베이나이트 판을 얻게 되었다. 베이나이트의 가느다란 판은 fcc 구조를 가지고 있어 균열전파를 완화시키는 안정적인 탄소를 과잉함유하는(C-enriched) 오스테나이트에 분산된다(그림 6.20). 저온변태를 통해 얻은 베이나이트는 단단하고(700HV, 2500MPa) 상당한 연성을 가지고 강인하며(30~40MPa $m^{1/2}$) 기계적 공정이나 급속냉각을 필요로 하지 않는다. 따라서 열처리 후의 강은 장범위(long-range) 잔류응력을 갖지 않으며 생산비용이 저렴하고 큰 단면에 걸쳐 균질한 성질을 보인다. 요컨대 단단한 베이나이트는 많은 연구들의 주제였던 구조용 나노재료의 모든 필수적 목표들을 적어도 대형 치수영역에서는 이루었다.

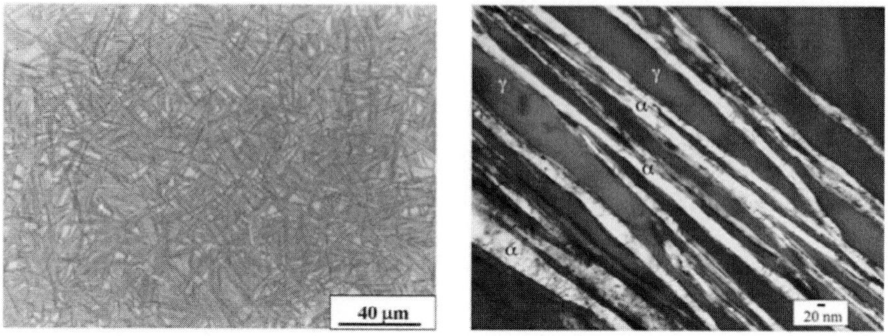

(a) (b)

그림 6.20 200℃에서 변태를 통해 얻은 베이나이트. (a) 광학현미경, (b)투과전자현미경

참고문헌

Abe, F., Bainitic and martensitic creep-resistant steels, Current Opinion in Solid State and Materials Science 8, 313, 2004.

Bhadeshia, H. K. D. H., The lower bainite transformation and the significance of carbide precipitation, Acta Metallurgica 28, 1103, 1980.

Bhadeshia, H. K. D. H., The bainite transformation: unresolved issues, Materials Science and Engineering A273-75, 58, 1999.

Bhadeshia, H. K. D. H., Bainite in Steels, 2nd edition, Institute of Materials, London, UK, 2001.

Bhadeshia, H. K. D. H., 52nd Hatfield Memorial Lecture: Large chunks of strong steel, Materials Science and Technology 21, 1293, 2005.

Brown, P. M. and Baxter, D. P., Hyper-strength bainitic steels, Proceedings of Materials Science and Technology 2004, New Orleans, Louisiana, p.433, 2004.

Caballero, F. G. and Bhadeshia, H. K. D. H., Very strong bainite, Current Opinion in Solid State and Materials Science 8, 251, 2004.

Christian, J. W., Theory of Transformations in Metals and Alloys, 3rd edition, Pergamon Press, Oxford, 2003.

Christian, J. W. and Edmonds, D. V., The bainite transformation, Phase Transformations in Ferrous Alloys, TMS-AIME, Pennsylvania, USA, p. 293, 1984.

Garcia-ateo, C., Caballero, F. G. and Bhadeshia, H. K. D. H., Development of hard bainite, ISIJ International 43, 1238, 2003.

Hehemann, R. F., The bainite reaction, Phase Transformations, American Society for Metals, Ohio, USA, p.397, 1970.

Pickering, F. B., Physical Metallurgy and the Design of Steels, Applied Science Publishers, London, UK, 1978.

Takahashi, M., Kinetics of the bainite transformation, Current Opinion in Solid State and Materials Science 8, 213, 2004.

Chapter 7
침상 페라이트

서론 7.1
미세 조직 7.2
변태기구 7.3
불균질 핵생성점으로서의 개재물 7.4
침상 페라이트의 핵생성 7.5
요약 7.6
참고문헌

7.1 서론

잘 구성된 미세 조직이 강에서 발견되곤 하는데 페라이트는 동일한 결정학적 방위를 갖는 평행한 판으로 구성된 패킷(packet) 형태로 성장할 수 있다(그림 7.1a). 이것은 벽개(cleavage)균열이나 변형공정이 패킷을 따라 쉽게 확장될 수 있게 할 수 있으므로 기계적 성질에 나쁜 영향을 미칠 수 있다.

근래에 개발된 연강(wrought steel) 및 용접강과 관련된 흥미로운 기술 중에는 미세 조직이 무질서(chaotic)하다고 표현하는 것이 나을 듯한 '침상(acicular) 페라이트'가 포함되어 있다. 침상 페라이트의 판들은 작은 비금속 개재물에 불균질하게 핵생성한 후 핵생성점에서 여러 다른 방향으로 뻗어나간다(그림 7.1b). 전파하는 벽개균열도 많은 다른 방위를 갖는 침상 페라이트 미세 조직과 교차하면 휘어져나가는 것으로 알려져 있으며, 이것은 월등한 기계적 성질 특히 인성의 증가를 가져온다. 따라서 침상 페라이트는 바람직한 미세 조직으로 널리 인식되어 왔다. 이 장에서는 침상 페라이트가 형성되는 기구와 이것의 형성을 촉진시키는 개재물의 역할을 다룬다.

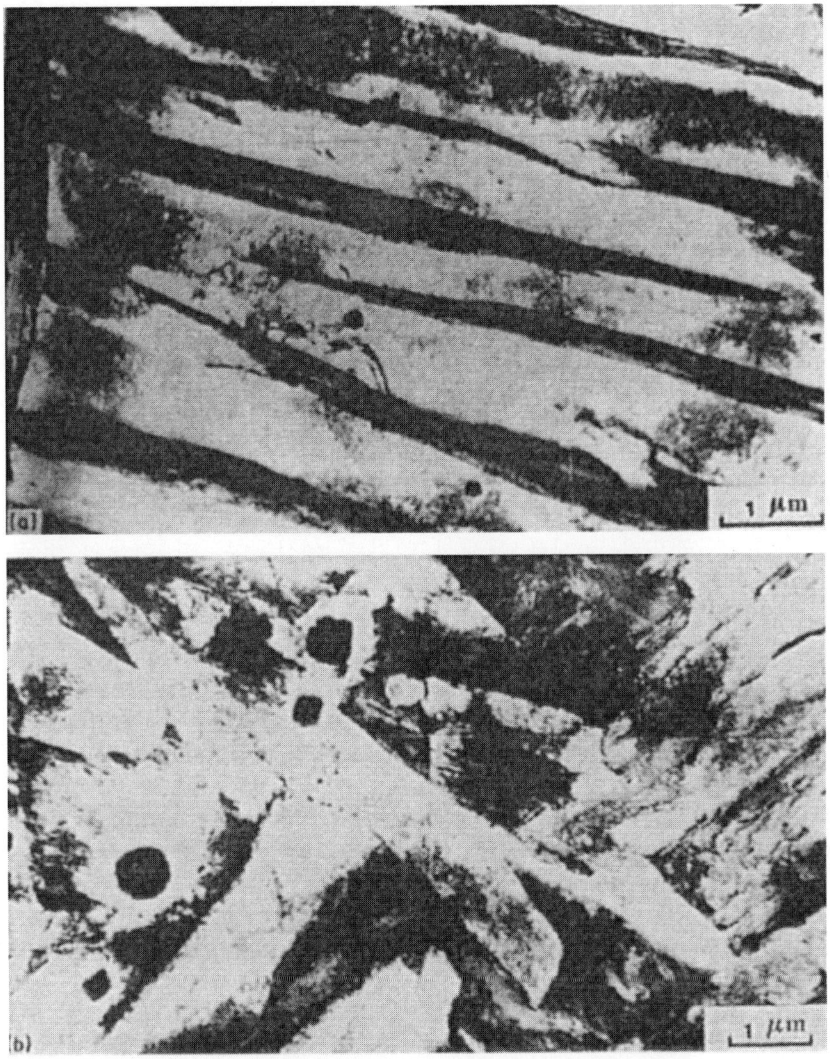

그림 7.1 서로 다른 오스테나이트 입자크기를 갖는 시료를 동일한 온도에서 변태시켜 측정한 투과 전자현미경 조직. (a)작은 오스테나이트 입자크기 시료에서는 페라이트의 판이 평행한 형태로 성장, (b)큰 오스테나이트 입자크기 시료에서는 페라이트의 판이 비금속 개재물에서 입내에서 핵생성해 여러 다른 방향으로 성장

7.2 미세 조직

'침상(Acicular)'이라는 것은 바늘과 같이 뾰족하게 생겼다는 것을 의미하지만 일반적으로 침상 페라이트는 3차원적으로 얇고 렌즈형상을 갖는 판으로 인식되고 있다(그림 7.2). 2차원 단면에서는 침상 페라이트가 항상 봉(rod) 단면보다는 판처럼 보인다. 약 0.5μm 깊이 해상도를 갖는 연속적인 단면실험을 통해 그 형상이 레스와 판의 중간 형태이고 길이, 폭, 두께가 대체적으로 각각 약 36, 6, 3μm 이하임을 확인했다.[19] 비록 판이 비금속 개재물에서 입내 핵생성하더라도 주어진 판에서 개재물이 발견될 기회는 별로 없다. 확률은 근사적으로 페라이트 판(plate) 체적에 대비한 개재물의 체적비로 볼 수 있다.

침상 페라이트의 전형적인 판의 체적은 약 $10^{-16}m^3$이고, 개재물의 체적은 약 $4\times10^{-20}m^3$이므로 판의 7.4% 정도가 실제로 핵생성 입자로 예상된다. 판 형상의 비등방성을 고려한 더욱 엄밀한 평가에서는 이 값이 약 13%로 증가했다. 한번 판이 입자 위에서 형성되면 이것이 다른 핵생성을 촉진시키는 자기촉매(autocatalysis)효과도 나타나는 것으로 보인다. 따라서 판의 분율은 비금속 입자 위의 핵생성과 직접 관련되지는 않는다.

그림 7.2 부분 변태 후 급냉된 강 용접부에서 마르텐사이트 기지 내의 침상 페라이트 판에 대한 replica 투과전자현미경

19) Wu, K. M., Scripta Materialia 54, 569, 2006.

7.3 변태기구

침상 페라이트와 베이나이트의 변태기구는 여러 측면에서 비슷하다. 베이나이트 다발(sheave)은 오스테나이트 입자표면으로부터 퍼져 나온 평행한 미세판이 연속해서 성장하는 반면 침상 페라이트는 미세판이 점(point) 위치에서 입내 핵생성되어 판이 평행하게 형성될 수 없으므로 이들의 미세 조직은 자세하게는 다르다. 침상 페라이트의 핵생성점은 판의 두께보다 작으므로 개재물은 대개 자신이 촉진시킨 페라이트 판에 의해 묻혀버린다.

베이나이트와 침상 페라이트의 성장은 큰 전단성분을 갖는 불변면 변형(invariant-plane strain)의 형상 변형을 일으킨다(그림 7.3). 결과적으로 침상 페라이트의 판은 오스테나이트 입계를 가로지르지를 못한다. 이것은 형상변화를 일으키는 원자들의 일괄적(coordinated) 이동이 결정학적 방위가 다른 입자에게까지 지속될 수 없기 때문이다. 침상 페라이트의 격자는 오스테나이트의 변형에 의해 생성되므로 변태 동안 철과 치환형 용질은 확산을 할 수 없으며, 따라서 침상 페라이트의 성장 동안 치환형 합금원소의 농도가 변하지 않게 된다. 오스테나이트를 침상 페라이트로 변화시키는 변형은 특정 면과 방향에서 일어나므로 페라이트 조직과 방위가 오스테나이트의 조직과 긴밀하게 관련된다.

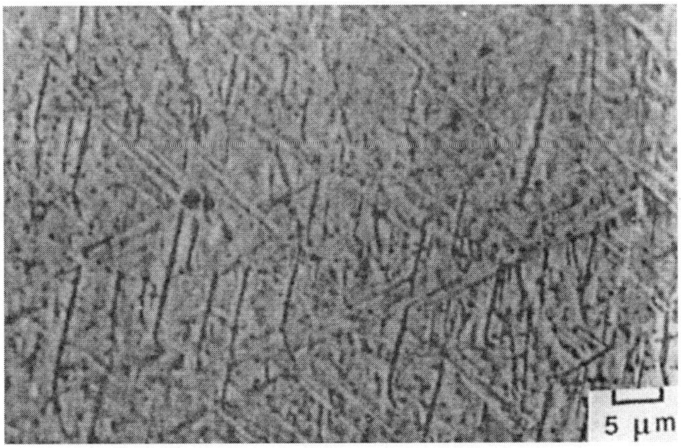

그림 7.3 금속조직학적으로 연마된 강 시료를 침상 페라이트로 변태시켜 야기된 표면완화를 보여주는 Interference contrast micrograph

따라서 베이나이트의 경우처럼, 침상 페라이트의 판은 예외 없이 오스테나이트와 방위관계를 가져야 한다. 변태가 확산기구에 의해 일어나는 경우에는 페라이트 입자가 인접하게 된 오스테나이트 입자로 쉽게 성장해갈 수 있으므로 방위관계를 가져야 할 필요가 없다.

등온변태가 일어나는 동안 남아 있는 오스테나이트의 탄소농도로 인해 확산 없이 분해가 일어날 수 없게 되면 침상 페라이트 반응이 종료된다. 이것은 침상 페라이트의 판이 탄소로 과포화되어 성장하지만 과잉 탄소는 남아 있는 오스테나이트로 곧바로 배출된다는 것을 의미한다. 이것은 물론 베이나이트에 대해 6장에서 기술되었던 불완전 반응(incomplete reaction) 현상으로 반응이 상태도의 T'_0 곡선에서 종료되므로 오스테나이트는 평형조성에 결코 이르지 못한다(그림 7.4). 확실한 결론은 침상 페라이트는 베이나이트 개시온도 이상의 온도에서는 형성될 수 없고 실제로도 그러한 것으로 밝혀졌다.

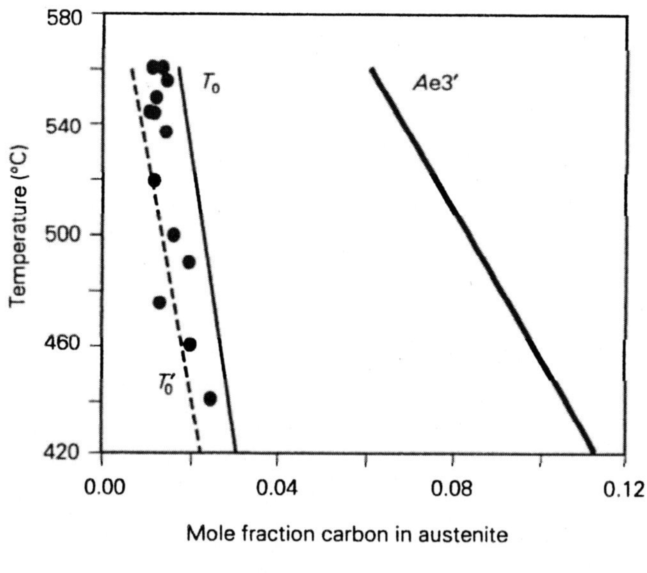

그림 7.4 오스테나이트를 침상 페라이트로 등온 변태시키는 실험에서 얻은 데이터. 오스테나이트의 탄소농도가 T'_0 곡선에 이르면 반응이 종료되는 것을 보여준다.

침상 페라이트와 베이나이트 사이의 유사성을 나타내는 여러 다른 상관관계가 있다. 예를 들면, 다른 특성의 변화 없이 진공아크용해를 통해 개재물을 제거하면 침상 페라이트에서 베이나이트로의 미세 조직변화가 일어난다. 입내 핵생성위치 대비해서 오스테나이트 입자 핵생성점의 개수밀도를 증가시켜도 동일한 효과를 얻을 수 있다. 오스테나이트 입자를 미세화시키면 침상 페라이트 미세 조직에서 베이나이트가 주종인 미세 조직으로의 전이가 가능하다(그림 7.5). 이와 반대현상, 즉 개재물을 함유한 강의 베이나이트를 침상 페라이트로 변태시키는 것 또한 관찰된다. 이것은 오스테나이트 경계를 불활성의 타형 페라이트의 얇은 층(그림 7.6)이 형성되거나 또는 적은 양의 보론(30ppm)을 첨가해 오스테나이트 입자 표면을 핵생성점으로는 부적합하게 만들어줌으로써 가능해진다. 보론은 경계에 편석해 경계에너지를 낮추고 불균질 핵생성위치로의 선호도를 낮추어준다. 일반적으로 오스테나이트 입계에 대비해 입내 핵생성점의 개수밀도를 증가시키는 방법들은 침상 페라이트 미세 조직을 형성하게 만든다.

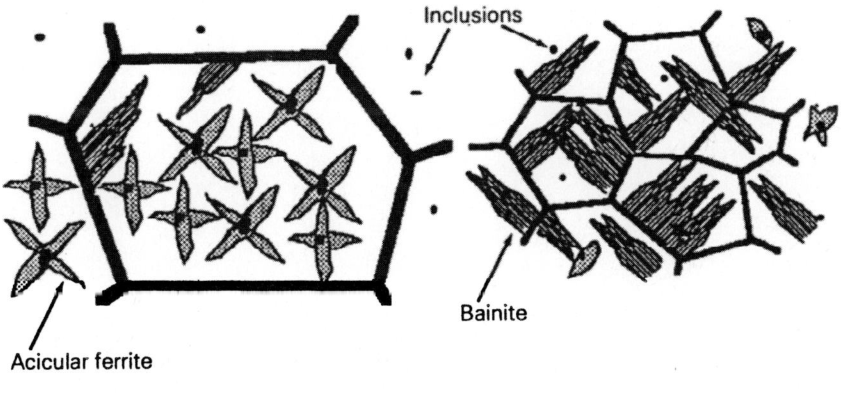

그림 7.5 침상 페라이트 위주의 조직이 오스테나이트 입자미세화에 따라 베이나이트 위주의 조직으로 변화하는 것을 보여주는 미세 조직 변화 도식도

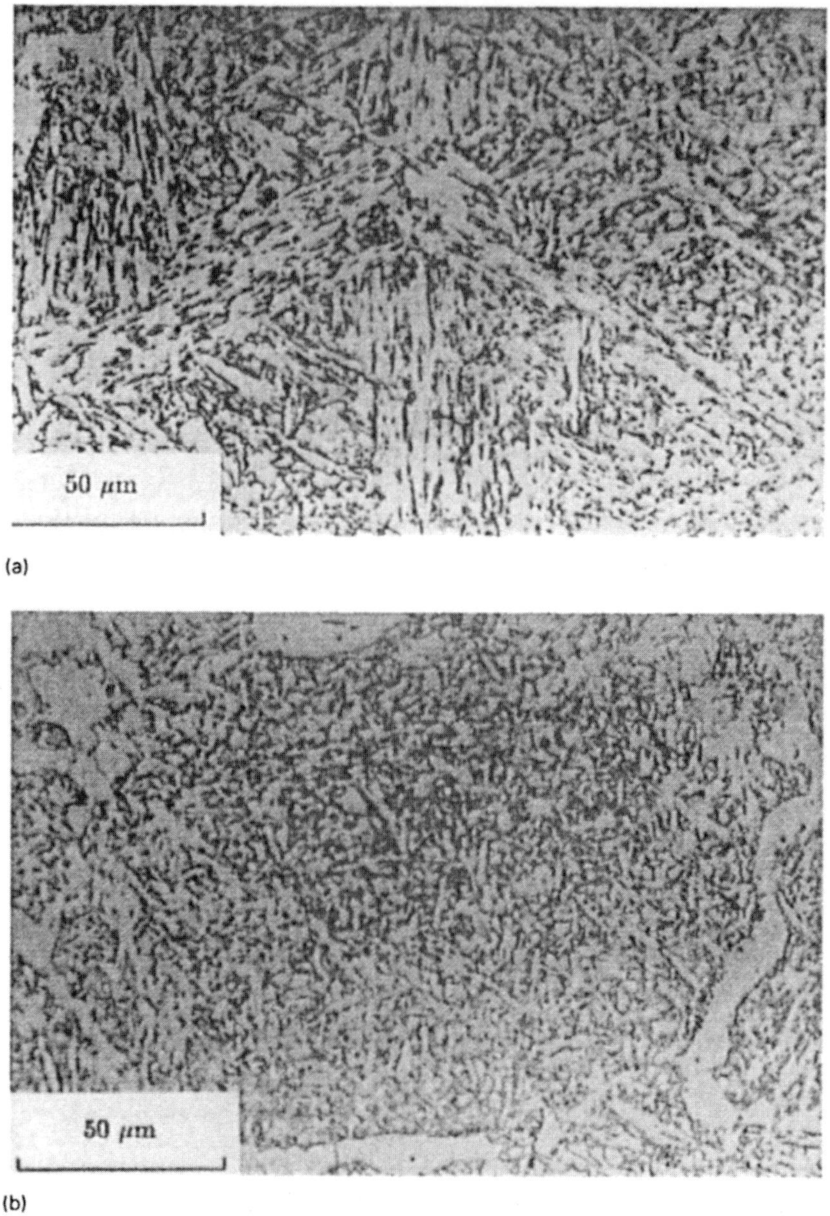

그림 7.6 (a)베이나이트로부터 침상 페라이트로의 변화, (b)불활성 페라이트 층이 형성됨으로써 오스테나이트 입계가 핵생성점에서 제거된 미세 조직

7.4 불균질 핵생성점으로서의 개재물

티타늄이 풍부한 개재물이 침상 페라이트의 생성에 매우 효과적임이 많은 실험을 통해 확인되었다(그림 7.7). 여러 다른 기구들이 제안되었지만 나타난 효과를 일으킨 특정 티타늄 화합물이 구분된 경우는 드물다. 이것은 많은 화합물들이 비슷한 결정구조와 격자상수를 가지기 때문이다. 미세분석을 해보면 C, N, O와 같은 원소는 검출이 안 되거나 Ti에 대한 화학양론적 비율(stoichiometric ratio)을 결정할 정도의 충분한 정확도로 측정할 수 없다. 실제로 비금속 개재물은 여러 결정질과 비정질 상으로 구성되어 침상 페라이트의 핵생성에 관여한 특정원소를 구분하기가 어렵다. 침상 페라이트의 불균질 핵생성에 관여하는 개재물들이 [그림 7.8]에 보인 바와 같이 그 자체로 불균질하다는 많은 근거가 있다.

개재물의 미세 조직은 페라이트의 핵생성을 촉진시키는 역할에 대한 명백한 이해를 구하는 측면에서는 특별히 중요하다. 그 예로서 서브머지드(submerged) 아크 용접부 내에서 비금속 입자가 발견되곤 하는데 이 개재물은 망간, 실리콘, 알루미늄 산화물을 포함하는 유리(glassy)상으로 둘러싸인 티타늄 질화물 코어로 구성되며 부분적으로 망간 황화물(티타늄 산화물도 가능)이 개재물의 표면을 덮고 있다. 따라서 개재물은 다양한 산화물과 여러 화합물이며 그중 일부는 냉각 동안 미세 조직의 발달에 영향을 미친다.

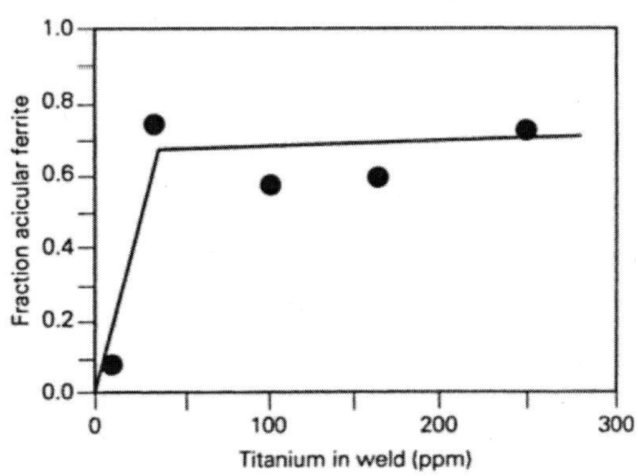

그림 7.7 용접합금에 티타늄이 첨가됨에 따른 침상 페라이트 함량의 큰 변화

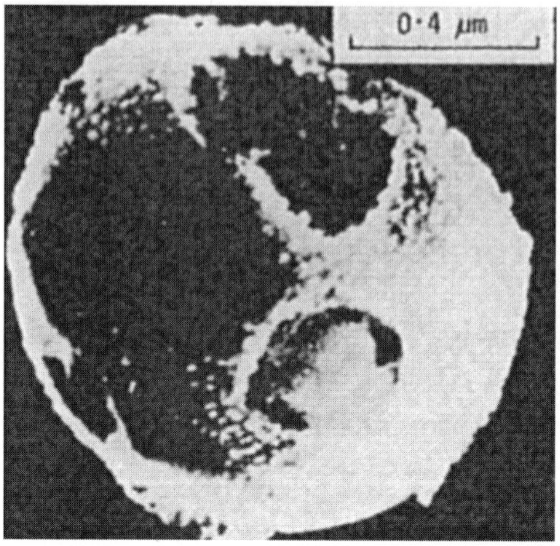

그림 7.8 강 용접금속에서 비금속 개재물에 대한 주사전자현미경 사진. 개재물 표면이 아주 불규칙적이고 여러 상들로 구성

7.5 침상 페라이트의 핵생성

고전적 핵생성 이론을 가정하면 오스테나이트 입자표면과 비교했을 때 개재물들이 페라이트를 핵생성시키는데 덜 효과적인 것으로 밝혀져 왔다. 오스테나이트 입계에서 페라이트가 먼저 형성되므로 실험을 통해서도 확인된다. 더군다나 큰 개재물은 개재물/페라이트 경계의 곡률이 감소할 것이므로 더욱 효과적일 것으로 기대된다. 이것은 실험관찰을 통해 확인되었다.

7.5.1 격자일치(lattice matching) 이론

개재물은 알루미늄 합금에서 응고를 제어하는데 오랫동안 사용되어왔다. 알루미늄 용탕은 고상 핵생성속도를 증가시키고 이를 통해 완전히 응고된 조건에서 미세한 입자구조를 생성시키기 위해 입자들로 접종(inoculate)시킨다. 고상의 알루미늄과 잘 일치하는 격자를 갖는 개재물은 아주 효과적인 핵생성제로 밝혀졌다. 이러한 생각은 강의 고상변태에도 응용되어 페라이트와 가장 '격자일치'되는 개재물이 페라이트를 핵생성 시키는데 가장 효과적일 것이라는 것에 대해 검토되었다. 격자일치는 평면 불일치도(planar misfit)의 평균 퍼센트인 k로 나타낸다. k를 계산하기 위해 개재물이 $(h\,k\,l)_{\mathrm{I}}$면을 가지며 페라이트가 그 자체의 면 $(h\,k\,l)_{\alpha} \parallel (h\,k\,l)_{\mathrm{I}}$에서 이에 대응하는 서로 각도 ϕ로 경사진 rational 방향 $[u\,\nu\,w]_{\mathrm{I}}$과 $[u\,\nu\,w]_{\alpha}$로 적층(epitaxially) 축적된다고 가정했다. 적층(epitaxy)면 내에서 3가지 방향($j=1,2,3$)으로의 원자간 간격 d를 관찰되어 k를 구하면

$$k = \frac{100}{3}\sum_{j=1}^{3} |d_j^I \cos\phi - d_j^{\alpha}|/d_j^{\alpha} \tag{7.1}$$

이와 같이 계산된 데이터를 여러 개재물 상에 대해 [표 7.1]에 나타냈다.

표 7.1 여러 개재물과 페라이트 사이의 불일치도(misfit). 모든 경우에서 불일치도가 5% 이하였으며 개재물은 cubic–F 격자를 가지고 페라이트는 bcc(cubic–I)이다.

Inclusion	Orientation	Plane of epitaxy	Misfit (%)
TiO	Bain	{1 0 0}	3.0
TiN	Bain	{1 0 0}	4.6
γ-alumina	Bain	{1 0 0}	3.2
Galaxite	Bain	{1 0 0}	1.8
CuS	Cube	{1 1 1}	2.8

격자일치 개념을 실험과 비교하기 위해서는 정확한 방위관계를 얻는 것은 물론 개재물이 적층부(epitaxy)의 정확한 면에 놓여야 할 필요가 있다. 티타늄 산화물의 일부를 포함한 여러 화합물들은 페라이트와 잘 일치하며 실제로 페라이트를 핵생성시키는데 효과적이었다. 그러나 γ-알루미나와 같은 다른 화합물은 좋은 일치를 보였지만 핵생성제로는 효과적이지 못했다. 비금속상을 강력한 불균질 핵생성점으로 만들어주는 또 다른 추가적인 기구들이 있는 것으로 보인다.

7.5.2 다른 가능성

개재물이 침상 페라이트의 형성을 도와주는 다른 방법으로는 열 변형이나 개재물/기지조직 경계 근처에서의 화학적 불균질성(heterogeneity)을 이용하는 것을 들 수 있다. 그 대신 개재물은 불균질 핵생성의 불활성 위치로서의 역할만을 한다. 또한 화학적 반응이 개재물/기지 경계에서 일어날 수 있다(표 7.2). 천연 산소 공급원 역할을 하는 미네랄들이 핵생성을 촉진시키는 것으로 밝혀졌는데 이는 아마도 인접한 강의 탈탄을 조장하기 때문인 것으로 보인다. 산소공공(oxygen vacancy) 결함을 받아들이는 것이나 열적분해에 대한 미네랄의 능력을 제외하고는 이 효과는 미네랄의 결정학적 양상에 무관한 것으로 보인다. Ti_2O_3는 인접한 강의 망간 농도를 현저히 낮추어주는 능력을 가지며 망간이 오스테나이트 안정화 원소임을 감안하면 이것이 핵생성을 조장한다. TiO는 효과적인 핵생성제임에도 불구하고 아직 인접 강에 뚜렷한 영향을 미치지 않았다는 점은 이해하기가 어렵다. 이것은 페라이트와 우수한 격자일치를 보이지만 TiN이 그러하듯이 효과적인 핵생성제가 아니다.

표 7.2 페라이트 판의 핵생성을 촉진시키는 능력을 시험하기 위해 시험된 세라믹의 목록

Effective: oxygen sources	Effective: other mechanisms	Ineffective
TiO_2, SnO_2	Ti_2O_3	TiN, $CaTiO_3$
MnO_2, PbO_2	TiO	$SrTiO_3$, α-Al_2O_3
KNO_3		NbC

7.6 요약

베이나이트와 침상 페라이트는 근본적으로 동일한 변태기구를 가지지만 이들의 미세 조직은 자세히는 다르다. 베이나이트는 입자표면에서 핵생성해 평행한 미세판의 다발(sheave) 형태로 성장한다. 반면 침상 페라이트는 실제로 핵생성점인 비금속 개재물에서

입내 핵생성한다. 침상 페라이트의 미세판은 따라서 개별 개재물로부터 뻗어나가게 되어 인접한 미세판과는 무관한 방향으로 매우 무질서한 미세 조직을 생성시킨다. 입내 핵생성을 촉진시키는데 효과적인 여러 형태의 비금속 개재물이 있지만 일부 티타늄 화합물은 특히 강력한 효과를 보였다. 핵생성의 정확한 기구는 아직 해결의 여지가 남아 있다. 침상 페라이트는 확산 없이 성장하지만 과잉 탄소는 과포화 페라이트 내에 잔류하지 않는다. 이것은 성장 직후 잔류 오스테나이트로 분배된다. 변태는 전단과 재현 가능한 방위관계를 갖는 작은 팽창변위를 수반하며 판의 형상과 화학조성변화의 결여는 변위형(displacive) 변태기구에 잘 맞는다.

참고문헌

Abson, D. J. and Pargeter, R. J., International Metals Reviews 31, 141, 1986.

Babu, S., The mechanism of acicular ferrite in weld deposits, Current Opinion in Solid State and mateials Science 8, 267, 2004.

Bhadeshia, H. K. D. H., Acicular ferrite, Bainite in Steels, 2nd edition Institute of Materials, pp. 237-76, 2001.

Bhadeshia, H. K. D. H., Models of acicular ferrite, International Trends in Welding Science and Technology(eds David S. A. and Vitek, J. M.), ASM International, pp.213-22, 1993.

Bhadeshia, H. K. D. H. and Svensson, L.-E., Mathematical Modelling of Weld Phenomena(eds Cerjak, H. and Easterling, K. E.), Institute of Materials, London, pp.109-82, 1993.

Chandrasekharaiah, M. N., Dubben, G. and Kolster, B. H., Atom probe study of retained austenite in ferritic weld metal, Welding Journal 71, 247s, 1994.

Gourgues, A. F., Flower, H. M. and Lindley, T. C., EBSD study of acicular ferrite, bainite and martensite, Materials Science and Technology 16, 26, 2000.

Grong, Ø., Metallurgical Modelling of Welding, Institute of Materials, London, 1994.

Grong,Ø. and Matlock, D. K., International Metals Reviews, 31, 27, 1986.

Nishioka, K. and Temehiro, H., Microalloying '8, Chicago, 1988.

Sugden, A. A. B. and Bhadeshia, H. K. D. H., Lower acicular ferrite, Metallurgical Transactions 20A, 1811. 1989.

Svensson, L.-E. Control of Weld Microstructures and Properties, CRC Press, London, 1994.

Chapter 8
강의 열처리: 경화능

서론 8.1

TTT 와 연속냉각곡선의 활용 8.2

경화능 시험 8.3

입자크기와 화학조성이 경화능에 미치는 영향 8.4

경화능과 열처리 8.5

퀜칭응력과 퀜칭균열 8.6

참고문헌

8.1 서론

강을 강인하게 하는 전통적인 방법은 퀜칭을 통해 마르텐사이트를 형성한 후 중간온도에서 재가열 또는 템퍼링을 통해 강도의 심각한 저하 없이 강의 인성을 증가시키는 것이었다. 따라서 강도를 충분하게 올리려면 먼저 강을 마르텐사이트로 완전히 변태시켜야 한다. 이를 위해 강을 충분히 빠른 속도로 냉각시켜 오스테나이트가 냉각 동안에 페라이트, 펄라이트, 베이나이트로 분해하지 않도록 해야 한다. 퀜칭의 효과는 시료의 형상과 강의 조성 등의 2가지 요인에 의존한다.

특정 매체를 이용해 퀜칭 시 큰 직경의 봉이 명백하게 동일한 처리를 거친 작은 직경의 봉에 비해 느리게 냉각된다. 따라서 작은 봉이 완전히 마르텐사이트를 형성할 가능성이 크다. 코발트와 알루미늄을 예외로 하면 강에 일반 합금원소의 첨가는 대개 시간－온도－변태곡선(*TTT* 곡선)을 더욱 장시간 쪽으로 이동시켜준다. 따라서 급냉 동안 곡선의 노즈부를 통과하기가 쉬워져 강 시편을 완전히 마르텐사이트로 만드는데 필요한 임계냉각속도가 감소한다. 만약 강봉이 임계냉각속도에 도달하지 못하면 빠르게 냉각된 외측부는 마르텐사이트가 되지만 서서히 냉각된 중심부에서는 정확한 상황에 따라 베이나이트, 페라이트, 펄라이트 등이 생성된다. 강이 퀜칭을 통해 마르텐사이트를 형성하는 능력을 경화능(hardenability)이라 한다. 이것은 표준치수의 강봉을 표준조건에서 퀜칭처리 후 50%의 마르텐사이트 변태가 일어난 거리로 간단하게 표현할 수 있으며 경화 깊이의 척도로 볼 수 있다.

8.2 *TTT* 와 연속냉각곡선의 활용

TTT 선도는 경화능을 관찰하기 위한 좋은 출발점이지만 등온 상태에서 수행된 오스테나이트 변태속도이므로 단지 지침의 역할만 할 수 있다. Mo 함량의 증가효과를 예로 들어, 0.4wt% C-0.2wt% Mo강과 0.3wt% C-2wt% Mo강에 대한 *TTT* 선도를 [그림 8.1]

에 나타냈다. 0.2wt% Mo강은 550℃에서 1초 시점에 변태가 시작되지만 Mo를 2wt%로 올리면 전체 C-곡선이 올라가고 반응이 상당 부분 늦어져 노즈부 온도가 약 700℃ 정도가 되며 반응도 4분이 경과된 후 개시된다. 따라서 2wt% Mo강이 0.2wt% Mo강에 비해 월등히 높은 경화능을 가지게 된다.

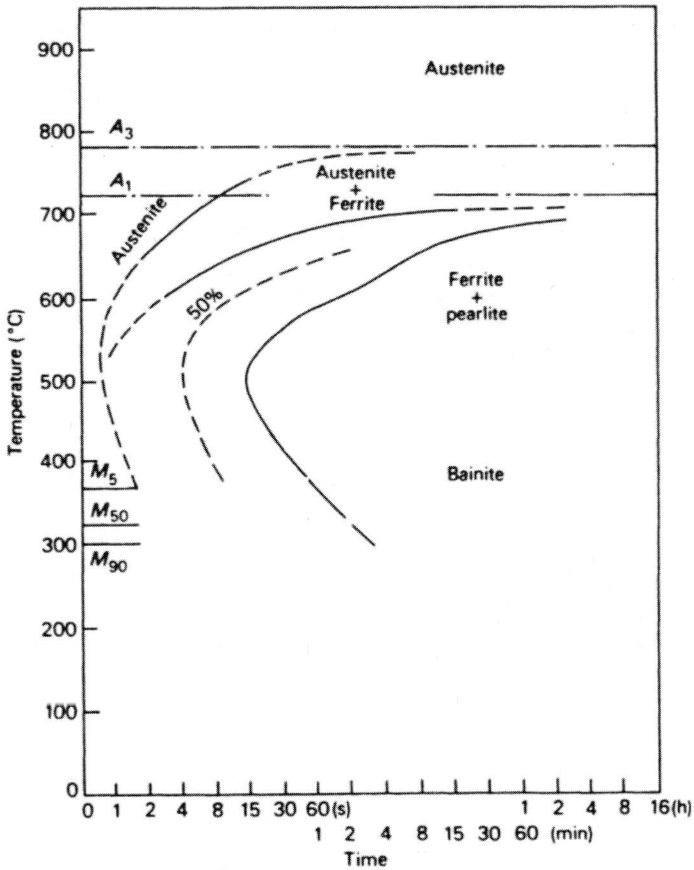

그림 8.1(a) 0.4wt% C–0.2wt% Mo 강의 *TTT* 선도

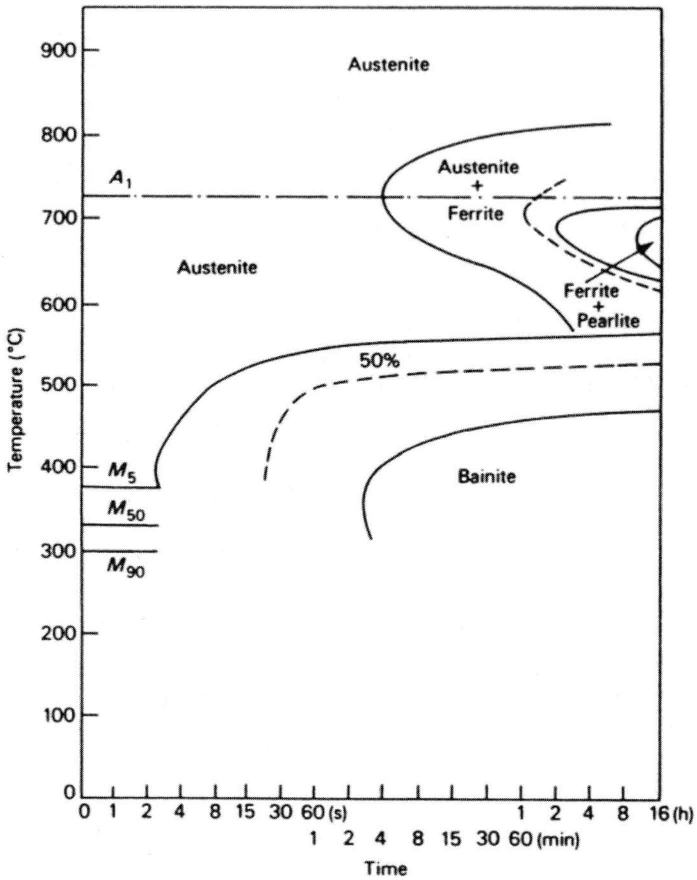

그림 8.1(b) 0.3wt% C–2.0wt% Mo 강의 *TTT* 선도

변태온도 구간에서 냉각속도가 변하는 상황에서는 등온변태 선도를 사용하는데 명백한 한계가 있으므로, 보다 상황에 맞는 선도인 연속냉각곡선(CCT 선도)의 개발에 노력을 기울이게 되었다. CCT 선도는 일련의 냉각속도로 하강하는 온도에서의 변태의 진행 상황을 기록한 것이다. 서로 다른 냉각속도를 거치게 되는 원통형 봉에 대해 팽창계, 자기투자율(magnetic permeability), 여타 물리적 방법으로 변태의 개시점을 결정한다. 변태 생성물인 페라이트, 펄라이트, 베이나이트 등은 등온변태 선도를 통해 부분적으로 결정할 수 있으며 미세 조직학적 검사를 통해서도 확인할 수 있다. 결과는 온도/냉각시간

선도에 기입하는데 여러 냉각속도에 걸쳐 펄라이트반응의 개시에 이르는 시간을 기록한다. 이러한 일련의 결과를 이용하여 선도 위에 오스테나이트–펄라이트 경계를 만들어 주고 베이나이트 변태의 개시를 보여주는 선들도 그려준다. [그림 8.2]에 가상적인 강에 대해 페라이트, 펄라이트, 베이나이트, 마르텐사이트의 경계를 보여주는 그림을 나타냈다. CCT 선도와 동일 척도에서 여러 냉각속도가 나타내어진 투명지를 CCT 선도에 겹쳐 봄으로써 잘 활용할 수 있는데, 선택된 냉각속도에서 생성된 상은 CCT 선도에서 중첩된 선과 만나는 위치의 상이 된다. [그림 8.2]에는 유냉된 95mm 직경의 바의 표면과 중앙부 두 위치에서의 냉각곡선을 중첩시켰다. 이 예시에서 중앙부 냉각곡선은 베이나이트 영역과 만나므로 결과적으로 유냉 후 바의 중앙에서 베이나이트가 일부 생성될 것으로 예상할 수 있다.

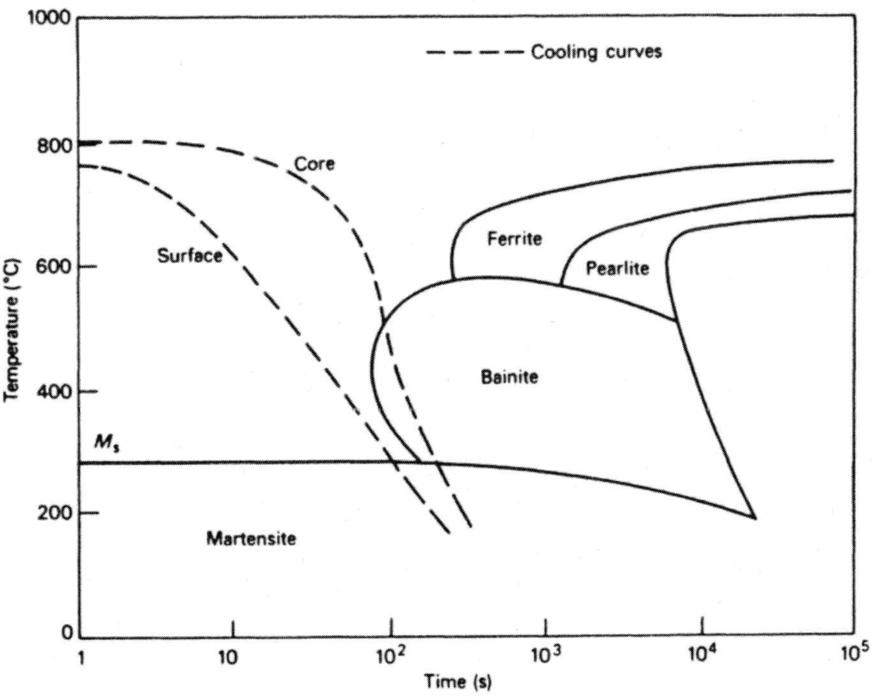

그림 8.2 오일 퀜칭된 95mm 직경의 바에서 표면과 중앙부 두 위치에서의 냉각곡선과 미세 조직 간의 관계. 표면은 완전히 마르텐사이트이다.

8.3 경화능 시험

오스테나이트가 페라이트, 펄라이트, 베이나이트로 분해되는 속도는 강의 조성은 물론 오스테나이트 입자크기, 합금성분의 분포 측면에서의 균질성 등과 같은 다른 요인에도 의존한다. 상변태 이론을 이용해 경화능을 평가하는 것도 가능하지만 강의 경화능을 쉽게 결정해주는 여러 실용적인 시험법도 신뢰할 만하다.

8.3.1 Grossman 시험

경화능에 대한 체계적인 연구는 Grossman 등에 의해 이루어졌다. 이들은 특정 냉각매체에서 직경이 다른 여러 원통형 시편을 퀜칭하는 시험법을 개발했다. 여러 원통형 바(bar)에 대한 세로 단면의 경도 측정을 통해 경화능을 직접 평가했다. 815℃에서 오일퀜칭한 SAE 3140강(1.1~1.4Ni, 0.55~0.75Cr, 0.40C wt%)에 대한 경도시험 결과를 [그림 8.3]에 나타냈는데 작은 단면의 시료는 전체적으로 마르텐사이트 경도를 나타내는 반면 직경이 큰 바의 경우에는 경도가 바의 중앙부로 갈수록 현저히 떨어짐을 알 수 있다. 단면의 약한 부분과 단단한 부분은 에칭을 통해서도 명확하게 구분된다.

Grossman 시험은 세로 단면을 미세 조직학적으로 분석해 중앙에 50% 마르텐사이트를 갖는 바를 결정하는 것이다. 이렇게 정해진 바의 직경을 임계직경 D_0라 부른다. 그러나 이 치수는 퀜칭 매체가 물에서 오일로 바뀌면 명백하게 바뀔 것이므로 경화능을 표현하는 절댓값으로 볼 수 없다. 따라서 여러 퀜칭매체에 대한 효과를 정량적으로 예측할 필요가 있다. 이것은 흔히 *H*-계수라 불리는 퀜칭의 심화(severity) 정도에 대한 계수를 결정하면 된다. 3가지 일반 퀜칭매체에 대한 *H*-계수를 교반방법에 따라 [표 8.1]에 나타냈다.

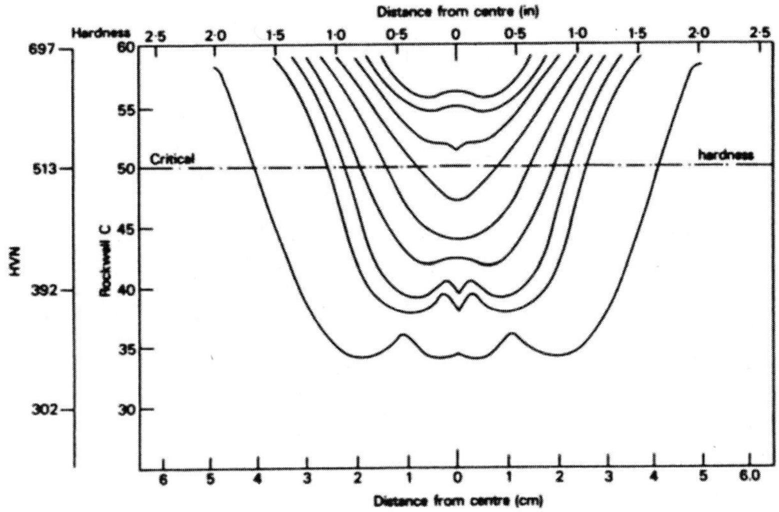

그림 8.3 1.1Ni–0.75Cr–0.4C 강. 직경을 증가시키면서 수냉된 바의 세로 단면의 경도를 측정한 데이터

표 8.1 퀜칭 매체에 대한 H–계수

Agitation	Cooling medium		
	Oil	Water	Brine
None	0.25–0.30	1.0	2.0
Moderate	0.35–0.40	1.2–1.3	
Violent	0.8–1.1	4.0	5.0

교반 없는 정수(still water)의 퀜칭을 표준으로 해서 이에 대한 H-계수를 1로 두고 다른 퀜칭모드를 비교했다. H-계수를 이용하면 D_0를 대신해 표면이 무한히 빠른 속도로 냉각될 때, 즉 $H=\infty$일 때 바의 중앙에 50%의 마르텐사이트가 존재하는 이상적인 임계직경 D_i를 결정할 수 있다. 명백하게 이러한 환경에서는 $D_0 = D_i$이고 H를 변화시키면서 얻은 일련의 그래프에서 상단 기준선을 제공한다(그림 8.4). 실제로 H는 0.2~5.0 사이의 값을 가지므로(표 8.1) 만약 퀜칭시험이 $H=0.4$에서 수행되면 D_0가 측정되고

[그림 8.4]의 그래프는 D_i를 구하는데 사용된다. 이 값은 주어진 강에서 퀜칭매체에 무관한 경화능의 척도가 된다.

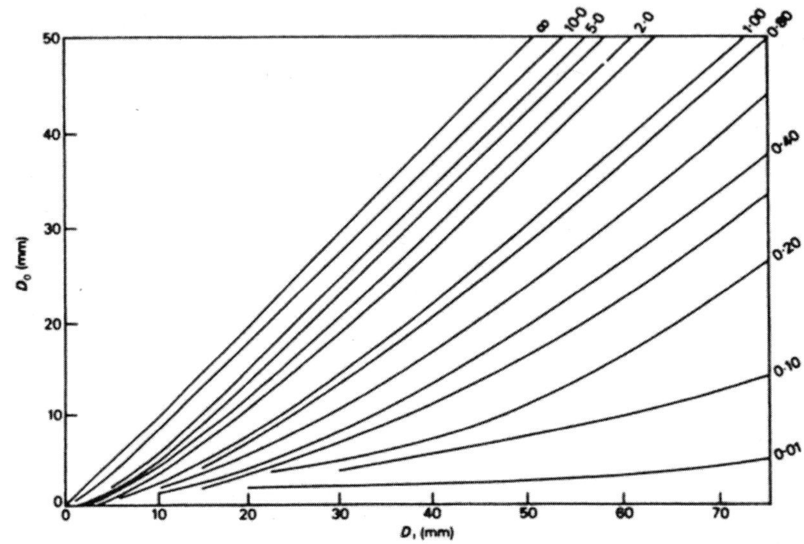

그림 8.4 탄소와 중합금강에서 임계직경(D_0)과 퀜칭 심화도(H)로부터 이상적인 직경(D_i)을 결정해 주는 도표

8.3.2 조미니 시험

경화능에 대한 Grossman의 접근이 신뢰할 만하지만 경화능 데이터를 제공해줄 수 있는 보다 쉬운 시험법들이 고안되었다. 그중에서도 돋보이는 시험법이 조미니 시험법(Jominy end quench test)인데 표준봉상시편(25.4mm 직경, 102mm 길이)을 오스테나이타이징 온도로 가열한 후 홀더 고정부에 위치시키고 봉의 한쪽 끝단을 규격화된 수류(water jet)를 이용해 퀜칭시킨다(그림 8.5a, b). 이것은 퀜칭 끝단으로부터 멀어질수록 냉각속도가 점진적으로 느려지는 결과가 되며, 그 효과는 바의 축에 평행하게 4mm 깊이로 밀링된 평면상에서의 경도측정을 통해 결정된다(그림 8.5c). 0.4C-1Cr-0.25Mo wt%(En 19B)를

함유하는 강의 경도분포를 [그림 8.6]에 나타냈는데 상부 곡선은 강의 조성범위의 상한치를 함유하는 경우에서 얻어진 경도인 반면 하부 곡선은 조성 범위의 하한치를 함유하는 경우를 나타낸다.

두 선 사이의 면적을 경화능 밴드 또는 조미니 밴드라 한다. 이러한 결과와 연계되어 추가적인 유효 데이터로는 탄소함량과 조직 내 마르텐사이트 분율로 나타낸 퀜칭된 강의 경도이다. [그림 8.7]에 50~90% 마르텐사이트를 갖는 퀜칭된 강에서의 데이터를 나타냈다. 따라서 특정 탄소농도에서의 50% 마르텐사이트에서의 경도를 쉽게 결정할 수 있고 조미니 시험결과를 조사해 50% 마르텐사이트가 얻어지는 깊이를 결정할 수 있다. 조미니 시험은 현재 $D_i = 1 \sim 6\text{cm}$ 영역에서 경화능을 결정하는데 널리 사용되고 있다. 이 범위 이상에서는 이 시험법이 제한적으로 사용된다. 결과는 완전히 경화가 가능한 최대 직경의 바를 결정하기 위해 쉽게 전환된다.

[그림 8.8]은 여러 종류의 퀜칭조건에서 바의 중앙부에서의 냉각속도가 조미니 위치에서의 냉각속도와 동일한 냉각속도를 갖게 해주는 바 직경을 나타냈다. 가장 높이 놓여있는 이상적인 퀜칭($H = \infty$)에 대한 곡선의 경우 조미니 바를 따라서 12.5mm 위치에서의 냉각속도는 75mm 직경 바의 중앙부 냉각속도와 대등하다. 이 직경은 정수(still water) 퀜칭($H = 1$) 시 50mm로 감소된다. 교반 없는(still) 유냉($H = 0.3$) 후 퀜칭 끝단으로부터 19mm 위치에서 50% 마르텐사이트가 관찰되었다면 원형 봉의 임계직경 D_0는 51mm가 된다. [그림 8.8]에 보인 도표는 조미니 퀜칭시험이 수행되었다면 특정 강의 원형 바 중앙부에서의 경도를 결정하는데도 사용할 수 있다. 예를 들면 만약 정수에서 퀜칭된 50mm 직경 바 중앙부에서의 경도가 요구된다면 [그림 8.8]은 이 경도가 조미니 시험시편의 퀜칭 끝단으로부터 12mm 위치에서 얻어진다. 조미니 경도-거리 도표를 참고하면 요구되는 경도를 얻을 수 있다. 만약 경도값이 원형 바의 다른 위치, 즉 표면이나 1/2반경 위치에서 요구된다면 이에 적합한 도표를 사용할 수 있다.

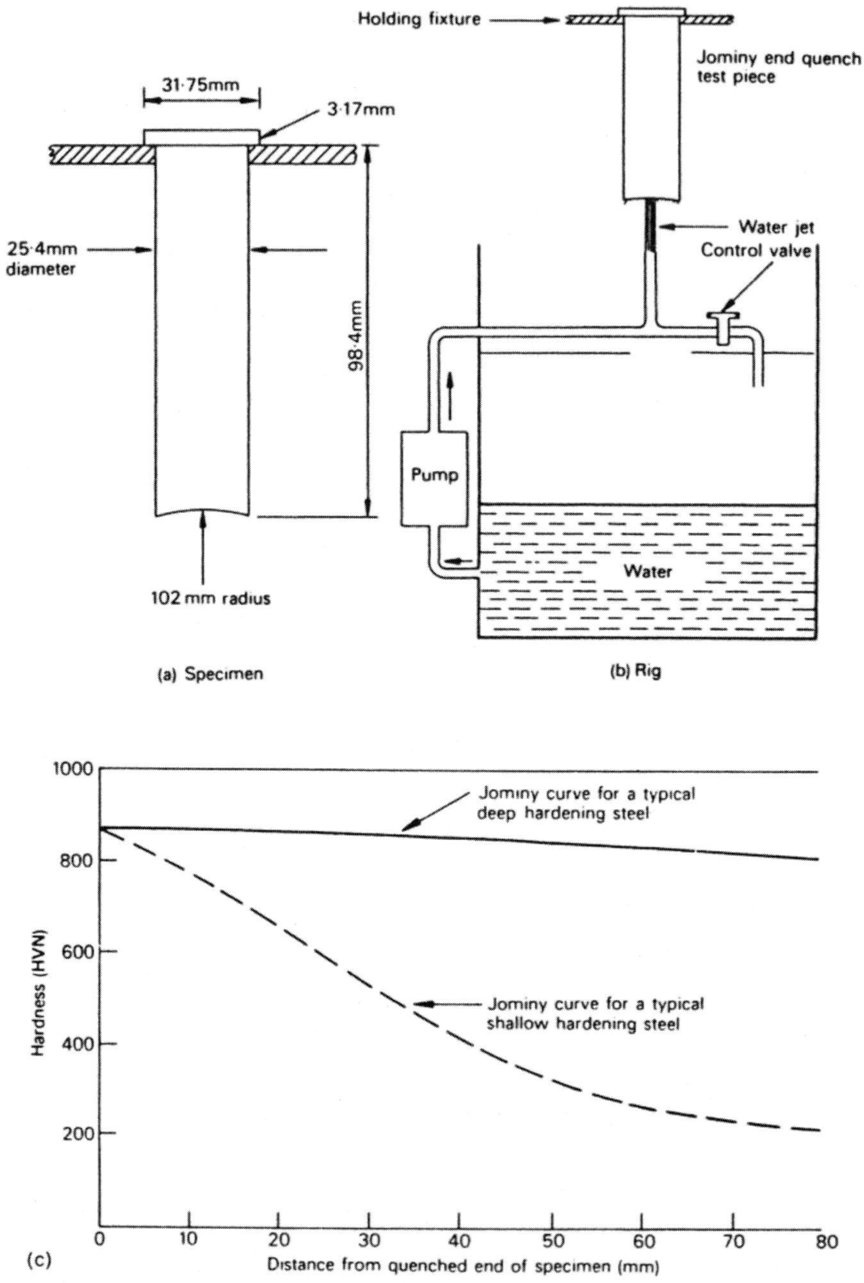

그림 8.5 조미니 끝단 퀜칭시험. (a)시편치수, (b)퀜칭 리그(rig), (c)경화강의 조미니 경도-거리곡선

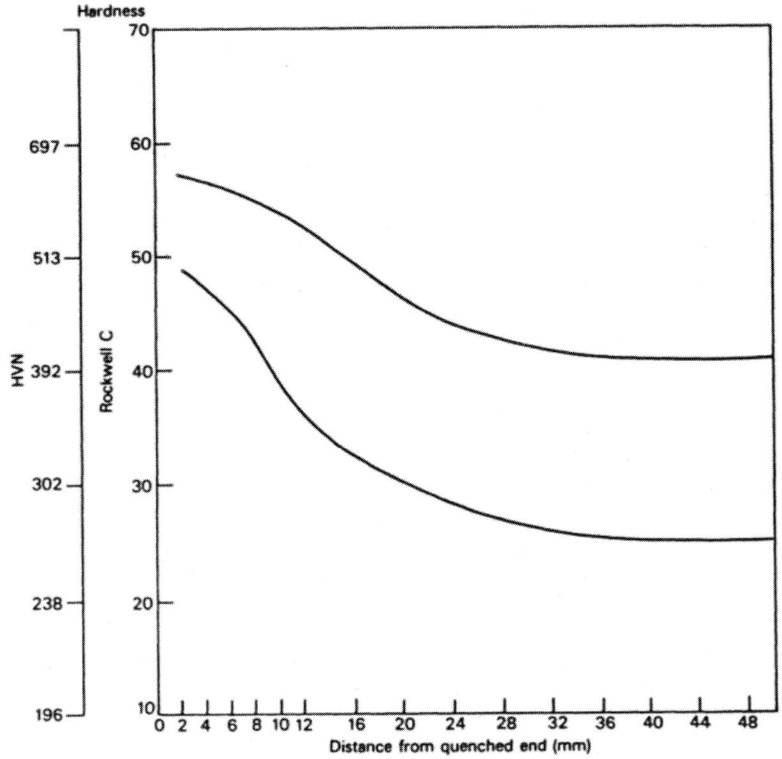

그림 8.6 En 19B 강의 상부 및 하부 한계에서의 경화능 밴드를 보이는 조미니 곡선

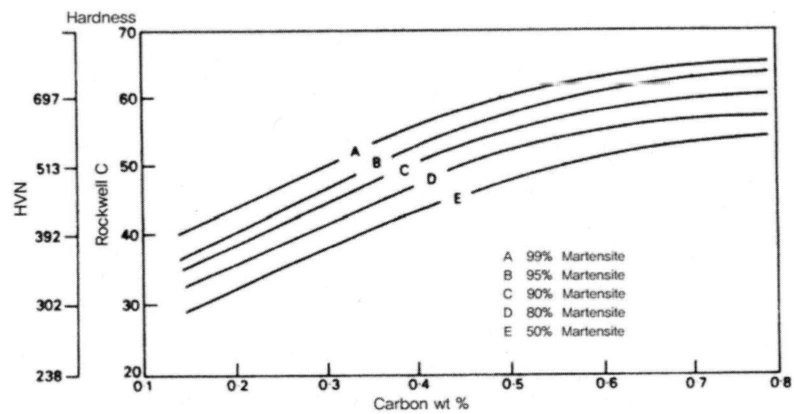

그림 8.7 퀜칭부 경도에 마르텐사이트와 탄소함량이 미치는 효과

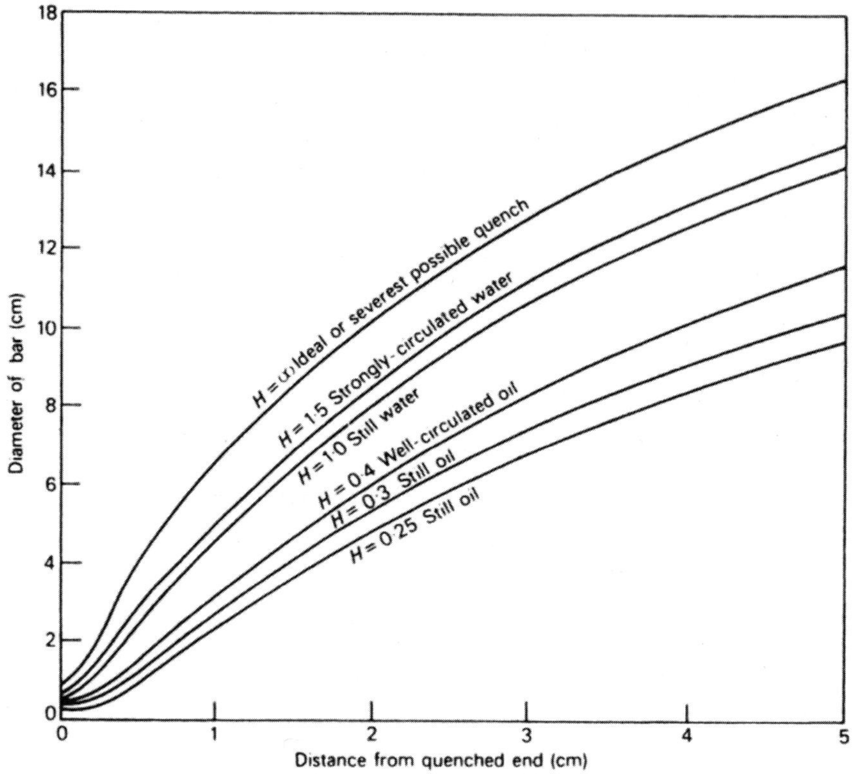

그림 8.8 바의 중앙부에서의 냉각속도가 조미니 위치에서의 냉각속도와 동일한 냉각속도를 갖게 해주는 동등한 조미니 위치와 바 직경

8.4 입자크기와 화학조성이 경화능에 미치는 영향

경화능에 영향을 미치는 가장 중요한 2가지 변수는 입자크기와 화학조성이다. 경화능은 오스테나이트 입자크기가 증가할수록 증가하는데 이는 단위체적당 입계면적이 감소하기 때문이다. 페라이트와 펄라이트의 핵생성을 위한 위치의 수가 감소하게 되고 이로 인해 이러한 변태가 느려지고 따라서 경화능이 증가한다. 페라이트와 펄라이트 반응을 느리게 해주는 합금원소는 경화능을 증가시킨다. 따라서 이러한 효과에 대한 정량적 예측이 필요하다.

첫 번째 단계는 입자크기와 탄소함량의 효과를 결정하는 것이다. [그림 8.9]에 보인 바와 같이 0.2~1wt% 탄소를 함유하는 강에 대해, 입자크기(ASTM 4~8) 범위에서 D_i 데이터가 존재한다. 모든 강에 대해 이 도표를 이용하려면 기본(base) 경화능 그림 D_{iC}이 필요하고, 이것은 첨가 합금원소의 효과를 고려해 수정되어야 한다. 이것은 익숙한 합금원소들에 대해 실험적으로 결정된 가중치를 사용해 수정한다(그림 8.10). 이상적인 임계직경 D_i가 경험적 관계식으로 얻어진다.

$$D_i = D_{iC} \times 2.21(\%Mn) \times 1.40(\%Si) \times 2.13(\%Cr) \times 3.275(\%Mo) \times 1.47(\%Ni) \text{ (weight percentages)} \tag{8.1}$$

Moser와 Legat에 의한 이러한 관계식은 실제로 Grossman에 의한 초기 식에 비해 더욱 정확한 것으로 보인다. 고탄소강을 다룰 때 추가적인 수정이 여러 오스테나이타이징 온도에 대해 이루어지기도 했으며 이러한 관계식이 실제 경화거동을 예측하는데 매우 효과적이다.

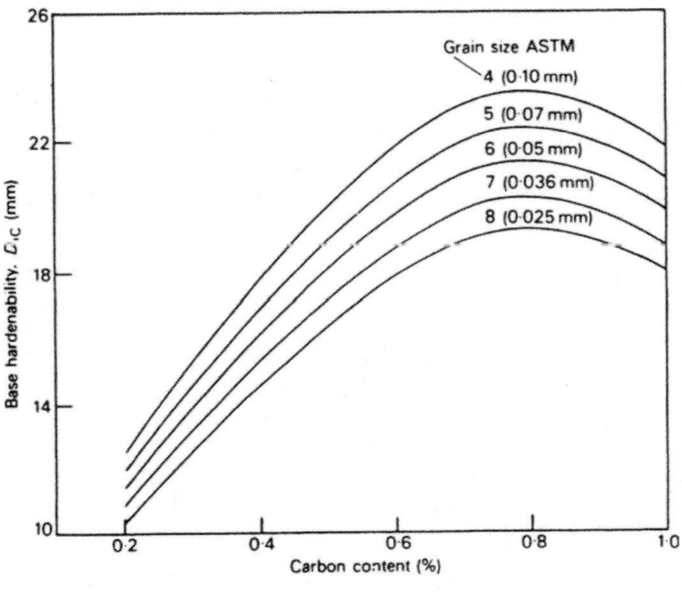

그림 8.9 탄소함량과 입자크기가 기본 경화능에 미치는 효과

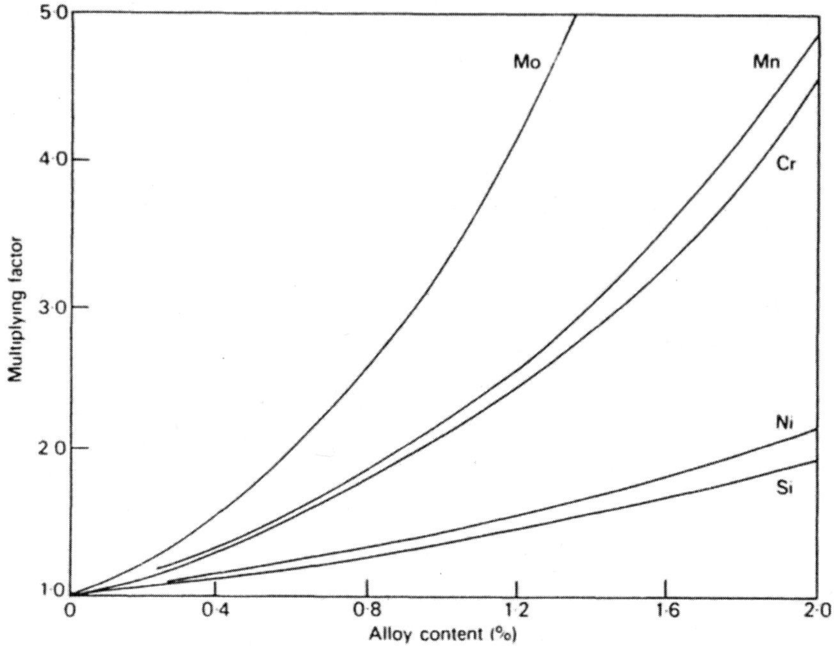

그림 8.10 일반 합금인자에 대한 경화능 가중인자(multiplying factor)

8.5 경화능과 열처리

합금원소가 여러 목적으로 첨가되지만 가장 중요한 것은 요구되는 형상과 크기에서 보다 높은 강도를 만들어내는 것인데 큰 샤프트와 로터의 경우와 같이 아주 큰 단면은 직경이 1m 또는 그 이상에 이르기도 한다. 따라서 경화능은 아주 중요하며 고려되고 있는 강의 단면을 완전히 경화시키는데 필요한 적정 합금원소농도를 알아야 한다. 마찬가지로 비싼 합금원소를 너무 고농도로 사용하는 것, 즉 요구되는 단면의 완전 경화에 필요한 것보다 많이 사용하는 것은 바람직하지 않다. 탄소는 경화능에 크게 영향을 미치지만 인성저하, 성형의 어려움, 더욱 중요하게는 열처리와 용접 시 변형과 균열을 발생시킬 수 있으므로 이것을 과하게 사용하는 것은 제한된다. 일반 탄소강의 경화능을 증가시키는 가장 경제적인 방법은 망간의 함량을 증가시키는 것인데 0.6%에서 1.4%로 증가시키면 경화능을 상당히 개선시킬 수 있다. 크롬과 몰리브데늄 또한 경화능을 증가시키는데 아주 효과적이고 값싼 원소다.

보론은 완전히 탈산된 저탄소강에 아주 강한 효과를 보이는데 0.001wt% 정도만 첨가해도 효과를 보이며 강 내에서의 분포를 보다 쉽게 조절할 수 있게 되면 훨씬 널리 사용될 수 있다. 입자 직경이 0.02mm에서 0.125mm로 증가하면 경화능을 50% 정도 증가시킬 수 있기 때문에 입자크기의 역할도 간과해서는 안 된다. 입자크기 효과는 기계적 성질, 특히 인성에 너무 불리하게 영향만 주지 않는다면 아주 유용할 수 있다. 고경도 내마모성의 표면과 인성이 높은 코어부의 조합이 요구되는 공구와 기계부품에서는 높은 경화능이 항상 바람직한 것은 아니다. 이러한 얇은(shallow) 표면층의 경화 퀜칭을 통해 코어부에는 인장 내부응력이 걸리는 반면 표면에는 압축잔류응력이 걸리게 되므로 더욱 선호된다. 표면의 응력집중 점에서 핵생성 된 피로균열이 압축잔류응력이 존재하면 전파가 어려워지게 되므로 이 상황은 아주 바람직하다.

8.6 퀜칭응력과 퀜칭균열

퀜칭을 통해 부품에 뒤틀림과 심각한 퀜칭 균열(quench cracking)이 일어날 수 있다. 이러한 결함은 퀜칭 시 다음의 2가지 원인으로 발달된 내부응력에 기인해서 일어난다.

1. 강 표면과 내부에서의 서로 다른 냉각속도 차이로 인해 발생되는 열응력
2. 오스테나이트가 다른 상으로 변태 시 수반되는 체적변화에 기인한 변태응력

열응력의 효과에 대한 예를 850℃에서 수냉한 100mm 직경의 강에 대해 [그림 8.11]에 나타냈다. 표면과 코어부의 온도-시간관계를 [그림 8.11a]에 나타냈다. 그림에서 최대온도차가 시간 t 이후에 일어나는 것을 알 수 있으며 약 500℃일 때, 만약 응력완화가 일어나지 않는다면, 1000MN m^{-2}를 초과하는 응력을 발생시킨다. 이러한 조건에서 표

면응력과 시간관계는 [그림 8.11b]의 곡선 A가 될 것이다. 하지만 최대응력수준은 소성변형이 일어나게 되어 유지되지 못하고 실제 응력-시간관계는 곡선 B로 나타난다. 표면에서의 인장응력은 곡선 C에 보인 바와 같이 코어부의 압축응력과 균형을 이루게 된다. 보다 낮은 온도 t_2에서 압축과 인장응력 모두 0으로 떨어지지만 온도가 실온으로 더욱 떨어지면 응력 상황은 역전되어 코어부가 인장으로 표면이 압축 상태에 놓인다. [그림 8.11c]는 실온에서 바를 통한 응력분포를 보여주고 있다.

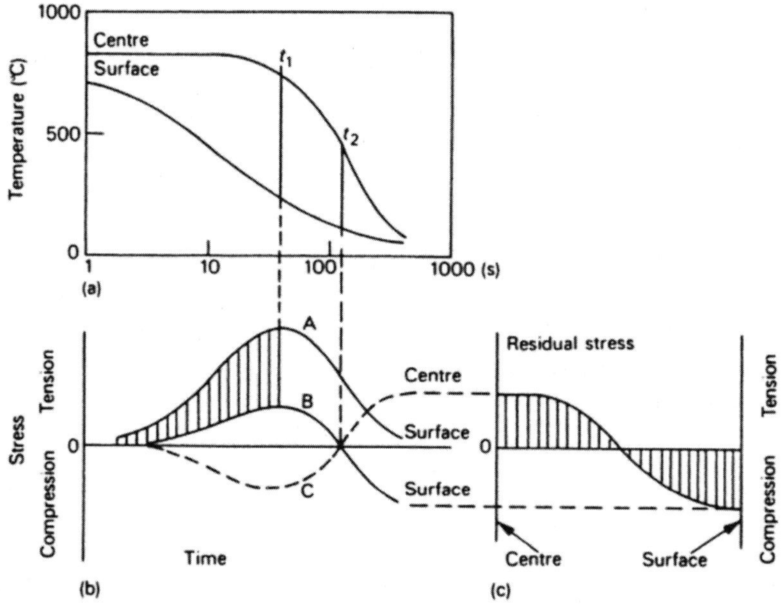

그림 8.11 850℃에서 수냉시킨 100mm 직경 바에서 냉각 동안 발생되는 열응력

퀜칭을 더욱 빠르게 하면 표면과 코어부의 온도 차이가 커지게 되어 실온에서 그로 인한 응력이 커지게 된다. 실용적으로 이것은 뒤틀림의 방지를 위해서는 냉각속도가 느린 퀜칭매체를, 즉 물보다는 오일을 사용하는 것이 바람직함을 의미한다. 결과적으로 만약 전체단면에 걸쳐 완전경화가 요구된다면 경화능에 대한 조정이 있어야 한다.

변태응력은 새로운 상의 형성과 관련한 체적변화에 기인한 것이다. 예를 들면 1wt%

탄소강에서 오스테나이트가 마르텐사이트로 변태할 때 4%의 체적 변화가 수반되는 반면 펄라이트로 변태 시 2.4%의 증가가 일어난다. 이러한 체적 변화가 응력 패턴의 형성에 미치는 효과는 표면과 코어에서의 반응이 동시에 일어나는지의 여부와 경화능이 완전 경화를 가능하게 하느냐의 여부에 의존한다. 만약 마르텐사이트 반응이 표면에서 시작한다면 인장응력이 거기에서 생성되고 압축응력이 중앙에서 일어나게 되며, 이 상황은 마르텐사이트 반응이 일어남에 따라, 특히 작은 단면 또는 높은 경화능을 갖는 강의 직경을 따라서 더욱 심해지게 된다.

표면에 존재하는 인장응력은 상기의 이유 때문에 권장할 것은 아니며 높은 경화능이 도리어 문제를 야기할 수 있다는 것도 예상할 수 있다. 이러한 상황은 표면에 상대적으로 얇은 경화층을 형성시켜 압축응력 상태를 유지해주는 방법을 이용해 피할 수 있다. 확산공정을 통해 침입형 원소의 표면농도를 상당 부분 증가시켜주는 침탄(carburizing)과 질화처리(nitriding)와 같은 표면처리법은 단단한 내마모성 표면을 유지해줌은 물론 표면을 압축응력 상태에 놓이게 함으로써 균열전파를 저지시키는 효과가 있다.

마르텐사이트는 탄소함량이 증가할수록 더욱 취성을 보인다. 개별 마르텐사이트 판들이 이전에 생성된 판에 의해 연속적으로 핵생성을 일으키는 burst 현상을 보이는 경향이 있는 고탄소 마르텐사이트에서는 균열이 뒤에 생긴 판의 충격점이 있는 판에서 종종 관찰된다.

이러한 미세 균열들은 주요 균열의 전파를 위한 확실한 핵으로 작용한다. 넓게 보면 퀜칭균열은 퀜칭응력이 고온에서 소성변형을 통해 충분히 완화되지 않았을 때 일어나기 쉬우며 퀜칭응력이 강의 파괴강도에 도달해 균열을 일으킨다. 피로균열의 경우에서 그러하듯이 균열 발생이 가능한 예민한 영역은 압축응력 하에 놓이게 하는 것이 안전하다. 이러한 균열을 방지하기 위해 기울여야 하는 예방법으로는 적정 경화능에 도달 가능한 범위 내에서 가능한 한 느린 퀜칭을 실시하는 것이다. 또한 노치 형태의 응력집중, 심한 가공 홈, 단면의 급격한 변동 등은 퀜칭균열의 핵생성을 조장하므로 피하는 것이 바람직하다.

변태특성이 균열 발생에 영향을 미치므로 강의 조성도 중요하다. 탄소의 효과는 이미 거론되었지만 탄소함량이 증가할수록 M_s 온도는 감소한다. 따라서 고탄소강에서 퀜칭응력이 높게 나타나는데, 이것은 마르텐사이트가 파괴보다는 소성유동에 의해 응력을 더욱 잘 완화시킬 수 있는 높은 온도에서 형성되는 경우보다 낮은 M_s 온도에서 형성되므로 응력이 잘 완화가 되지 않기 때문이다. 더군다나 M_s 온도가 낮아질수록 변태 동안 체적 변화가 크게 되어 더욱 높은 변태응력이 발생한다. 금속합금원소 또한 M_s 온도를 낮추어주고 경화능을 상당 부분 증가시키므로 냉각속도가 상대적으로 느린 퀜칭 방법을 사용해 뒤틀림이나 균열의 가능성을 줄일 수 있는 방법이 권장된다.

참고문헌

Brooks, C. R., Heat Treatment of Ferrous Alloys, McGraw-Hill, USA, 1979.

Doane, D. V. and Kirkaldy, J. S.(eds), Hardenability Concepts with Applications to Steel, The Metallurgical Society of AIME, Pennsylvania, USA, 1978.

Dobrzanski, L. A., and Sitek, W., Modelling of hardenability using neural networks, Journal of the Materials Processing Technology 93, 8, 1999.

Grossman, M. A. and Bain, E. C., Principles of Heat Treatment, 5th edition, American Society for Metals, Ohio, USA, 1964.

Kasuya, T., Ichikawa, K. and Fuji, M., Derivation of carbon equivalent to assess hardenability of steels, Science and Technology of Welding and Joining 3, 317, 1998.

Li, M. V., Niebuhr, D. V., Meekisho, L. L. and Atteridge, D. G., Computational model for the prediction of steel hardenability, Metallurgical & Materials Transactions 29B, 661, 1998.

Llewellyn, D. T., Steels-Metallurgy and Applications, Butterworth, UK, 1992.

Ohtani, H., Processing-conventional treatments, in Materials Science and Technology(eds Cahn, R. W., Haasen, P. and Kramer, E. J.), Vol. 7, Constitution and Properties of Steels(ed. Pickering, F. B.), 1992.

Pickering, F. B., Physical Metallurgy and the Design of Steels, Applied Science Publishers, London, UK, 1978.

Sinha, A. K., Ferrous Physical Metallurgy, Butterworth, USA, 1993.

Thelning, K. E., Steel and its Heat Treatment, 2nd edition, Bofors Handbook, Butterworth, London, UK, 1985.

Wilson, R., Metallurgy and Heat Treatment of Tool Steels, McGraw-Hill, USA, 1975.

Yurioka, N., Physical metallurgy of steel weldability, ISIJ International 41, 566, 2001.

Chapter 9

마르텐사이트의 템퍼링

서론 9.1
일반 탄소강의 템퍼링 9.2
템퍼링된 일반 탄소강의 기계적 성질 9.3
합금강의 템퍼링 9.4
마르에이징 강 9.5
참고문헌

9.1 서론

강에서 마르텐사이트는 아주 강하며 본연적으로 취성을 갖는다. 따라서 150~700℃ 구간에서 열처리를 통해 기계적 성질을 개선시킬 필요가 있을 수 있다. 이러한 공정을 템퍼링(tempering)이라 하며 열적 활성화를 통해 미세 조직을 평형에 근접하게 해준다. 템퍼링 시 미세 조직의 변화는 평형으로부터 얼마나 벗어나 있느냐에 달려 있다. [표 9.1]은 Fe-0.2C-1.5Mn wt%의 화학조성을 갖는 전형적인 저합금강에서 마르텐사이트의 초과 자유에너지(excess free energy)를 보여준다.

기준 상태는 축적에너지가 제로(0) 상태인 페라이트, 흑연, 시멘타이트의 평형혼합물이다. 강에서 흑연은 매우 느리게 석출하며 템퍼링 동안 거의 관찰되지 않으므로 자유에너지를 조금만(70Jmol^{-1}) 올려준다는 것이 그리 놀라운 사실이 아니다. 치환형 용질인 망간이 페라이트와 오스테나이트 사이에 분배(partitioning)되는 것을 방해하면 상당량의 에너지가 추가되지만 가장 큰 축적에너지의 증가는 과포화된 페라이트에서 탄소의 구속(trapping)에 기인한다. [표 9.1]에서 마르텐사이트는 변태기구로 인한 변형과 경계에너지를 포함하므로 과포화 페라이트와는 구별된다. 그러므로 마르텐사이트의 템퍼링 동안 일어나는 일반적인 경향은 먼저 탄화물을 석출시키기 위한 과잉탄소의 배출로 시작되지만 치환형 용질은 이 공정 동안 확산을 할 수 없다. 템퍼링의 최종 결과는 페라이트 기지에서의 조대한 탄화물의 분산이며 본래의 마르텐사이트와는 많이 달라진다. 많은 강에서 퀜칭을 통해 마르텐사이트 반응이 완전하게 일어나지 못하므로 잔류 오스테나이트가 남게 되며 이러한 잔류 오스테나이트는 템퍼링시 안정적으로 유지되지 못함을 주지해야 한다.

표 9.1 여러 조직에서의 축적 자유에너지

Phase mixture in Fe–0.2C–1.5Mn wt% at 300 K	Stored energy/J mol^{-1}
Ferrite, graphite and cementite	0
Ferrite and cementite	70
Para-equilibrium ferrite and para-equilibrium cementite	385
Supersaturated ferrite	1414
Martensite	1714

9.2 일반 탄소강의 템퍼링

퀜칭된 마르텐사이트는 5장에서 기술된 복잡한 미세 조직을 갖게 된다. 레스나 판들은 Thin-foil 전자현미경으로 개별 전위를 관찰하기 어려울 정도로 심하게 전위(dislocated)된다. 0.2wt% 탄소강의 대표적인 전위밀도는 0.3~1.0×$10^{12}$$cm^{-2}$이다. 탄소함량이 약 0.3wt% 이상으로 증가하면 5~10nm 폭의 미세쌍정도 관찰된다. 봉(rod)이나 작은 판(plate) 형상의 탄화물 입자가 관찰되기도 한다(그림 9.1). 이 탄화물 입자들은 M_s 온도 부근에서 초기에 생성된 마르텐사이트 내에서 발생하는데 잔여 퀜칭이 완료될 동안까지 템퍼링 될 기회를 갖게 된다. 이러한 현상을 자동 템퍼링(auto-tempering)이라 하고 높은 M_s 온도를 갖는 강에서 더욱 잘 일어날 것임은 자명하다. 퀜칭된 마르텐사이트를 재가열하면 템퍼링이 다음의 4가지 단계가 중첩되면서 일어난다.

1단계: 250℃까지: ϵ-철 탄화물의 석출; 마르텐사이트 정방성의 부분적 소멸

2단계: 200℃~300℃ 사이: 잔류 오스테나이트의 분해

3단계: 200℃~350℃ 사이: 시멘타이트가 ϵ-철 탄화물 대체; 마르텐사이트의 정방성완전 소멸

4단계: 350℃ 이상: 시멘타이트 조대화 및 구상화; 페라이트의 재결정

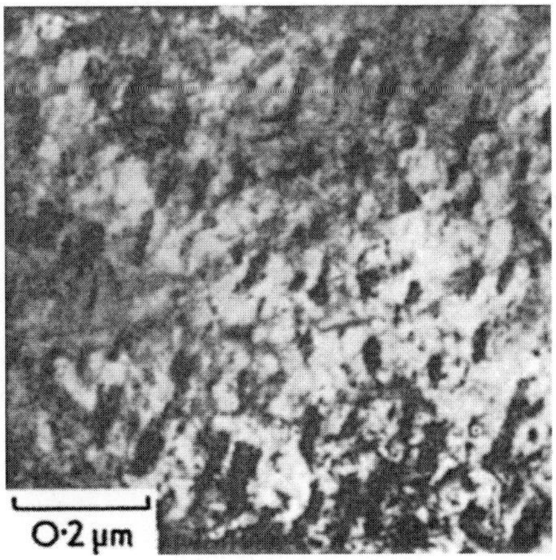

그림 9.1 1100℃에서 얼음 채운 소금물로 퀜칭한 Fe–0.2C에서 얻어진 자동 템퍼링된 마르텐사이트. Thin-foil 전자현미경

9.2.1 템퍼링: 1단계

중탄소 및 고탄소(0.3~1.5wt% C) 강에서 형성된 마르텐사이트는 실온에서 안정적이지 못한데 이 온도에서 침입형 탄소원자가 정방정계 마르텐사이트 격자 사이를 확산할 수 있기 때문이다. 실온과 250℃ 사이에서 ϵ-철 탄화물이 마르텐사이트에서 석출될 때 이러한 불안정성이 증가한다(그림 9.2). 이 탄화물은 조밀충진 육방정계 구조를 가지며 폭이 좁은 레스나 미세봉(rodlet) 형태로 기지(matrix)의 입방 면들에서 석출되며 잘 발달된 방위관계를 갖는다(Jack).

$$(101)_{\alpha'}//(10\bar{1}1)_{\epsilon}$$

$$(011)_{\alpha'}//(0001)_{\epsilon}$$

$$[11\bar{1}]_{\alpha'}//[1\bar{2}10]_{\epsilon}$$

X-선 측정을 통한 측정결과 $(101)_{\alpha}$와 $(10\bar{1}1)_{\epsilon}$의 격자간격은 약 0.5% 이내였으므로 석출 초기 단계에는 격자가 정합일 것으로 보인다. 실제로 탄소함량이 높은 강일수록 50~100℃ 영역에서의 템퍼링 시 경도의 증가가 관찰되어왔는데 이것이 ϵ-탄화물에 의한 마르텐사이트의 석출경화에 기인한 것이다. 1단계의 종료시점에서도 마르텐사이트가 아직 정방성을 유지하고 있으며 이것은 0.25wt% 정도의 탄소를 함유함을 의미한다. 따라서 낮은 탄소함량을 갖는 강에서는 ϵ-탄화물이 석출되지 않을 것으로 보인다. 이 단계의 템퍼링에서는 60~80kJmol^{-1}의 활성화에너지를 가지며 이것은 마르텐사이트에서의 탄소확산에 적합한 범위다. 탄소함량이 0.2~1.5wt% 사이일 때는 활성화에너지가 선형적으로 증가하는 것으로 나타났다. 탄소함량의 증가는 선호되는 침입형 위치, 즉 단위격자 모서리의 중간 위치와 격자면의 중심에 있는 8면체공극이 많이 채워진다는 의미이므로 탄소원자의 이동도를 감소시키게 될 것으로 예상된다.

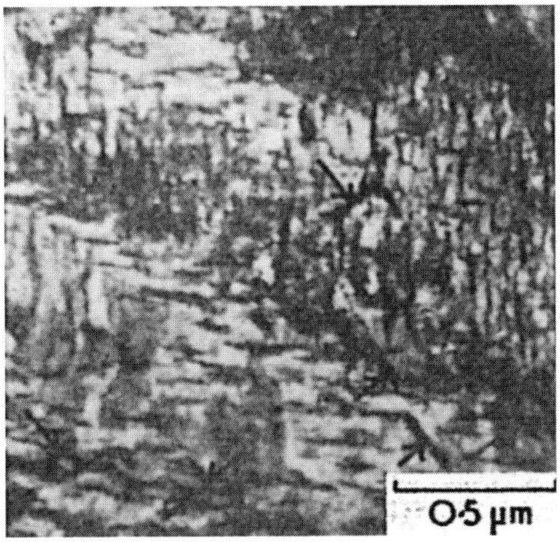

그림 9.2 250℃에서 퀜칭 및 템퍼링된 Fe–0.8C에서의 ϵ–탄화물과 시멘타이트의 석출. Thin–foil 전자현미경

9.2.2 템퍼링: 2단계

2단계 동안에는 퀜칭시 잔류된 오스테나이트가 230~300℃ 온도영역에서 분해된다. Cohen 등은 팽창계와 비체적(specific volume) 측정은 물론 X-선 회절 측정을 통해 이 단계를 찾아냈다. 하지만 미세 조직 내에 잔류하는 오스테나이트를 직접 관찰하기는 쉽지 않으며 특히 적은 분율로 존재할 때는 더욱 어렵다. 0.5wt% C 이하의 마르텐사이트 일반 탄소강에서 잔류 오스테나이트의 양은 2% 이하이며 0.8wt% C에서 6% 정도, 1.25wt% C에서 30% 정도다. 근거는 희박한데 230~300℃ 온도영역에서 잔류 오스테나이트는 베이나이트형 페라이트(bainitic ferrite)와 시멘타이트로 분해한다고 제안된 적이 있었지만 이 상과 하부 베이나이트 사이의 자세한 비교는 아직 이루어지지 않았다.

9.2.3 템퍼링: 3단계

3단계 템퍼링 동안에는 시멘타이트가 Widmanstätten 분포를 하는 판의 형태로 미세 조직 내에 처음 나타난다. 이때의 판들은 정방성이 소멸되어 페라이트가 되어버린 기지조직과 뚜렷한 방위관계를 갖는다. Bagaryatski에 의하면 이때의 방위관계는

$$(211)_{\alpha'} // (001)_{Fe_3C}$$

$$[01\bar{1}]_{\alpha'} // [100]_{Fe_3C}$$

$$[\bar{1}11]_{\alpha'} // [010]_{Fe_3C}$$

이 반응은 100℃ 이하에서 시작되어 300℃에서 완전히 발달되어 200nm 길이와 ~15nm 두께에 이르는 입자를 형성한다. 퀜칭된 저탄소강에서 비슷한 조직이 퀜칭 동안 Fe_3C의 형성에 의해 관찰되기도 한다. 템퍼링 동안 가장 유력한 시멘타이트의 핵생성점이 ϵ-철 탄화물의 기지와의 경계부이고(그림 9.2) Fe_3C 입자가 성장함에 따라 ϵ-철 탄화물입자는 점점 소멸된다. 고탄소 마르텐사이트에서 일어나는 쌍정 또한 시멘타이트의 핵생성과 성장이 가능한 위치이다. 시멘타이트는 쌍정경계를 따라 성장하려 하며 비슷한 방위의 레스형상 입자(그림 9.3)들의 콜로니(colony)를 형성한다. 이때의 레스형상 입자는 $\{112\}_{\alpha}$ 정벽면(habit plane)을 가지며 보통의 Widmanstätten 정벽(habit)과는 쉽게 구분된다. 페라이트 기지조직과의 방위관계는 두 경우 모두 동일하다.

시멘타이트의 핵생성을 위한 세 번째 위치는 마르텐사이트의 레스간(interlath) 경계와 오스테나이트 입계와 같은 입계영역이다(그림 9.4). 시멘타이트는 아주 얇은 막의 형태로 형성되어 검출이 쉽지 않지만 입계영역에서 점점 구상화해 뚜렷한 Fe_3C 입자가 된다. 이러한 입계 시멘타이트의 얇은 막은 연성을 저하시킬 수 있는 것으로 알려져 있으나 합금원소의 첨가를 통해 개선될 수 있다. 3단계 템퍼링 동안 기지조직의 정방성(tetragonality)이 사라지게 되어 기지조직은 탄소로 과포화 되지 않은 페라이트로 된다. 뒤이어 일어나는 시멘타이트 입자들의 형상변화는 보다 작은 입자가 기지조직으로 용해되면서 큰 입자의 선택적 성장을 위한 탄소를 공급해주는 오스트발트 성장(Ostwald ripening) 형태의 공정에 의해 일어난다.

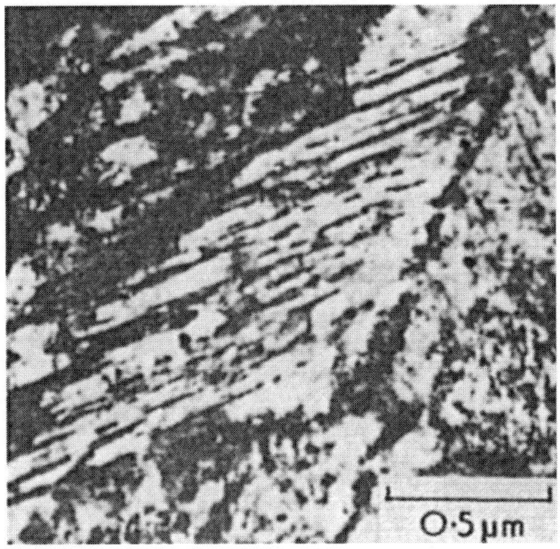

그림 9.3 450℃에서 퀜칭 및 템퍼링된 Fe−0.8C에서 쌍정경계를 따라 성장하는 Fe_3C. Thin−foil 전자현미경

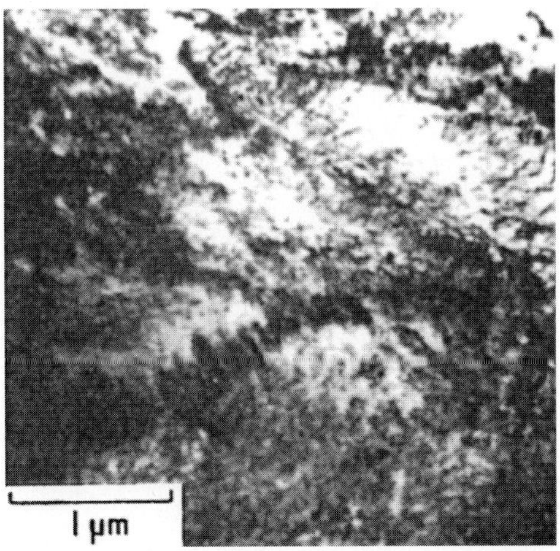

그림 9.4 250℃에서 퀜칭 및 템퍼링된 Fe−0.8C에서 시멘타이트의 입계석출. Thin−foil 전자현미경

9.2.4 템퍼링: 4단계

템퍼링의 4단계를 시멘타이트 입자가 조대화되고 결정학적 형상이 소멸되며 구상화되는 공정으로 규정할 수 있다. 조대화는 300℃와 400℃ 온도 사이에서 시작되는 반면 구상화는 700℃까지 증가하면서 일어난다. 온도범위의 상단에서는 마르텐사이트 레스 경계가 재결정을 통해 보다 등축상의 페라이트 입계에 의해 대체된다. 최종 결과는 등축상의 페라이트 입자이며 조대하게 구상화된 Fe_3C 입자(그림 9.5)가 입계에 부분적으로 존재한다. Fe_3C 입자의 구상화는 표면에너지의 감소를 통해 촉진시킬 수 있다. 우선적으로 성장하고 구상화되는 입자들은 주로 레스간(interlath) 경계와 변태 전(prior) 오스테나이트 경계에 위치하며 일부 입자는 기지 내에 남게 된다. 경계부 위치가 선호되는 이유는 이 영역에서는 확산이 용이하기 때문이다.

또한 페라이트로의 시멘타이트의 성장은 밀도의 감소가 수반되므로 성장하는 시멘타이트를 수용하기 위해 공공이 필요하다. 공공은 페라이트로 재용해되는 시멘타이트 입자로부터 확산을 통해 빠져나와 성장하고 있는 시멘타이트 입자로 이동하게 되므로 속도 제어 공정은 공공의 확산이 된다. 측정된 활성화에너지는 페라이트 내의 탄소확산(~84kJ mol^{-1})에 비해 훨씬 크고(210~315kJmol^{-1}) α철에서 자기확산(self diffusion)을 위한 활성화에너지에 근접한 값을 보인다(~250kJmol^{-1}).

본래의 마르텐사이트 레스 경계는 약 600℃까지도 안정하게 남아 있지만 350~600℃ 범위에서는 레스와 소경각(low angle) 레스 경계에 존재하는 전위들의 상당한 재정렬이 일어난다. 이것은 전위밀도의 현저한 감소를 가져오고 레스 형상의 페라이트 입자가 초기 마르텐사이트에서 비슷하게 배열된 패킷(packet)과 긴밀하게 관련되게 한다. 본질적으로 회복의 일종인 이러한 공정은 600~700℃ 사이에서 재결정에 의해 대체되어 결과적으로 입내와 입계에 구상화된 Fe_3C 입자를 갖는 등축 페라이트입자를 형성한다.

이 공정은 저탄소강에서 아주 쉽게 일어난다. 보다 높은 탄소함량에서는 Fe_3C 입자의 밀도가 증가해 페라이트 경계를 훨씬 효과적으로 고착시키므로 재결정이 더욱 느리게 일어난다. 최종 공정은 연속적인 Fe_3C 입자의 조대화와 점진적인 페라이트 입자성장이다(그림 9.6).

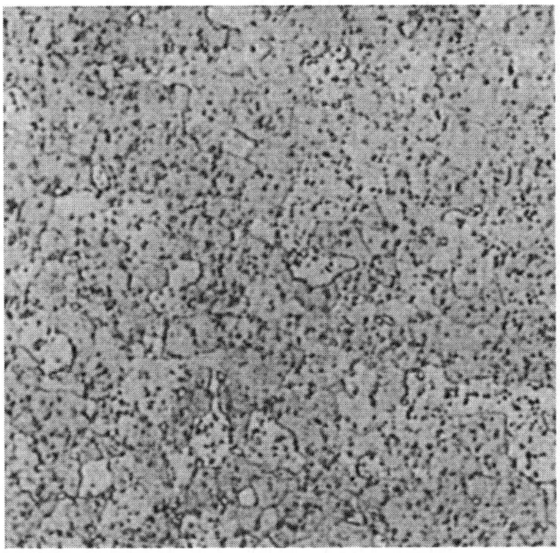

그림 9.5 900℃에서 물로 퀜칭 후 650℃에서 5시간 템퍼링된 Fe–0.17C에서의 등축 페라이트 내의 구상화된 Fe_3C. 광학현미경, ×350

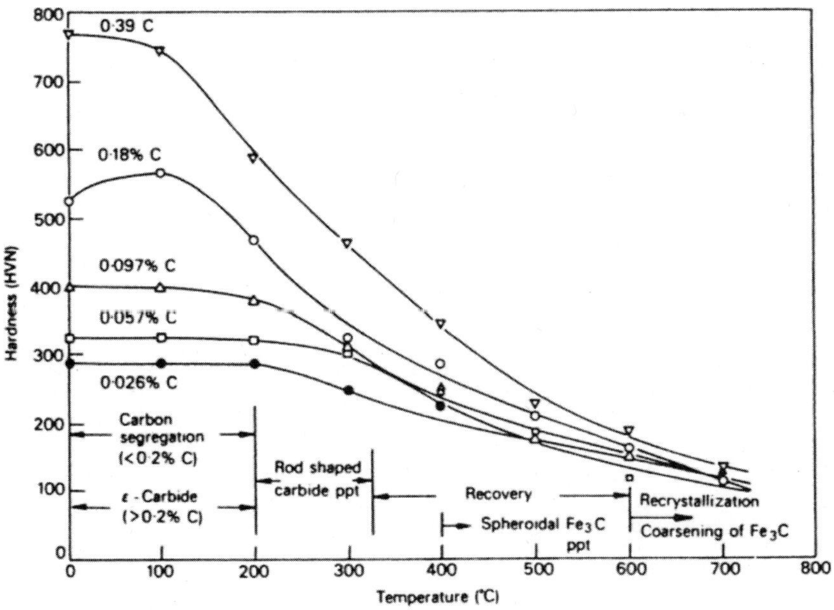

그림 9.6 100~700℃에서 1시간 템퍼링된 Fe–C 마르텐사이트의 경도

9.2.5 탄소함량의 역할

탄소는 템퍼링 동안 강의 거동에 큰 영향을 미친다. 먼저, 퀜칭된 마르텐사이트의 경도가 탄소함량에 의해 크게 영향을 받으며(그림 9.6) 마르텐사이트 레스의 형상도 탄소의 영향으로 0.3wt% C까지는 $\{111\}_\gamma$ 정벽면(habit plane)을 갖지만 보다 높은 탄소함량에서는 $\{225\}_\gamma$ 정벽면으로 바뀌게 된다. M_s 온도는 탄소함량이 증가할수록 감소하게 되므로 자동 템퍼링의 빈도도 줄어든다. 0.2wt% 이하의 탄소를 함유한 합금을 빠르게 퀜칭 하는 동안 탄소의 대부분(90%까지)이 전위나 레스 경계에 편석되지만 서서히 퀜칭하면 어느 정도의 시멘타이트 석출이 일어나게 된다. 200℃ 정도에서 저탄소강을 연속해서 템퍼링하면 추가적인 탄소의 편석이 일어나지만 석출은 관찰되지 않는다. 보통의 환경에서는 0.2wt% 이하의 탄소를 함유하는 마르텐사이트에서 어떠한 정방성도 발견하기가 어려운데 이러한 사실은 퀜칭 동안의 급속한 탄소의 편석 또는 M_s 온도가 Zener의 규칙화(ordering) 온도를 넘어섰기 때문으로 설명되어질 수 있다.

템퍼링 동안 경도의 변화 또한 [그림 9.6]에 보인 바와 같이 0.4wt% C까지는 탄소의 함량에 크게 영향을 받는다. 0.4wt% C 이상에서는 경도의 증가가 50~150℃ 온도영역에서 관찰되는데 ϵ-탄화물의 석출이 마르텐사이트를 강화시키기 때문이다. 하지만 일반적인 경향은 온도 증가에 따른 전체적인 연화이다. 표기된 내용은 기계적 성질의 변화에 기여하는 주요 물리적 공정을 가리킨다.

9.3 템퍼링된 일반 탄소강의 기계적 성질

마르텐사이트 변태 후 템퍼링된 일반 탄소강의 고유 기계적 성질은 여러 이유 때문에 측정이 어렵다. 첫째로 다른 합금원소가 없다는 것은 강의 경화능이 낮다는 것을 의미하며 완전한 마르텐사이트 조직을 얇은 단면에서만 얻을 수 있기 때문이다. 하지만 얇은 경화표면층이 요구되는 경우에는 이것이 약점이 아닐 수도 있다. 둘째, 낮은 탄소함량에서 M_s 온도가 높으면 자동 템퍼링이 일어날 수 있다. 셋째, 높은 탄소함량에서 잔류 오스테나이트의 존재는 결과에 영향을 미친다. 이러한 요인들에 부가해서 일반 탄소강은 퀜칭균열을 보일 수 있어 신뢰성 있는 시험결과를 얻기 어렵게 할 수 있다. 이것은 주로 0.5wt% 이상으로 탄소함량이 높은 경우에 해당한다. 주의를 기울이면 특히 항복 및 인장강도에서 아주 우수한 기계적 성질을 100~300℃에서의 템퍼링을 통해 얻을 수 있다. 하지만 연성과 충격저항이 낮은 것이 일반적이다.

[표 9.2]에는 0.2에서 0.5wt% 탄소를 함유한 일반 탄소강을 저온에서 템퍼링한 후 얻은 대표적 결과를 나타냈다. 0.25wt% 이하의 탄소를 함유하는 일반 탄소강은 대개 퀜칭 및 템퍼링을 하지 않지만 0.25~0.55wt% C에서는 기계적 성질의 개선을 위해 열처리를 행하기도 한다. 1700~800MN m^{-2} 사이의 인장강도를 얻기 위한 템퍼링온도는 대개 300~600℃ 사이이며 인장강도가 감소할수록 인성은 증가한다. 이 부류의 강은 크랭크샤프트, 스크루 드라이버와 프라이어와 같은 수공구와 일반 기계부품 등 다양한 용도에 사용된다.

표 9.2 퀜칭 및 템퍼링된 일반 탄소강의 기계적 성질

Steel (% C)	Property	Tempered			
		As-quenched	Tempered 7 h at		
			100°C	200°C	300°C
0.2	0.2% Proof stress (MN m^{-2})	1270	1460	1235	1110
0.3		1360	1370	1270	1140
0.4			1670	1410	
0.2	UTS (MN m^{-2})	1470	1690	1450	1340
0.3		1580	1605	1460	1240
0.5				2040	1600
0.2	Elongation (%)	5.0	6.0	6.0	9.0
0.3		4.5	7.0	7.0	10.0
0.5				4.0	7.0
0.2	Hardness (DPN)	446	444	446	357
0.3		564	517	502	420
0.5		680	666	571	470

고탄소강(0.5~1.0wt%)은 성형하기가 더욱 까다로우므로 도끼, 칼, 망치, 절단공구와 같이 높은 경도와 내마모성이 요구되는 용도에 많이 사용한다. 0.5wt% 탄소를 함유한

강의 대표적 기계적 성질을 템퍼링 온도에 따라 [그림 9.7]에 나타냈다. 다른 중요한 용도로는 스프링을 들 수 있는데 심한 냉간가공만으로도 요구되는 기계적 성질을 얻는 경우도 있으며 경강스프링 선재(hard drawn spring wire)를 그 예로 볼 수 있다. 하지만 0.5~0.75wt% 범위의 탄소강은 퀜칭 후 템퍼링해 요구되는 항복강도를 얻는다.

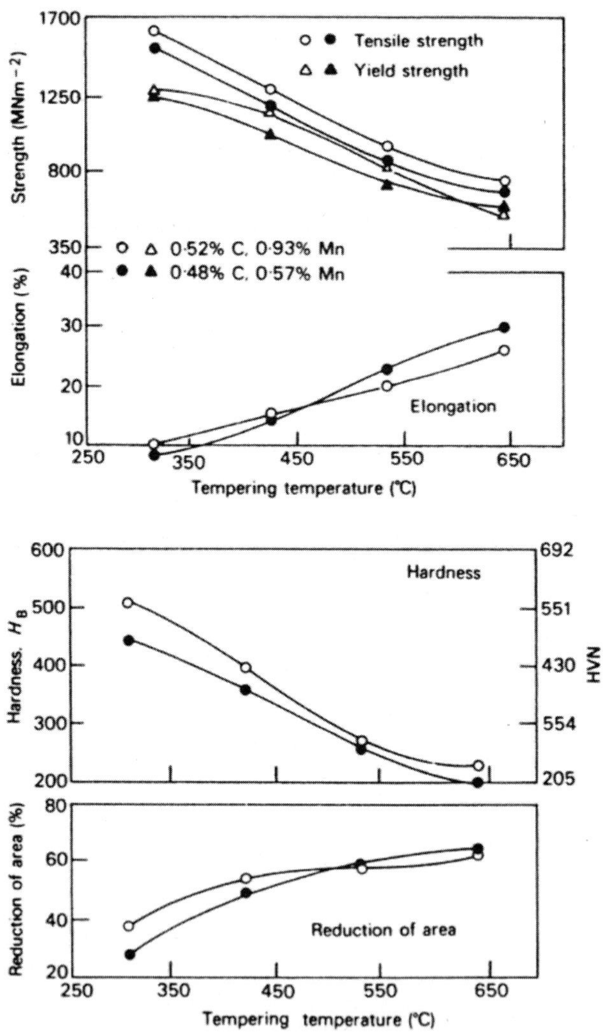

그림 9.7 물로 퀜칭 후 템퍼링된 1050강의 성질

9.4 합금강의 템퍼링

강에 합금원소를 첨가하는 것은 $\gamma \rightarrow \alpha$ 변태 및 펄라이트반응에 상당한 영향을 미친다. 대부분의 합금원소는 시간−온도−변태곡선을 긴 시간 쪽으로 이동시키므로 퀜칭 동안 곡선의 노즈부를 피하기가 훨씬 쉬워진다. 이것은 상대적으로 느린 냉각속도에서 마르텐사이트 조직을 얻을 수 있으므로 본질적으로 경화능이 높아진 것이며 실제로 보다 두꺼운 시편까지도 마르텐사이트를 만들 수 있다. 합금원소는 M_s 온도를 낮추는데도 상당한 영향을 미치는 것으로 알려져 있다. 이 장에서는 마르텐사이트의 템퍼링 동안 합금원소가 미치는 중요한 영향을 다루는데 기본 반응의 속도에 미치는 영향뿐만 아니라 이러한 반응을 통해 얻어지는 반응 생성물에 미치는 영향, 예를 들면 시멘타이트가 다른 탄화물 상으로 바뀌는 것 등을 다룬다. 다양한 합금강들을 보다 단순하게 분류해 일반적인 거동에 대한 예로 표현했다.

9.4.1 철탄화물의 형성에 합금원소가 미치는 효과

템퍼링의 초기 단계 동안의 조직학적 변화는 분석이 어렵다. 하지만 실리콘과 같은 합금원소는 1~2wt% Si을 함유한 강의 경우 400℃에서 템퍼링 후에도 미세 조직 내에 존재할 정도까지 ϵ-철 탄화물을 안정화시킬 수 있으며 이보다 더 많은 실리콘 함량을 갖는 강에서는 보다 높은 온도에서까지 ϵ-철 탄화물을 안정화시킬 수 있다. 이러한 사실들은 탄화물의 핵생성과 성장이 느려지게 되고 실리콘이 ϵ-탄화물 조직으로 들어간다는 것을 의미한다. ϵ-철 탄화물이 시멘타이트로 변태되는 것 또한 상당히 지연되는 것이 확실하다. 마르텐사이트의 정방성이 일반 탄소강의 경우 300℃ 부근에서 사라지는 반면 Cr, Mo, W, V, Ti, Si 등과 같은 합금원소를 함유하는 강은 450℃에서 템퍼링한 후에도 정방정계 격자가 관찰되며 500℃까지도 유지된다. 이것은 이러한 합금원소가 과포화된 철탄화물 고용체의 안정도를 증가시키는 것을 명백하게 보여준다. 망간과 니켈은 반대로 안정도를 낮추어준다(그림 9.8).

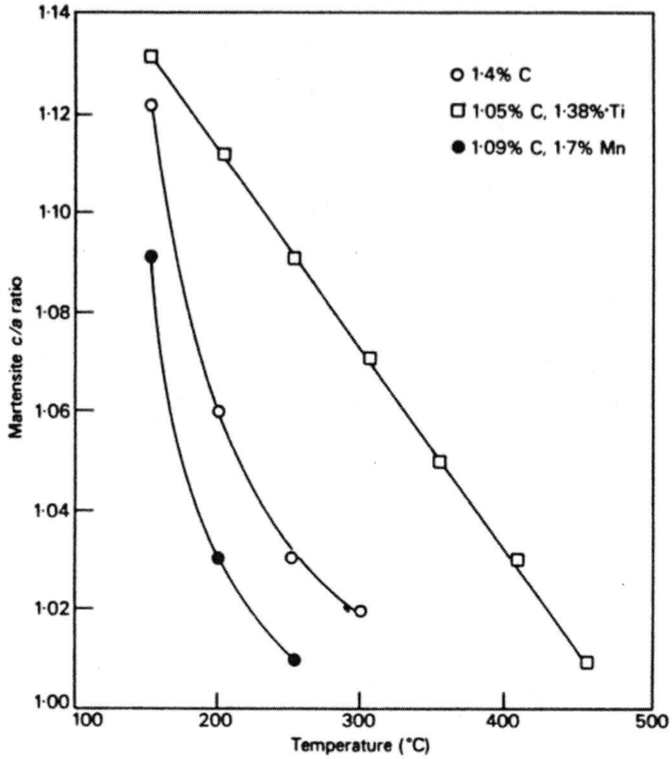

그림 9.8 템퍼링 동안 마르텐사이트의 정방성에 미치는 Ti와 Mn의 영향

합금원소는 또한 퀜칭 시 잔류 오스테나이트의 분율에도 큰 영향을 미친다. 대표적으로 4% Mo, 0.2% C가 첨가된 강은 마르텐사이트 상태에서 2% 이하의 오스테나이트를 함유하고 1% V과 0.2% C가 첨가된 강에서는 5% 정도를 함유했다. 암시야(dark field) 전자현미경을 사용하면 오스테나이트는 마르텐사이트 레스 주변에서 미세한 네트워크로 보인다(그림 9.9). 위의 강들을 300℃에서 템퍼링하면 오스테나이트가 분해되어 시멘타이트의 얇은 입계막(film)으로 바뀌게 되며, 잔류 오스테나이트의 농도가 높은 경우에는 이 입계막이 레스 경계를 따라 연속적으로 형성된다.

이러한 레스간(interlath) 시멘타이트는 300~350℃ 구간에서 인성이 최소화되어 균열을 쉽게 핵생성시키고 템퍼링된 마르텐사이트의 레스를 따라 균열이 전파하는 템퍼링된 마르텐사이트 취성(tempered martensite embrittlement)의 원인이 되는 것으로 보인다. 합금원소는 템퍼링의 4단계 기본공정인 400~700℃ 온도 구간에서의 시멘타이트 조대화를 억제시킬 수 있다. 여러 합금원소들, 특히 Si, Cr, Mo, W 등은 시멘타이트 조직으로 들어가거나 탄화물–페라이트 경계에 편석해서 시멘타이트로 하여금 이것의 미세한 Widmanstätten 조직을 더욱 높은 온도까지 유지하도록 해준다. 근본적인 원인이 무엇이든 템퍼링 동안 연화(softening)공정을 상당히 지연시켜주는 효과를 보인다.

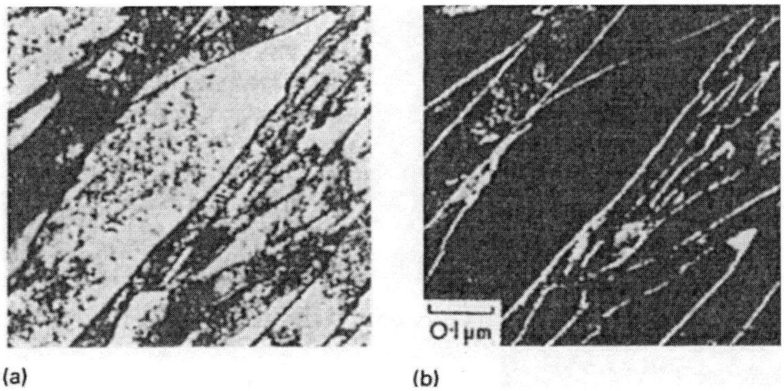

그림 9.9 1150℃에서 얼음 채운 소금물에 퀜칭한 Fe–10Cr–0.2C에서의 잔류 오스테나이트가 존재하는 마르텐사이트. (a)명시야(bright field)상. 전자현미경. (b)γ 회절 빔을 이용한 암시야(dark field)상. 전자현미경. γ–영역이 밝음

시멘타이트 분산에 미치는 이러한 영향은 또 다른 효과를 보이는데, 탄화물 입자가 미세하게 남아 있는 한 마르텐사이트로부터 생겨난 전위의 재편(reorganization)속도를 낮추어주어 전위 하부조직(substructure)을 더욱 서서히 미세화시킨다. 시멘타이트 입자는 페라이트 입계에서도 발견되며 여기에서 시멘타이트 입자들은 페라이트 입자의 성장속도를 조절한다. Gladman은 체적분율 f 만큼 석출시 r_0의 평균반경을 갖는 다각형(polygonal) 입자를 고착(pinning)시킬 수 있는 석출입자의 임계반경 r_{crit}을 아래에 나타냈는데 r_{crit}을 넘어서면 입자성장을 일으켜 고착효과를 상실한다고 보았다.

$$r_{\text{crit}} = \frac{6r_o f}{\pi}\left(\frac{3}{2} - \frac{2}{Z}\right)^{-1} \tag{9.1}$$

여기서 Z는 기지와 성장하는 입자의 반경 비다. 이 관계는 실리콘강의 실험결과와 잘 일치하는 것으로 나타났다. 일반 탄소강에서 시멘타이트 입자는 350~400℃ 온도영역에서 조대화 되기 시작하며 크롬, 실리콘, 몰리브데늄, 텅스텐을 첨가하면 500~550℃ 온도영역까지 조대화가 지연된다. 500℃까지 형성되는 유일한 탄화물은 철탄화물임을 주지할 필요가 있다. 하지만 철탄화물은 다양한 양의 합금원소를 고용체로 함유하며 탄화물의 성장과 함께 다른 합금성분을 배출하기도 한다.

9.4.2 합금탄화물의 형성: 2차 경화

강 속의 여러 합금원소들은 시멘타이트보다 열역학적으로 더욱 안정적인 탄화물을 형성하며 이것은 여러 질화물이나 보론 화합물에서도 그러하다. 질소와 보론은 강에서 소량씩이지만 중요한 농도로 사용이 증가하고 있다. 이러한 화합물들에 대한 형성 엔탈피를 [그림 4.5]에 나타냈는데 철탄화물은 도표의 오른편에 위치한 가장 덜 안정한 화합물이다. Cr, Mo, V, W, Ti 등의 합금원소는 상당히 높은 형성 엔탈피를 가지고 탄화물을 형성하는 반면 Ni, Co, Cu와 같은 원소는 탄화물을 형성하지 않는다. 망간은 약한 탄화물 형성원소로서 시멘타이트에서 고용체로 발견되고 별도의 탄화물 상에서는 발견되지 않는다.

따라서 강한 탄화물 형성원소가 강에 충분한 농도로 존재할 때는 그 탄화물이 시멘타이트에 우선적으로 형성될 것으로 예상된다. 그럼에도 불구하고 합금강의 템퍼링 동안 500~600℃ 온도 구간에서까지는 합금탄화물이 형성되지 않는데 그 이유는 이 온도 이하에서는 금속성 합금원소가 합금탄화물을 핵생성 시킬 수 있을 정도로 충분히 빠르게 확산할 수 없기 때문이다. 탄소나 질소가 철 격자를 침입형으로 이동하는데 반해 금속성 원소들은 치환형으로 확산하기 때문에 철 속에서의 탄소나 질소의 확산계수는 금속성 합금원소들에 비해 여러 차수 크다(표 1.4). 결과적으로, 합금탄화물의 핵생성과 성장에 앞서 합금원소가 필요로 하는 확산을 위해서는 보다 높은 온도가 요구되었으며 실제로 대부분의 탄화물 형성원소에서 그 온도범위는 500~600℃이다.

강에서 탄화물의 조대화는 중요한 현상이며 기계적 성질에 큰 영향을 미친다. Lifshitz와 Wagner에 의한 분산물의 조대화 이론을 일반화해 적용하면, 기지조직에서 구형의 입자에 대해

$$r_{\mathrm{t}}^3 - r_{\mathrm{o}}^3 = \frac{k}{RT} V_{\mathrm{m}}^2 D \sigma t \tag{9.2}$$

여기서 r_{o}는 $t=0$에서의 평균 입자 반경, r_{t}은 시간 t에서의 평균 입자 반경, D는 기지에서 용질의 확산계수, σ는 단위면적당 입자/기지 경계부의 경계에너지, V_{m}은 석출물의 몰체적(molar volume), k는 상수를 말한다.

조대화 속도는 용질의 확산계수에 의존하며, 동일한 조건하에서, 주어진 온도에서, 시멘타이트는 한번 형성된 어느 합금탄화물보다도 더 빠른 속도로 조대화한다(9.2.4절의 공공의 역할 부분 참조). 이것은 시멘타이트와 합금탄화물이 공존하면서 시멘타이트 분산물이 더욱 조대한 합금강에서 그러하다. 500~600℃ 구간에서 미세한 합금탄화물의 분산물을 형성하고 이 분산물은 장시간 템퍼링 후에도 아주 미세하게 남아서 여러 합금강의 강도 수준을 높여주는 것이 개별 합금원소의 능력이라 할 수 있다. 실제로 500~600℃ 사이에서 합금탄화물의 형성은 현저한 강도의 증가를 가져오며 퀜칭된 마르텐사이트의 강도를 능가하기도 한다(그림 9.10). 2차 경화(secondary hardening)라 불리는 이러한 현상은 Mo, V, W, Ti를 함유하는 강에서 잘 나타나며 합금성분의 농도가 높은 Cr 강에서도 나타난다.

2차 경화 공정은 상대적으로 조대한 시멘타이트 분산물이 새롭고 보다 미세한 합금탄화물 분산물에 의해 대체되는 시효경화(age-hardening) 반응의 형태다. 임계분산물인자(critical dispersion parameter)는 강의 강도가 최대에 이른 후 탄화물 분사물이 서서히 조대화 됨에 따라 강도가 떨어지는 점에서 얻는다. 공정이 시간과 온도에 모두 의존하므로 두 변수를 조합한 다음의 인자를 사용한다.

$$P = T(k + \log t) \tag{9.3}$$

여기서 T는 절대온도, t는 템퍼링 시간(h), k는 합금강의 경우 20으로 지정되는 상수를 말한다. 대개 Holloman-Jaffe 인자라 불리며 이것을 경도에 대해 작도하면 특정한 강에 대한 대표곡선을 얻을 수 있다. [그림 9.10]에 몰리브데늄 함량의 증가효과를 0.1wt% 탄소를 함유하는 강에 적용해 효과적으로 보였다. 중요한 것은 니켈, 코발트, 실리콘과 같은 탄화물 비형성 원소는 2차 경화 현상을 보이지 않는다는 것이다. 하지만 실리콘과 같은 일부 원소는 시멘타이트의 조대화를 지연시켜 300~500℃ 온도영역에서 템퍼링곡선에 정체(plateau)를 보이기도 한다.

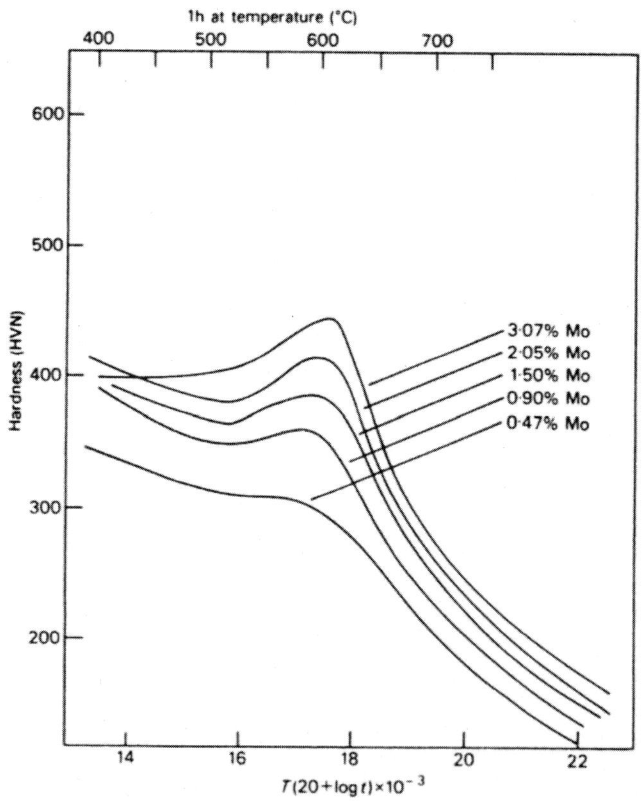

그림 9.10 퀜칭된 0.1wt% C 강의 템퍼링 시 Mo의 효과

9.4.3 합금 탄화물의 핵생성과 성장

템퍼링 동안 일어나는 합금탄화물의 분산은 아주 복잡할 수 있지만 광범위한 강에 보편적으로 적용 가능한 원리는 알 수 있다. 합금탄화물은 최소 다음의 3가지 방법으로 형성될 수 있다.

1. 미리 존재하는 시멘타이트 입자에서의 원위치(in-situ) 핵생성: 시멘타이트 입자들과 페라이트 사이의 경계에서 핵이 생성되는 것으로 알려져 있다. 핵이 성장함에 따라 점진적으로 사라져가는 인접 시멘타이트에 의해 탄소가 공급된다.
2. 페라이트 기지 내에서 분리 핵생성에 의해: 대개 마르텐사이트 조직으로부터 생성된 전위들에서 핵생성.
3. 입계와 아경계(sub-boundary)에서의 핵생성: 이것은 변태 전 오스테나이트 경계, 초기 마르텐사이트 레스 경계(지금은 페라이트), 아경계의 합체(coalescence) 또는 재결정에 의해 형성된 새로운 페라이트 경계에서 핵생성.

미리 존재하는 시멘타이트 입자에서의 원위치 핵생성은 일반적으로 일어나는 현상이지만 500℃ 이상의 온도에서는 이러한 입자가 아주 넓은 간격으로 분포하기 때문에 이런 형태의 합금탄화물이 강도에 기여하는 정도는 아주 제한적이다. [그림 9.11a]는 550℃에서 4.5시간 템퍼링된 4wt% Mo강에서 상대적으로 조대한 Fe_3C의 Widmanstätten 석출물이 이 단계에서 미세한 Mo_2C 입자로 대규모로 변태한 것을 보여준다. 이것은 암시야(dark field) 전자현미경으로도 쉽게 구분된다. 템퍼링을 계속하면 초기 시멘타이트 입자의 위치가 기지 석출보다 조대화하려는 합금탄화물의 작은 띠(necklace) 형태로 나타난다. 비록 전위밀도 상의 상당한 재조정과 감소가 있었겠지만 [그림 9.11a]는 템퍼링된 강의 전위 네트워크 특성과 마르텐사이트로부터 생성된 전위네트워크 특성도 보여준다. 이러한 전위들이 합금탄화물의 아주 미세한 석출이 일어날 수 있는 최적 위치라는 것이 암시야 전자현미경을 통해 밝혀졌다. 시효를 계속하면 입자들은 더욱 쉽게 분해되어 Mo강에서 Widmanstätten 배열이 $\langle 001 \rangle_\alpha$ 방향으로 놓여 있는 Mo_2C 미세봉상(rodlet)으로 구성된

상으로 바뀌게 된다. [그림 9.11b]는 마르텐사이트 레스에서 일어나는 이러한 단계를 보여주고 있으며, 레스 경계에서 많은 석출이 일어난다. 용질이 상대적으로 빠르게 확산할 수 있는 통로를 제공해주는 것이 에너지적으로 선호되기 때문에 탄화물의 핵생성이 여러 형태의 경계에서 일어날 것으로 예상된다. 결과적으로 시효공정은 대개 이 영역에서 더욱 진전되고 석출도 더욱 많이 일어난다(그림 9.11c).

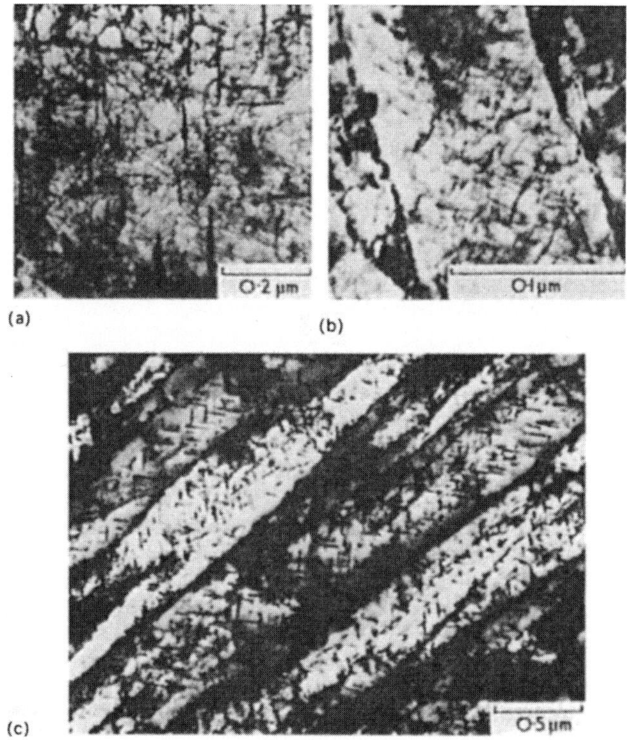

그림 9.11 Fe–4Mo–0.2C의 템퍼링. Thin–foil 전자현미경. (a)550℃에서 4.5시간 템퍼링. 시멘타이트가 in–situ로 Mo_2C로 변태하며 핵생성은 전위에서 일어난다. (b)600℃에서 5시간 템퍼링. 변태 전 마르텐사이트 레스 내의 전위에서 Mo_2C 석출을 보여준다. (c)700℃에서 0.5시간 템퍼링. 레스 경계에서 M_6C석출과 마르텐사이트에서 생성된 페라이트 레스에서 Mo_2C 석출을 보여준다.

많은 합금강에서 처음 형성된 합금탄화물은 최종적인 평형 탄화물과 다르며 어떤 강에서는 3가지 합금탄화물까지도 연속적으로 형성될 수 있다. 이러한 상황에서 평형 합금탄화물은 먼저 입계에서 주로 핵생성된 후 빠르게 성장하면서 입자 내의 Widmanstätten 비평형 탄화물을 결국 완전히 대체한다. [그림 9.11c]는 700℃에서 0.5시간 템퍼링된 4wt% Mo강에서 M_6C 등축상 입자가 입계에서 성장하고 있지만 상대적으로 조대한 Fe_3C의 Widmanstätten Mo_2C가 입자 내에 아직 관찰되는 것을 보여주고 있다.

조직이 아직 마르텐사이트에서 생성된 레스 형태의 페라이트 입자를 가지고 있다는 것이 흥미롭다. 재결정은 700℃에서 보다 시간이 더 경과된 후에 일어난다.

9.4.4 바나듐을 포함하는 강의 템퍼링

바나듐은 강력한 탄화물 형성제이고, 강에 0.1wt% V 정도만 함유되어도 fcc 바나듐 탄화물(VC)이 형성된다. 이것은 화학양론적(stoichiometric) 조성이 아닌, 주로 V_4C_3 부근의 조성을 가지지만 탄화물 내 고용체에 다른 합금원소를 고용한다. 이것이 정상적으로 강에서 형성되는 유일한 바나듐 탄화물이며 바나듐 탄화물의 템퍼링 동안 일어나는 조직 변화는 상대적으로 단순하다. 바나듐 탄화물은 작은 미세판으로 형성되며 초기에는 길이가 5nm 이하이고 두께도 1nm 이하다. 이것은 550~650℃ 온도 범위에서 페라이트 입자 내의 전위에서 형성되어(그림 9.12a) 뚜렷한 2차 경화 최고점을 나타낸다. 페라이트 기지와도 잘 발달된 방위관계(Baker/Nutting)를 가진다. $\{100\}_{VC}//\{110\}_{\alpha}$. 550℃에서의 초기 석출 단계에서는 입자들이 기지와 정합 상태이고 $\langle 010\rangle_{\alpha}$와 $\langle 110\rangle_{VC}$ 사이에는 3% 불일치(misfit)만이 존재한다.

하지만 700℃에서는 미세판이 빠르게 성장해(그림 9.12b) 구상화되기 시작한다. 하지만 초기 마르텐사이트 레스는 아직 남아 있으며 700℃에서 장시간 경과 후에 등축 상의 페라이트 입자로만 대체된다. 바나듐을 함유하는 $\frac{1}{2}$Cr$\frac{1}{2}$Mo$\frac{1}{4}$V, 1Cr$\frac{1}{4}$V, 3Cr1Mo$\frac{1}{4}$V, 1Cr1Mo$\frac{3}{4}$V 등의 강들에서는 시멘타이트뿐만 아니라 여러 크롬 탄화물과 몰리브데늄 탄화물에 대한 탄화물의 안정도 때문에(그림 4.5) 템퍼링 시 바나듐 탄화물이 강하게 석출된다. 700℃에 근접한 온도에서도 미세한 탄화물 분산물을 유지할 수 있는 능력 때문에 바나듐은 고온용 강의 중요한 원소다.

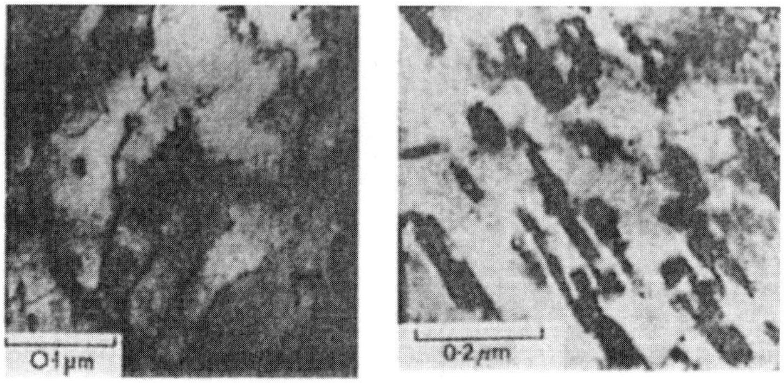

(a) (b)

그림 9.12 퀜칭 및 템퍼링된 Fe–1V–0.2Cwt% 강. Thin–foil 전자현미경. (a)550℃에서 72시간 템퍼링. 전위에서 VC핵 생성, (b)700℃에서 50시간 템퍼링. VC의 판

9.4.5 크롬을 함유한 강의 템퍼링

크롬강에서는 2가지 크롬탄화물인 Cr_7C_6(삼방정계(trigonal))과 $Cr_{23}C_6$(복합입방정(complex cubic))이 자주 관찰된다. 템퍼링 동안 일반적인 탄화물 형성 순서는

$$\text{기지} \rightarrow (FeCr)_3C \rightarrow Cr_7C_3 \rightarrow Cr_{23}C_6$$

이러한 순서는 고크롬강에서 일어나며 7wt% Cr 이하에서는 만약 몰리브데늄과 같은 다른 금속이 존재하지 않으면 $Cr_{23}C_6$가 제외된다. 크롬은 바나듐보다는 약한 탄화물 형성 원소이고 이것은 약 0.2wt% 탄소를 함유한 강에서 크롬함량이 1wt%를 초과할 때까지 Cr_7C_3이 생겨나지 않는다는 것으로도 알 수 있다. 4wt% Cr을 함유한 강까지는 Fe_3C에서 Cr_7C_3로의 변태가 Fe_3C/페라이트 경계에서의 핵생성에 의해 주로 일어난다. 9wt%

Cr을 함유한 강까지는 템퍼링 곡선에 2차 경화 최고점을 보이지 않는다(그림 9.13). 하지만 이러한 곡선은 높은 크롬함량에서 Cr_7C_3의 석출과 관련된 정체(plateau)를 보인다. 크롬은 대부분의 금속합금 원소들에 비해 페라이트 내에서 더욱 빠르게 확산하므로 500℃ 정도의 낮은 온도에서 템퍼링하는 동안 Cr_7C_3이 관찰되며 바나듐탄화물에 비해 크롬탄화물이 더 빠르게 조대화된다. 따라서 2wt% Cr-0.2wt% C 강에서 연속적인 연화(softening)는 500~700℃ 사이에서 템퍼링 동안 일어난다. 여기서 Mo와 같은 다른 합금원소를 첨가하면 Cr_7C_3의 조대화 속도를 늦출 수 있다.

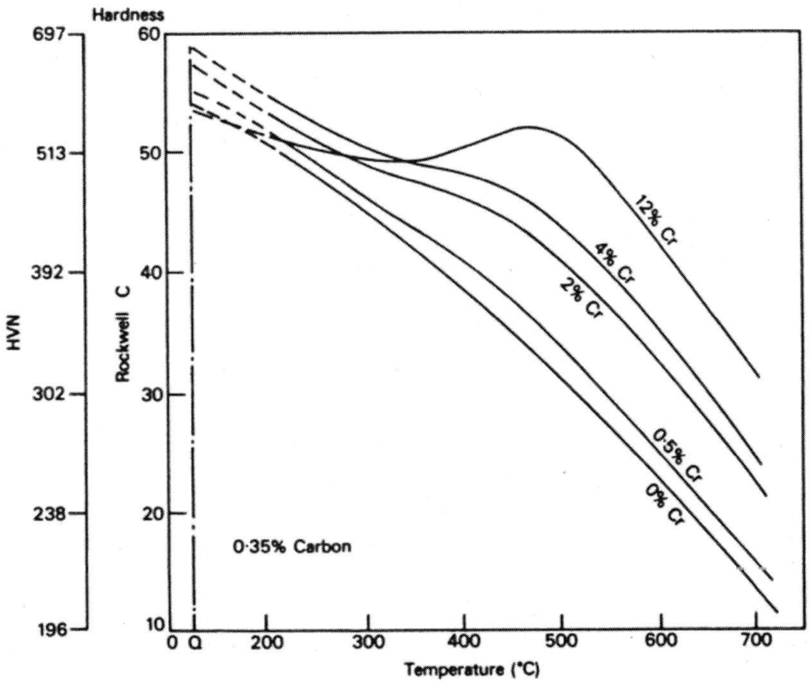

그림 9.13 0.35wt% C 강의 템퍼링에 크롬이 미치는 영향

이에 비해 12wt% Cr강은 Cr_7C_3의 석출에 의해 동일 온도영역에서 2차 경화를 보인다(그림 9.13). 부가적으로 $Cr_{23}C_6$도 변태 전 오스테나이트 입계와 페라이트 레스 경계와 같은 다른 위치에서 동시에 핵생성한다. 이러한 탄화물은 Cr_7C_3을 잠식하면서 성장해 미

세 조직상으로 Cr_7C_3을 사라지게 하며 이 시점이 강이 완전히 과시효(over-aged)된 단계이다. 고크롬강에서 Cr_7C_3에서 $Cr_{23}C_6$로의 천이는 별도의 핵생성과 성장에 의한다. 추가적인 합금 첨가는 하나 또는 그 이외의 탄화물 반응을 촉진시키는데, 텅스텐의 첨가는 $Cr_{23}C_6$의 핵생성을 빠르게 해주어 탄화물의 형성을 촉진시키는 반면 바나듐은 Cr_7C_3를 안정화시킨다. 이렇게 함으로써 바나듐은 $Cr_{23}C_6$의 성장에 필요한 크롬과 탄소의 고용체로의 방출속도를 낮추어준다. 만약 550~650℃ 온도영역에서 미세하고 안정적인 크롬탄화물 분산물이 요구된다면 명백하게 바나듐이 텅스텐보다 우선적으로 첨가된다.

9.4.6 몰리브데늄과 텅스텐을 함유하는 강의 템퍼링

몰리브데늄이나 텅스텐이 강에서 주요 합금원소인 경우 여러 다른 탄화물 상이 가능하지만 4에서 6wt% 조성범위에서 탄화물의 순서는 다음과 같을 것으로 보인다.

$$Fe_3C \rightarrow M_2C \rightarrow M_6C$$

몰리브데늄과 텅스텐 모두에서 2차 경화와 관련된 탄화물은 동형(isomorphous) 육방정 탄화물인 Mo_2C와 W_2C이며 둘 다 바나듐 탄화물과는 달리 뚜렷한 미세봉상(rodlet) 형태를 보인다(그림 9.14a). 기지 내에 형성되면 M_2C는 $\langle 100 \rangle_\alpha$ 방향을 따라 놓여 있는 Widmanstätten 분포를 갖는다. Mo강에서는 약 550℃에서 25시간 경과되어 봉(rod)이 약 10~20nm 길이와 1~2nm 직경이 될 때 최대경도가 얻어진다. 방위관계는

$$(0001)_{M_2C} // (011)_\alpha$$

$$[11\bar{2}0]_{M_2C} // [100]_\alpha \text{ (봉 rod의 성장 방향)}$$

M_2C는 또한 변태 전 오스테나이트와 페라이트 레스 경계에서 핵생성한다. 바나듐 탄화물의 경우에서처럼, M_2C 석출물이 페라이트 내의 전위와 Fe_3C/페라이트 경계에서 핵생성하지만 2차 경화는 전위에서 핵생성된 M_2C 분산물에 근본적으로 기인한다. 700℃에서

장시간 템퍼링하면 복합입방정(complex cubic) M_6C가 주로 입계에서 커다란 입자 형태로 형성되어 급격히 성장하는 반면 M_2C상은 고용체로 되돌아간다. 평형 미세 조직은 조대한 M_6C가 입계와 판(plate)에 작은 면이 있는(faceted) 입자 형태로 존재하는 등축 상의 페라이트이며 700℃에서 26시간 템퍼링된 6wt% W강에 대한 조직을 [그림 9.14b]에 나타냈다.

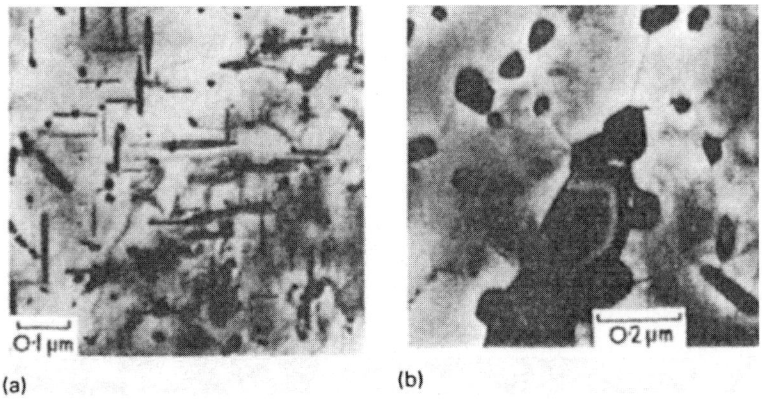

그림 9.14 퀜칭 및 템퍼링된 Fe–6W–0.23C wt%. Thin–foil 전자현미경. (a)600℃에서 100시간. $\langle 001 \rangle_\alpha$를 따라 W_2C 침상입자(needles)와 불규칙한 M_6C 입자, (b)700℃에서 26시간. 커다란(massive) M_6C

비슷한 원자농도에서 텅스텐강의 경우 2차 경화에 대한 반응이 몰리브데늄 강에 비해 적다. 텅스텐강의 경우 M_2C 분산물이 더욱 조대한데 그 이유는 아마도 텅스텐의 확산율이 낮기 때문에 M_2C 입자의 핵생성에 의해 고착되기에 앞서 전위 네트워크가 조대화되기 때문인 것으로 보인다.

몰리브데늄이나 텅스텐의 농도가 낮은 경우(0.5~2wt%), 2개의 다른 합금탄화물인 복합입방정 $M_{23}C_6$와 사방정계(orthorhombic) M_aC_b(아마도 Fe_2MoC)가 석출물 순서에 끼어 든다. 이러한 탄화물은 M_2C와 M_6C 사이의 중간 석출물로 발견된다.

9.4.7 복합 합금강(complex alloy steels)

하나 이상의 탄화물이 존재하면 템퍼링 동안 석출공정이 복잡해질 수 있다. 일반적 관점에서는 열역학적으로 가장 안정적인 탄화물상이 지배적이지만 이것은 템퍼링 동안 평형에 도달한다는 것을 가정한 것이다. 500~600℃ 온도 이하에서는 평형에 도달하기 어렵다. Cr-V, Cr-Mo와 같은 여러 강들에 대한 준(pseudo)−2원 상태도의 활용은 템퍼링 동안 형성되기 쉬운 탄화물상에 대한 유용한 지침이 될 수 있다(4장, 4.2절 참조). 특별한 조성에서 석출의 순서는 [그림 4.6]과 같이 상태도의 관심 조성에 해당하는 부분에서 선을 그어 근사적으로 알 수 있다. 선에 의해 통과되는 상영역은 템퍼링 시 대체적으로 나타나는 상일 수 있지만 정확한 조건은 이러한 데이터로 예측할 수 없다.

니오브, 티타늄, 바나듐과 같은 일부 강한 탄화물 형성원소는 그들의 농도와 무관하게 템퍼링에 영향력을 갖는다. 템퍼링 온도가 550~650℃로 충분히 높다라면 0.1wt% 또는 그 이하의 농도로도 일부 탄소와 우선적으로 결합하며 Cr_7C_3, Mo_2C와 같은 주요 탄화물상에 부가해서 별도의 아주 미세한 분산물을 형성해 과시효에 대한 저항성을 올린다(그림 9.15). 이러한 2차 분산은 2차 경화 반응을 증가시킬 수 있으며 강한 탄화물 형성원소가 실온은 물론 크립 저항이 필수 요구사항인 고온에서의 강도 수준을 증가시키는데 미치는 중요성을 보여준다.

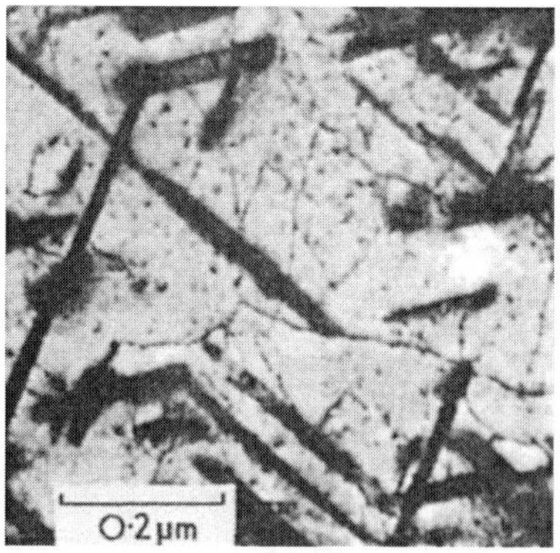

그림 9.15 700℃에서 6시간 템퍼링된 Fe−4Mo−0.1Nb−0.2C wt%강. 페라이트 내의 Mo_2C의 조대한 침상입자(needles)와 전위에서의 NbC의 미세한 입자. Thin-foil 전자현미경

9.4.8 템퍼링된 합금강의 기계적 성질

200℃와 700℃ 사이에서 합금강을 템퍼링하면 광범위한 기계적 물성을 얻을 수 있다. 1.5Ni-1Cr-0.25Mo-0.4C wt%(En24)를 함유하는 강을 대상으로 대표적인 예를 [그림 9.16]에 나타냈는데 템퍼링 온도를 올려줌에 따라 인장강도가 1800에서 900MN m^{-2}로 감소한다. 강의 연성은 인장강도가 낮아질수록 증가한다. 하지만 275~300℃ 부근에서 연성이 최소화되는 경우가 있는데 이것은 일반 탄소강과 저합금강에서 종종 관찰된다. 이것은 잔류 오스테나이트가 베이나이트로 변환하는 것에 기인한다고 여겨왔지만 이보다는 레스간 경계에서 오스테나이트의 변태로 인해 형성되는 얇은 시멘타이트 막에 기인한 것으로 보인다. 보다 높은 온도에서는 이 막이 구상화되어 인성이 개선된다.

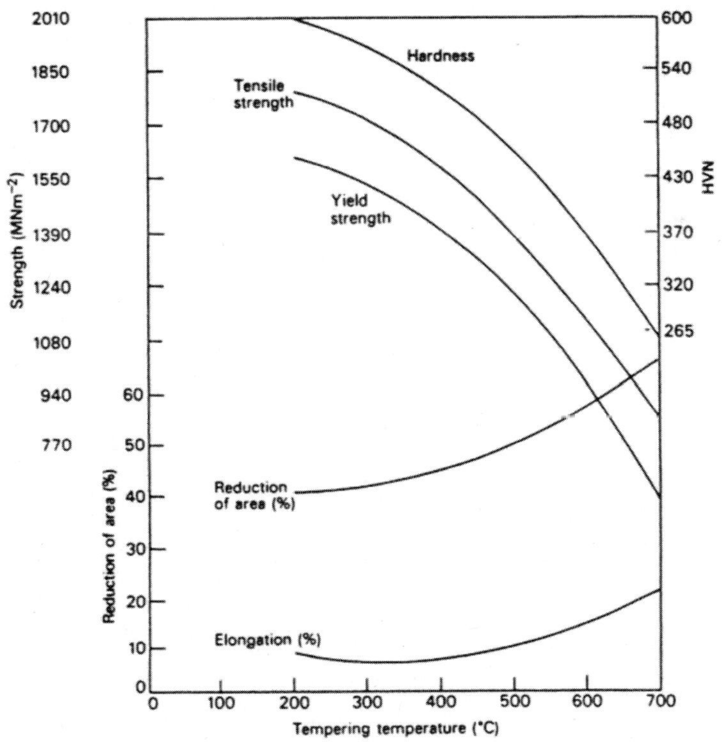

그림 9.16 1시간 템퍼링된 En 24(1.5Ni–1Cr–0.25Mo–0.4C wt% steel)의 기계적 성질

템퍼링된 강에서 고강도(~1500MN m^{-2})를 얻기 위해서는 200~300℃의 낮은 온도에서 템퍼링하는 것이 바람직하며 이 온도에서는 마르텐사이트가 아직 심하게 전위되어(dislocated) 있고 주요 강화 분산물이 시멘타이트 또는 ϵ-철탄화물이다. 합금강이 이 온도에서 템퍼링되면 [그림 9.17]에 보인 바와 같이 어느 정도의 연성과 함께 아주 높은 인장강도가 부여되어 일반 탄소강을 능가한다. [그림 9.17a]에서 탄소함량은 강도에 큰 영향을 미침을 알 수 있다. 합금원소는 철 탄화물 분산물을 미세화시키고 탄소함량이 증가할수록 분산물이 더욱 치밀해지고 이로 인해 더욱 효과적이 된다.

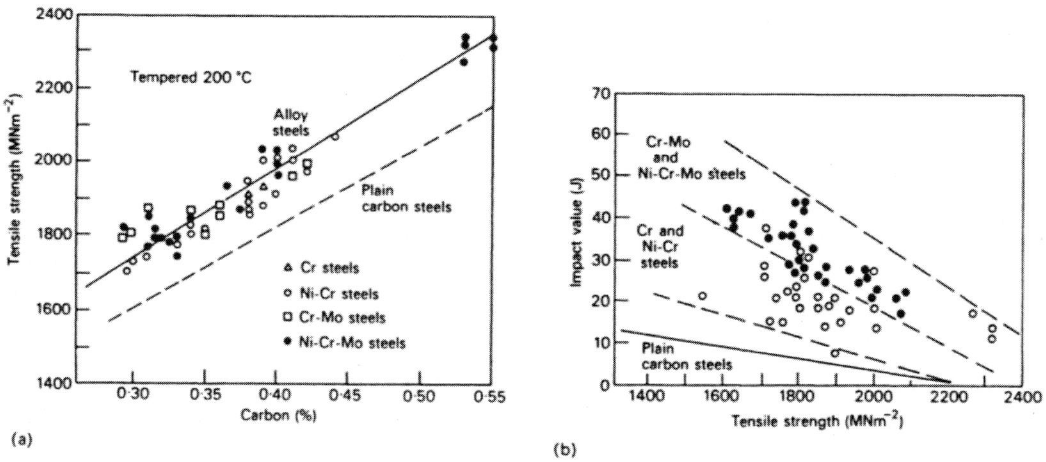

그림 9.17 200℃에서 템퍼링된 일반강과 합금강의 비교. (a)인장강도에 미치는 C의 영향, (b)인장강도와 충격값 사이의 관계. Mo의 개선 효과 나타남.

[그림 9.17b]에 보인 바와 같이, 강도가 증가할수록 인성은 감소한다. 하지만 비슷한 강도 수준의 일반 탄소강과 비교할 때 합금원소들은 인성을 상당 부분 개선시킨다. 강에 몰리브데늄이 존재하면 산포밴드가 보여주듯 인성이 더욱 증가한다. 이러한 합금원소의 영향은 입계와 마르텐사이트 레스 경계에서의 탄화물 막들의 파괴에 기인한다. 이러한 막은 몰리브데늄을 함유하는 강에서 특히 잘 관찰되지 않는다. 2차 경화를 보여주는 합금강은 500℃와 700℃ 사이에서의 템퍼링을 통해 이보다 낮은 템퍼링온도에서 얻어진

것보다 우수한 연성과 함께 고강도를 얻을 수 있다. 이것의 주요 장점 중의 하나가 550~650℃ 사이에서 형성된 합금탄화물 분산물에 의해 한번 고강도에 도달되면 이 조직이 500℃까지는 상대적으로 안정적일 것이라는 것이다. 따라서 이 강은 고온에서 하중을 받는 용도에 적합하다. 12Cr-1Ni-0.2C wt% 스테인리스강을 마르텐사이트로 퀜칭한 후 페라이트 기지에 미세하게 분산된 크롬탄화물을 생성시키기 위해 템퍼링한 대표적인 예를 [그림 9.18]에 나타냈다.

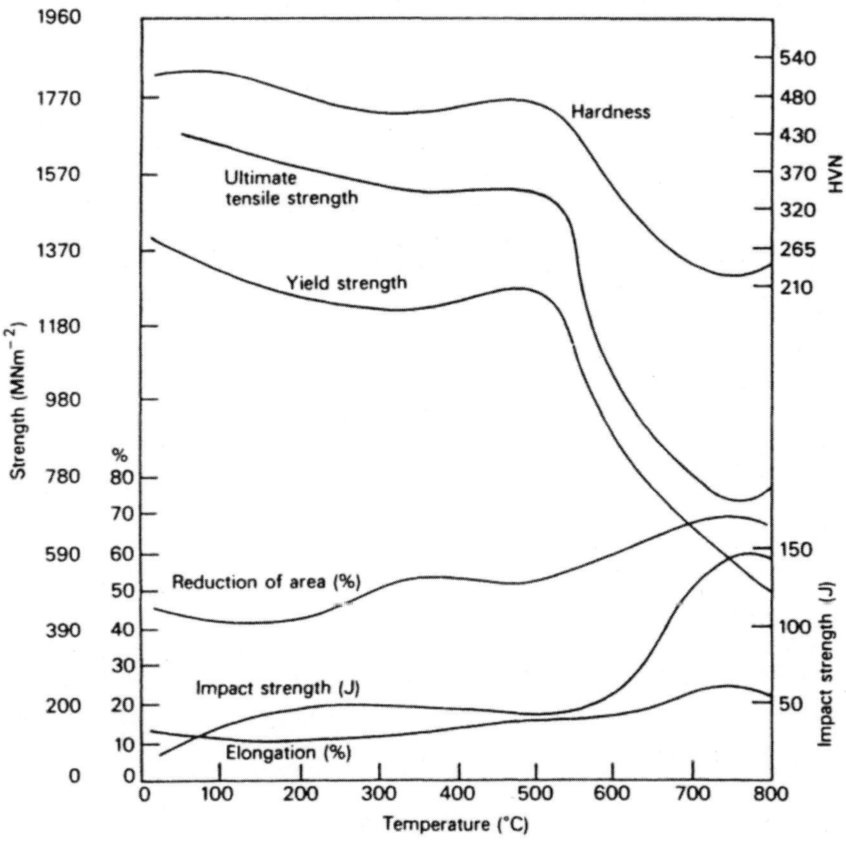

그림 9.18 12Cr–1Ni–0.2C wt% 스테인리스강의 기계적 성질에 1시간의 템퍼링이 미치는 영향. 유냉된 50mm 직경 바의 시험결과

강도는 500℃에서의 2차 경화 최고점까지 잘 유지되었고 적절한 연성도 겸비했다. 이러한 형태의 강은 700~1000MN m^{-2} 사이의 항복강도를 갖도록 템퍼링해서 증기 및 가스 터빈 용도에 사용되지만 보다 낮은 온도에서의 건축 용도에도 사용될 수 있다. 적은 농도의 강한 탄화물 형성원소, 예를 들어 Mo(2wt%)과 V(0.25%)를 첨가하면 고온에서의 기계적 성질을 추가적으로 더욱 개선시킬 수 있다.

9.5 마르에이징 강

템퍼링된 마르텐사이트에서 합금탄화물의 석출은 2차 경화라 불리는 시효강화를 일으키게 됨을 보였다. 다른 미세하게 분할된 상들도 비슷한 목적으로 사용될 수 있는데 고합금강의 주요 그룹인 마르에이징(maraging)강은 다양한 금속간화합물(intermetallic compound)의 석출을 통해 고강도를 실현한다. 실제로 탄화물 석출은 탄소함량을 줄여줌으로써 피할 수 있는데 18~25wt% 사이의 니켈을 함유한 강을 오스테나이트 조건에서 퀜칭하면 연하지만 심하게 전위된 마르텐사이트를 형성한다. 높은 니켈 함량은 M_s 온도를 150℃ 부근으로 낮추어주지만 마르텐사이트를 재가열해주면 상당한 이력현상(hysteresis)이 있어 강이 500~600℃ 사이에서 유지될 때까지는 오스테나이트가 재형성되지 않는다.

보다 낮은 온도인 400~500℃에서는 금속 간 상들의 석출이 일어나고 높은 전위밀도가 치환형 용질원자의 확산에 미치는 영향으로 석출이 더욱 촉진된다. 몰리브데늄이나 티타늄과 같은 원소는 Ni_3Mo, Ni_3Ti, Laves 상, Fe_2Mo의 석출에 필요한 원소다. 코발트 또한 유용한 합금원소로서 기지 내에 몰리브데늄의 고용도를 감소시켜 몰리브데늄이 풍부한 석출물의 체적분율을 증가시킨다. 석출반응은 아주 높은 체적분율을 갖는 석출물을 만들 수 있고 이로 인해 높은 강도수준에 도달할 수 있다(식 (2.10)과 (2.11)).

예를 들면 18~19Ni, 8.5~9.5Co, 4.5~5Mo, 0.5~0.8Ti wt%를 함유하는 강을 열처리해 2000MN m^{-2} 정도의 항복강도를 얻을 수 있다. 하지만 중요한 것은 이러한 강도가 우수한 연성과 인성을 동반해야 한다는 것이다.

참고문헌

Bhadeshia, H. K. D. H., Strang, A. and Gooch, D. J., Remanent life assessment and the approach to equilibrium, International Materials Reviews 43, 45, 1998.

Brooks, C. R., Heat Treatment of Ferrous Alloys, McGraw-Hill, USA, 1979.

Honeycombe, R. W. K., Structure and Strength of Alloy Steels, Climax Molybdenum Co., Michigan, USA, 1973.

Irvine, K. J. and Pickering, F. B., High strength 12% chromium steels, in Iron and Steel Institute Special Report No. 86, London, UK, p.34, 1964.

Krauss, G., Phase Transformation in Ferrous Alloys(eds Marder, A. R. and Goldstein, J. I.), TMS-AIME, Warrendale, PA, pp.101-1123, 1984.

Krauss, G., Steels: Heat Treatment and Processing Principles, ASM International, Ohio, USA, 1990.

Kurdjumov, G., Journal of the Iron and Steel Institute 195, 26, 1960.

Leslie, W. C., The Physical Metallurgy of Steels, McGraw-Hill, Tokyo, Japan, 1981.

Nutting, J., Physical metallurgy of alloy steels, Journal of the Iron and Steel Institute 207, 872, 1969.

Pickering, F. B., Physical Metallurgy and the Design of Steels, Applied Science Publishers, 1978.

Roberts, C. S., Averbach, B. L. and Cohen, M., Transactions of the American Society of Materials 45, 576, 1953.

Speich, G. R., Tempering of plain carbon martensite, Transactions of the American Institute of Mining, Metallurgical and Petroleum Engineers 245, 2553, 1969.

Speich, G. R., Symposium Iron and Steel Soc., AIME, Warrendale, PA, 1992.

Speich, G. R. and Clark, J. B.(eds), Precipitation from Iron-base Alloys, Gordon and Breach, London, UK, 1965.

Stewart, J., Thomson R. C. and Bhadeshia, H. K. D. H., Cementite precipitation during tempering of martensite under stress, Journal of Materials Science 29, 6079, 1994.

Thomas, G., Retained austenite and tempered martensite embrittlement. Met. Trans. 9, 439, 1978.

Winchell, G., Symposium on 'The Tempering of Steel', Metallurgical TransactionsA, 991-1145,

1983.

Winchell, P. G. and Cohen, M., Trans. ASM 55, 347, 1962.

Woodhead, J. H. and Quarrell, A. G., The Role of Carbides in LowAlloy Creep-resisting Steels, Climax Molybdenum Co., Michigan, USA, 1965.

Chapter 10

강의 가공열처리

서론 10.1

저합금강의 제어압연 10.2

이상조직 강 10.3

TRIP–assisted 강 10.4

TWIP 강 10.5

가공 열처리된 산업용 강 10.6

참고문헌

10.1 서론

가공열처리는 미세 조직의 형상을 바꾸고 미세화 시키기 위해 합금에 열과 변형공정을 동시에 가해주는 처리를 말한다. 상용공정인 금속의 열간압연은 특히 강의 대량생산 공정에서 중요한 역할을 하는 가공열처리공정이라 할 수 있다. 1톤에서 50톤의 중량에 이르는 연속 주조된 강편이 1200~1300℃의 온도에서 압연공정에 투입되면 강편은 용도에 맞는 다양한 형상으로 점진적으로 압연된다. 변형을 통해 오스테나이트 영역에서 동적재결정이 반복되고 주조 시 발생된 화학적 편석의 점진적 감소와 함께 초기 주조조직이 파괴된다.

또한 불가피하게 생성된 산화물, 황화물, 실리테이트 등의 비금속 개재물이 부서지고 변형되어 강 내에 보다 미세하고 균일하게 분포한다. 열간압연은 컴퓨터제어공정을 통해 생산성과 재현성이 우수한 강을 생산하는 공정이다. 압연재의 조성은 열간 변형과 냉각이 종료된 후 최적의 기계적 성질을 제공하기 위해 신중하게 선택한다. 압연공정변수(온도, 변형, 압연패스 수, 마무리 온도 등)를 미리 설정해 정확하게 조절하는 공정을 제어압연(controlled rolling)이라 한다. 파이프라인, 교량, 빌딩 등 다양한 용도에 적용되는 강에서 신뢰할 만한 기계적 성질을 얻게 해주는 기술은 매우 중요하다.

10.2 저합금강의 제어압연

10.2.1 일반

2차 대전 이전에는 열간압연용 저합금강의 경우 최대 0.4wt% 탄소와 1.5wt% 망간을 첨가해 350~400MN m^{-2} 수준의 항복강도를 얻었다. 하지만 이러한 강은 페라이트-펄라이트의 집합체(aggregate)로서 다양한 용도에 필요한 충분한 인성을 보유하지 못했다. 실제로 연성/취성 천이온도로 측정된 인성은 탄소함량, 즉 강 내의 펄라이트 체적이 증가함에 따라 현저히 감소한다(그림 10.1). 더군다나 주요 공정기술인 용접의 경우 높은 탄소함량은 심각한 용접균열 문제를 야기했는데 이것은 탄소함량이 낮은 강을 사용해야만 근본적으로 방지할 수 있었다. 미세 페라이트 입자크기를 갖는 강을 생산하는 것에 대한 장점이 크게 부각되어(2.5절 참조) 오스테나이트 조건에서의 제어압연 기술이 페라이트 입자 미세화를 위해 점진적으로 도입되었다. 마무리된 강에서 미세 페라이트 입자미세화는 니오브, 티타늄, 바나듐, 알루미늄과 같은 입자미세화원소를 소량(<0.1wt%) 첨가시킴으로써 더욱 촉진됨이 밝혀졌다.

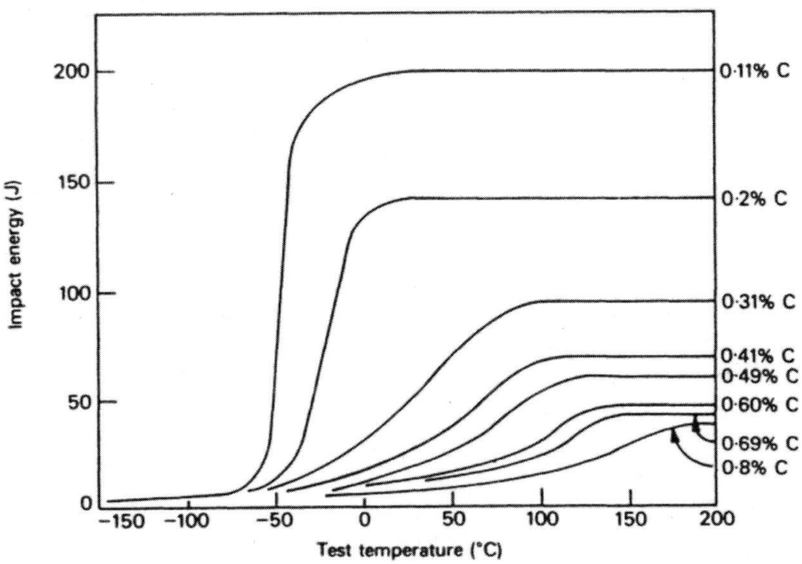

그림 10.1 페라이트/펄라이트강의 충격천이온도곡선에 탄소함량이 미치는 영향

0.03~0.008wt% 탄소와 1.5wt% 함량에 이르는 망간을 함유한 강에 이러한 원소를 첨가하면 450~550MN m^{-2}의 항복강도와 −70℃의 낮은 연성/취성 천이온도를 갖는 미세 입자 재료를 생산할 수 있게 된다. 이러한 강을 고강도 저합금강(HSLA: high strength low alloy) 또는 미세합금강이라 한다. 상대적으로 낮은 강도의 보통 연강(220~250MN m^{-2})에서부터 지난 20여 년 동안 이루어낸 기술적 진보는 주요 야금기술의 발전을 의미하며 공

학적 용도 측면에서도 그 중요성이 크다 하겠다. [그림 10.2]에 제어압연의 일반적 특성을 요약했다.

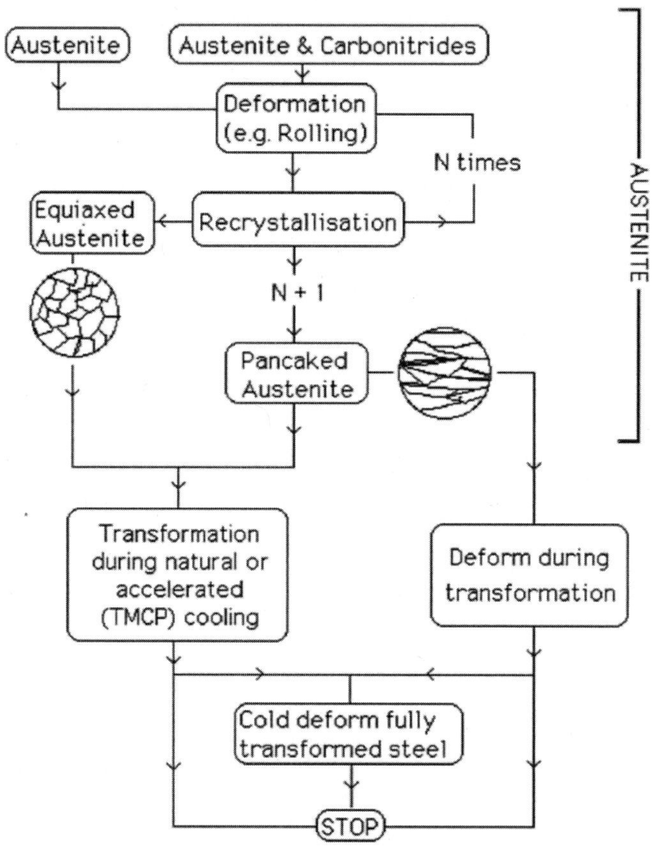

그림 10.2 다양한 가공열처리 공정루트. 제어압연 후 가속냉각을 가공열처리 제어공정(TMCP: thermomechanical controlled processing)이라 한다.

10.2.2 제어압연 동안 입자크기 조절

제어압연에서 근원적인 입자미세화 기구는 동적재결정(dynamic recrystallization)이라 불리는 열간 변형 동안의 오스테나이트 재결정이다. 이 공정은 온도와 각 패스별로 롤을 통해 일어나는 변형의 정도에 영향을 받는다. 하지만 2차상 입자가 없는 오스테나이트의 경우, 열간압연 시 높은 온도로 인해 현저한 입자성장을 일으키게 되므로 이후 공정에서의 입자미세화에 한계가 있다. 만약 미세입자가 오스테나이트 기지 내로 존재하면 상황이 상당히 개선된다. 입자와 경계 사이에서 상호작용이 일어나기 때문에 입자는 주로 입계에서 발견된다. 짧은 길이의 입계가 입자에 의해 대체되고 경계면에너지는 입자를 위치적으로 안정하게 해준다.

입계가 입자로부터 벗어나려 하면 국부적인 에너지가 증가하고 입자에 의해 경계가 끌어당겨지게 된다. 입자에 의한 경계의 고착이론은 9장에서 설명했다. 식 (9.1)은 그 치수 이하에서 고착이 효과적인 임계 입자크기를 규정했다. 명백하게, 높은 오스테나이타이징 온도에서 입자크기의 조절을 위해서는 가능한 한 미세한 입계 석출물이 요구되고 높은 작업온도(1200~1300℃)에서도 오스테나이트에 완전히 용해되지 않는 석출물이 요구된다. 가장 좋은 입자미세화 원소는 니오브, 티타늄, 바나듐, 질화물만 형성하는 알루미늄 등과 같이 아주 강한 탄화물 및 질화물 형성제를 들 수 있다.

탄소와 질소가 제어압연 된 강에 존재하고 있으므로(4장 참조) 가장 효과적인 입자미세화 화합물은 알루미늄 질화물을 제외하면 각 원소의 탄질화물(carbo-nitride)이다. 동시에 중요한 것은 이러한 안정한 화합물이 오스테나이트에 고용되는 정도다. 압연이 진행됨에 따라 온도가 감소하는 제어압연 동안 미세한 석출이 일어날 수 있으려면 가장 높은 오스테나이타이징(soaking) 온도에서의 충분한 고용도가 필수적으로 요구된다. 여러 관련된 탄화물과 질화물의 고용도(at%)를 [그림 4.12]에 온도의 역수로 나타냈다. 이러한 모든 화합물은 임계온도 영역(900~1300℃)에서 크진 않지만 계속해서 증가하는 고용도를 갖는다(그림 10.3). 반면 크롬과 몰리브데늄의 탄화물은 훨씬 높은 고용도를 가지므로 온도가 충분히 높으면 오스테나이트 내에 완전히 고용되게 되며, 입자성장을 위한 임계영역보다 훨씬 낮은 온도에 이르기까지도 석출되지 않는다. 출처가 다른 데이터[20]에서는 아래의 식이 제공되었는데 고용도(wt%)를 절대온도의 함수로 나타냈다.

$$\log_{10}[\mathrm{Al}][\mathrm{N}] = -6770/T + 1.03$$

$$\log_{10}[\mathrm{V}][\mathrm{N}] = -8330/T + 3.46$$

$$\log_{10}[\mathrm{Nb}][\mathrm{C}] = -6770/T + 2.26$$

$$\log_{10}[\mathrm{Ti}][\mathrm{C}] = -7000/T + 2.75$$

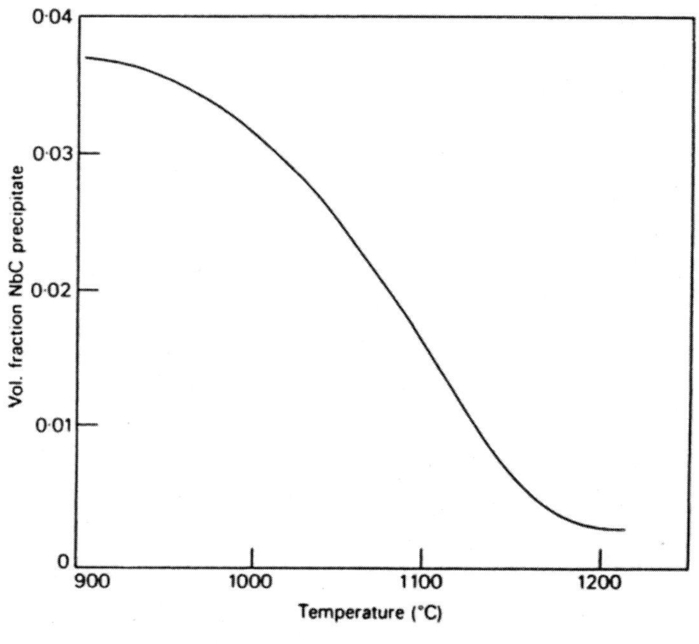

그림 10.3 0.15C–1.14Mn–0.04Nb wt% 강에서 NbC 고용도 곡선

20) Irvine, K. J. et al., Journal of the Iron and Steel Institute 205, 161, 1967.

조성변화의 가능성이 많으므로 주어진 강에서 어느 화합물이 효과적인 입자미세화 효과를 보이는지에 무관하게, 동등하게 적용 가능한 일반적인 원리에 관점을 제한시킨다. 가장 높은 오스테나이타이징 온도에서의 입자성장이 잔류 분산물에 의해 어느 정도 제한되긴 하지만 주요 미세화는 압연 동안 온도가 점진적으로 떨어짐에 따라 일어나며 미세한 탄질화물이 오스테나이트로부터 석출된다. 이러한 새로운 석출물은

1. 주어진 온도에서 재결정을 일으킬 수 있는 임계변형을 증가시킨다(그림 10.4).
2. 재결정된 입계의 이동을 제한한다.

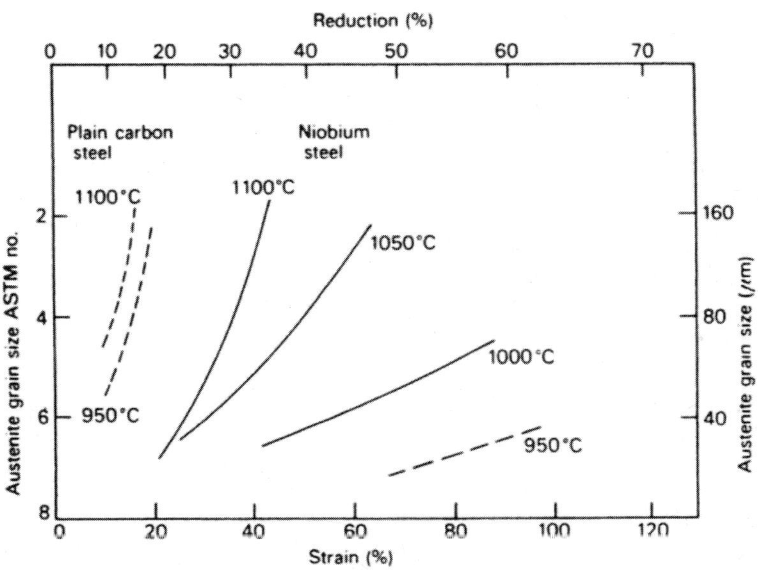

그림 10.4 변형온도와 입자크기의 함수로 나타낸 오스테나이트의 완전한 재결정에 필요한 임계변형

오스테나이트는 제어압연 공정 동안 여러 번 재결정될 수 있는데 이것의 효과는 현저한 오스테나이트 입자미세화임을 알 필요가 있으며 강이 γ/α 변태온도에 도달되는 시간에 의해 좌우된다(그림 10.4). 오스테나이트 변태의 후기 단계인 보다 낮은 온도에서는 재결정이 일어나지 않을 수도 있으며 이때는 압연에 의해 길이 방향으로 늘어나거나

납작하게 변형된 오스테나이트가 페라이트로 바로 변태할 수도 있다. 제어압연의 최종 단계에서는 오스테나이트 입자성장이 마무리(finishing) 압연온도로부터 빠른 냉각으로 인해 더욱 억제될 수 있으며, γ/α 변태가 변형 중인 오스테나이트에서 Ar_1 온도 이하에서(sub-critically) 일어나게 한다. γ/α 변태 동안 압연을 계속하는, 심지어 완전히 페라이트 영역에서 압연을 하는 것이 지금은 보편적인 작업이 되고 있다. 이러한 공정들은 미세한 입자크기를 얻을 수 있게 해줌으로써 최종 제품에 높은 항복강도를 부여해주지만(그림 10.5) 압연기에 너무 많은 하중부하를 주게 된다.

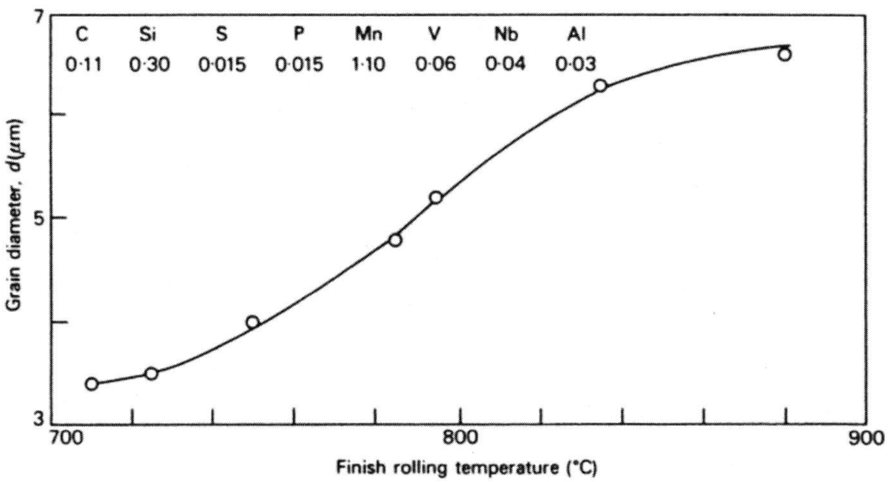

그림 10.5 마무리압연온도가 미세합금강의 최종 페라이트 입자크기에 미치는 영향

제어압연과 저합금강에서 탄질화물의 미세분산효과를 잘 결합시킴으로서 5~10μm 입자크기를 갖는 페라이트를 상용라인에서 생산할 수 있게 되었다. 실험실적 시험을 통해 1μm에 근접하는 입자크기까지도 얻을 수 있지만 접근방식의 차이로 인해 실용적인 한계를 보인다. 2장에서 설명한 입자크기와 항복강도 사이의 Hall-Petch 관계는 미세합금강과 관련이 크며, 실제로 항복강도와 $d^{-1/2}$ 사이에 선형적 관계가 얻어졌다(그림 10.6). 0.05~0.09wt% Nb를 일반 탄소강에 첨가하면 페라이트 입자가 미세화되

어 $5\mu m(d^{-1/2} = 14mm^{-1/2})$ 이하로 작아지게 되고 결과적으로 상당한 항복강도의 증가를 가져온다.

C-Mn과 C-Mn-Nb 곡선 사이의 ~100MN m^{-2}의 간격은 NbC로 인한 분산강화에 기인한다. 이것은 공냉 이전에 950℃에서 오스테나이타이징된 시편에서 얻어진 [그림 10.7]의 2개의 낮은 곡선을 통해서도 보이고 있다. 하지만 즉 공냉 후 1100℃와 1250℃와 같이, 점진적으로 오스테나이타이징 온도를 올려간다면 결과적인 곡선은 아직 선형적이지만 훨씬 가파른 기울기를 보이게 되고 이는 특정 입자크기에서 항복강도의 현저한 증가를 의미한다. 이러한 강도상의 큰 증가는 보다 높은 오스테나이타이징 온도에서 이것의 고용체로부터 냉각 동안의 NbC 석출에 기인한다.

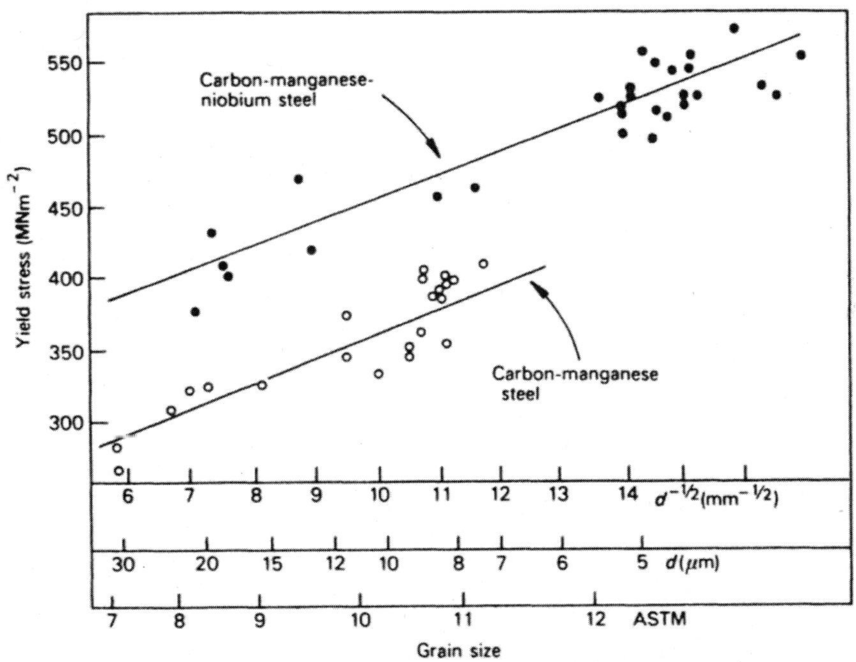

그림 10.6 C–Mn–Nb 강의 항복강도에 입자크기가 미치는 영향

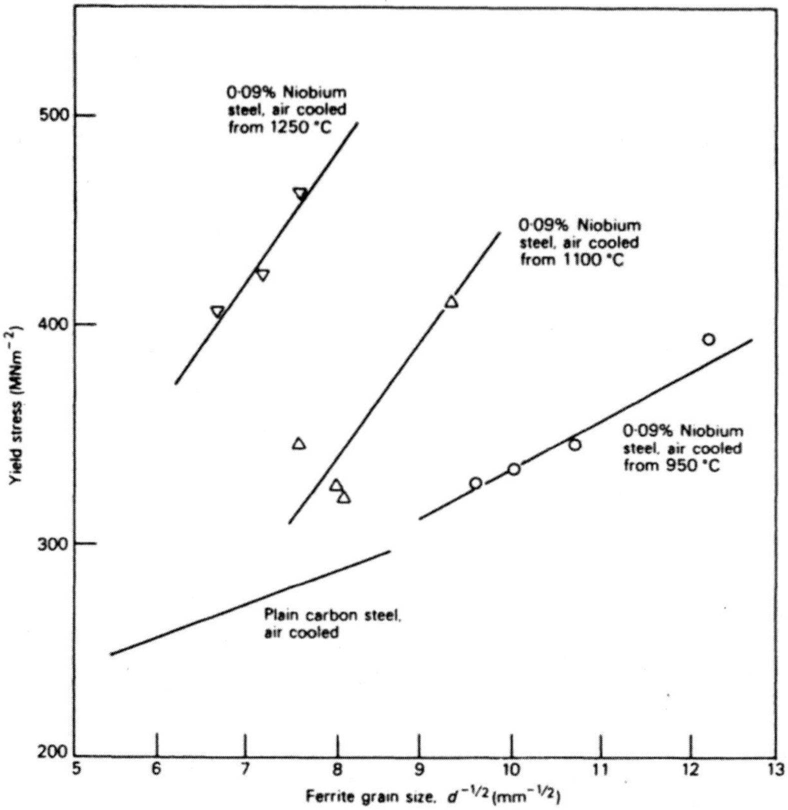

그림 10.7 0.1C–0.6Mn–0.09Nb wt% 강의 항복강도에 오스테나이타이징 온도가 미치는 영향

10.2.3 최소 가능 입자크기

대규모 가공열처리를 이용해 실현 가능한 최소 입자크기를 가늠해보는 것은 흥미롭다. 페라이트 입자크기(선형교점(linear intercept), d)의 감소는 $d = 2/S_V$ 관계로부터 단위 체적당 입계 표면적의 양(S_V)의 증가와 대등하다. 입계는 단위면적당 에너지 σ를 가지므로 강의 단위체적당 축적되는 경계면 에너지는

$$\sigma \times S_V \equiv 2\sigma/d$$

이 축적에너지는 오스테나이트가 페라이트로 변태할 때의 자유에너지 변화의 양을 초과하지 못한다. 따라서 $|\Delta G_V^{\gamma\alpha}|$ 는

$$|\Delta G_V^{\gamma\alpha}| \geq \frac{2\sigma_\alpha}{d_\alpha}$$

따라서 실현가능한 가장 작은 페라이트 입자크기는 모든 $\Delta G_V^{\gamma\alpha}$ 가 α/α 입계를 만드는데 사용될 때 가능하므로

$$d_\alpha^{\min} = \frac{2\sigma_\alpha}{|\Delta G_V^{\gamma\alpha}|}$$

[그림 10.8]은 $\Delta G_V^{\gamma\alpha}$ 의 함수로 계산된 한계 페라이트 입자크기의 변화를 가공열처리 공정[21]을 통해 상업적으로 실현된 최소 입자크기에 대한 실험데이터를 조합하여 나타낸 것이다. 곡선은 큰 입자크기에서는 $d_\alpha^{\min}$ 가 $\Delta G_V^{\gamma\alpha}$ 에 민감하고 따라서 평형변태온도 이하로의 과냉도에 민감하다는 것을 보여준다. 하지만 sub-micrometer 영역에서 입자크기의 감소는 큰 값의 $|\Delta G_V^{\gamma\alpha}|$를 필요로 하며 미세한 입자크기를 얻기 위해 아주 큰 과냉도로 변태가 억제되어야 한다는 것을 의미한다. 상용라인에서 얻어진 데이터를 계산된 곡선과 비교해보면 공정루트를 얻기 위한 엄청난 노력에도 불구하고 가공열처리 공정을 통해 상업적으로 얻어진 가장 작은 페라이트 입자는 약 1μm이다.

---

21) Yokota, T., Garcia-Mateo, C. and Bhadeshia, H. K. D. H., Scripta Materialia 51, 767, 2004.

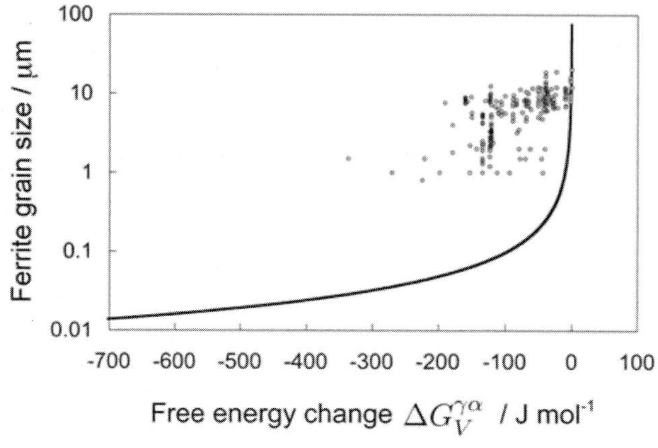

그림 10.8 페라이트 입자크기의 로그값과 입계생성과 관련한 자유에너지변화 관계. 곡선은 $d_\alpha^{\min}$을 가리키며 점은 실험데이터를 의미한다.

이유는 재열(recalescence)인데 이것은 변태잠열의 방출로 인해 강의 온도가 오르는 것으로 잠열의 방출속도가 너무 빨라 확산에 의해 쉽게 열이 분산되지 못하는 상태다. 재열로 인해 강의 온도가 오르면 $\Delta G_V^{\gamma\alpha}$가 감소하고 극미세입자구조의 실현을 방해한다. 따라서 상업적인 대규모 열기계적 공정은 재열에 의해 제한되게 되고 균일하게 $1\mu m$ 이하의 입자크기를 얻는 것이 어렵게 된다.

10.2.4 제어압연 시 분산강화

미세 합금강에서 고용도 데이터는 제어압연 동안 온도가 떨어짐에 따라 Nb, Ti, V의 탄화물과 탄질화물이 점진적으로 석출할 것인가를 암시해준다. 이러한 미세 분산물의 주요한 효과가 입자크기 조절이긴 하지만 분산강화도 일으킬 수 있다. 분산으로 인한 강화는 입자반경 r과 석출물의 체적분율에 의해 결정되는 입자간 간격 Λ(식 (2.10))에 의존한다. 이러한 인자는 석출하는 화합물의 형태에 일차적으로 의존하고 강의 미세합금함량에 의해 결정된다. 하지만 도달되는 최대 고용온도와 제어압연의 자세한 스케줄 또한 중요한 변수가 된다.

석출이 오스테나이트에서 일어날 뿐 아니라 추가적인 석출이 페라이트로의 변태 동안에도 일어난다는 것은 잘 알려져 있다. 니오브, 티타늄, 바나듐 탄화물의 석출은 상간계면(interphase boundary)이 이동함에 따라 점진적으로 일어나는 것으로 알려져 왔다. 이것이 4.4.3절에서 설명한 상간(interphase) 석출이다. 이 석출은 대개 850°C와 650°C 사이에서 아주 미세한 스케일로 일어나므로 분산강화에 크게 기여하는 것으로 보인다. 오스테나이트에서 바나듐 탄화물의 높은 고용도를 고려할 때 바나듐이 존재하면 그 효과가 가장 두드러질 것이고 티타늄과 니오브가 그 뒤를 이을 것이다. 변태 동안 냉각속도가 빠르면 페라이트의 과포화된 판들이 형성될 것이고 탄화물은 입자 내에 많이 존재하는 전위에서 주로 석출하는 경향을 보일 것이다.

미세합금강의 최적조성에 도달하려면, 고온에서 오스테나이트의 고용체로 들어갈 석출물의 최대 체적분율이 화학양론적(stoichiometric) 조성을 이용해 이루어져야 함을 명심해야 한다.

예를 들어 만약 Ti(원자질량 47.9)을 첨가한다면 Ti는 근사적으로 그 질량의 1/4에 해당하는 탄소(원자질량 12)와 결합할 것이고 따라서 0.025wt% C 강에 대해 0.10wt% Ti를 첨가하면 화학양론적 조성을 갖는 탄화물을 얻게 될 것이다. [그림 10.9]는 TiC에 대한 화학양론적 선(stoichiometric line)을 나타내고 있는데 1100℃, 1200℃, 1300℃에서 티타늄 탄화물에 대한 고용도 곡선에 중첩시켰다. 만약 1200℃로부터 냉각되는 0.10wt% 티타늄을 함유한 강에서의 석출을 고려하면, 저탄소함량에서, 즉 화학양론적 선의 왼쪽에서 탄화물 분율이 탄소함량에 의해 제한된다. 즉 아래쪽 도표의 A영역. 탄소함량이 화학양론적 선과 1200℃에서의 고용도 선 사이에 놓이면 미세 TiC의 전체(full potential) 체적분율이 냉각 시 형성(B영역)된다. 탄소함량이 고용한계(>0.10wt%)를 초과하면 티타늄이 조대한 탄화물로 1200℃에서 점진적으로 석출하게 되며 냉각 동안 미세한 TiC를 형성하기 위해 탄소와 결합해야 할 티타늄의 양을 감소시킨다. 조대한 탄화물 입자가 입자성장을 제어하는데 효과가 없으므로 이것이 형성되지 않도록 강의 조성을 설계하는 것이 매우 바람직하다. [그림 10.9]로부터 높은 오스테나이타이징 온도가 미세하게 분리된 탄화물 상의 석출에서 얻을 수 있는 모든 이점을 얻어내는데 핵심 요소임을 알 수 있다.

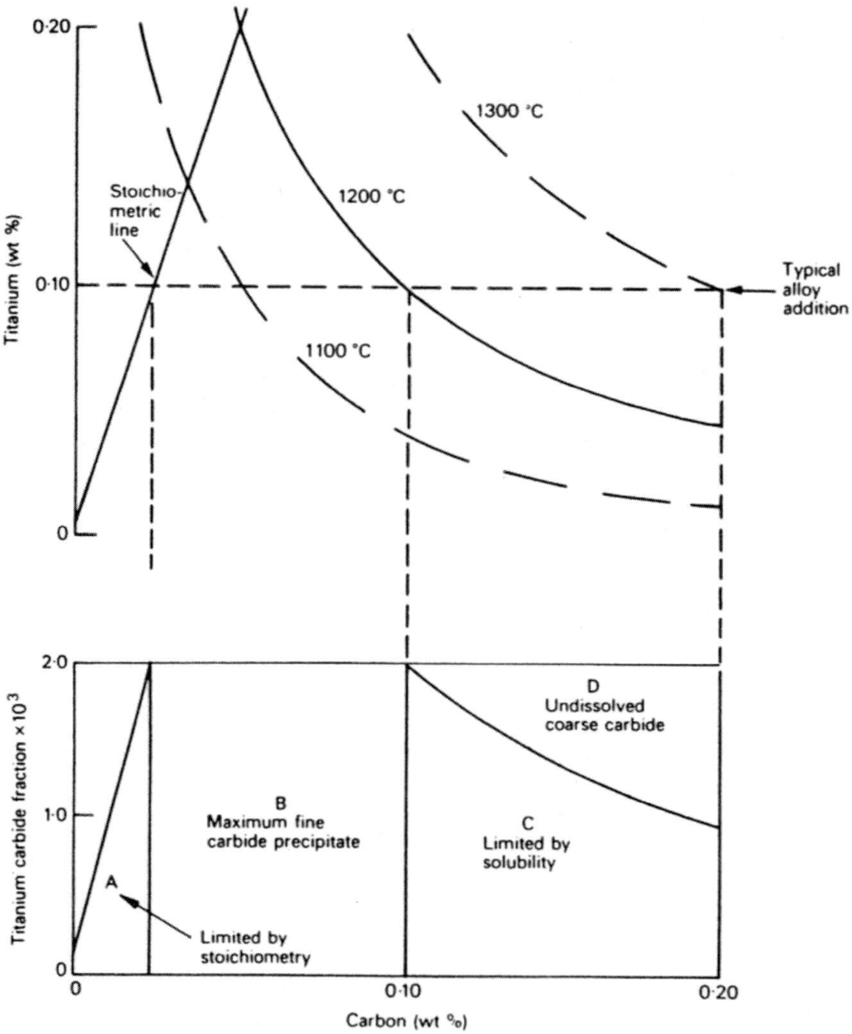

그림 10.9 미세합금강에서 TiC의 석출에 미치는 화학양론적 효과

10.2.5 미세합금강의 강도: 총론

제어압연된 미세합금강의 최종 강도에는 최소한 3가지 이상의 강화기구가 기여한다. 각각의 강화기구에 대한 상대적인 기여도는 강의 조성에 의해 결정되며 이에 못지않게 중요한 것이 강에 가해졌던 자세한 가공열처리 이력이다. 0.2C-0.2Si-0.15V-0.015N wt%강에 대한 여러 강화기구의 기여 정도를 망간함량의 함수로 [그림 10.10]에 나타냈다. 먼저 망간, 실리콘, 질화물을 형성하지 않은 자유 질소로 인한 고용체강화 증가분이 있다. 둘째는 항복강도에 입자크기의 기여분으로 상당 부분을 차지하며 그 기여 정도는 구체적인 가공처리 이력에 민감하게 변한다. 마지막으로 분산강화로 인한 증가분을 보였다. 전체 결과는 항복강도가 350~500MN m^{-2}의 범위에서 변한다는 것이다. 이러한 특별한 예에서 강은 900℃에서 노말라이징(공냉) 되었지만 이것은 800℃ 또는 그 이하 온도까지 제어압연되면서 강도 수준이 상당 부분 상승되었을 것으로 보인다.

압연 시 마무리(finishing) 온도의 효과는 입자크기 및 도달 가능한 강도 수준을 결정하는 중요 인자다. 완전히 페라이트 역으로 변태시켜 압연함으로써 페라이트 내에 미세한 아결정립(subgrain) 조직을 얻고 이 조직이 강도에 추가적으로 기여하도록 하는 것이 지금은 보편적인 공정이 되었다. 압연을 γ/α 변태 온도이상에서 마치게 되면 변태의 양상이 냉각속도를 증가시킴에 따라 변한다. 압연 후 물 분사냉각을 통해 빠른 냉각을 시킨 경우에 비해 특정 온도에서의 권취(coiling)를 통해 냉각속도를 느리게 하면 강도가 낮아지게 된다. 압연 후 물 분사냉각을 통해 빠른 냉각을 시키면 페라이트가 등축 상에서 훨씬 전위밀도가 높은 Widmanstätten으로 변한다. 결과적으로 개선된 기계적 성질을 갖는 강을 얻게 되며 많은 경우 예리한 항복점(yield point) 현상이 사라질 수 있다. 이것은 파이프 제조와 같이 연속적인 응력-변형곡선이 선호되는 박판의 제조에서는 실질적인 장점을 갖는다.

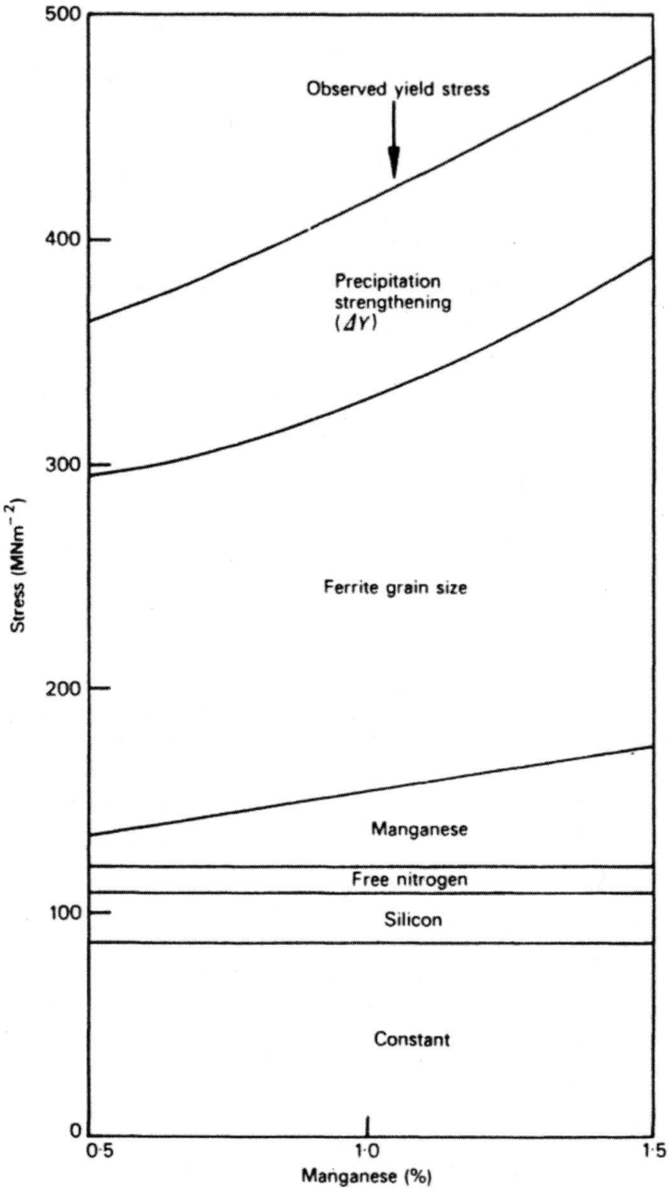

그림 10.10 Mn 함량의 함수로 나타낸 0.2C–0.15V wt%강의 강도 기여분

10.3 이상조직 강

10.2절에서 설명한 HSLA강은 보통의 강에 대비해서 중량대비 높은 강도를 갖지만 이 강은 냉간 프레스로 성형하기가 쉽지 않다. 따라서 자동차의 안전과 연비향상에 대한 세계적 요구에 부응해 우수한 강도뿐만 아니라 차체와 부품의 대량생산에 요구되는 성형성을 동시에 보유한 다양한 형태의 강을 개발하기에 이르렀다. 성형성의 척도는 강도와 균일 연신율의 합으로 볼 수 있다.

이상조직(Dual-Phase) 강은 하나는 연하고 다른 하나는 아주 강한 2가지 주요 상(그림 10.11)으로 구성된 미세 조직을 이용해 이러한 요구사항을 만족시킨 저합금강이다. 페라이트-마르텐사이트 DP강은 전형적으로 망간과 실리콘을 함유하며 강하고 성형성도 우수하다. 이 강은 예리한 항복점이 없는 연속적인 항복(continuous yielding) 거동을 보이며 상대적으로 낮은 항복강도(300~350MN m^{-2})를 갖는다. 이 부류에서 가장 간단한 강은 0.08~0.2C, 0.5~1.5Mn wt%를 함유하지만 바나듐으로 미세 합금된 강도 해당된다. 미세 조직의 발달을 제어하기 위해 소량의 Cr(0.5wt%)과 Mo(0.2~0.4wt%)가 첨가된 강도 자주 사용된다. 듀플렉스(duplex) 조직을 얻기 위한 가장 간단한 방법은 강을 Ae_1과 Ae_3 사이의 $(\alpha+\gamma)$ 영역으로 가열해 유지하는 임계간 어닐링(intercritical annealing)을 실시하는 것인데 대표적으로 790℃에서 수 분간 유지해서 오스테나이트의 적은 영역이 페라이트에서 형성되도록 한다. 이 영역의 오스테나이트를 마르텐사이트로 변태시키는 것이 핵심이므로 상온으로 냉각을 충분히 빠르게 시켜 다른 중간 변태를 피해야 한다. 또 다른 방법으로는, 이미 1.5wt% Mn을 함유하는 강에 0.2~0.4wt% Mo를 첨가해서 오스테나이트의 경화능을 증가시켜준다. 이 경우에는 요구되는 미세 조직을 임계간(intercritical) 어닐링 후 공냉에 의해 얻을 수 있다.

추가적인 열처리 단계가 생략된 DP강을 얻기 위해 제어압연 후 냉각 동안에 요구되는 조직을 바로 얻을 수 있는 방법도 개발되어 왔다. 대표적인 예가 0.5Cr과 0.4Mo wt%가 첨가된 강들이다. 870℃ 부근에서 사상압연(finishing mill)이 종료되면 압연기로부터 수냉 주행대(run out table)를 거치면서 근사적으로 80% 정도의 페라이트가 형성된다. 펄라이트/페라이트 변태온도 아래 준안정 영역(510~620℃)에서 권취(coiling)한 후 계속 냉각시켜 오스테나이트 영역을 마르텐사이트로 변태시킨다.

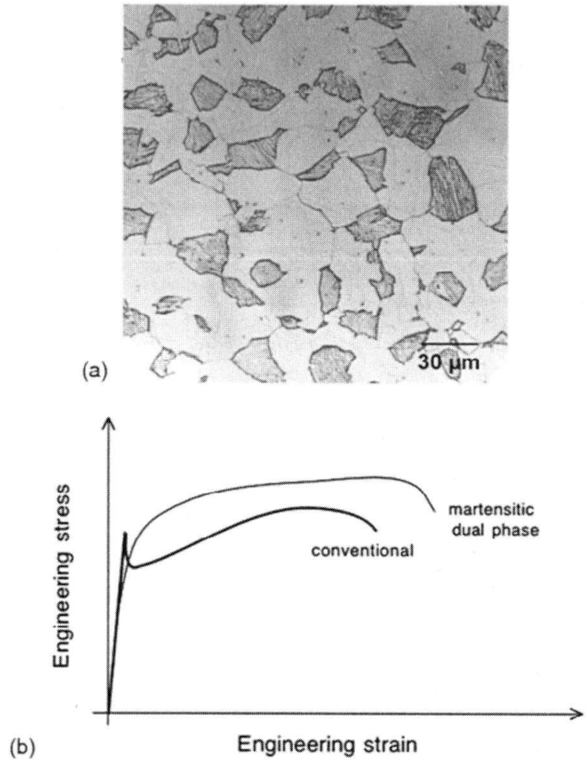

그림 10.11 (a)마르텐사이트(dark)와 페라이트로 구성된 DP강의 대표적인 미세 조직, (b)기존 자동차용 강과 DP강의 응력-변형곡선 비교

10.4 TRIP-assisted 강

소성변형 동안 마르텐사이트 반응이 일어날 때 얻어지는 물성을 이용하기 위해 개발된 강이 변태유기소성(TRIP: transformation-induced plasticity)강이다. 이 강은 강하며 파괴

전까지 상당한 균일 연신을 보인다. 이러한 강에는 여러 종류가 있다. 다량의 오스테나이트 안정화 원소를 이용해 완전 오스테나이트 조직을 얻은 후 응력을 받으면 마르텐사이트로 변태되는 강을 TRIP강(12장)이라 한다. 전체 미세 조직에서 오스테나이트가 주요 상이 아니지만 변형 도중 마르텐사이트 변태를 일으키는 강을 TRIP-assisted 강이라 하며 이는 대개 저합금강이다.

국부적 응력에 의해 유기된 마르텐사이트 변태는 응력집중을 완화시키는 효과를 가지며 가공경화율을 증가시키고 균일변형도 증가시키므로 결과적으로 강의 강도, 연성 및 인성을 개선시킨다. TRIP-assisted 강은 대량 생산되는 종류의 강이며, 강판 제조 시 짧은 시간 내에 완료해야하기도 하는 복잡한 열처리과정을 통해 만들어진다. 미세 조직은 타형 페라이트가 주요 상으로 존재하고 총 30~40%의 경화영역이 있다. 경화영역은 베이나이트, 마르텐사이트와 탄소를 과잉함유하는(C-enriched) 잔류 오스테나이트의 혼합 상으로 구성된다. 대표적 화학조성은 Fe-0.12C-1.5Si-1.5Mn wt%이다. 베이나이트 형성 시 실리콘이 시멘타이트 석출을 방해함으로써 탄소를 함유한 잔류 오스테나이트가 많아지기 때문에 전체 용질농도가 낮음에도 불구하고 일부 오스테나이트는 잔류하게 된다(6장 참조). TRIP-assisted 강은 주로 자동차 부품에 사용되며 페인팅될 표면과 자동차 승용칸의 충돌 안전용 부품용 재료로 적용될 수 있다.

TRIP-assisted 강에는 2가지가 있다. 하나는 냉간압연된 강판을 임계간(intercritical) 처리를 위해 강을 상온에서 Ae_1과 Ae_3 온도 사이의 $(\alpha+\gamma)$ 영역으로 급속하게 가열하는 것이다(그림 10.12). 임계 간 어닐링은 오스테나이트로의 부분변태를 일으킴과 동시에 잔류 페라이트를 재결정시킨다. 그리고 강판이 속도제어 하에 냉각되는 동안 일부 오스테나이트는 타형 페라이트로 변태하고 더욱 낮은 온도에서는 베이나이트형 페라이트(bainitic ferrite)로 변태한다. 낮은 온도에서 일어나는 베이나이트형 페라이트로의 변태는 오스테나이트로 하여금 탄소를 더욱 많이 함유토록 만들고 이로 인해 상온까지 오스테나이트가 잔류하게 된다(그림 10.13). 미세 조직과 기계적 성질의 구체적 사항은 냉각조건에 따라 변할 수 있다. 예를 들면, 타형 페라이트가 성장하는 보다 높은 온도에서보다는 베이나이트 변태온도 구간에서 더욱 많은 시간을 부여하는 것이 일반적인 경향이다. [그림 10.14]는 베이나이트 변태온도 구간에서의 유지시간이 최종 미세 조직에 미치는 효과를 나타내고 있다. 불충분한 양의 베이나이트가 마르텐사이트로 변태를 일으키기 쉬운 오스테나이트를 남긴다. 비슷하게, 오스테나이트 내의 탄소농도가 T_0 곡선(6장)에 의해 제한되므로 너무 높은 온도에서의 베이나이트로의 변태 또한 오스테나이트를 불안정하게 한다.

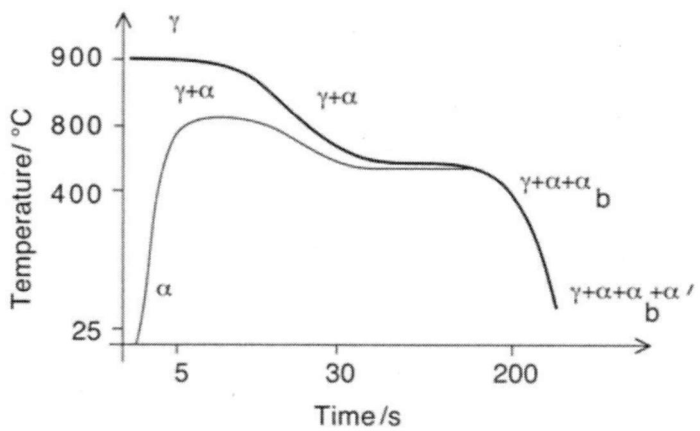

그림 10.12 TRIP-assisted 강의 미세 조직을 얻기 위한 2가지 열처리. γ, α, α_b, α'는 오스테나이트, 타형 페라이트, 베이나이트, 마르텐사이트를 각각 나타낸다.

그림 10.13 타형 페라이트, 베이나이트형 페라이트, 잔류 오스테나이트 막의 혼합 미세 조직을 보여주는 TRIP-assisted 강. (a)광학현미경, (b)명시야(bright field)상. 투과전자현미경, (c) 잔류 오스테나이트의 암시야(dark field) 상

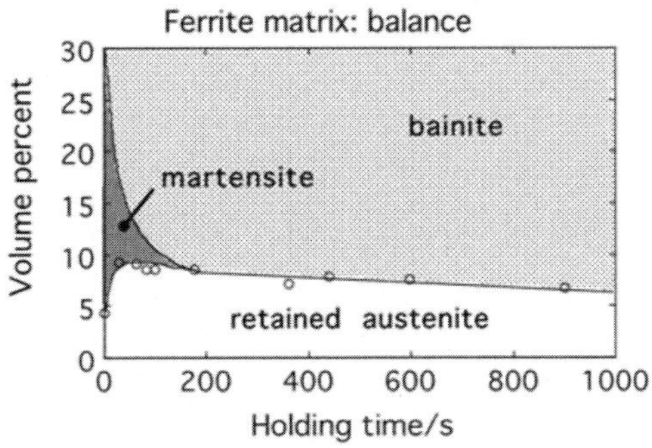

그림 10.14 베이나이트 등온변태 동안 시간에 따른 실온 미세 조직의 변화

두 번째 종류의 열처리는 전부 오스테나이트(그림 10.12)인 열간압연 강판으로부터 타형 페라이트와 베이나이트를 열 사이클 상의 냉각기간 동안 형성시키는 것이다. 이것은 최종 치수로 압연되어진 열간압연 강판에 미세 조직이 바로 생성될 수 있는 장점이 있다. 강판을 임계간(intercritical) 어닐링 온도로 가열할 필요가 없으므로 공정이 경제적이다. 1.4mm 두께도 압연할 수 있는 현대화된 압연기도 있긴 하지만 대체적으로 열간 압연기는 약 3mm 두께 이상의 강판에서는 압연하중에 의해 제한을 받는다. 반면 냉간압연된 강판은 일상적으로 더욱 얇은 두께로 만들어진다. 열간압연된 강판은 비용저감 목적의 자동차 부품제조용 재료로 많이 선호된다.

변태 시 마르텐사이트 형성으로 인한 변형은 관찰된 15~30%의 균일인장연신을 설명해주지 못한다. 마르텐사이트로 인한 형상변형(5장)이 기껏해야 2% 인장변형 수준에 지나지 않는 것은 TRIP-assisted 강에서 변태 가능한 오스테나이트의 양이 매우 작기 때문이다.

균일연신율에 대한 주요 기여는 변형 동안 단단한 마르텐사이트의 점진적인 형성으로 인한 재료의 가공경화지수의 증가에 부분적으로 기인한다. 보다 중요한 기여는 마르텐사이트 변태[22] 시 변형으로 인해 페라이트에 생겨난 전위에 의한 것이다. 이러한 전위들은 페라이트를 강하게 하며 [그림 10.13]에 나타냈다. 또한 오스테나이트는 응력 집중점

22) Jacques, P., Furnemont, Q., Mertens, A. and Delannay, F. Philosophical Magazine A 81, 1789, 2001.

에서 마르텐사이트로 변태함으로써 인장시험 동안 네킹 공정을 지연시킨다. 따라서 잔류 오스테나이트의 변태를 강에 심각한 손상이 측적되는 변형의 후반부로 지연시키는 것이 중요하다. TRIP 효과가 가장 유익할 수 있는 것이 여기에 있다. 따라서 소성변형의 함수로 오스테나이트의 변태를 더욱 자세히 고찰할 필요가 있다.

주어진 소성변형 증가분($d\epsilon$)에서 얻어지는 마르텐사이트 분율변화($dV^{\alpha'}$)가 남겨지는 오스테나이트의 분율에 비례한다면

$$\frac{dV^{\alpha'}}{d\epsilon} = k_\gamma V^\gamma \tag{10.1}$$

여기서 k_γ는 강의 조성과 시험온도의 함수, V^γ는 변태되지 않고 남아 있는 오스테나이트의 분율이다. 만약 변형이 없는 상태에서 오스테나이트의 분율을 V_0^γ라 하면 $V^{\alpha'} = V_0^\gamma - V^\gamma$가 되므로 식 (10.1)은

$$\ln\{V_0^\gamma\} - \ln\{V^\gamma\} = k_\gamma \epsilon$$

이 식의 형태는 [그림 10.15]에 나타냈다.

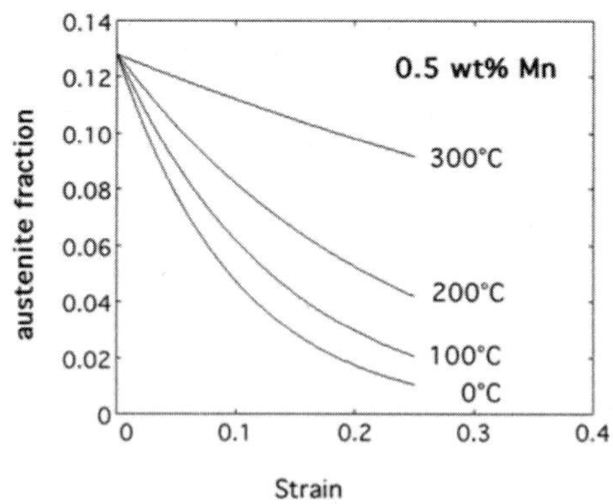

그림 10.15 온도와 소성변형의 함수로 나타낸 TRIP-assisted 강에서 잔류 오스테나이트의 마르텐사이트 변태

10.4.1 저-실리콘 또는 실리콘 없는 TRIP-assisted 강

TRIP-assisted 강에 실리콘이 많이 첨가되면 단단하며 열간압연 이전에 제거하기 힘든 접착성의 산화물(Fe_2SiO_4)이 형성되어 표면 상태가 나빠진다. 따라서 이러한 강은 그 적용 용도가 자동차부품 중 겉으로 드러나지 않는 부품의 제조에 국한된다. [그림 10.16]에 보인 바와 같은 저-실리콘 TRIP강이 존재한다. 이러한 합금에서 오스테나이트는 시멘타이트를 석출하려는 경향으로 인해 잔류되기가 더욱 어렵지만 세심한 열처리를 통해 이를 최소화시킬 수 있다. 이것이 되면 강도가 600MPa를 넘고 균일연신율이 15%에 이른다.

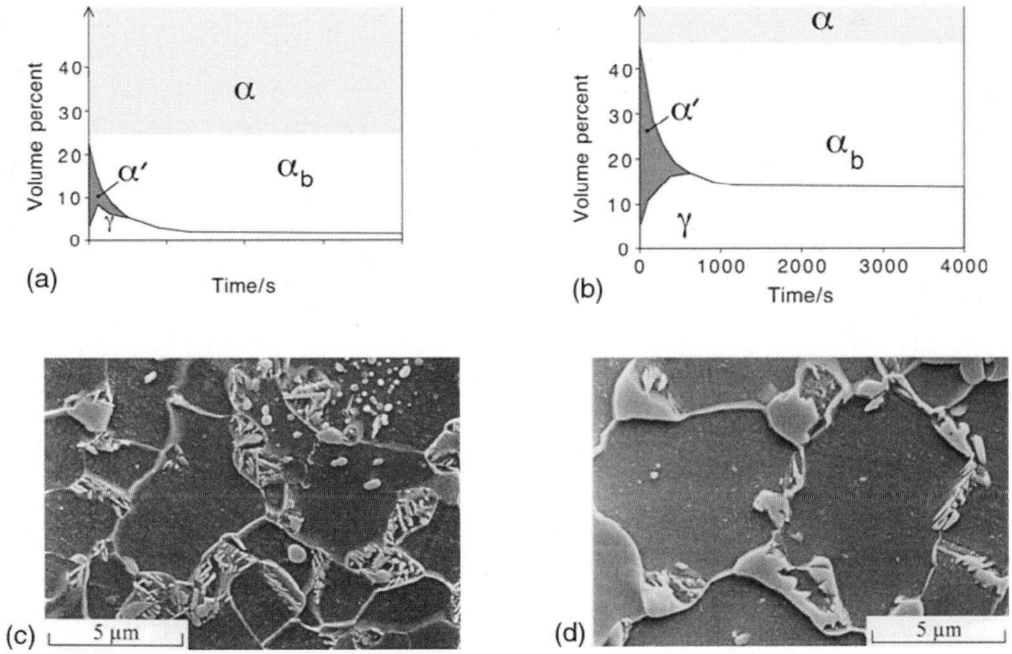

그림 10.16 베이나이트 등온변태 동안 시간에 따른 실온 미세 조직의 변화. (a)저-실리콘 강 Fe-0.16C-0.38Si-1.3Mn wt%, (b)고-실리콘 강 Fe-0.29C-1.41Si-1.42Mn wt%, (c)1800초 동안 베이나이트 등온변태된 저-실리콘 합금의 주사전자현미경 조직, (d)900초 동안 베이나이트로 변태된 고-실리콘 합금의 주사전자현미경 조직으로 오스테나이트 흔적이 풍부하다.

10.4.2 TRIP-assisted 강의 아연도금

아연도금(Galvanizing)에는 강을 액상 아연에 담그는 용융도금(dipping)과 아연을 전해 화학적(electrolytically)으로 부착시키는 2가지 기본 방법이 있다. 원하는 미세 조직을 얻기 위한 열처리 동안 TRIP-assisted 강에 대표적으로 함유된 실리콘과 망간으로 인해 안정적인 Mn_2SiO_4 산화막이 표면에 만들어진다. 이로 인해 아연이 강 표면에 부착이 어려우므로 이러한 합금은 전해 화학적으로 아연도금을 한다.

이러한 문제는 어닐링로(annealing furnace)에 습기를 증가시킴으로써 완화될 수 있다. 그러면 표면에 산화물 흡착이 감소되게 되고 아연에 의한 젖음성이 개선된다. 높은 습도는 강의 표면 아래에서 Mn과 Si의 내부 산화를 일으키게 하여 표면에서의 Mn_2SiO_4 형성 가능성을 감소시켜준다. 또 다른 방법으로는 실리콘을 제거하고 알루미늄을 첨가해 시멘타이트가 없는 미세 조직을 유지해주는 것이다. 표면 가까이에서의 내부 산화를 통해 알루미늄은 산화해 쉽게 알루미나를 형성함으로써 어닐링로에 습도가 낮을 때 자유 표면에서 형성될 수 있는 $FeAl_2O_4$의 양을 다시 제한한다. 이러한 강은 쉽게 용융도금된다.

습도가 높으면 MnO가 표면을 덮게 되어 액상 아연의 표면 젖음성을 저하시키게 된다. 따라서 알루미늄 함유 강이 연속 아연도금 라인에 더욱 적합하다. 산화물을 형성하려면 실리콘과 망간이 표면으로 확산해야 하며 입계는 주요 확산 경로 중의 하나다. 인(P)이 존재하면 입계에 편석을 해서 입계의 확산유동을 감소시켜주므로 산화물이 형성되는 정도를 감소시킨다. 이러한 강은 용융 아연에 의한 젖음성이 우수하다(이에 반해 동일한 효과가 아연도금 공정 동안 철-아연 화합물의 형성을 어렵게 하기도 한다).

10.5 TWIP 강

확산에 의존하지 않고 강이 상온에서 소성변형을 할 수 있기 위한 3가지 모드가 있다. 버거스 벡터가 격자 벡터와 일치하는 개별 전위들은 활주할 수 있으므로 결정구조나 체적의 변화 없이 형상을 바꿀 수 있다. 이에 반해 변위형(displacive) 변태(마르텐사이트, 베이나이트)는 소성변형뿐만 아니라 결정구조와 밀도까지도 바꾸게 된다. 이러한 현상을 이용한 강이 TRIP강이다. 세 번째 변형모드는 기계적 쌍정(mechanical twinning)으로 강의 결정구조가 유지되지만 쌍정된 영역이 공정 안에서 새롭게 재배열된다. 전단변형 s가 0.25 정도인 변위형 변태에 비해 기계적 쌍정은 훨씬 큰 전단변형 $s = 1/\sqrt{2}$을 만든다. TWIP강은 기계적 쌍정을 통해 뛰어난 연성을 갖게 한 철합금으로써 'twinning-induced plasticity'를 의미한다.

합금조직이 오스테나이트이고 기계적 변형 동안에도 이 조직이 유지되지만 개별 전위들의 활주와 $\{1\,1\,1\}_\gamma\langle 1\,1\,\bar{2}\rangle_\gamma$ 시스템에서의 기계적 쌍정을 통해 변형을 수용할 수 있다. 합금은 많은 양의 망간과 약간의 알루미늄과 실리콘(예. Fe-25Mn-3Si-3Al wt%)을 함유하며 탄소와 질소는 불순물로 내부에 존재한다. 높은 농도의 탄소가 강도를 증가시키기 위해 첨가되기도 한다. 높은 망간 농도에서는 오스테나이트가 변형 동안에 ϵ-마르텐사이트(hcp)로 변태하려는 경향을 보인다. ϵ-마르텐사이트는 $a/2\langle 0\,1\,1\rangle_\gamma$ 완전전위가 조밀충진 $\{1\,1\,\bar{1}\}_\gamma$ 면상에서 부분(partial) 전위 사이에 적층결함을 갖는 Shockley 부분전위로의 분해를 통해 형성될 수 있다. 이 적층결함 영역이 3층 두께의 ϵ-마르텐사이트 판을 나타낸다. 따라서 적층결함에너지의 감소는 이러한 종류의 마르텐사이트 형성을 도와준다. 알루미늄은 오스테나이트의 적층결함에너지를 올리기 때문에 알루미늄의 첨가는 마르텐사이트 형성을 억제시킨다. 실리콘은 적층결함에너지를 감소시키는 반대효과를 가지지만 알루미늄처럼 강의 밀도를 감소시킨다. 대표적으로 사용되는 알루미늄과 실리콘의 조합에 따라서는 전체 밀도가 7.8gcm^{-3}에서 7.3gcm^{-3}으로 떨어진다.

합금은 200~300MN m^{-2} 정도의 낮은 항복강도를 갖지만 인장강도는 1100MN m^{-2} 이상까지도 증가될 수 있다. 이것은 가공경화지수가 크기 때문이며 이로 인해 균일연신율이 늘어나게 되고 60~95%의 총 연신율을 갖게 된다. 기계적 쌍정은 이중적인 효과를 갖는다. 쌍정이 소성도 증가시키지만 쌍정변형이 일어나지 않은 오스테나이트를 미세 계면처럼 세분시킴으로써 가공 경화율을 크게 증가시키는 효과도 가진다(그림 10.17).

TWIP강의 주요 장점의 하나는 조직이 오스테나이트이고 극저온(−150℃)과 높은 변형률(10^3 s^{-1})에서 우수한 물성을 유지한다는 점이다. 이 강은 충돌 시 에너지 흡수를 통해 자동차의 안전을 증가시키는 능력을 가지고 있다.

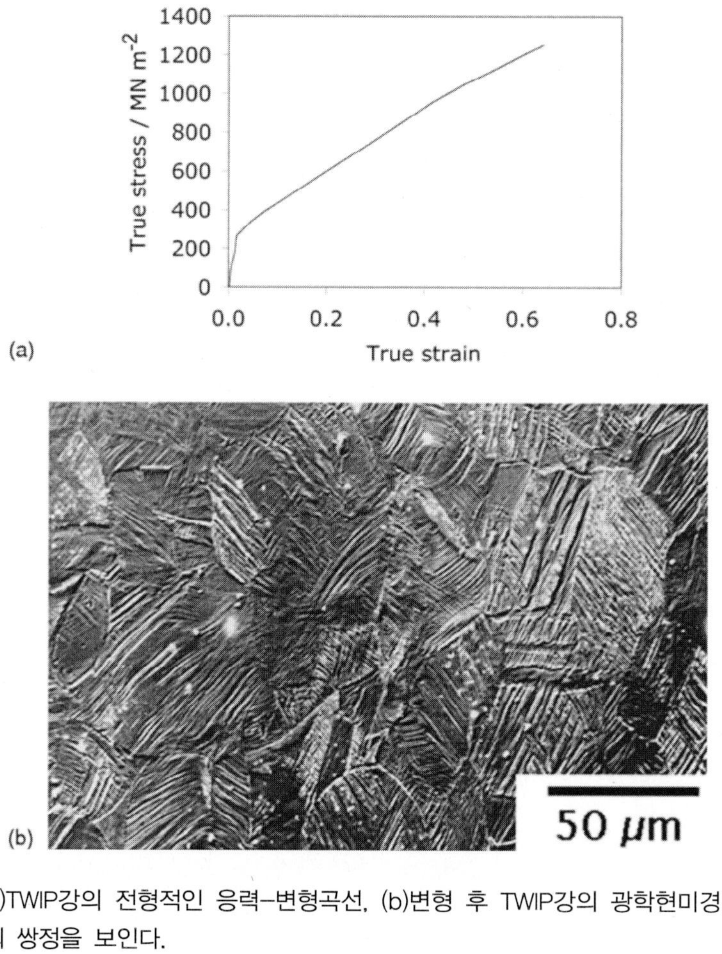

그림 10.17 (a)TWIP강의 전형적인 응력–변형곡선, (b)변형 후 TWIP강의 광학현미경 조직으로 다량의 쌍정을 보인다.

10.6 가공 열처리된 산업용 강

제어압연에 의해 생산된 미세합금강들은 상대적으로 저렴하고 적절한 강도와 우수한 인성과 파괴강도, 그리고 양호한 용접성으로 인해 여러 공업적 용도에 가장 적합한 재료로 꼽히고 있으며, 여러 용도에서 미세합금강이 퀜칭-템퍼링 강에 비해 비교우위를 점한다. 이러한 강들은 주로 제어압연 후 750℃과 550℃ 온도영역에서 권취된 박판 형태가 일반적이다. 권취온도는 최종 변태온도와 이로 인한 미세 조직에 영향을 미치게 되므로 중요하다. 동일 조건에서 권취온도가 낮을수록 높은 강도가 얻어진다. 이러한 강에서 얻어지는 항복강도의 일반적인 범위는 350MN m^{-2}에서 550MN m^{-2}(50~80ksi)이다. 강도는 세부적인 가공열처리와 0.5~1.5wt% 사이에서의 망간 함량 변화와 0.03~0.1wt% 사이에서의 미세합금의 첨가를 통해 조절된다.

니오브는 단독으로 또는 바나듐과 함께 사용되는 반면 티타늄은 다른 2가지 탄화물 형성원소와 조합해 사용될 수 있다. 이러한 원소들 사이의 상호작용이 복잡하지만 대체적으로 니오브가 바나듐에 비해 오스테나이트 내에 탄화물이나 탄질화물로 더욱 용이하게 석출하므로 상대적으로 입자미세화에 더욱 효과적이다. 오스테나이트에서 바나듐 탄화물의 높은 고용도는 티타늄에 비해 바나듐의 월등한 분산강화능력을 분명히 보여준다. 티타늄은 또한 황과 작용해서 황화물 개재물의 형상에 유익한 효과를 보일 수 있다. 이러한 혼용되는 원소들의 종합적인 효과는 개별적인 영향도의 단순한 합이 아니며 이러한 강들의 구체적인 야금학은 매우 복잡하다는 사실을 인지할 필요가 있다.

가장 큰 용도 중의 하나인 천연가스와 원유수송용 파이프라인은 전반적으로 낮은 합금함량(낮은 경화능)으로 인해 양호한 용접성을 가지는데 특히 낮은 탄소함량일 경우 용접성이 뛰어나다. 또한 대구경 파이프에 대한 수요가 증대해서 과도한 벽두께의 증가를 피하기 위해 항복강도가 높은 강이 사용된다. 실제로 10~12.5mm의 벽 두께가 가장 적절한 것으로 알려져 있다. 410MN m^{-2}(60ksi) 부근의 항복강도를 달성하기 위한 대표적인 조성(wt%)은

C 0.12   S 0.012   Mn 1.35   Nb 0.03

C 0.12   S 0.006   Mn 1.33   Nb 0.02   V 0.04

450MN m^{-2} 보다 높은 항복강도를 위해서는

C 0.06   S 0.006   Mn 1.55   Nb 0.05   V 0.10

하지만 높은 항복강도를 압연이 종료되는 온도와 판의 권취온도와 같은 제조변수의 조절을 통해 얻을 수도 있다. 질소는 의도적으로 합금원소로 사용되기도 한다. 질소 합금강의 성공가능 구간은 바나듐이 질화물을 형성하여 입자크기 조절과 분산강화를 할 수 있는지의 여부에 의해 결정된다. 또 어떤 강에서는 개재물 형상을 제어하기 위해 희토류(rare earth)원소를 첨가하기도 한다. 여러 강도별로 대표적 조성들을 [표 10.1]에 나타냈다.

표 10.1 미세 합금된 바나듐강의 대표적인 조성

Element	Typical composition (%)	
	Yield strength 345 (MN m^{-2}) (50 ksi)	550 (MN m^{-2}) (80 ksi)
Carbon	0.08–0.12	0.12–0.17
Manganese	0.75–1.10	1.20–1.55
Phosphorus	0.008–0.013	0.008–0.013
Sulphur	0.007–0.020	0.007–0.020
Silicon	0.05–0.15	0.30–0.55
Aluminium	0.03–0.06	0.03–0.06
Vanadium	0.03–0.07	0.10–0.14
Nitrogen	0.006–0.012	0.015–0.022
Cerium	0.02–0.06	0.02–0.06

강도가 높은 미세합금강은 대형트럭 프레임, 트랙터 부품, 크레인 붐과 조명지지대 등에 사용된다. 황화물 개재물의 조절은 냉간 제조공정에서의 성형 능력을 개선시켜준다. 이러한 근래의 기술들은 HSLA강이 상당한 냉간가공을 필요로 하는 여러 용도에 사용 가능하도록 해주었는데, HSLA강의 경우 희토류원소가 첨가되지 않은 이전의 경우에는 균열을 보였었다.

소성 변형된 오스테나이트로부터 마르텐사이트가 생성되면 강은 오스폼(ausform)되었다고 한다. 오스포밍(ausforming)은 여태껏 생산된 강 중에서도 가장 강하고 인성이 우수하며 우수한 피로저항성을 갖는 강이라 할 수 있다. 하지만 이 강은 비싼 합금원소를 다량 함유하고 있고 큰 변형을 가해주어야 하므로 압연기에 큰 하중부하를 주게 된다. 이러한 강들은 가격 측면보다는 중량 대비 고강도가 요구되는 용도에서 특히 유용하다. 대표적인 용도로는 항공기 착륙장치용 부품, 특수 스프링 및 볼트 등을 들 수 있다.

오스포밍이 가능한 12wt% Cr 변태가능(transformable)강은 적절한 조성배합을 통해 3000MN m^{-2}(>200tsi) 이상의 인장강도까지도 얻을 수 있다. 0.4C-6Mn-3Cr-1.5Si 강은 3400MN m^{-2}의 인장강도까지 오스포밍되었으며, 기존 열처리보다도 우수한 연성을 보였다. 우수한 연성을 겸비한 유사한 강도가 0.4C-5Cr-1.3Mo-1.0Si wt% 강(H11)에서 보고된 바 있다(그림 10.18). 이런 종류의 강들은 대부분 변태 이전의 *TTT* 곡선의 오스테나이트 만(bay)에서 상당량의 변형이 가능한 충분한 시간을 확보하기 위해 충분한 양으로 고합금화 되어 있다.

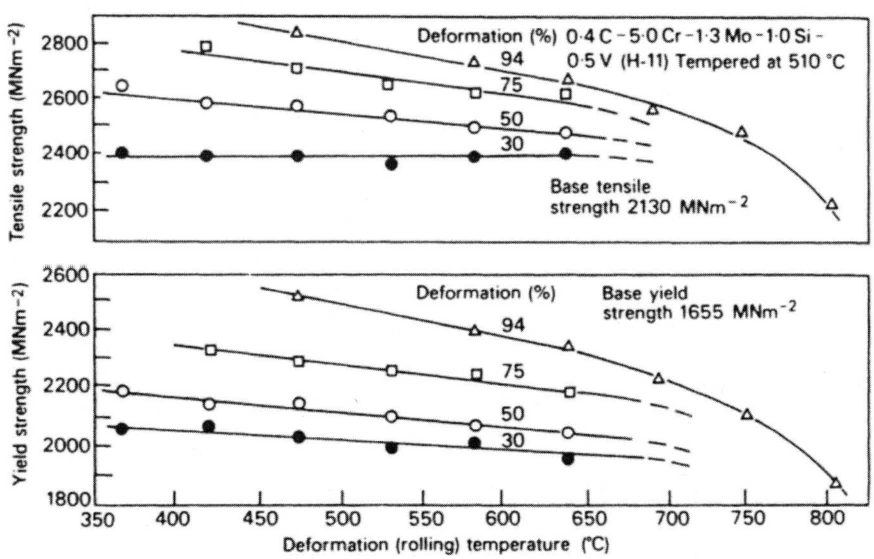

그림 10.18 0.4C–5.0Cr–1.3Mo–1.0Si–0.5V wt%강(H11)의 항복 및 인장강도에 미치는 온도와 변형의 효과

참고문헌

Bhadeshia, H. K. D. H., TRIP-Assisted Steels? ISIJ International, 42, 1059, 2002.

Cooman, B. C. de, Structure-properties relationship in TRIP steels containing carbide-free bainite, Current Opinion in Solid State and Materials Science 8, 285, 2004.

Davenport, A. T.(ed.), Formable HSLA and Dual-phase Steels, The Metallurgical Society of AIME, USA, 1979.

Davies, G., Materials for Automobile Bodies, Elsevier, London, 2003.

Frommeyer, G., Brüx, U. and Neumann, P., Supra-ductile and high-strength manganese-TRIP/TWIP steels for high energy absorption purposes, ISIJ International 43, 438, 2003.

Gladman, T., Physical Metallurgy of Microalloyed Steels, Institute of Materials, London, 1997.

HSLA Steels-Metallurgy and Applications. Proceedings of an International Conference, Beijing, 1985, Chinese Society of Metals, ASM International.

International Conference on Processing, Microstructure and Properties of Microalloyed and Other Modern Low Alloy Steels, Pittsburgh, 1991.

Jacques, P. J., Transformation-induced plasticity for high strength formable steels, Current Opinion in Solid State and Materials Science 8, 259, 2004.

Kozasu, I., Processing-thermomechanical controlled processing in Materials Science and Technology(eds Cahn, R. W., Haasen, P. and Kramer, E. J.), Vol. 7, Constitution and Properties of Steels(ed. Pickering, F. B.), VCH, Weinheim, Germany, 1992.

Krauss, G.(ed.), Deformation, Processing and Structure, American Society for Metals, Ohio, USA, 1984.

Maki, J., Mahieu, J., de Cooman, B. C. and Claessens, S., Galvanisability of silicon free CMnAl TRIP steels, Materials Science and Technology 19, 125, 2003.

Physical Metallurgy of Thermo-mechanical Processing of Steels and other Metals(Thermec 88), Iron and Steel Institute of Japan, 1988.

Yokota, T., Garcia-Mateo, C., and Bhadeshia, H. K. D. H., Transformation-induced plasticity for high strength formable steels, Scripta Materialia 51, 767, 2004.

Steels-Microstructure and Properties

Chapter 11

강의 취성과 파괴

서론 11.1
철과 강의 벽개파괴 11.2
벽개파괴의 영향인자 11.3
연성/취성 천이의 기준 11.4
취성파괴의 실제 양상 11.5
연성 또는 섬유상 파괴 11.6
입계 취성 11.7
참고문헌

11.1 서론

많은 합금들은 가해진 응력이 통상적으로 파괴가 일어날 것으로 예상되는 응력보다 훨씬 낮은 조건에서 균열에 의해 파괴될 수 있다. 강의 경우도 예외가 아니며 다른 종류의 재료들에 비해 훨씬 다양한 파괴기구에 의해 파괴된다. 과다 응력 하에서 최종 파괴가 일어난다면 적절한 기계적 시험을 통해 합리적으로 예측될 수 있겠지만 조기(premature) 파괴는 항상 위험하고 예측불허의 요소들을 상당 부분 가지고 있다. 하지만 미세 조직과 불순물 분포 등에 관한 보다 정확한 현상분석을 통해 여러 파괴현상의 원인과 기구를 더욱 잘 이해할 수 있게 되었다. 더군다나 잘 확립된 파괴역학은 여러 응력상황에서 균열 성장에 대한 정량적 예측을 가능하게 해주었으며 지금은 강 조직에 갑작스런 파괴발생의 위험 없이 가해질 수 있는 응력수준을 확실하게 예측하기에 이르렀다.

11.2 철과 강의 벽개파괴

벽개파괴(cleavage fracture)는 여러 미네랄과 무기질 결정 고체에서 아주 적은 소성변형을 동반하는 균열전파로 잘 알려져 있으며 원자밀도가 높은 낮은 지수(low indices)의 면을 따라 결정학적으로 일어난다. 저온에서 아연은 기저(basal)면을 따라 갈라지는 반면 bcc 철은 다른 bcc 금속이 그러하듯 {100} 면을 따라 갈라진다(그림 11.1). 이 거동은 철의 고유 특성으로 보이지만 존 정제법(zone refining)으로 고순도를 만들고 탄소, 산소, 질소의 농도를 낮춘 철은 아주 낮은 온도에서도 연성이 아주 우수함이 밝혀졌다. 예를 들면 최고 순도의 철 시편을 극저온에서 인장 실험해 90%에 이르는 단면감소율을 얻은 결과가 있다. 철 내에서의 탄소와 질소의 함량이 증가함에 따라 연성에서 취성벽개로의 천이거동을 보이는 온도가 증가하게 되며 어떤 강에서는 천이가 상온 또는 그 이상에서도 일어날 수 있다. 이러한 천이에 영향을 미치는 주요 변수는 근본적이면서 실제적인 측면에서 아주 중요하다.

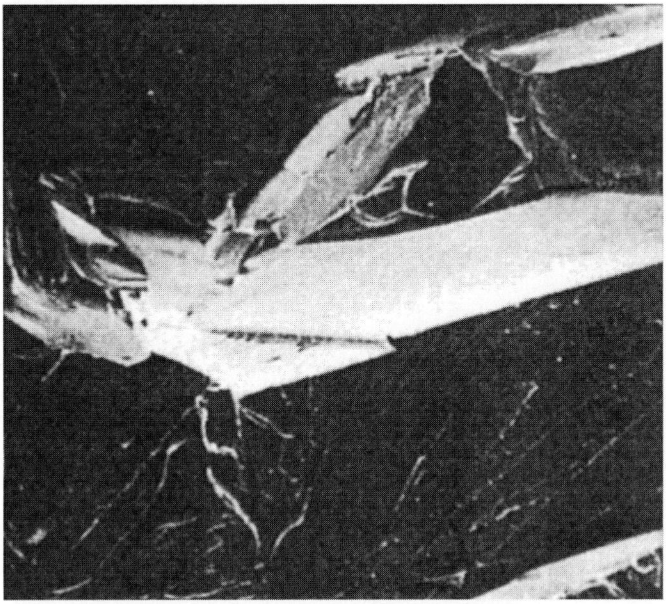

그림 11.1 55°C에서 Fe-0.04P의 벽개파괴

철과 강에서의 벽개균열의 전파에 요구되는 에너지는 연성균열의 성장에 요구되는 에너지에 비해 적다. 이것은 여러 온도 구간에서의 샤르피, 아이조드, 하우스필드(Housfield) 형태의 충격시험에 의해 쉽게 확인 가능하다. 충격에너지를 온도의 함수로 나타내면 파괴모드가 연성에서 취성으로 바뀌면서 기울기의 큰 변화가 관찰된다(그림 11.2). 이러한 충격 천이곡선은 열처리(그림 11.2)와 같은 야금학적 효과가 강의 파괴거동에 미치는 효과와 이로부터 꽤 정확한 천이온도, T_c를 알아낼 수 있는 간단한 방법이다. 하지만 T_c는 재료상수가 아니며 시험모드 등이 바뀌면 따라서 바뀔 수 있다. 그럼에도 불구하고 금속학적 변수가 파괴거동에 미치는 효과를 비교할 수 있는 간단한 시험방법이라 할 수 있다. 파괴의 전파가 최종 파괴에 중요한 단계임을 견지한 더욱 정교한 시험방법도 개발되었다. 이러한 파괴인성시험은 노치시험편에 피로시험을 통해 예비균열을 생성시킨 후 실시한다. 균열뿌리에서의 응력세기 인자(stress intensity factor) K는 가해진 응력 σ와 균열크기 c로 나타낸다.

$$K = \sigma(\pi c)^{1/2}$$

임계응력세기 인자 K_c에 도달하면 급격한 파괴로의 천이가 일어난다.

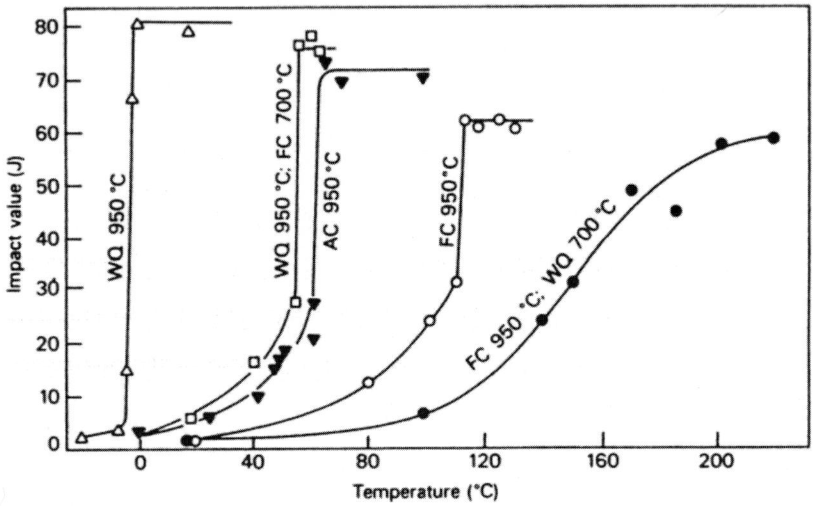

그림 11.2 Fe–0.12wt% C 합금의 충격 천이온도에 열처리가 미치는 영향. AC, FC, WQ는 각각 공냉, 로냉, 수냉을 의미한다.

11.3 벽개파괴의 영향인자

벽개파괴의 개시에 주요한 역할을 하는 여러 인자들을 아래에 나타냈으며 이들은 상호 영향을 미칠 수 있다.

1. 항복강도의 온도 의존성
2. 예리한 항복점(yield point)의 발생
3. 쌍정에서의 균열 핵생성
4. 탄화물 입자에서의 균열 핵생성

5. 입자크기

철을 포함한 모든 bcc 금속은 두드러진 항복강도의 온도 의존성을 보이며 침입형 불순물 함량이 아주 낮은 경우에도 그러하다. 전위를 이동시키는데 필요한 응력인 Pierls-Nabarro 응력은 매우 온도 의존적이다. 이것은 온도가 낮아짐에 따라 처음으로 이동하는 전위들은 속도가 응력에 비례하므로 더욱 빠르게 이동해 전위 합체(coalescence)(그림 11.3) 등에 의한 균열 핵을 형성할 기회가 증가한다는 것을 의미한다. [그림 11.3]은 전위집적(pile-up)에 의해 핵을 생성할 수 있는 2가지 방법을 보여준다. 침입형 원자인 탄소와 질소는 침입형 원자분위기로부터 전위가 급격하게 빠져나옴에 기인하거나(Cottrell-Bilby 이론), 또는 새롭게 생성되는 전위들의 빠른 이동에 기인해(Gilman-Johnson 이론) 예리한 항복점(yield point)을 나타나게 만든다(2장). 어느 경우가 맞든 이들 이론들은 전위의 빠른 이동에 주목하고 있으며, 전위 합체로 인해 균열 핵생성에 우호적인 상황을 제공해주는 강도가 높아짐으로써 전위가 국부적으로 더욱 빠르게 이동할 수 있다.

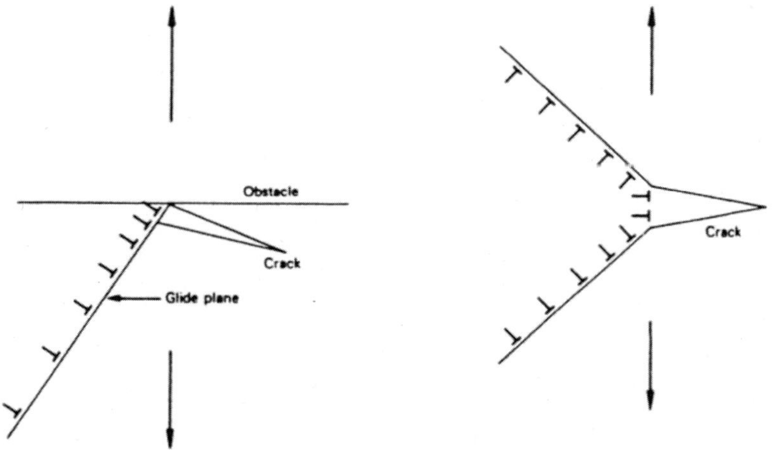

그림 11.3 균열 핵생성을 위한 전위기구의 도식도

철의 유동응력은 온도가 감소함에 따라 변형쌍정을 위한 임계응력까지 빠르게 증가해(그림 2.2) 변형쌍정이 중요한 변형기구가 된다. 균열은 쌍정 교차점과 쌍정이 입계와 접촉하는 점과 같이 다양한 쌍정배열에서 우선적으로 핵생성하게 되어, 동일 조건하에서는 균열전파가 쌍정된 철에서 더욱 잘 일어나는 것으로 알려져 있다. 응력의 온도 의존성이 이동하는 균열선단에서의 소성변형을 더욱 어렵게 하여 저온에서 균열 선단의 소성 둔화(blunting)가 더디게 일어나서 균열전파가 촉진된다. 지금까지 상대적으로 순수한 철과 같은 단일 상 재료에서 일어날 수 있는 균열 핵생성기구를 설명했지만 시멘타이트와 같은 제2상이 존재하면 균열을 생성시키기가 쉬워진다.

소성변형은 입계 시멘타이트 입자 또는 펄라이트형 시멘타이트 층을 균열시켜 미세균열들을 만들 수 있으며(그림 11.4) 어떤 경우에는 미세균열이 전파하여 심각한 벽개파단을 일으킨다(그림 11.5). 근래의 연구결과는 이러한 미세 조직학적 인자가 강의 파괴특징을 결정하는데 아주 중요하다는 것을 잘 보여주고 있다. 알루미나 입자나 철에서 발견되는 다양한 실리케이트와 같은 취성 개재물 또한 균열의 핵이 될 수 있다. 입자크기는 특히 중요한 변수로서 페라이트 입자크기가 감소함에 따라 항복강도가 증가한다는 사실에도 불구하고 천이온도 T_c를 낮추어준다. 따라서 이것은 강의 연성을 실제로 개선시키는 중요한 강화기구가 된다.

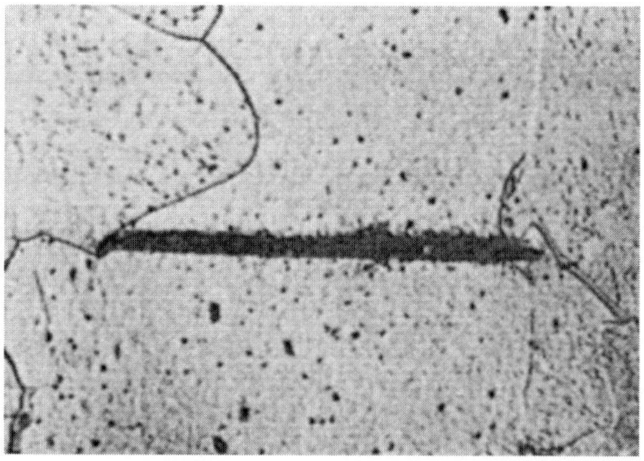

그림 11.4 저탄소강에서 탄화물 입자에서 벽개균열의 핵생성. 광학현미경 ×400

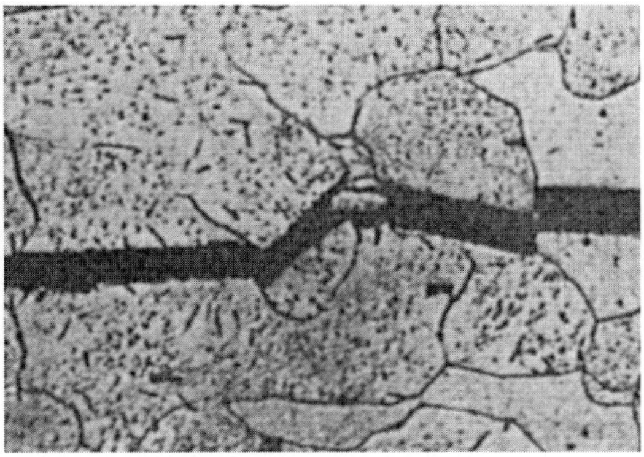

그림 11.5 저탄소강에서 균열의 입내전파. ×275

Petch에 의해 T_c가 $\ln d^{-1/2}$에 선형적인 관계를 가짐이 밝혀졌고, 이러한 형태의 관계는 입계에 집적(pile-up)된 전위에서 균열 핵을 형성시킨다는 전위모델로부터 적절하게 유추될 수 있다. 입자가 작을수록 슬립밴드(slip band)가 입계에 이르는 전위집적 수가 줄어든다. 이러한 전위집적 선단부에서의 전단응력이 $n\tau$임을 염두에 두면(여기서, n은 전위의 수, τ는 슬립방향으로의 전단응력) 입자크기가 감소함에 따라 n이 작아지고 입계에서의 국부응력집중도 더불어 줄어들게 될 것이다. 이러한 국부집중응력의 감소현상은 국부응력이 전위 합체에 기인하든 또는 탄화물에 균열을 일으키는 전위집적에 의해 형성되든 또는 쌍정작용에 의해서 일어나든지에 무관하게 균열 핵을 줄여준다.

11.4 연성/취성 천이의 기준

취성파괴에 관한 모든 이론의 출발점은 Griffith의 연구인데 취성재료 내에 이미 존재하는 $2c$ 길이를 갖는 균열의 전파에 필요한 조건을 고려했다. 가해준 응력 σ가 충분히 높으면 균열이 전파하면서 탄성에너지를 방출한다. 얇은 판(평면응력)의 경우 탄성에너지 U_e는

$$U_e = \frac{\pi c^2 \sigma^2}{E} \text{ per unit plate thickness} \tag{11.1}$$

여기서 E는 탄성계수다. U_e는 에너지가 방출되므로 '음'의 값이다. 하지만 균열이 새로운 2개의 표면을 만들면서 $2c\gamma$의 표면에너지를 형성하게 되므로 '양'의 표면에너지 U_s가 생긴다.

$$U_s = 4c\gamma, \text{ 여기서 } \gamma\text{는 단위면적당 표면에너지}$$

Griffith는 표면에너지 U_s의 증가가 탄성에너지 U_e의 감소보다 작으면 균열이 전파한다고 보았다. 평형위치는 균열길이의 변화에 대한 에너지의 변화가 0일 때로 정의해

$$\frac{\mathrm{d}U}{\mathrm{d}c} = \frac{\mathrm{d}(U_e + U_s)}{\mathrm{d}c} = 0 \tag{11.2}$$

이것이 G로 정의된 탄성에너지 해방률(elastic energy release rate)이다.

$$\therefore \left(-\frac{2\pi c\sigma^2}{E} + 4\gamma\right) = 0$$

이고,

$$\sigma_f = \left(\frac{2\gamma E}{\pi c}\right)^{1/2} \tag{11.3}$$

여기서 σ_f는 파괴응력으로써 이 이상에서는 에너지가 방출되면서 균열이 전파한다. 이 식은 응력 σ가 균열길이에 역비례하므로 균열이 전파됨에 따라 필요 응력이 줄어들게 되고 따라서 균열이 가속화됨을 보여준다. Orowan은 결정고체에서 균열의 핵생성 동안 그리고 균열이 전파할 동안 균열선단부에서 소성변형이 일어나는 것을 지적했다. 이러한 선

단부 변형이 균열을 둔하게 해서 실제로 균열이 계속 전파되기 위해 필요한 에너지를 증가시킨다. 따라서 Griffith 식은 이러한 소성일(plastic work) γ_p를 포함시켜 수정되었다.

$$\sigma_f = \left(\frac{E(2\gamma + \gamma_p)}{\pi c} \right)^{1/2} \tag{11.4}$$

$\gamma_p \gg \gamma$ 로 밝혀졌으므로 철과 같은 결정고체 내에서 균열전파 조건은

$$\sigma_f = \left(\frac{E\gamma_p}{\pi c} \right)^{1/2} \tag{11.5}$$

균열선단부에서의 국부적인 응력장은 대개 응력세기인자 K가 K_c에 도달하면 균열전파가 일어난다. 이러한 임계값 K_c는

$$K_c = \sigma_f \sqrt{\pi c} \tag{11.6}$$

평면응력 조건에서

$$K_c = \sqrt{EG_c}$$

여기서 G_c는 임계 변형에너지 해방률이다.

평면변형 조건에서 변형에너지 해방률의 임계값은 $G_{1C} = \gamma_p$이므로

$$\sigma_f = \left(\frac{EG_{1C}}{\pi(1-\nu^2)c} \right)^{1/2} \tag{11.7}$$

여기서 ν는 Poisson's ratio이다.

응력세기 인자의 임계값 K_{1C}는 G_{1C}와 다음과 같은 관계를 갖는다.

$$K_{1C} = \left(\frac{EG_{1C}}{\pi(1-\nu^2)} \right)^{1/2} \tag{11.8}$$

강의 파괴인성은 피로시험을 통해 예비균열이 만들어진 노치시험편을 굽힘이나 비틀림 시험을 통해 파괴될 때까지 응력을 가해주는 실험을 통해 얻어진 K_{1C} 값으로 표현되곤 한다.

벽개균열의 핵생성과 전파는 명백하게 구분되어야 한다. 유효전단응력이 탄화물 입자를 파괴시킴으로써 균열 핵을 만들어낼 수 있는 전위 그룹, 즉 이상적으로는 전위집적(pile-up)과 상응하는 임계값에 도달하면 핵생성이 일어난다.

반면 균열의 전파는 국부적인 인장강도가 파괴강도 σ_f에 반드시 도달해야만 일어난다. 슬립을 통해 핵생성된(slip-nucleated) 파괴의 단순 모델은 전위의 상호작용이나 입계 탄화물에서 형성된 균열 중 하나를 가정한다. 하지만 근래에 이러한 2가지 조직학적 특성이 임계파괴응력 σ_f에 대한 식을 유도하는 과정에 반드시 함께 고려되어야 하는 것으로 밝혀졌다. 임계응력은 온도 의존성이 없는 것으로 보인다. 낮은 온도에서는 항복강도가 상대적으로 높으므로 균열선단의 소성역이 작으면 균열이 전파하게 되는 반면 높은 온도에서는 항복강도가 낮을 것이므로 임계 국부인장강도, σ_f를 달성하기 위해 보다 큰 소성영역이 요구된다. 이러한 인장강도 σ_f를 다양한 연강(mild steel)에 대해 측정한 결과 근사적으로 $d^{-1/2}$에 비례하는 것으로 밝혀졌다(그림 11.6).

산포는 시험온도와 탄화물 크기의 차이에 기인하는 것으로 보인다. 이 그림은 입자 미세화가 균열전파에 대한 저항을 증가시키는데 결정적 역할을 함을 잘 보여준다. 입계 탄화물 크기에 관해서는, 유효한 균열 핵이 임계치수 이상의 입자들에서 생겨나게 될 것이며 탄화물 입자의 치수분포를 알게 되면 임계파괴강도를 예측할 수 있게 된다. 따라서 탄화물 입자를 포함하는 페라이트 입자로 구성된 미세 조직을 갖는 연강의 경우에는 탄화물 입자의 치수분포가 가장 중요한 인자가 된다. 반면 베이나이트와 마르텐사이트 강에서는 오스테나이트 입자가 0.1~2μm 사이의 레스 폭을 갖는 레스 조직으로 변태하며 레스들은 서로 소경각경계를 이루면서 다발(bundle)이나 패킷(packet, 5장 참조)으로 생겨난다. 보다 큰 방위 차이가 패킷 경계에서 일어난다. 이러한 조직에서는 패킷 폭이 벽개균열전파를 좌우하는 주요 미세 조직학적 특성이다.

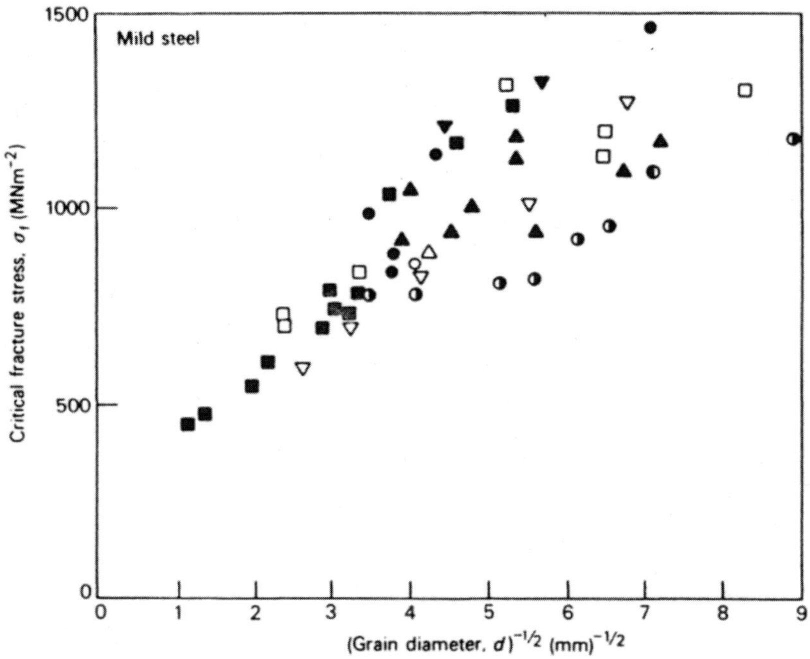

그림 11.6 연강에서 국부파괴응력 σ_f의 입자크기 의존도

임계 국부파괴강도 σ_f는 다음 2가지 형태의 조직과 관련된다.

1. 구형의 탄화물 입자를 갖는 페라이트 강

$$\sigma_f = \left(\frac{\pi E \gamma_p}{2c_0}\right)^{1/2} \tag{11.9}$$

여기서 c_0는 탄화물 직경이다.

2. 레스 내 패킷을 갖는 베이나이트와 마르텐사이트 강

$$\sigma_f = \left(\frac{4E\gamma_p}{(1-\nu^2)d_p}\right)^{1/2} \tag{11.10}$$

여기서 d_p는 패킷 폭, ν는 Poisson's ratio이다.

11.5 취성파괴의 실제 양상

파괴가 시작되면 응력 하에 놓인 강 내부에 축적된 탄성에너지가 새로운 표면의 형성과 균열선단부 소성변형에 부분적으로 사용되고 여분의 에너지는 균열의 운동에너지를 제공한다. Griffith 형태의 모델을 사용하면 균열속도 v는

$$v = \sqrt{\frac{2\pi}{k}}\sqrt{\frac{E}{\rho}}\left(1-\frac{c_0}{c}\right)^{1/2}$$

여기서 c_0는 임계크기, c는 주어진 순간에서 균열길이의 1/2, ρ는 밀도, k는 상수다.

이 관계는 균열크기가 증가함에 따라 속도가 증가해 c 값이 아주 커지게 되면 한계값 v_{lim}에 도달한다. 실제로 v_{lim}은 음속의 0.4~0.5 수준이므로 여러 불행한 사고에서 입증되었듯이 취성파괴가 급격하게 일어난다. 취성파괴 현상은 특히 용접이 주요 제조공법이 되는 경우에 발생 가능성이 더욱 증가한다. 이전에는 취성균열이 리벳된 판의 접합부에서 정지되기도 했지만 용접으로 만들어진 철 구조물은 용접부가 균열전파의 연속적인 통로를 제공해준다. 여기에다 부정확한 용접공정은 강한 응력집중과 취성파괴를 촉발시킬 수 있는 용접부 균열을 야기할 수 있다. 강이 구조적 목적으로 널리 사용되기 시작한 19세기 후반 이래로 강의 취성파괴를 경험해왔고, 근래에 들어 선박, 파이프라인, 교량, 압력용기와 같은 통합형 대형구조물에 대한 수요의 증가와 함께 심각한 파괴도 대폭 늘었다.

2차 대전 동안 용접으로 건조된 자유호(Liberty Ship)에서 엄청난 파손들이 일어났는데 심각한 취성파괴를 포함해서 약 1,500건의 사고가 있었고 19척의 배는 사전예고도 없이 두 동강으로 완전히 파손되었다. 그 이후로 파괴현상에 대한 이해 수준이 높아졌고, 제강 및 용접기술 분야에서 현저한 기술개선이 이루어졌음에도 불구하고 파괴가 계속 일어나고 있어(그림 11.7) 부주의한 작업과 아직도 미흡한 기술적 대응에 대한 우려가 지속되고 있다.

그림 11.7 두꺼운 벽 두께를 갖는 압력용기의 취성파괴

파괴거동의 온도 의존성과 북해 파이프라인과 액화가스의 저장용기 등과 같은 저온 용도로의 강의 적용이 늘어나는 추세임을 감안해 아주 낮은 연성취성 천이온도와 높은 파괴인성을 보유한 강에 대한 수요가 늘고 있다. 이러한 강을 제조하기 위해서는 제강공정에 관한 세부적인 사항, 미량원소를 포함한 화학조성, 제조공정 측면에서 고려해야 할 많은 변수들이 있으며 아마도 가장 중요한 것은 입자크기 미세화일 것이다. 제어압연이 제조공정의 핵심이 되는 고강도 저합금강(HSLA)이나 미세합금강(9장)의 개발을 통해 우수한 강도 수준(400~600MN m^{-2} 항복강도)과 낮은 천이온도를 갖는 입자크기 10μm 이하의 구조용 강을 만들게 되었다. 소량(< 0.1wt%)의 니오브, 바나듐, 티타늄이 첨가된 이러한 강에서는 탄소함량이 대개 0.15wt% 이하이며 심지어 0.10wt%보다 낮을 수도 있는데 이

로 인해 탄화물 상의 체적분율이 낮다. 여하 간에(비교적 조대한 입자나 펄라이트 내에서 층상으로 형성되는) 시멘타이트가 보다 미세한 NbC와 같은 합금 탄화물의 분산물로 부분적으로 대체된다.

일부 합금원소의 첨가, 특히 망간과 니켈의 첨가는 천이온도를 낮추어준다. 예를 들어 9wt% 니켈과 0.1wt% 이하의 탄소를 함유한 합금강은 충분히 낮은 천이온도를 가지고 있어 77K에 이르는 액화가스의 대형 저장용기로 사용 가능하다. 이 온도 이하에서는 오스테나이트계 강이 사용되어야 한다. 강에 불가피하게 함유되는 원소 중에 α철에 상당량 고용되는 인(P)은 천이온도를 올려주므로 가능한 한 농도를 낮추는 것이 바람직하다. 반면 황(S)은 아주 낮은 고용도를 가지므로 대개 MnS 형태로 존재하며 천이온도에는 거의 영향을 미치지 않지만 연성파괴에는 중요한 역할을 한다. 산소는 아주 소량만 존재해도 취성을 일으키는 원소지만 망간, 실리콘, 알루미늄을 이용한 탈산공정을 통해 산소는 쉽게 제거 가능하다.

최종적으로는 제조공정이 가장 중요할 수 있다. 용접에서는 범용 합금원소들의 경화능 효과를 종합한 인자인 탄소당량(carbon equivalent)이 낮은 강을 사용하는 것이 핵심이다. 간단한 경험식으로 다음과 같은 식이 있다.

$$\%\ 탄소당량 = C + \frac{Mn}{6} + \left(\frac{Cr + Mo + V}{5}\right) + \left(\frac{Ni + Cu}{15}\right)\ (\text{in wt\%})$$

여기서 0.45 이하의 탄소당량을 갖는 강은 일반적인 용접법으로 용접이 가능할 것으로 간주된다. 용접의 주요 위험 요인은 용착부에 인접한 열영향부(HAZ)에서의 마르텐사이트 형성인데 여기에서 미세균열이 쉽게 발생될 수 있다. 이것은 경화능을 조절하든지 또는 용접부를 예열해서 용접 후 냉각속도를 낮추어주거나 용접부를 후열처리 해줌으로써 피할 수 있다. 하지만 어떤 고강도강에서는 느린 냉각이 HAZ부에 상부 베이나이트를 형성해 벽개파괴를 일으키기도 한다. 취성을 일으킬 수 있는 수소의 혼입 가능성에도 주의를 기울여야 한다. 강에 수소의 존재는 심각한 취성파괴를 일으킬 수 있는데 보호성 표면층을 만들기 위한 전기도금 동안 수소가 침투해 고강도강에서 파괴를 일으킨

예가 많다. 몇 ppm 수준의 농도만으로도 파괴를 일으킬 수 있는 것으로 알려져 있다. 많은 수소가 도금처리 동안 강으로부터 분자 형태로 빠져나오는 반면 일부는 남아서 개재물/기지와 탄화물/기지 사이의 경계와 같은 내부 경계면에서 석출해서 공동(void)이나 균열을 형성한다.

내부 수소압력 하에서 불안정한 균열길이에 도달할 때까지는 벽개균열성장이 서서히 진행되다가 그 이후에는 급격한 파괴를 일으킨다. 수소취성(hydrogen embrittlement)은 화학조성에는 예민하지 않고 강의 강도 수준에 민감해 고강도 합금강에서 매우 두드러지게 나타난다. 이것은 용접 후 자주 나타나는 것으로(그림 11.8) 습기가 제거되지 않은 용접봉을 사용함으로써 수소가 혼입되어 비드하부 균열(underbead cracking), 냉간 균열(cold cracking), 지연 균열(delayed cracking)이라 불리는 균열들을 일으킨다. 이러한 현상은 사용 전 오븐에서 건조시킨 수소함량이 낮은 용접봉을 사용함으로써 최소화시킬 수 있다.

그림 11.8 BS 968강 용접 HAZ에서 수소취성으로 인한 벽개 균열

11.6 연성 또는 섬유상 파괴

11.6.1 일반

연성취성천이 곡선에서 높은 온도 쪽은 파괴에 대한 인성이 높은 영역으로 충격시험 시 더욱 많은 에너지를 흡수한다. 파괴모드가 연성파괴로 불리긴 하지만 입내(transgranular)로 뚜렷한 결정학적 특성 없이 서서히 분리되는 파열(rupture) 과정으로 표현할 수 있다. 연성 파괴된 파면을 주사전자현미경으로 관찰하면(그림 11.9) 벽개파면에서 나타나는 편평한 파면과는 전혀 다른 심하게 딤플(dimple)된 표면을 보이며 이 딤플은 탄화물이나 비금속 개재물과 같은 단단한 입자들과 관련되어 있다.

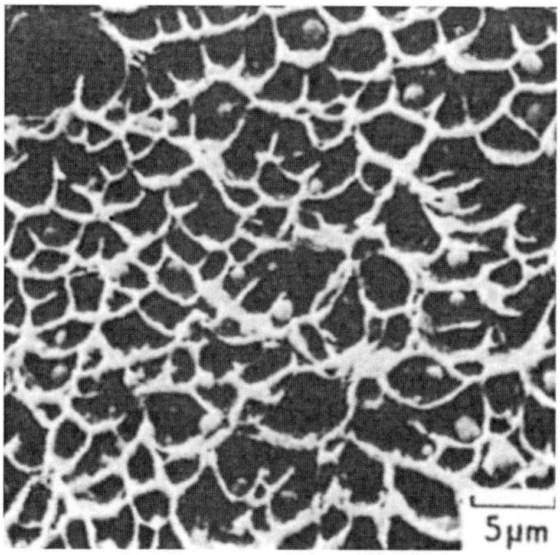

그림 11.9 저합금강의 연성파괴. 주사전자현미경

연성파괴가 제2상 입자에서의 공동(void)의 핵생성에 의해 시작됨은 잘 알려져 있다. 강의 경우 이러한 입자로 탄화물, 황화물 또는 실리케이트 개재물 등을 들 수 있다. 공동은 입자의 균열이나 입자/기지 경계면에서의 분리에 의해 형성되며 체적분율, 탄화물과 개재물의 분포와 형상이 연성거동을 결정하는데 중요하다는 것은 간단한 인장실험에

서뿐만 아니라 복잡한 현장조업에서도 명백하게 확인된다. 따라서 개재물의 양상과 분포가 부분적으로 결정되는 제강공정에서 강의 연성을 결정지어주는 주요 변수를 점검하고 이후의 응고 및 가공과정에서도 주요 변수를 추적해야 한다. 또한 탄화물 분포가 조성과 제강작업에 의존하고 특히 오스테나이트로부터의 변태를 포함한 최종 열처리에 의존하는데 이 과정에서 탄화물 크기, 형상 및 분포가 결정되기 때문이다.

인장시험에서 공동은 개개의 단단한 입자에 전위들이 배열됨에 따른 응력의 증가로 인해 아주 빠르게 형성된다. 입자/기지의 결합강도에 따라 공동은 여러 변형량에서 일어나지만 강의 개재물의 경우, 결합이 대개 약하기 때문에 공동이 낮은 소성변형 량에서 관찰된다. 공동은 인장응력의 영향으로 길어지게 되지만 부가적으로, 공동이 옆으로 성장해서 인접 공동들과 연결되어 미세한 넥(micro-neck)을 형성하려면 측면응력이 필요하다. 이러한 넥(neck)이 점진적으로 갈라지면서 심하게 딤플된 모양의 연성파괴 표면을 만든다(그림 11.10). 제2상 입자(MnS)를 [그림 11.10]에 나타냈다. 많은 고강도강은 인장시 상대적으로 편평한 응력－변형곡선을 나타내면서 낮은 가공경화능력을 보인다. 결과적으로 높은 변형량에서는 소성유동이 전단밴드(shear band)에서 국부적으로 일어나는데 심하게 변형시키면 전단파괴 형태의 분리를 일으킨다. 이 공정의 구체적인 기구는 아직 명확하지 않지만 높은 전위밀도와 탄화물 입자간의 국부적인 상호작용이 관여되는 것으로 알려져 있다.

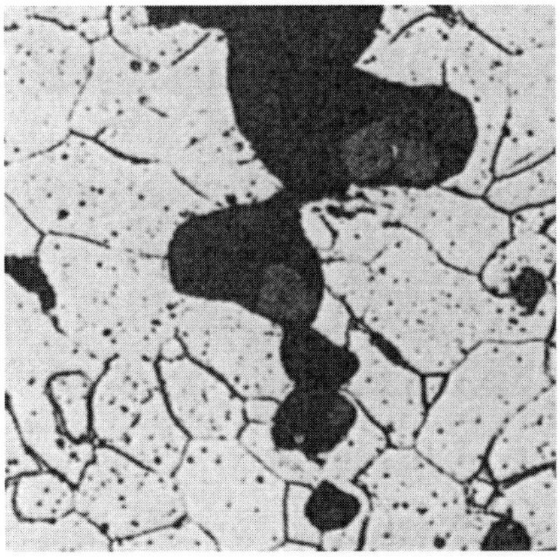

그림 11.10 황을 함유한 쾌삭(free-cutting) 연강에서의 연성균열 성장. 광학현미경 ×600

11.6.2 연성에 미치는 개재물의 역할

개재물의 변형능력은 파괴위험이 있는 사용용도뿐만 아니라 압연, 단조, 가공과 같은 열간 및 냉간조업 공정에 결정적인 역할을 하는 주요 인자임이 널리 인식되어 있다. Kiessling은 강에서 나타나는 개재물을 변형거동에 따라 5가지 부류로 나누었다.

1. Al_2O_3와 칼슘 알루미네이트(calcium aluminates): 이들은 용융강의 탈산공정 동안 생겨난다. 취성이 있는 고체로 실제로 거의 모든 온도에서 변형이 불가하다.
2. 첨정석(spinel) 형태의 산화물 AO-B_2O_3: 실온에서 1200℃ 온도영역까지 변형이 불가하지만 1200℃ 온도 이상에서는 변형 가능하다.
3. 다양한 비율의 칼슘, 망간, 철, 알루미늄의 실리케이트(silicates): 이러한 개재물은 실온에서는 취성을 보이지만 고온으로 갈수록 점진적으로 변형 가능하다. 실리케이트의 녹는점이 감소할수록, 즉 Al → Fe → Mn 실리케이트로 갈수록 성형성이 증가한다.
4. FeO, MnO, (FeMn)O: 이들은 실온에서 소성능력을 갖지만 400℃ 온도 이상에서는 소성능력이 점점 줄어드는 경향을 갖는다.
5. 망간황화물 MnS: 이 개재물 형태는 변형 가능하며 온도가 낮아질수록 변형성이 좋아진다. MnS에는 형성모드에 따라 그들의 형상에 영향을 미치는 3가지 주요 형태가 있다.
   - Type I: 구형입자, 용융 금속 내에 산소가 존재할 때만 형성, 즉 림드(rimmed)강에서 형성(그림 11.11a).
   - Type II: 수지상 공정(interdendritic eutectic) 형태이며 주로 킬드(killed)강에서 형성(그림 11.11b).
   - Type III: 불규칙한 모난(angular) 입자이며 완전히 탈산된 강에서 형성(그림 11.11c).

위에서 설명한 취성 알루미나 형태에서부터 보다 연한 황화물 개재물 형태에 이르기까지 모든 개재물 형태가 연성파괴와 관련될 수 있음이 밝혀져 있다. 하지만 임계크기 수준 이상의 개재물들이 연성균열을 만들어내는데 더욱 효과적이다. 조대한 입자는 높은 국부적인 응력집중을 만들어냄으로써 국부적 파열과 미세균열을 형성한다. 철–알루미나 모델 시스템에 대한 정량적인 연구를 통해 알루미나 체적분율의 증가가 연성에 미치는 점진적인 효과를 보인 바 있다. 개재물 주변에서의 응력집중에 기인한 항복강도의 감소 또한 관찰되었는데 이는 상대적으로 낮은 체적분율에서는 이미 기정사실화되어 있다.

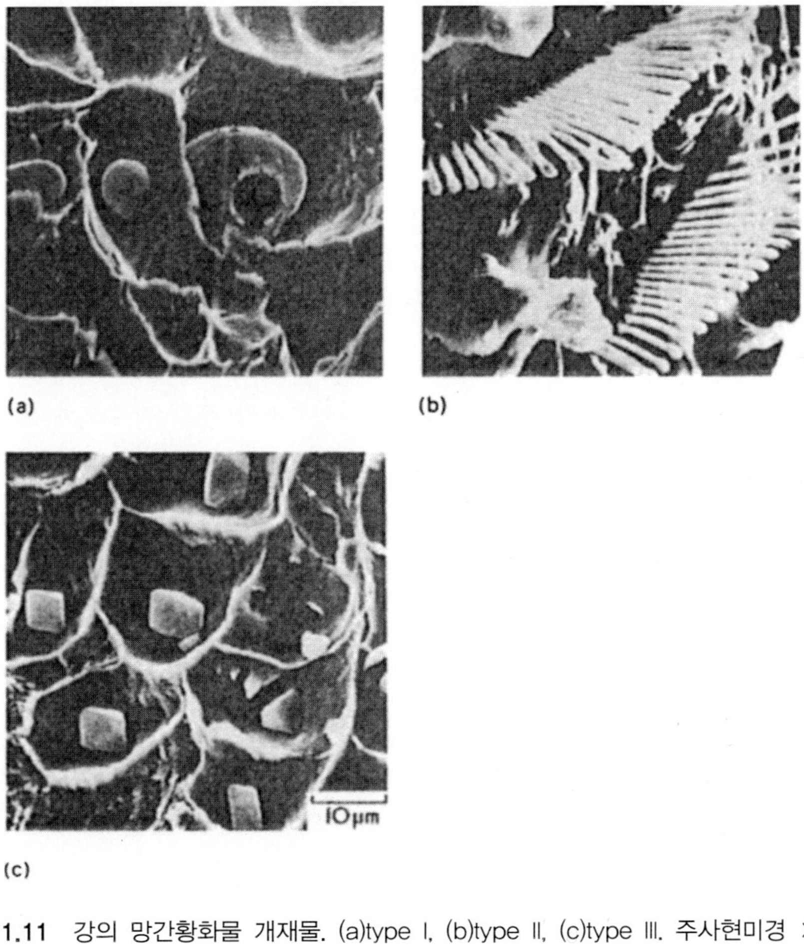

그림 11.11 강의 망간황화물 개재물. (a)type Ⅰ, (b)type Ⅱ, (c)type Ⅲ. 주사현미경 ×1000

1~35μm 크기 영역의 입자가 존재하면 충격시험에서 연성/취성 천이온도영역을 상당히 넓혀주고 연성파괴 동안의 흡수에너지(shelf energy) 또한 낮추어준다. 비취성 형태 개재물의 미세분산물이 존재하면 항복강도의 상승과 함께 국부적인 응력완화 효과로 인해 벽개파괴를 지연시킬 수 있다. 주기적 응력이 가해질 경우, 개재물들이 피로균열을 핵생성시키기 위해서는 임계크기에 반드시 도달해야 할 것으로 보이지만 크기 효과는 특정 형상, 즉 구형이냐 각형이냐에 따라서도 영향을 받는다. 볼-베어링강에서는 피로균열이 망간황화물 입자나 망간황화물로 덮인 산화물이 아닌 취성 산화물 개재물에서만 발생하는 것으로 밝혀졌다. 이러한 상황에서는 기지와 입자의 경계에서 열팽창의 차이로 인해 발생되는 응력이 중요한 역할을 할 것으로 보인다. 가장 높은 응력은 강보다 상당히 작은 열팽창계수를 갖는 칼슘 알루미네이트, 알루미나와 첨정석(spinel) 개재물에서 일어남이 밝혀졌다. 이러한 개재물은 피로수명에 아주 나쁜 영향을 미친다.

변형을 포함한 제조공정 동안 망간황화물과 같은 연성 개재물의 거동은 최종 제품의 연성에 큰 영향을 미친다. Type I과 III 망간황화물은 타원 형상으로 변형하는 반면 Type II 콜로니(colony)는 압연 동안 압연면으로 회전해서 세로 방향으로 인성과 연성을 크게 떨어뜨린다. 이러한 형태의 황화물 석출물이 가장 해로우므로 Ti, Zr, Ca와 같은 강한 황화물 형성원소를 첨가해서 이것을 제거하려는 노력이 이루어지고 있다. 냉각 시 MnS가 철 기지에 비해 많이 수축하게 되기 때문에 공동의 개재물 경계에서의 연성 부족이 당연히 초래되며 경계면의 결합강도가 불충분해 공동의 형성을 억제하지 못한다. 압연된 강에서 방향성 황화물 개재물의 형성으로 인해 방향에 따른 연성의 변화가 극심할 수 있으며 이것이 이후의 여러 소성가공 공정에서 연성을 떨어뜨리는 효과가 있다.

균열은 세로 방향 연성이 낮은 강판의 용접 시에도 일어날 수 있다. 이것은 특히 맞대기용접 시 모재에서 일어나며 균열이 일련의 황화물 개재물 선을 따라 발생하는데 이 현상을 라멜라 테어링(lamellar tearing)이라 한다(그림 11.12).

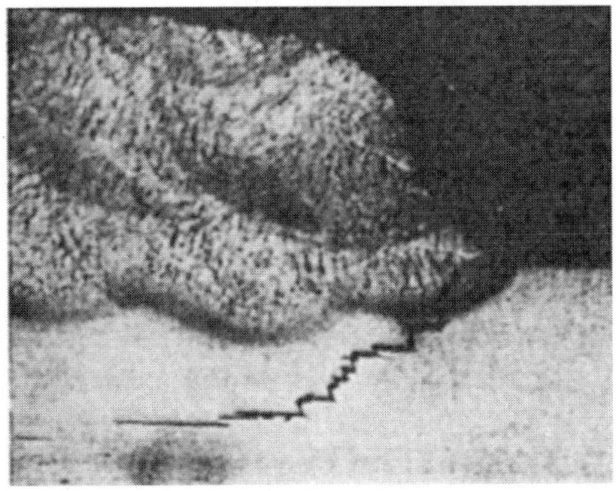

그림 11.12 용접 부위에서의 라멜라 테어링

11.6.3 연성에 미치는 탄화물의 역할

강의 연성은 구형의 입자에서 층상의 펄라이트형 시멘타이트에 이르기까지의 다양한 탄화물 분포에 의해서도 영향을 받는다. 구형의 시멘타이트를 비슷한 형상의 황화물과 비교해보면 탄화물 입자가 더욱 강하고, 적은 변형량에서 균열이나 분리를 일으키지 않는다. 구상화강(spheroidized steel)은 공동이 생성되기까지 상당량의 변형을 견딜 수 있게 되어 우수한 연성을 보인다. 공동의 핵생성을 위한 변형량이 탄화물의 체적분율이 증가할수록 감소하므로 강의 탄소함량과 연결될 수 있다.

펄라이트형 시멘타이트(pearlitic cementite) 또한 적은 변형량에서는 균열을 일으키지 않지만 공동의 핵생성에 필요한 임계변형량이 구형의 탄화물에 비해 작다. 펄라이트 강의 전체적인 연성을 감소시키는 다른 인자는 일단 하나의 층상(lamellar) 균열이 생겨나면 많은 펄라이트 콜로니(colony)를 관통하며 펄라이트 영역에 뚜렷한 균열을 만들게 된다. 결과적으로 딤플의 기저부에 파괴된 펄라이트가 있는 연성 딤플파괴를 일으킨다.

제2상이 강의 연성에 미치는 효과는 [그림 11.13]에 요약했는데 황화물이 2가지 탄화물에 비해 더욱 뚜렷한 효과를 보였다. 이것은 황화물 개재물의 경우 공동이 변형공정의 아주 초기 단계에 핵생성되기 때문에 일어난다. 탄화물과 황화물에 대한 입자형상의 2차적인 효과 또한 나타나 있다.

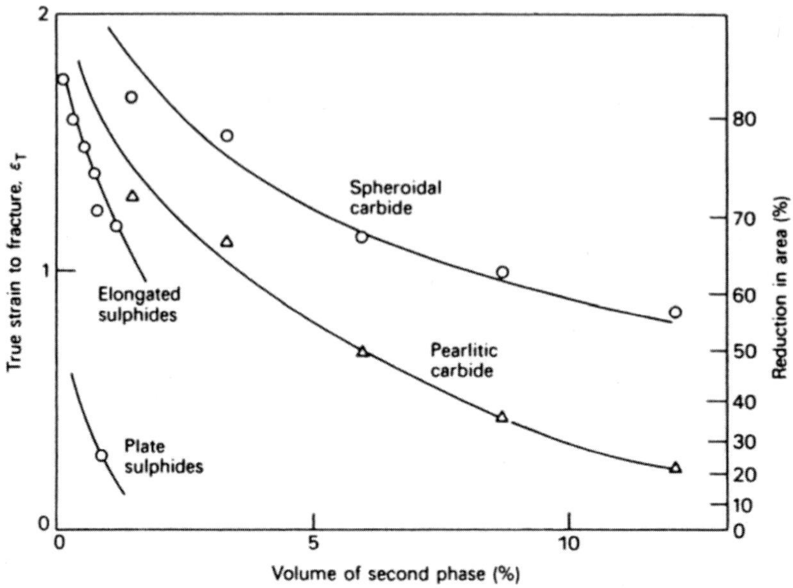

그림 11.13 강의 연성에 미치는 제2상 입자의 효과

11.7 입계 취성

강에서의 벽개파괴가 취성파괴의 일반적인 형태인 반면, 많은 경우에 취성이 입계를 따라, 대개 변태전(former) 오스테나이트의 경계(IG: intergranular)를 따라 일어난다(그림 11.14). 이러한 거동은 퀜칭된 강을 템퍼링 할 때(템퍼취성:temper embrittlement), 매우 높은 오스테나이타이징 온도로 가열한 후에(과열(overheating)과 버닝(burning)), 그리고 주강에서 락캔디 파단(rock candy fracture) 시 나타난다. 이러한 형태의 취성은 실온 또는 실온 근처의 온도에서 나타난다. 하지만 강의 열간가공 시 발생하는 열간취성(hot shortness)과 고온 크립파괴와 같이 고온에서 입계를 따라 파괴를 일으키는 다른 현상도 있다. 하나의 기구만으로 다양한 형태의 취성을 설명할 수 없는 것은 확실하지만 IG 파괴를 일으키는 모든 공정은 입계에서의 결합력을 감소시킨다. 이것은 서로 다른 이유로

일어날 수 있지만 가장 적절해 보이는 것은

1. 용질원자의 우선적인 입계 편석
2. 제2상 입자의 입계 분포

이러한 현상은 파괴 시 필요한 일, 즉 식 (11.4)의 $(2\gamma + \gamma_p)$를 감소시키는데, 이것은 편석에 의해 입계에너지를 낮추거나 또는 보다 쉽게 균열 핵을 만들어주는 입자에 의한 소성일(plastic work) γ_p의 감소에 기인한다.

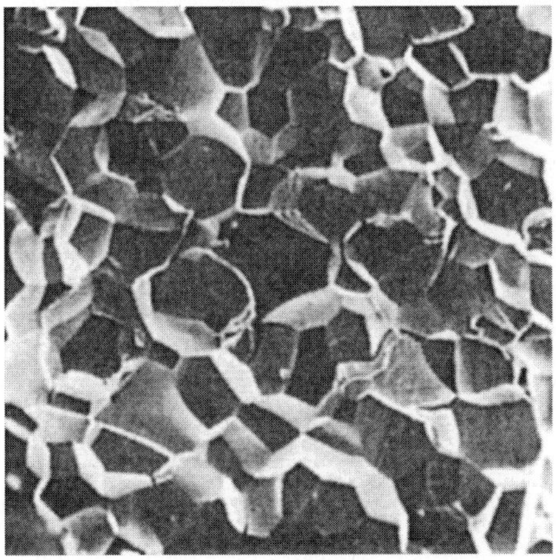

그림 11.14 Fe–0.26P wt% 합금의 500℃에서의 IG 취성

11.7.1 템퍼취성

많은 합금강은 500~650℃ 구간에서 템퍼링한 후 마르텐사이트로 퀜칭하면 IG 형태로 취성을 보인다. 비슷한 현상이 강이 임계구간을 연속 냉각될 때도 일어날 수 있다. 이것의 효과는 노치 바를 이용한 충격시험에서도 밝혀졌는데 천이온도가 올라가고 상부(shelf) 에너지는 낮아졌으며 천이온도 이하에서 입내(transgranular) 파괴 모드가 IG 모드로 바뀐다(그림 11.15).

그림 11.15 77K에서 파괴된 4.5Ni–1.5Cr–0.3C wt% 강의 템퍼링취성. ×800

이 현상은 철의 IG 결합력을 감소시키는 특정 원소의 입계편석과 관련된 것으로 알려져 있다. 편석하는 원소들은 주기율표의 3가지 그룹으로 나눌 수 있다(표 11.1). 이 중 많은 원소들은 철의 표면에너지를 상당 부분 낮추고 따라서 입계에너지와 입계결합력을 낮추는 것으로 알려져 있다. 실제로 원자의 입계편석은 오제전자분광기(Auger electron spectroscopy)를 이용해서 장비의 진공시스템 안에서 입계 파괴된 시편을 통해 확실하게 확인되었다. 이 기술을 통해 입계에 편석된 원소의 농도를 원자 단층(monolayer of atoms)에서의 분율로 정밀하게 측정할 수 있게 되었다. 위의 원소들을 체적농도로 0.1wt% 이하를 함유한 철의 경우 이러한 분율은 0.3~2.0 사이에서 변했다.

표 11.1 철 입계에 편석하는 원소

Group	IVB	VB	VIB
	C	N	O
	Si	P	S
	Ge	As	Se
	Sn	Sb	Te
		Bi	

개별 원소에 대해, 취화의 경향은 족(Group)과 주기(Period)번호와 함께 증가하며 S, Se, Te의 순서로 강내 표면 활성화(surface active) 능력이 강하다. 하지만 이 원소들이

Mn, Cr과 같은 원소와 강하게 결합해 철 내에 아주 적은 양만 고용되기 때문에 템퍼링 취성(temper embrittlement)에 크게 기여하는지에 대해서는 의심의 여지가 있다. IVB와 VB 그룹에 있는 원소는 표면 활성화 능력이 약한 반면 강에서 흔한 합금원소인 Ni, Mn과 같은 금속원소와 반응하기 때문에 취성에는 크게 기여한다. 이러한 상호작용은 합금원소와 불순물원자가 입계에 동시 편석하게 함으로써 불순물 원소에 의해 결합이 약화된다. 오제전자분광에 의한 입계 조성의 분석 결과 Ni-Sb, Ni-P, Ni-Sn, Mn-Sb 사이에 강한 상호작용이 있음이 확인되었다. [그림 11.16]은 Ni-Cr강에서 3가지의 상호작용에 대해 입계농도를 보여주고 있으며, [그림 11.17]은 Sb, Sn, P가 Ni-Cr강의 천이온도에 미치는 상대적인 효과를 나타내고 있다.

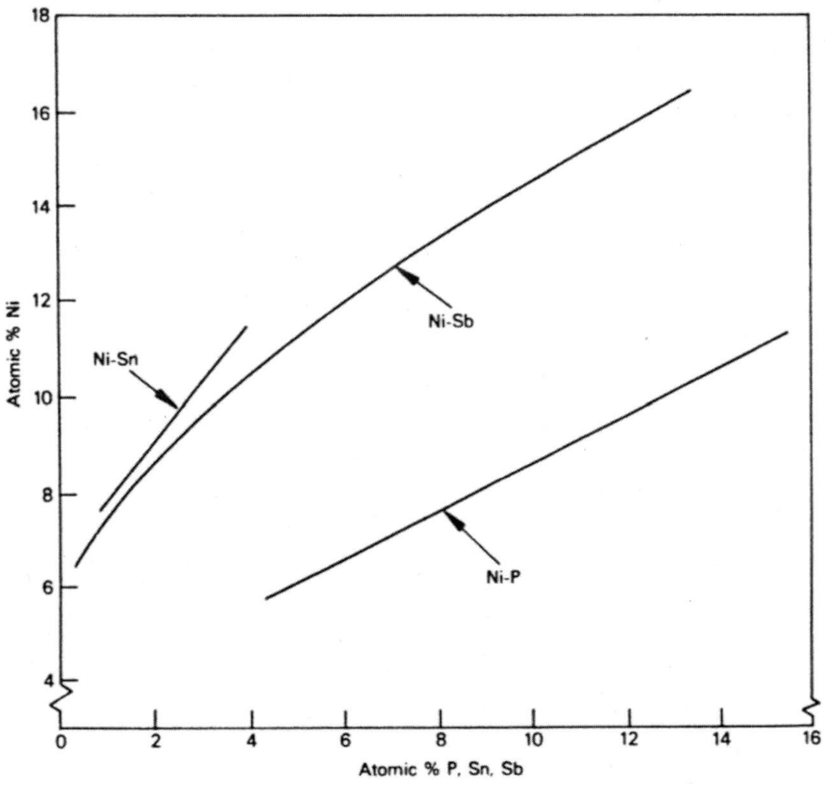

그림 11.16 일정 경도와 입자크기를 갖는 Ni–Cr강 입계에서 Sn, Sb, P 농도와 Ni과의 상호관계

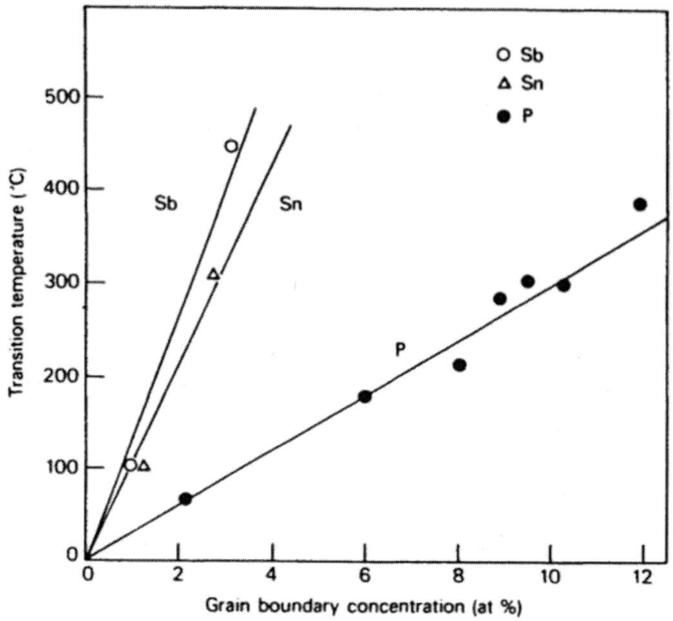

그림 11.17 일정 경도와 입자크기를 갖는 Ni–Cr강의 연성에 P, Sb, Sn 입계농도가 미치는 영향

따라서 경계에서의 동반편석(co-segregation)에 대한 구동력은 합금원소와 불순물의 강한 상호작용이며 이는 합금원소와 불순물이 철과 갖는 상호작용보다 크다. 만약 상호작용이 너무 강하면 편석이 일어나지 않는다. 대신 Ni-Cr 강에서 Ti-P와 Mo-P 상호작용에서 보인 바 있는 제거(scavenging) 효과가 얻어진다. 이것에 관해 Ni-Cr강에 Mo를 첨가하면 템퍼취성을 방지할 수 있는 것으로 잘 알려져 있다. Cr과 같은 원소의 경우에는, 하나의 합금원소가 Ni과 P, 그리고 Ni-Sb의 편석을 촉진시켜주는 제3의 중간합금(interalloy) 효과를 보일 수 있다.

용질원자의 경계부 편석에 부가해서 템퍼링 취성의 정도에 영향을 주는 미세 조직학적 인자가 있다. 이러한 현상이 나타난 대부분의 합금강에서 입계는 시멘타이트나 합금탄화물과 같은 탄화물의 석출 위치도 될 수 있다. 이것들은 IG 균열 핵의 장소를 제공하는 것으로 보인다. 벽개파괴에서의 핵생성과 마찬가지로, 전위가 입계탄화물 입자를 만나게 되면 입계탄화물이 변형이 안 되므로 균열을 발생시키거나 페라이트/탄화물 경계가 분리된다. 만약 경계에너지가 불순물원자의 편석으로 인해 감소되었다면 페라이트/탄화물 경계의 분리가 더욱 쉬워진다. 이것은 탄화물의 성장이 일어나는 동안 배출되는 불순물 원자에 의해 일어나거나 평형편석(equilibrium segregation)에 의해 일어날 수 있다.

경계 분리(interfacial separation)가 철을 포함하는 조대한 입계 철탄화물에서 관찰되었는데 이 경계는 Sb, As, Sn, P를 포함하고 있었다. 이러한 IG 균열의 핵생성 단계에 대한 유효성은 입계탄화물의 범위와 강 내의, 특히 탄화물/기지 경계에서의 표면 활성화 불순물의 농도에 영향을 받는다. 입계균열의 전파는 경계의 결합뿐만 아니라 입자 내부의 상대적인 인성에도 의존한다. 예를 들어, 입자 내부가 높은 인성의 미세 조직을 갖는다면 IG 균열 핵은 경계를 따라 전파하게 될 것이다. 또한 온도가 감소함에 따라 강의 항복강도가 급격하게 증가하게 되므로 시험온도의 감소에 따라 IG 파괴가 촉진될 것이다. 동일 조건에서 오스테나이타이징 온도를 높여 오스테나이트 입자크기를 증가시키면 입계탄화물에 집적되는 전위배열이 크게 되어 균열 핵을 형성하는데 더욱 효과적이므로 취성이 증가한다.

템퍼링 취성의 적정 온도구간은 500~570℃ 사이이다. 하지만 일부 강은 250~400℃ 온도에서 취성을 보인다. 이 현상은 350℃(500℉) 취성이라 부르며 아주 낮은 온도에서 일어나므로 Sb와 같은 반금속(metalloid)의 오스테나이트 입계로의 확산에 기인한다고 보기 어렵다. 이것은 이러한 온도구간에서 철탄화물의 입계성장 동안 배출하게 되는 인(P)과 같이 보다 작고 이동성이 좋은 원자로 인해 일어나는 것으로 보인다. 판재의 경우에는 입계 Fe_3C의 형상이 이러한 온도구간에서의 연성을 낮추는 주요 원인이 될 수 있다.

응력부식균열은 응력과 부식 매체 하에서의 균열 발생에 의해 일어나는 파괴다. 입내(transgranular) 균열이나 IG 균열 모드로 일어날 수 있다. IG 모드는 일부 합금강에서 템퍼링 취성을 일으키는 열처리에 의해 촉진되는 것으로 보인다. 예를 들어, 템퍼링 취화된 Cr-Mo강은 끓는 NaOH 용액에서 응력을 받으면 입계를 따라서 균열을 일으킨다. 템퍼링 취성을 제거하기 위한 열처리는 응력부식의 민감도도 제거해준다.

11.7.2 과열과 버닝

많은 합금강이 1200~1400℃에서 유지된 후 퀜칭과 템퍼링 열처리될 때 초기 오스테나이트 경계를 따라 입계파괴를 일으킨다. 이 현상이 고온에서 황의 오스테나이트 입계편석과 관련되어 있다는 확실한 근거가 있으며 실제로 강 내 황의 함량이 0.002wt% 이하에서는 관찰되지 않는다. 황은 철의 우수한 표면활성 원소 중의 하나로 알려져 있다. Goux 등은 순철-황 합금에 대한 연구를 통해 황의 함량을 5에서 25ppm으로 증가시키면 연성/취성 천이온도가 약 200℃ 이상 증가됨을 보였다. 또한 IG 파괴표면에 대한 오제전자분광기를 이용해 황의 편석을 직접 확인했다. 하지만 평형편석에 의한 이러한 황의 취성효과가 오로지 순철에서만 나타나고 다른 불순물을 함유하고 있는 강이나 황이 망간과 크롬 등과 같은 합금원소들과 상호작용을 하는 강에서는 나타나지 않는다. 망간이 존재하면 γ철과 α철에서의 황의 고용도가 상당히 낮아지며 그 결과로 고온의 오스테나이트 입계에 황이 편석 할 때 거기에서 망간황화물이 형성되든지 냉각 도중에 형성된다. 어느 경우든 오스테나이트 입계에 놓인 망간황화물 입자는 IG 파괴표면의 전자현미경 관찰을 통해 작은 딤플로 나타난다.

전형적으로 MnS 입자는 약 0.5μm이고 딤플은 약 2~5μm의 직경을 갖는다. 따라서 입계파괴공정은 황화물 입자에 의해 핵생성되고 파괴 모드는 입자들의 크기 분포에 의해 확실하게 결정된다. 입자들의 크기 분포는 MnS가 냉각 동안에 형성된다고 가정하면 오스테나이트 온도로부터의 냉각속도에 의해 결정된다. 아주 느린 냉각속도에서는 입계 황화물분포가 너무 조대해져서 IG 파괴가 입내 섬유상 파괴(transgranular fibrous fracture)에 의해 대체된다. 오스테나이트 온도로부터 유냉은 600~650℃ 영역에서 강하게 일어나는 이러한 현상을 제거하지 못한다. 이것은 입자 내부를 강화시켜줄 탄화물의 재배치와 입계 연성을 감소시키는 입계에서의 석출을 통해 일어난다.

아주 높은 오스테나이타이징 온도(1400~1450℃)를 사용하면 MnS 석출이 널리 형성되며 뚜렷한 수지상(dendritic) 형태를 띠기도 한다(그림 11.18). 심한 경우에는, 부분적으로 액상이 형성(liquidation)되어 열처리 시 IG 취성을 심하게 유발한다. 망간이 없으면 연철(wrought iron)의 경우 철-철황화물 공정상(iron sulphide eutectic)의 액상 막이 1000℃

에 이르는 열간가공 공정 동안 취성을 유발한다(열간취성: hot shortness). 일반 강에서 버닝(burning)이 아주 높은 온도에서 일어난다는 사실만으로 그 중요성을 폄하하지 않아야 한다. 버닝 현상은 단조와 같은 고온 가공 공정에서 온도조절이 정확하지 않을 때 발생될 수 있으며, 당연히 버닝(burning)과 과열(overheating) 온도영역을 거치게 될 주조용 강에서는 아주 중요하다. 많은 경우에, 주조 입자조직이 선명하게 드러나는 주조 합금강에서 IG 파괴가 나타난다. 파괴 부위를 관찰하면 0.2~0.5μm 두께의 망간황화물의 입계막이 넓은 면적에 걸쳐 관찰된다. 심각한 취성이 주조 상태에서 또는 500~600℃에서의 열처리 후 나타나는 경우가 있는데 이것을 주조취성(as-cast brittleness) 또는 락캔디 파괴(rock candy fracture)라 한다. 알루미늄 질화물의 석출이 이러한 형태의 파괴에 중요한 역할을 한다.

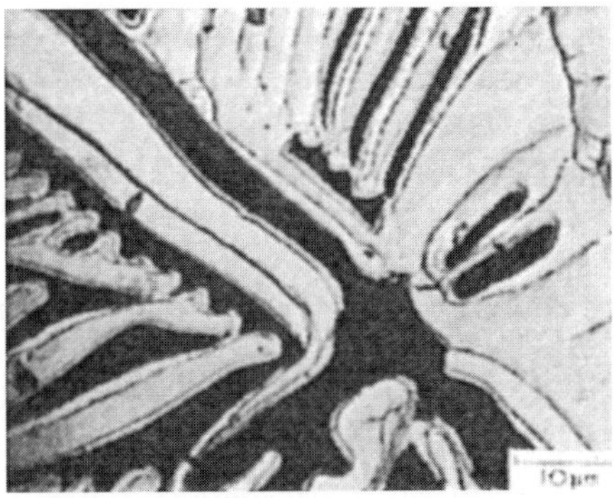

그림 11.18 1400℃에서 공냉한 후 파단된 Fe–1Mn–0.4C–0.02S. extraction replica, ×1000

참고문헌

Baker, T. N.(ed.), Yield, Flow and Fracture of Polycrystals(N. J. Petch Symposium), Applied Science Publishers, London, UK, 1983.

Bilby, B. A., Miller, K. J. and Willis, J. R.(eds), Fundamentals of Deformation and Fracture, Cambridge University Press, Cambridge, UK, 1985.

Briant, C. L. and Banerji, S. K., Intergranular failure in steels: the role of grain-boundary composition. International Metallurgical Reviews 23, 4, 164, 1978.

Charles, J. A. and Smith, G. C.(eds), Advances in Physical Metallurgy.(Sir Alan Cottrell 70th Birthday Meeting), The Institute of Materials, London, 1990.

Firrao, D.(ed.), Fracture Behaviour and Design of Structures, Proceedings of the 8th European Conference on Fracture, EMAS, Budapest, Hungary, 1990.

Hondros, E. D. and Seah, M. P., Segregation to interfaces. International Metallurgical Reviews, Review 222, 261, 1977.

Hull, D., Fractography: Observing, Measuring and Interpreting Fracture Surface Topography, Cambridge University Press, Cambridge, UK, 1999.

Knott, J. F., Mechanics and mechanisms of large scale brittle fracture in steels. Materials Science and Engineering 7, 1, 1971.

Knott, J. F., Fundamentals of Fracture Mechanics, Butterworth, London, 1973.

Lawn, B., Fracture of Brittle Solids, 2nd edition, Cambridge University Press, Cambridge, UK, 1993.

Leslie, W. C., The Physical Metallurgy of Steels, McGraw-Hill, Tokyo, Japan, 1981.

Olefjord, I., Temper embrittlement. International Metallurgical Reviews, 23, 4, 149, 1978.

Pratt, P. L.(ed.), Fracture 1969, Chapman and Hall, London, UK, 1969.

Production and Application of Clean Steels, Iron and Steel Institute, 1972.

Residuals, Additives and Materials Properties, Proceedings of a Joint Conference by the National Physical Laboratory, The Metals Society and the Royal Society, London, The Royal Society, 1980.

Taplin, D. M. R.(ed.), Fracture 1977, University of Waterloo Press, Ontario, Canada, 1977.

Tetelman, A. S. and McEvily, A. J., Fracture of Structural Materials, John Wiley, UK, 1967.

The Effect of Second Phase Particles on the Mechanical Properties of Steels, Iron and Steel Institute, 1971.

Steels-Microstructure and Properties

Chapter 12

스테인리스 강

12.1 서론
12.2 철–크롬–니켈계
12.3 Cr–Ni 오스테나이트강의 크롬탄화물
12.4 니오브 탄화물과 티타늄 탄화물의 석출
12.5 오스테나이트강의 질화물
12.6 오스테나이트에서의 금속 간 석출
12.7 오스테나이트강의 적용
12.8 듀플렉스 및 페라이트계 스테인리스강
12.9 기계적으로 합금된 스테인리스강
12.10 준안정 오스테나이트의 변태
참고문헌

12.1 서론

니켈, 망간과 같은 일부 원소들은 철-탄소 평형상태도의 γ-루프를 확장시킨다(4장 참조). 충분한 합금원소가 첨가되면 fcc 오스테나이트가 안정 또는 준안정 상태로 실온까지 유지될 수 있다. 일반 탄소강에 크롬만 첨가되면 γ-루프가 수축하는 경향을 보이고 페라이트 형성이 촉진된다. 하지만 크롬이 철을 함유한 니켈에 첨가되면 $\gamma \rightarrow \alpha$ 변태의 속도를 지연시켜 실온에서 오스테나이트가 잔류하는 것을 용이하게 해준다. 크롬의 존재는 표면에 아주 얇고 안정적인 산화막을 형성시켜 강의 내부 식성을 크게 개선시켜줌으로써 Cr-Ni 스테인리스강은 지금은 다양한 실온 및 고온 부식 환경에 가장 널리 사용되는 재료가 되었다. 여기에다 오스테나이트강은 성형이 쉽고 페라이트강에서 많은 문제를 일으키는 연성/취성 천이를 보이지 않는다. 따라서 오스테나이트강은 가혹한 환경에 사용 가능한 주요 구조용 재료로 자리매김했고, 이 장에서 다루는 페라이트계 스테인리스강 또한 중요한 재료로 다양한 용도로 사용되고 있다.

12.2 철-크롬-니켈계

[그림 12.1]에 나타낸 Fe-Cr 2원 평형상태도를 보면 크롬이 γ-루프의 발생을 제한함으로써 13wt% Cr 이상에서 전 온도구간에서 페라이트가 되도록 하는 반면 12wt%와 13wt% Cr 사이에서 좁은 $(\alpha+\gamma)$ 영역이 존재한다. 이 페라이트는 δ 페라이트로 부르는데 이러한 2원 합금강에서 상(phase)은 용융점에서 실온까지 연속해서 존재할 수 있기 때문이다.

탄소를 2원 합금에 첨가하면 γ-루프가 고Cr 영역으로 확장되고(그림 12.2), 0.3wt% C까지는 $(\alpha+\gamma)$상 영역도 넓혀준다. 18wt% Cr강에 탄소가 0.04wt% C까지 점진적으로 첨가되면 강은 완전히 페라이트가 되어(그림 12.2a) 변태를 할 수 없다. 0.08wt%와 0.22wt% C 사이에서는 부분 변태가 가능해 $(\alpha+\gamma)$ 조직이 생기게 되는 반면 0.40wt% C 이상에서는 γ-루프 영역에서 빠르게 냉각시키면 강이 완전히 오스테나이트로 만들어진다(그림 12.2b). 탄소의 두 번째 효과는 [그림 12.2]에 나타낸 바와 같이 조직 내에 탄화물을 발생시키는 것이다.

$$K_0 = M_3C, \quad K_1 = M_{23}C_6, \quad K_2 = M_7C_3$$

여기서 'M'은 금속원자의 혼합물이다. 오스테나이트강에서 $M_{23}C_6$은 가장 중요한 형성 탄화물이고 부식저항에 상당한 영향을 미친다.

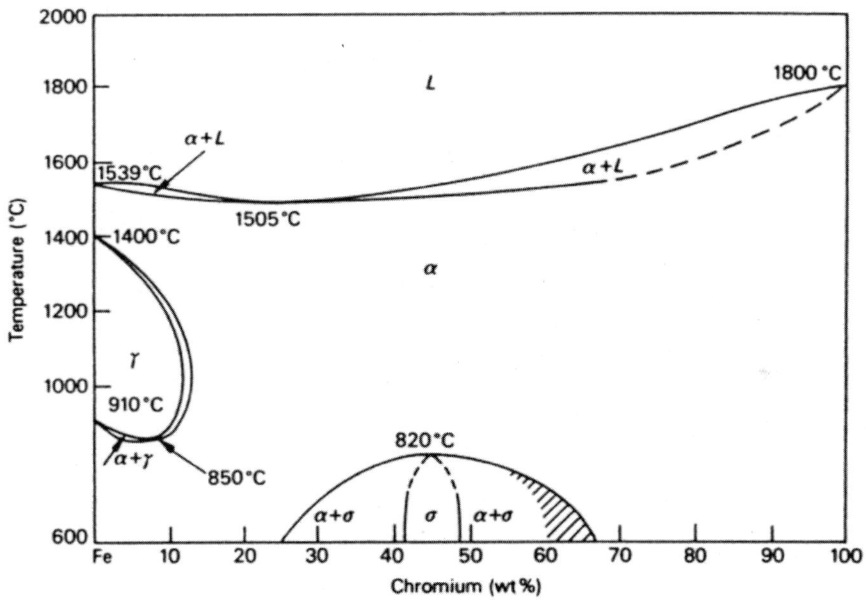

그림 12.1 Fe–Cr 평형상태도

만약 니켈이 저탄소 Fe-18wt% Cr 합금에 첨가되면 γ-상 영역이 확장되며 약 8wt% Ni이 첨가되면 실온까지 γ-상 영역이 확장되어 유지되는데(그림 12.3) 이러한 18Cr-8Ni wt%에 근거한 것이 오스테나이트강이다. 이러한 특별한 조성은 γ-상을 실온에서 잔류시키는데 필요한 최소 Ni 함량에서 얻어진다. 이보다 낮거나 또는 높은 Cr 함량에서는 더욱 많은 니켈이 요구된다. 예를 들어, 더 높은 내부식성을 위해 크롬을 많이 함유하고 있는 고Cr 강(25wt% Cr)의 경우에는 실온에서 오스테나이트를 잔류시키기 위해 약 15wt%의 니켈이 필요하다. 오스테나이트상의 완전한 유지가 되지 않는다는 것은 마르텐사이트의 형성에 의해 알 수 있다. 안정적인 오스테나이트는 M_s가 실온보다 낮은 상으로 정의할 수 있다. 실제로 18Cr-8Ni 강은 M_s 온도가 실온 바로 아래 온도이므로 냉각 시, 예를 들어 액체공기(liquid air)로 냉각 시, 상당 부분의 오스테나이트가 마르텐사이트로 변태한다.

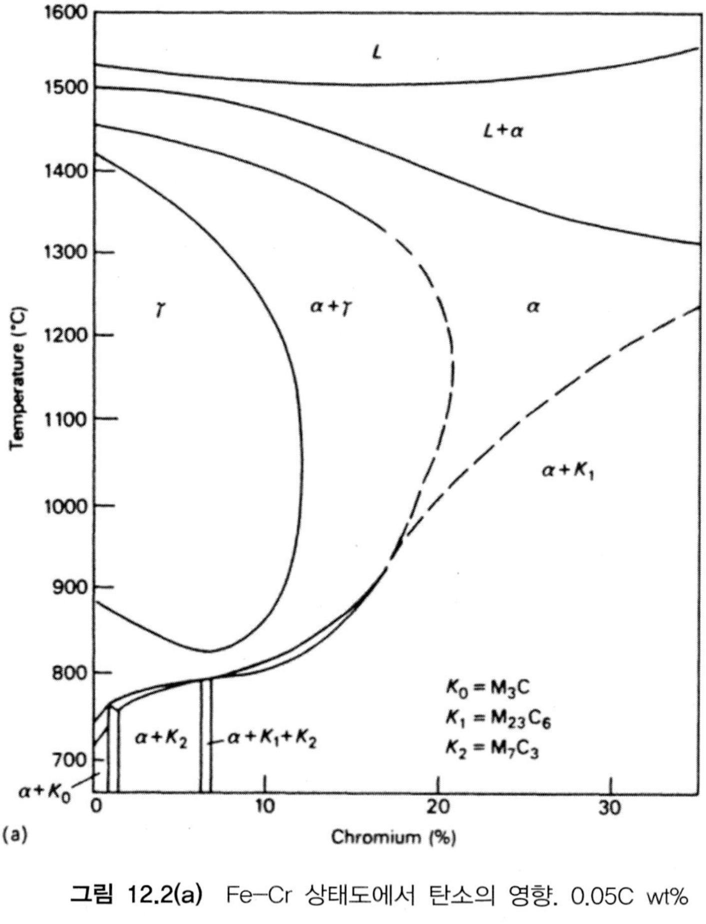

그림 12.2(a) Fe–Cr 상태도에서 탄소의 영향. 0.05C wt%

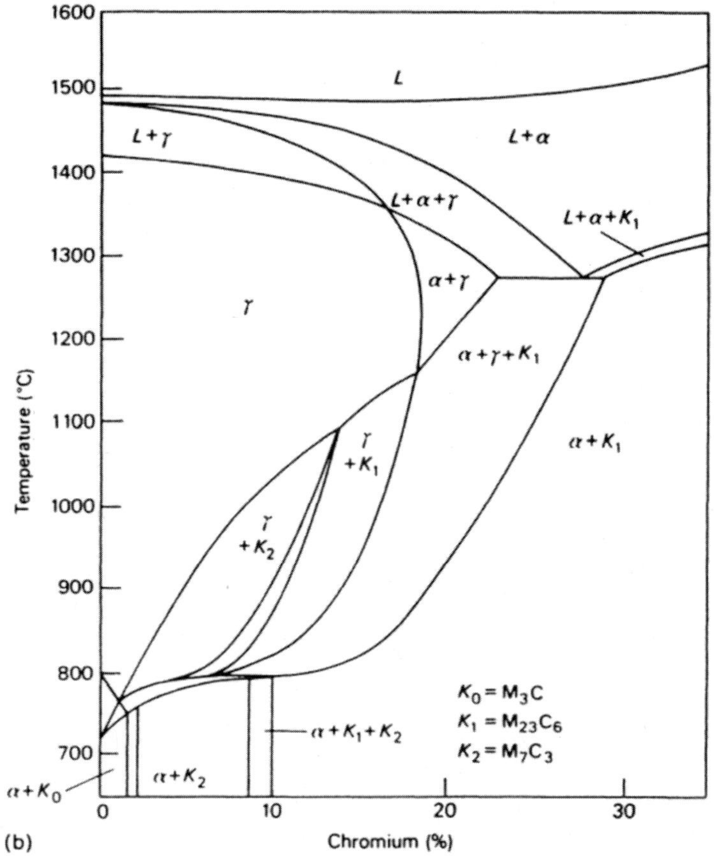

그림 12.2(b) Fe–Cr 상태도에서 탄소의 영향. 0.4C wt%

[그림 12.3]은 또한 탄화물상 $M_{23}C_6$이 약 900℃ 이하에서 존재함을 보여주고 있다. 하지만 강이 1100~1500℃로 가열되면 고용되게 되고 퀜칭 시 석출물이 없는 오스테나이트를 얻을 수 있다. 하지만 550~750℃ 영역으로 재가열하면 $M_{23}C_6$이 입계에서 우선적으로 재석출한다. 망간은 γ-루프를 확장시킬 수 있으므로 니켈 대신 사용될 수 있다. 하지만 망간은 강한 γ-형성원소가 아니고 니켈의 1/2 정도의 효과를 가지므로 많이 첨가해야 한다. 크롬이 함유되어 있지 않다면 고탄소(1~1.2wt%) 하에서도 오스테나이트를 안정화시키기 위해서는 약 12wt%의 망간이 필요하며, 근사적으로 이 조성을 갖는 Hadfields강

을 통해 확인되었다. 탄소함량이 낮은 Cr-Mn강이 실온에서 오스테나이트로 존재하기 위해서는 12~15wt% Cr과 12~15wt% Mn이 요구된다. 탄소처럼 질소도 아주 강한 오스테나이트 형성원소다. 두 원소 모두 오스테나이트 내에서 침입형 원소이므로 가장 효과적인 고용체강화 효과를 갖는다. 질소는 입계부식을 일으키는 경향이 낮으므로 이 측면에서 더욱 유용하다. 0.25wt%에 이르는 질소농도는 Cr-Ni 오스테나이트강의 항복강도를 거의 2배 정도 증가시킨다.

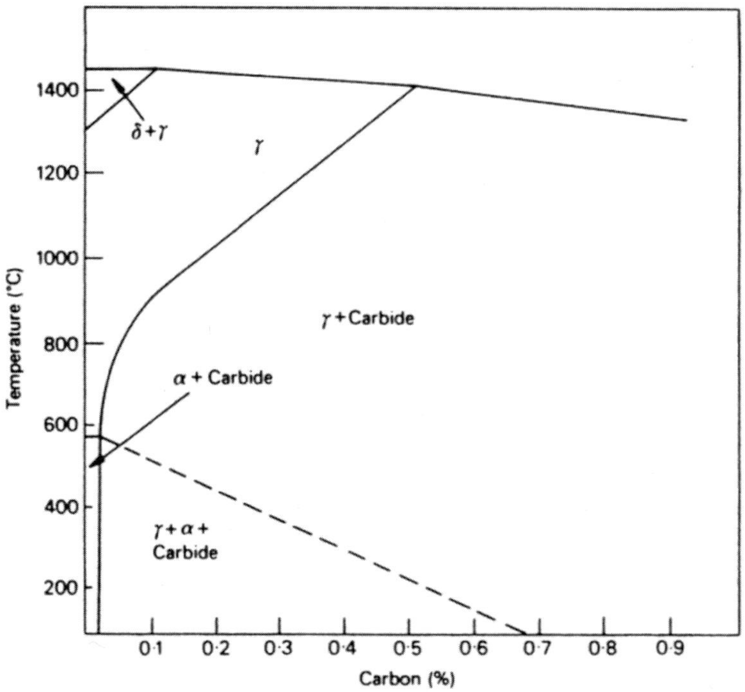

그림 12.3 18Cr–8Ni강의 상변태도에 탄소가 미치는 영향

여러 첨가원소들이 Cr-Ni 스테인리스강의 기본 조직에 미치는 효과를 보여주는 가장 편리한 방법 중의 하나가 용접에서 자주 사용되는 Schaeffler 도표를 이용하는 것이다. 이것은 실온에서 오스테나이트, 페라이트, 마르텐사이트의 조성적 한계를 Ni 당량과 Cr

당량으로 나타낸 것이다(그림 12.4). 초기에는 도표가 Fe-Cr-Ni 합금의 3가지 상들에 대한 존재 영역을 보여주었지만 다른 합금원소의 효과를 고려하기 위해 Ni 당량과 Cr 당량을 사용하면서부터 더욱 널리 사용하게 되었다. Cr 당량은 페라이트 형성원소를 이용해 경험적으로 정해졌다.

$$\text{Cr 당량} = (\text{Cr}) + 2(\text{Si}) + 1.5(\text{Mo}) + 5(\text{V}) + 5.5(\text{Al}) + 1.75(\text{Nb}) + 1.5(\text{Ti}) + 0.75(\text{W})$$

반면 Ni 당량은 오스테나이트 형성원소를 이용해 경험적으로 정해졌다.

$$\text{Ni 당량} = (\text{Ni}) + (\text{Co}) + 0.5(\text{Mn}) + 0.3(\text{Cu}) + 25(\text{N}) + 30(\text{C})$$

모든 조성은 중량%(wt%)을 사용한다.

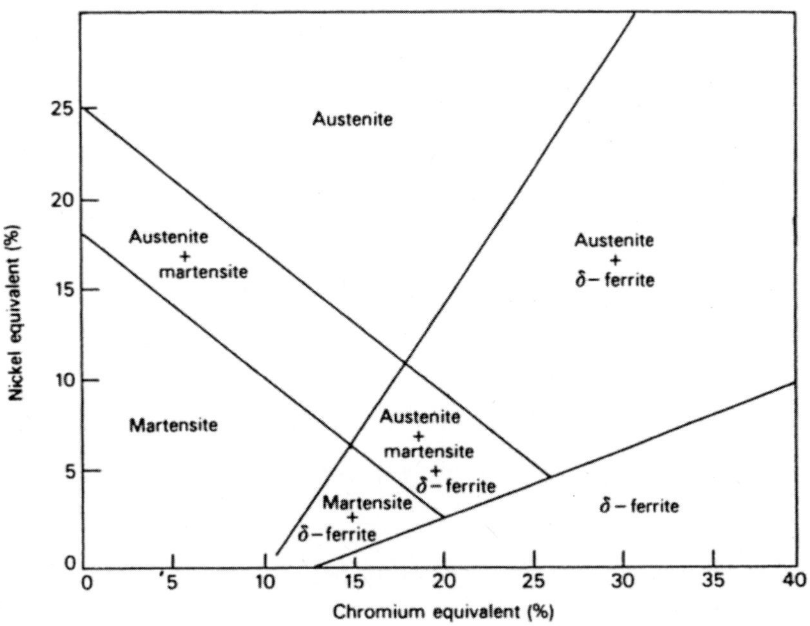

그림 12.4 Schaeffler 도표. Cr–Ni 스테인리스강의 기본조직에 합금원소가 미치는 영향

금속원소에 비해 C와 N의 영향이 큰 것을 알 수 있다. Schaeffler 도표는 어떤 강이 실온에서 완전히 오스테나이트로 존재할 수 있는가의 여부를 결정하는데 아주 유용하다. 도표는 벌크(bulk)강에 적합하며 특히 용접결함과 과도한 국부 부식을 피하기 위한 용접 금속의 조직을 예측하는데 중요하게 사용된다.

12.3 Cr-Ni 오스테나이트강의 크롬탄화물

오스테나이트강은 대개 18~30wt% Cr, 8~20wt% Ni, 그리고 0.03~0.1wt% C를 포함한다. 탄소의 고용한계는 800℃에서 0.05wt% 정도이며 1100℃에서 0.1wt%로 증가한다. 따라서 1050℃와 1150℃ 사이에서의 고용화 처리는 모든 탄소를 고용체에 고용시키게 되고 이 온도영역에서 급냉하면 실온에서 과포화 오스테나이트 고용체를 얻게 된다. 하지만 서냉 또는 550~800℃ 사이에서의 재가열은 고용체로부터 탄소가 빠져나와 크롬을 많이 함유한 탄화물인 $Cr_{23}C_6$을 형성토록 하며 이러한 현상은 탄소함량이 아주 낮을 때도 일어난다(< 0.05wt%).

탄화물은 오스테나이트 입계에서 면 형태를 갖춘(faceted) 입자(그림 12.5)로 우선적으로 핵생성하거나 또는 복잡한 수지상배열(dendritic arrays)로 핵생성된다. 이러한 석출이 기계적 성질에, 특히 저온 연성에 나쁜 영향을 미칠 수 있겠지만 가장 심각한 문제는 입계 주변 영역에서의 크롬 고갈(depletion)이라 할 수 있다. 이것은 마이크로프롭(microprobe) 분석을 통해 직접 확인되었으며 이러한 크롬이 고갈된 입계영역을 따라 부식저항이 취약해진다. 결과적으로 고질적인 형태의 입계부식이 일어나고 심한 경우에는 강의 파괴까지 일으킬 수 있다. 이러한 형태의 부식은 마르텐사이트계 Cr강인 12wt% Cr 강에서도 나타나며 $Cr_{23}C_6$의 입계석출이 일어난다.

$Cr_{23}C_6$는 특히 과포화도가 높으면 오스테나이트 입자 내의 전위와 용질원자/공공(vacancy) 클러스터에서도 석출된다. 기지와 탄화물 모두 입방대칭(cubic symmetry)을 보이며 Thin-foil 시편으로부터 얻어진 전자회절 결과는 다음의 방위관계를 보였다.

$$\{100\}_{M_{23}C_6}//\{100\}_\gamma : \langle 100\rangle_{M_{23}C_6}//\langle 100\rangle_\gamma$$

$M_{23}C_6$의 격자상수는 오스테나이트의 3배에 이르고 전자회절 패턴도 쉽게 구분된다. 입자는 다면체 정벽(polyhedral habit)을 만들지만 고온 변형된 강에서는 훨씬 규칙적인 입방형상을 보이기도 한다(그림 12.6). 크롬 탄화물의 핵생성과 성장을 위한 임계온도 영역이 500~850℃ 사이이므로 냉각 시 이 온도구간을 서서히 통과하는 공정들은 가동 중에 입계부식에 예민하게 될 수 있다. 특히 용접 열영향부(HAZ)에서 이러한 조건이 충족되면 특정 화학 매체에 대한 국부적인 부식을 일으키기도 한다. 따라서 $Cr_{23}C_6$ 형성 시 반응속도에 관한 정보가 중요하다.

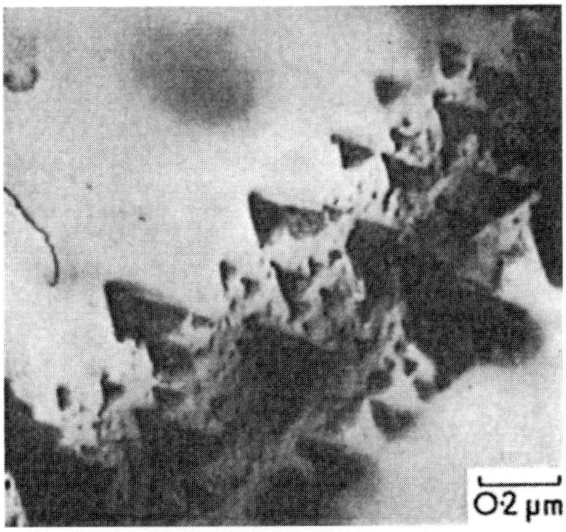

그림 12.5 750℃에서 5시간 시효된 25Cr−24Ni−0.27Ti−0.034Cwt% 강의 $Cr_{23}C_6$의 입계석출. Thin−foil 전자현미경

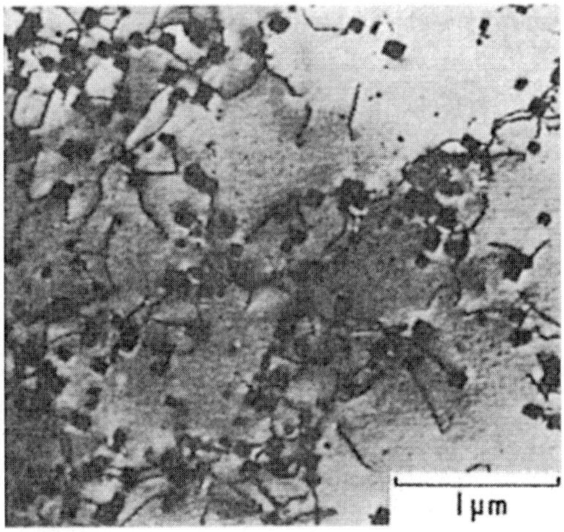

그림 12.6 응력 하에서 700℃에서 80시간 경과된 18Cr−12Ni 내 전위에서의 $M_{23}C_6$의 석출. Thin−foil 전자현미경

전형적인 핵생성과 성장공정이라면 *TTT* 곡선은 700℃ 부근에서 노즈를 갖는 C-형상의 곡선을 갖는다(그림 12.7). 어떤 철 조성에서는 상당 수준의 입계부식을 일으키기에 충분한 $Cr_{23}C_6$ 형성을 위한 최소시간, 즉 예민화(sensitization)를 위한 시간이 100초 정도로 짧다. $Cr_{23}C_6$ 형성을 줄이거나 제거하기 위한 여러 방법을 아래에 나타냈다.

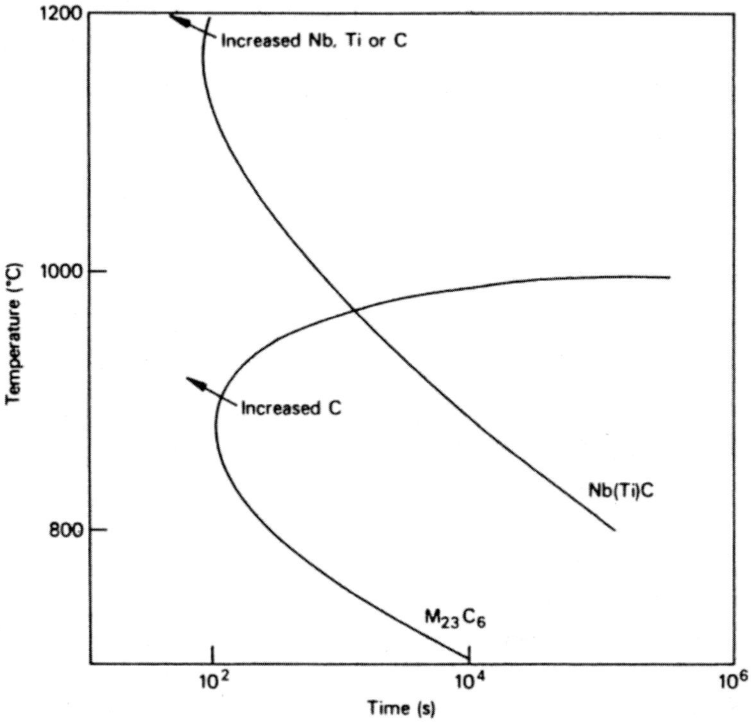

그림 12.7 Cr–Ni 오스테나이트강에서 $M_{23}C_6$과 Nb(Ti)C의 온도–시간 성장곡선

1. 재용해(resolution) 처리: 용접 후 강을 950~1100℃ 부근으로 재가열해 $Cr_{23}C_6$를 재용해한 후 C-형상곡선을 피해서 빠르게 냉각시켜 석출을 방지시킨다.
2. 탄소함량의 감소: 산소랜싱(oxygen lancing)을 포함한 최신 제강기술을 이용해 탄소함량을 0.03wt% 이하로 감소시킬 수 있다. 18/8강 입계부식의 완전 방지를 위해서는 0.02wt% 탄소수준을 넘지 않아야 한다.

3. $M_{23}C_6$ 반응속도의 제어: Cr/Ni 스테인리스강에 몰리브데늄을 첨가하면 예민화 시간을 현저히 길어지게 할 수 있다. 니켈 함량의 증가는 역효과를 내는 반면 크롬 함량의 증가는 유익한 효과를 낸다.
4. 강한 탄화물 형성원소 사용: Nb, Ti-Nb, Ti 등은 $Cr_{23}C_6$보다 훨씬 안정적인 탄화물을 형성한다. 따라서 결합 가능한 탄소와 우선적으로 반응함으로써 $Cr_{23}C_6$이 핵생성되는 가능성을 줄여준다.

12.4 니오브 탄화물과 티타늄 탄화물의 석출

충분한 양의 니오브와 티타늄을 강에 첨가되어 모든 탄소들과 결합하게 하면 통상적으로 얻어지는 화학양론적 비율(stoichiometric ratio)이 다음과 같다.

	Ti : C	Nb : C
원자량	48 : 12	93 : 12
비율	4 : 1	8 : 1

하지만 첨가량이 이 비율을 초과하면 Ti 또는 Nb의 고용체에 고용되거나 함유되어 있는 질소와 결합한다. 티타늄 탄화물과 니오브 탄화물은 크롬 탄화물에 비해 오스테나이트에 고용이 훨씬 어려우므로 훨씬 높은 온도에서 상대적으로 안정한 입자를 형성한다. 티타늄 탄화물과 니오브 탄화물은 1050℃ 이하의 고용화 온도(solution temperature)를 포함한 일반 상용 열처리 동안 상대적으로 불활성으로 남아 있게 되므로 가능한 $Cr_{23}C_6$의 핵생성을 최소화시킨다. 하지만 TiC와 NbC는 1050℃에서 오스테나이트에 어느 정도 고용도를 가지므로 보다 낮은 온도에서도 상당량 석출될 수 있다. 용접과 같은 고온 공정 동안 이러한 탄화물이 오스테나이트에 대규모로 용해된 후 보다 낮은 온도에서 재석출될 수 있다. 따라서 NbC와 TiC는 항상 불활성 분산물을 형성하지는 않을 것이며 열처리에 의해 재분포되기도 한다.

하지만 이들은 기지, 특히 입계와 같이 예민한 영역에서의 크롬을 고갈시키지 않는 장점을 갖는다. NbC와 TiC의 분산물을 형성하는 능력은 또 다른 장점을 갖게 되는데 이러한 분산물들이 500~750℃ 온도영역에서 아주 미세하게 남아 있음으로써 이 온도 구간에서 오스테나이트강에 분산강화 효과를 제공해 보다 높은 강도를 가질 수 있게 해준다는 점이다. 크립 저항성 오스테나이트강의 개발은 이러한 탄화물 분산물의 성질에 크게 의존한다.

오스테나이트 내에 NbC와 TiC의 형성은 강의 고온 용체화 처리(1100~1300℃) 후 실온으로의 빠른 냉각을 통해 아주 편리하게 연구할 수 있다. 이어지는 650~850℃ 온도구간에서의 시효처리 동안 석출이 일어나게 된다. 2가지 탄화물 모두 NaCl 결정 형태의 fcc로서 격자상수 차이가 2~3% 이내이지만 오스테나이트와는 20~25% 차이를 갖는다. 두 탄화물 모두 $MC_{0.6}-MC_{1.0}$ 범위의 화학양론적 비율(stoichiometric ratio)을 가진다.

각 경우의 석출은 아래의 여러 방법을 통해 일어난다.

입계 입계는 선호되는 석출 위치지만 크롬이 오스테나이트 내에서 Nb나 Ti보다 빠르게 확산하기 때문에 $Cr_{23}C_6$이 먼저 형성된다(그림 12.8a). 이때 완전한 안정화가 이루어진다면 NbC 또는 TiC가 고용체로 들어가지 않게 된다. [그림 12.7]에 나타낸 $Cr_{23}C_6$과 (NbTi)C의 *TTT* 곡선을 보면, 크롬 탄화물이 보다 낮은 온도와 짧은 시간 내에 먼저 형성되지만 시간이 경과되면 이것은 재용해되고 (NbTi)C에 의해 대체될 수 있다.

전위 NbC와 TiC는 전위에서 광범위하게 핵생성하는데(그림 12.8b) 이것은 GP zone이 형성되기 이전의 평형상의 석출에 중요한 기구이다. 이러한 그룹에 속하는 합금의 크립 저항의 상당 부분이 고온 변형에 의해 생성된 전위에서 핵생성된 합금탄화물에서 비롯된다(그림 12.6). 탄화물은 VC, TaC와 같은 다른 MC 탄화물이 그러하듯 항상 기지와 cube-cube Widmanstätten 방위관계를 갖는다. 오스테나이트의 격자상수가 탄화물의 경우보다 20~25% 작으므로 입자성장으로 인한 내부 에너지를 줄이기 위해 석출물로의 공공의 이동이 필요하다. 이러한 공공의 극히 일부만이 급냉될 수 있으므로 탄화물입자가 공공이 더 생성되는 상황, 즉 전위나 입계에서 보다 쉽게 성장하게 될 것이다.

적층결함과 관련한 석출 NbC, TaC, TiC가 $\{111\}_\gamma$ 판에 얇은 디스크 형태로 석출하기도 하는데 전자현미경의 Thin-foil에 적층결함 contrast를 보인다(그림 12.8c). 이러한 디스크는 700℃에서의 시효 동안 상당 부분 성장한다. 분석에 의하면 디스크는 부분전위의 상승에 의해 형성되며(Frank 형태) 이러한 상승을 통해 연속적인 공공의 공급원을 만든다(NbTi). C 석출입자가 부분전위에서 핵생성되고 공공을 이용해 성장하는 공정이 부분전위가 핵생성된 입자의 열로부터 벗어남에 따라 계속해서 반복된다.

최종적으로는 $\{111\}_\gamma$ 면 위에 준(pseudo)-Widmanstätten 배열을 갖는 디스크가 되며 아주 미세한 (NbTi)C 분산물을 포함한다. 이러한 복잡한 석출형상은 분해되지 않은(undissociated) 전위에서의 정상적인 핵생성과 함께 일어난다.

기지 석출 전위가 아닌 기지(matrix) 내에 (NbTi)C의 불규칙한 석출이 관찰되기도 하지만 이것은 아주 드문 경우로 볼 수 있다. 입자는 기지와 cube-cube 방위관계를 보이고 용질원자/공공 클러스터에서 핵생성된다. 결과적으로 이것은 오스테나이트 기지에 높은 공공의 과포화, 즉 아주 높은 고용체 온도와 빠른 퀜칭 열처리를 통해서만 얻어진다(그림 12.8c). 인(P)과 같은 일부 원소는 공공의 구속(trapping)을 통해 석출을 조장하는 것으로 보이며, 인(P) 원자는 오스테나이트 고용체에서 다른 원자들에 비해 20% 정도 작으므로 국부적인 변형장을 형성한다.

탄화물 형상(morphology)을 발생 빈도순으로 위에서 설명했다. 확실한 것은 이러한 순서가 고용화 온도의 함수인 과포화의 정도를 따른다는 것이다. 실제로 용접을 제외하면 높은 고용화 온도를 피하기 때문에 입계석출과 전위석출이 지배적인 기구로 관찰된다.

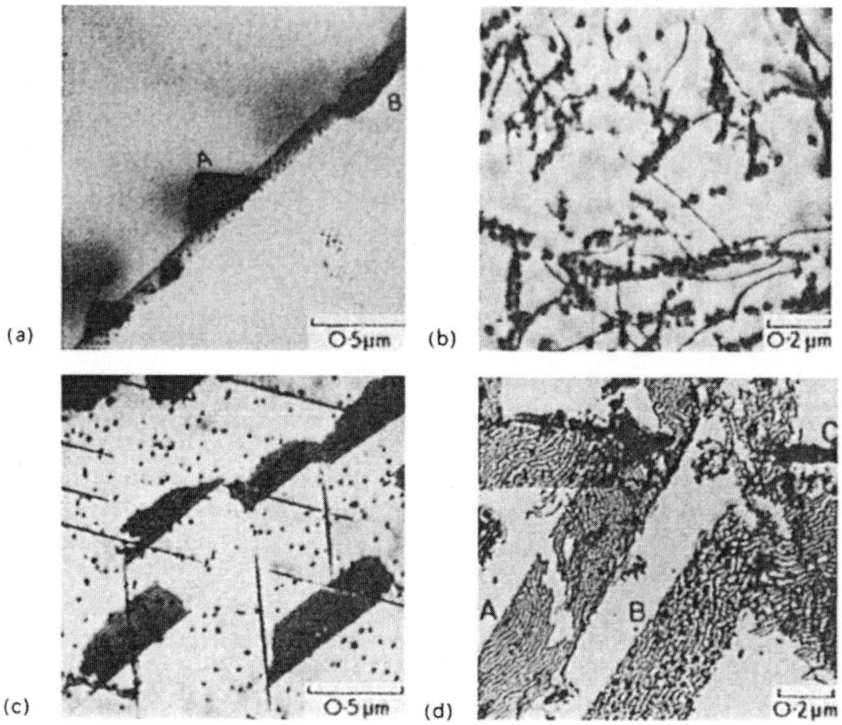

그림 12.8 1150~1300℃ 사이에서 가열된 오스테나이트강 고용체의 다양한 석출양상. (a)25Cr–24Ni–0.27Ti–0.03C. 700℃에서 3시간 시효. $M_{23}C_6$(조대)과 TiC(미세)의 입계석출, Thin–foil 전자현미경, (b)18Cr–10Ni–1Ti–0.1C. 700℃에서 48시간 시효. 전위에서 TiC 석출, Thin–foil 전자현미경, (c)18Cr–12Ni–2Ta–0.1C. 700℃에서 25시간 시효. 기지와 적층결함에서 TaC의 석출, Thin–foil 전자현미경, (d)18Cr–12Ni–1.25Nb–0.04N. 700℃에서 500시간 시효. NbN은 적층결함 A와 B에 관련, M_6N은 C와 관련. Extraction replica.

12.5 오스테나이트강의 질화물

단순 오스테나이트강에서 질소는 $Cr_{23}C_6$의 탄소를 대체할 수도 있지만 고용체강화 원소로서의 역할이 훨씬 중요하다. 탄소와 비교해 해로운 석출을 일으키지 않고 보다 높은 질소농도를 유지할 수 있으며, 0.2~0.3wt% N을 함유한 강에서는 Cr_2N이 입계 및 입내에서 석출될 수 있다. 오스테나이트강을 600℃ 이상의 높은 온도에서 공기에 노출시키면 조대한 Cr_2N의 기지석출과 입계에서의 불연속적인 층상석출(lamellar precipitation)을 통해 산화물 층 아래의 질소농도를 크게 높일 수(>1wt%) 있다. 이러한 영역은 크립 조건에서 균열을 발생시키기도 한다.

Nb 또는 Ti가 존재하면 더욱 안정적인 이들의 질화물이 형성되며 Cr_2N에 비해 오스테나이트에 덜 용해된다. 상응하는 탄화물과 동형(isomorphous)인 TiN과 NbN이 식별되었고 시효 동안 결국 NbN을 대체할 수 있는 M_6N도 식별된다(그림 12.8d). 이러한 상들은 높은 고용온도에서 빠른 냉각을 통해 650~850℃ 영역에서 석출될 수 있다. 따라서 이러한 석출들은 용접이나 고온 크립조건에 놓인 합금강에서 일어날 수 있다. 이러한 질화물 상의 핵생성 모드는 상응하는 탄화물과 유사하나 그 형상에는 차이를 보인다.

12.6 오스테나이트에서의 금속 간 석출

오스테나이트강은 상대적으로 평범한 기계적 성질을 보유하고 있으나 여러 분위기에서의 뛰어난 부식저항으로 인해 널리 사용되고 있다. 하지만 크립에 의한 변형이 최소화되어야 하는 고온 용도에서 사용 가능한 고강도 합금의 개발이 요구되기도 한다. 탄화물의 분산이 하나의 해결책이 될 수 있지만 석출물의 체적분율이 고용도에 의해 제한을 받게 되고 고온 연성과 분산물의 안정성에 관련된 문제들도 있다.

많은 오스테나이트 합금의 고합금된 기지들은 고온강도를 얻기 위한 적정 분산물로서 금속 간 상들을 이용해왔다. 이러한 상들 중에서 가장 중요한 것은 Ni-기지합금에서 처음 발견된 γ' fcc 상 $Ni_3(AlTi)$인데 오스테나이트와 유사한 fcc 기지를 가지며 석출상 내에 서로 교체 가능한 티타늄과 알루미늄을 함유하고 있다. γ' 석출은 안정적인 오스테나이트강에서 얻어지는데, 1~5wt%의 (Al+Ti) 함량을 갖는 20Cr25Ni을 1100~1250℃의 온도에서 퀜칭한 후 700~800℃ 온도에서 시효해 얻는다. 이러한 방법으로 얻어진 분산물은 2가지 중요한 장점이 있다. 첫째는 석출입자가 기지조직과 유사한 입방 결정구조를 가지고 있어 cube-cube 방위관계를 갖는다는 점이다. 더군다나 격자상수가 비슷하므로 석출물과 기지 사이의 경계가 정합이며 따라서 에너지가 낮다. Lifshitz-Wagner식(식 (9.2))에서 조대화 속도가 경계에너지에 직접 관련되어 있음을 보였다. 둘째로 이러한 형태의 반응이 석출입자의 체적분율을 증가(0.3~0.5)시켜줌으로써 시그마(σ)상과 같은 치명적인 취성을 야기하지 않으면서 입자를 강하게 해준다.

오스테나이트에서 관찰되는 γ' 석출은 석출물이 아주 미세할 때는 구형이며(그림 12.9a) 실제로 예비석출(pre-precipitation) 구형 영역이 형성된다는 근거도 있다. 하지만 750℃에서의 연장(prolonged) 시효에서는 γ' 입자가 오스테나이트 기지와의 정합성을 잃어버리면서 점점 복잡한 형상을 취한다(그림 12.9b). γ' 내의 Al에 대한 Ti의 비율을 변경함으로써 조대화 특성이 상당 부분 수정될 수 있다. Al을 γ' Ni_3Ti에 첨가하면 격자상수가 25Ni-15Cr wt%의 3.590Å으로부터 감소되며 석출물을 매우 안정하게 해준다. 하지만 Ti의 완전한 교체는 γ'의 격자상수를 3.559Å으로 낮춤으로써 불일치(mismatch) 인자를 증가시킨다. 따라서 고강도 오스테나이트강의 조대화를 억제시킬 수 있는 최적 조성영역은 1~1.5wt% Al과 3~3.5wt% Ti 범위를 갖는 (Al+Ti) 함량으로 볼 수 있다.

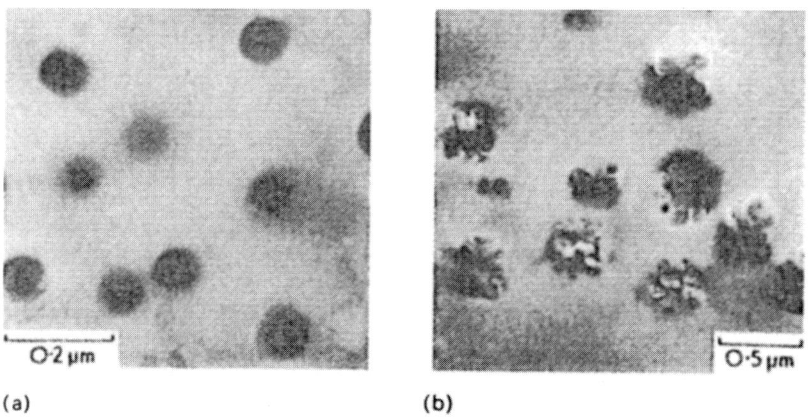

그림 12.9 1150℃에서 용체화처리된 21Cr–24Ni–1.3Ti–0.04C wt% 강에서 γ' Ni_3Ti의 석출 (a)750℃에서 80시간, (b)750℃에서 800시간. Thin–foil 전자현미경

γ'상은 오스테나이트강에서 Al과 Ti의 평형상이 아니다. 티타늄 함유 강에서 γ'상은 조대하게 분산된 육방정 상인 $\eta(Ni_3Ti)$에 의해 결국 대체된다. Al/Ti 비율이 높은 강에서의 평형 금속간상은 (bcc) β NiAl이다. 이러한 2상 모두 과다하게 조대화되기 때문에 오스테나이트 크립저항 합금의 미세 조직으로는 바람직하지 않은 상들이다.

다른 여러 금속 간 상들이 오스테나이트강에서 관찰되었지만 실온에서의 기계적 성질에 치명적인 영향을 미치는 시그마(σ) 상에 대해 언급한다. 정방정 구조를 갖는 σ상은 Fe-Cr 2원계에 이미 존재하며 25~60wt% Cr의 넓은 조성영역에서 일어난다. CrNi 오스테나이트강에서 σ형성은 Cr 함량이 17wt%를 초과할 때 촉진되지만 Ni 함량을 증가시키면 억제된다. σ상은 오스테나이트 입계에서 형성되고 완전한 발달을 위해서는 750℃에서 장시간의 시효(1500시간)가 필요하다. 하지만 어떤 환경에서는 σ상이 25Cr-20Ni강을 750℃에서 70시간 시효를 통해서도 관찰되기도 한다. 오스테나이트 내의 페라이트 존재는 σ상의 형성을 심하게 가속시켜 γ/α 경계에서 핵생성하는 것으로 나타났다(그림 12.10). Cr이 풍부한 페라이트는 σ상의 성장 동안 우선적으로 흡수되는 경향을 보인다. Mo와 Ti 같은 원소는 σ상의 형성을 더욱 가속시키는데 18Cr-8Ni-3Mo-1Ti wt%강에서 σ상은 870℃에서 30분 만에 형성된다.

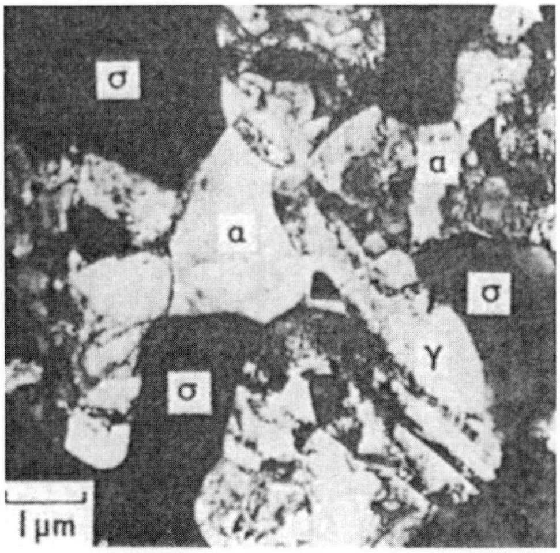

그림 12.10 α/γ 경계에서 σ상의 핵생성. Thin-foil 전자현미경

12.7 오스테나이트강의 적용

가장 보편적인 오스테나이트강은 18/8, 즉 18wt% Cr과 8wt% Ni을 함유하는 강이다. 이것은 완전 오스테나이트 조직을 얻을 수 있는 가장 낮은 니켈함량을 갖는다. 하지만 변형 후 또는 탄소함량이 아주 낮을 경우에서는 오스테나이트의 일부가 부분적으로 실온에서 마르텐사이트로 변태하기도 한다. 알려진 오스테나이트강의 특성을 [표 12.1]에 나타냈다.

표 12.1 대표적인 오스테나이트강의 조성

Element	Composition (wt%)						
	AISI type 301	302	304	310	316	321	347
C	0.15 max	0.08 max	0.08 max	0.25 max	0.08 max	0.08 max	0.08 max
N	0.03	0.03	0.03	0.03	0.03	0.03	0.03
Cr	16–18	17–19	18–20	24–26	16–18	17–19	17–19
Ni	6–8	8–10	8–12	19–22	10–14	9–12	9–13
Mo					2–4		
Ti						5 × %C	
Nb							10 × %C
Mn	1.5	1.5	1.5	1.5	1.5	1.5	1.5

마르텐사이트 형성에 대한 안정성은 [표 12.1]의 301에서 310 형태의 강에서 나타냈듯이, 니켈의 함량을 증가시킴으로 더욱 강화된다. 18/8 스테인리스강은 일반적인 부식 환경에 대한 우수한 저항성 때문에 널리 사용되고 있다. 니켈 함량을 증가시키면 내식성이 더욱 증가될 수 있고 크롬 함량을 증가시키면 입계부식에 대한 강한 저항성이 부여된다. 오스테나이트강은 응력부식균열(stress corrosion cracking)에 취약하며 특히 염소 이온이 존재할 때 취약해서 수 ppm 만으로도 파단에 이르게 할 수 있다. 이것은 의도적으로 가해준 응력이든 재료 내의 잔류응력 때문이든 부식분위기에서 가해진 작은 응력으로 인해 일어나는 파괴 형태다. 오스테나이트강에서 응력부식균열은 입

내(transgranular)균열로 발생되며 뜨거운 염화용액(chloride solution)에서 가장 쉽게 일어나는 균열 형태다. 응력부식균열은 니켈을 많이 함유한 오스테나이트강에서 현저하게 감소한다.

2~4wt% Mo를 함유한 316강은 일반 부식저항을 상당 부분 개선시켜주고 특히 공식(pitting) 부식에 대한 저항을 높인다. 공식부식은 부식저항성 막(film)에 대한 국부적인 침투를 의미하며 특히 염화용액에서 잘 일어난다. 근래에는 6.5wt% Mo를 함유한 강도 개발되었으나 오스테나이트 조직을 유지하기 위해서는 Cr이 20wt%로 Ni이 24wt%로 변경되어져야 한다. 이와 같은 합금들을 슈퍼오스테나이틱 스테인리스강이라 부르기도 한다.

입계를 따라 일어나는 부식은 심각한 문제일 수 있으며 특히 용접과 같이 고온처리로 인해 이 영역에서 $Cr_{23}C_6$이 석출될 때는 더욱 그러하다. 이러한 입계부식 형태를 용접부식(weld-decay)이라 부르기도 한다. 이 효과를 극복하기 위해 304와 316 오스테나이트강의 탄소함량을 0.03wt% 이하로 줄여 소위 304L과 316L을 만들었다. 이 경우에는 321과 347 형태와 같이, Nb 또는 Ti을 탄소와 결합할 화학 양론적 비율보다 많이 첨가해줌으로써 줄어든 탄소함량을 보완해준다.

오스테나이트강은 여태껏 매우 강한 재료로 여겨지지는 않았다. 대표적으로 0.3% 항복강도가 250MN m^{-2}이고 인장강도가 500과 600MN m^{-2}이므로 이 강은 상당한 가공경화 능력을 보유함을 알 수 있고 연강에 비해 성형가공이 훨씬 어렵다. 하지만 오스테나이트강은 인장연신율이 50%에 이르는 매우 우수한 연성을 갖고 있다. Cr/Ni 오스테나이트강은 보호성 표면 막 때문에 고온산화에 대한 저항이 좋지만 보통 등급강의 고온강도는 낮은 편이다. 티타늄과 니오브로 안정화시킨 강인 321과 347은 크립 동안 생성된 전위들과 상호작용할 수 있는 TiC 또는 NbC의 미세분산물을 형성하기 위해 열처리를 할 수 있다. 가장 널리 사용되는 합금 중의 하나가 티타늄과 니오브를 첨가한 25Cr-20Ni인데 700℃의 높은 온도에서도 우수한 크립강도를 갖는다.

매우 우수한 고온 크립물성을 가지기 위해서는 실온에서의 강도도 높은 수준으로 올릴 필요가 있다. 이것은 금속 간 상, 특히 $Ni_3(AlTi)$의 석출이 가능한 조성을 갖는 강을 석출경화 열처리해서 얻을 수 있다. [표 12.2]에 이러한 부류에 속하는 2가지 합금(A286과 Unitemp212)을 700~750℃에서 시효처리한 후 실온 강도를 측정해 표준 오스테나이트 합금인 304와 비교한 결과를 나타냈다. 강도가 석출반응에 의해 2배 이상 증가함을 알 수 있다.

표 12.2 실온에서 오스테나이트강의 강화. (a)조성, (b)기계적 성질

(a) Composition

Element	Composition (wt%)						
	Specification						
	304	304(N)	347	347(N)	A286	Unitemp 212	IN744
C	0.08	0.06	0.06	0.08	0.05	0.08	0.05
N	0.03	0.20	0.03	0.20			
Cr	19.0	18.0	18.0	18.0	15.0	13.5	26.0
Ni	10.0	10.0	12.0	11.0	26.0	26.0	6.5
Mo					1.2	1.75	
Ti					2.0	3.0	0.3
Nb			10 × %C	10 × %C			
Al					0.15	0.15	
V					0.30		

(N): high nitrogen.

(b) Mechanical properties

	Specification						
	304	304(N)	347	347(N)	A286	Unitemp 212	IN744
0.2% Proof stress ($MN\,m^{-2}$)	247	340	247	415	700	920	570
Tensile strength ($MN\,m^{-2}$)	541	695	556	710	1000	1300	740
Elongation (%)	55	46	50	39	25.0[a]	23.0[b]	24

(N): high nitrogen.
[a]Aged at 750°C.
[b]Aged at 700°C.

12.8 듀플렉스 및 페라이트계 스테인리스강

12.2절에서 안정적인 오스테나이트강을 만드는데 있어 γ-루프 제어의 중요성이 강조되었다. 오스테나이트와 δ-페라이트 상영역 사이에 제한적인 $(\alpha+\gamma)$ 영역이 있는데 이 영역은 2상 또는 듀플렉스(duplex) 스테인리스강을 얻는데 이용할 수 있다(그림 12.11). 이 조직은 α-형성 원소(Mo, Ti, Nb, Si, Al)와 γ-형성원소(Ni, Mn, C, N) 사이의 정확한 균형을 맞추어야 만들어낼 수 있다. 2상 조직을 얻기 위해서는 Cr 함량을 20wt% 이상으로 올릴 필요가 있다. 하지만 α와 γ의 정확한 비율은 열처리에 의해 결정된다. 이것은 1000~1300℃ 영역에서 유지온도에 따라 페라이트 함량이 넓은 범위에서 변하는 평형상태도의 γ-루프 단면을 생각해보면 명백하다. 페라이트 함량이 뒤이은 냉각속도에 대해 민감하지 않을 경우에는 대개 1050℃와 1150℃ 사이에서 열처리를 행한다.

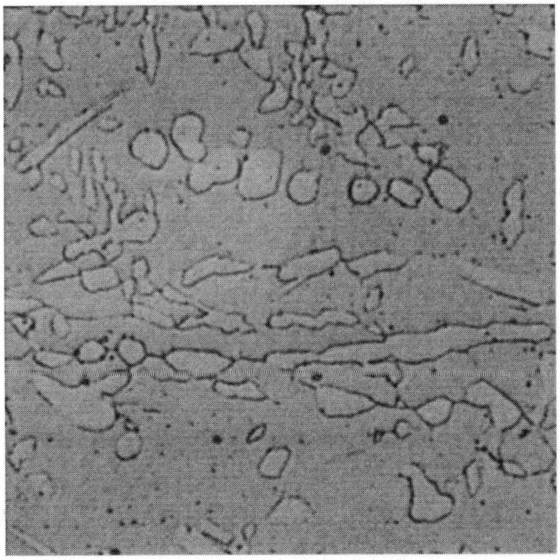

그림 12.11 듀플렉스 스테인리스강. 26Cr–5Ni–1.5Mon–0.025C wt%, $(\alpha+\gamma)$미세 조직, 광학현미경 ×630

2상 조직과 이로 인한 입자미세화 효과로 인해 듀플렉스 강은 단순한 오스테나이트강에 비해 강하다. 실제로 900~1000℃ 사이에서의 적절한 가공열처리에 의해 초소성, 즉 고온에서 임계 변형속도 이하의 변형속도에서 아주 높은 연성을 보일 수 있는 아주 미세한 듀플렉스 조직을 얻을 수 있다. IN744의 대표적인 조성을 [표 12.2]에 실온에서의 기계적 성질과 함께 나타냈다.

또 다른 장점으로는 듀플렉스 스테인리스강이 응고균열(solidification cracking)에 저항성이 크다는 점인데 특히 용접에서 중요하다. δ-페라이트의 존재가 어떤 환경에서는 부식저항에 해로운 영향을 가질 수 있지만 이것이 입내 응력부식균열에 대한 저항성을 개선시켜 주는데 이것은 페라이트가 이러한 형태의 균열에 영향을 받지 않기 때문이다. 기존의 듀플렉스 스테인리스강보다 우수한 부식저항을 갖는 새로운 등급의 강인 슈퍼 듀플렉스 스테인리스강이 근래에 개발되었다. 이 강은 Cr, Mo, N 등을 많이 함유하고 있으므로 특히 국부 공식(pitting) 부식에 대한 저항이 우수하다. 균형 잡힌 페라이트/오스테나이트 미세 조직을 유지하기 위해서는 니켈과 같은 오스테나이트 안정화 원소의 농도를 증가시킬 필요가 있다. 따라서 슈퍼 듀플렉스 스테인리스강은 대표적인 조성으로 27Cr-7Ni-4Mo-0.3N을 함유한다.

스테인리스강에는 다른 중요한 그룹이 있는데 조직이 페라이트인 스테인리스강이다. 이 강들은 17에서 30wt%의 Cr을 함유하고 있으며 오스테나이트 안정화 원소이며 고가인 니켈을 포함하지 않으므로 가격 측면에서 상당한 장점을 갖는다. 이 강은 크롬을 많이 함유하므로 여러 분위기에서 뛰어난 부식저항을 가지며 응력부식은 전혀 일으키지 않는다. 대표적인 조성을 [표 12.3]에 나타냈다.

표 12.3 페라이트계 스테인리스강의 조성

Element	Composition (wt%)		
	AISI 430	AISI 446	18/2
C	0.06	0.08	0.02
Cr	17.0	25.0	18.0
Mo			2.0

페라이트 스테인리스강도 한계를 가지는데, 특히 높은 크롬함량에서 취성을 일으킬 가능성이 높을 수 있다. 이것은 침입형 원소인 탄소와 질소에 부분적으로 기인하며 25wt% Cr 강은 탄소가 0.03wt% 이상이면 실온에서 취성을 보인다. 부가적인 요인으로는 상변태의 부재가 페라이트 입자의 미세화를 어렵게 한다는 점인데 용접과 같은 고온처리 후에 페라이트 입자가 매우 조대해진다(그림 12.12). 이것은 침입형 원자의 존재로 인해 이미 높아진 연성/취성 천이온도를 더욱 올려준다. 다행스럽게도 아르곤-산소제련과 같은 최신 제강법을 통해 침입형 원소의 함량을 0.03wt% 이하로 낮출 수 있고 전자빔 진공용해를 통해 더욱 낮출 수 있다.

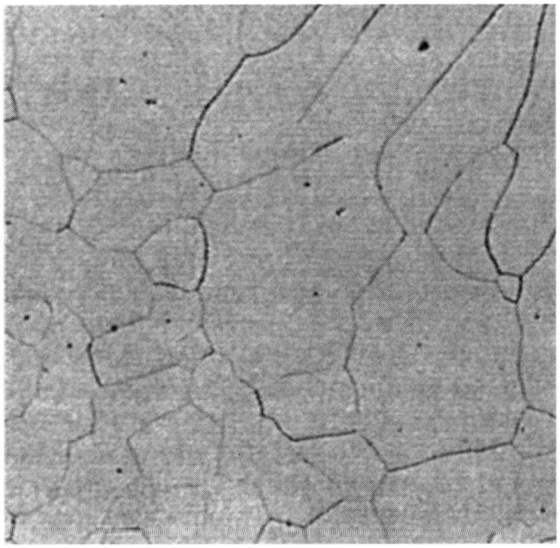

그림 12.12 페라이트계 스테인리스강에서 용접부 HAZ 입자성장. 광학현미경 ×80

페라이트 스테인리스강은 오스테나이트 스테인리스강에 비해 다소 강해 항복강도가 300~400MN m^{-2}에 이르지만 가공경화가 잘되지 않아 인장강도는 500~600MN m^{-2}으로 비슷한 수준이다. 하지만 일반적으로 페라이트 스테인리스강은 전반적으로 낮은 연성으로 인해 오스테나이트 스테인리스강만큼 드로잉이 되질 않는다. 그러나 스피닝(spinning)과 냉간단조 등의 변형공정에는 적합하다.

용접 시 HAZ부에서의 과다한 입자성장이 문제가 되긴 하지만 근래에는 티타늄과 니오브를 포함하는 새로운 저-침입형 합금이 개발되어 용접이 용이해졌다. 보다 높은 크롬 함량을 갖는 페라이트계 합금은 우수한 내부식성을 가지며 특히 1~2wt% Mo가 함유되면 더욱 그러하다.

페라이트 스테인리스강의 거동에 해를 끼칠 수 있는 2가지 현상이 있다. 그중 하나는, 크롬을 많이 함유한 페라이트를 400~500℃로 가열하면 취성을 보인다는 것이다(475℃ 취성). 가장 유력한 이유는 아주 미세한 정합성의 크롬이 풍부한 상(bcc α')의 석출인데 이 상은 스피노달 분해(spinodal decomposition) 등에 의해 Fe-Cr 합금의 비혼합구간(miscibility gap)으로부터 생겨난다. 이 현상은 크롬 함량이 증가할수록 더욱 두드러지는데 이것은 두 번째 현상인 σ상의 형성에서도 그러하다. σ상은 오스테나이트보다 크롬이 풍부한 페라이트에서 더욱 쉽게 만들어지며 600℃ 이하에서 관찰될 수 있다. 오스테나이트에서처럼 σ상의 형성은 현저한 취성을 야기할 수 있다.

12.9 기계적으로 합금된 스테인리스강

기계적 합금화(mechanical alloying)는 구성 금속들 또는 기준합금들로 배합된 미세한 분말을 고용체로 바꾸는 공정으로 외견상 어떠한 용융도 일어나지 않는다(그림 12.13). 볼 밀(ball mill) 내에서 훨씬 단단하고 크기가 큰 강구(steel ball)로 분말을 서로 충돌시킨다. 충돌로 인해 아주 강력하고 큰 접촉압력(그림 12.13b)이 걸리게 되며 치밀한 고용체가 형성된다. 내열성 산화물(주로 이트륨(yttrium) 산화물)을 기계적으로 합금된 분말에 미세하게 분산시켜 분산강화를 얻을 수도 있다. 기계적으로 합금된 분말은 최종적으로 압출되어 완전 충진된 봉, 박판 또는 다른 유용한 형상의 벌크(bulk) 시료로 만든다.

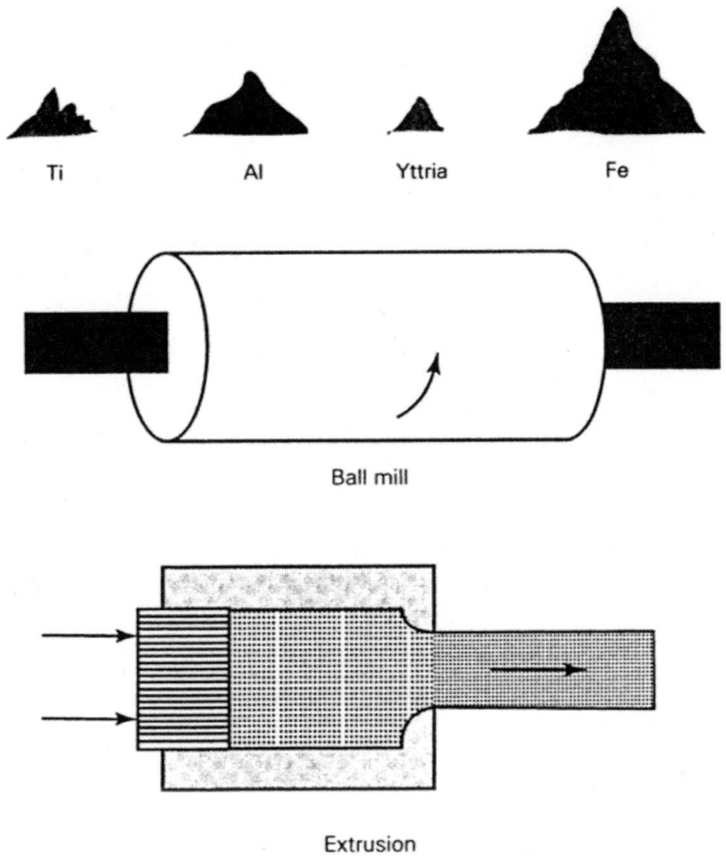

그림 12.13(a) 기계적 합금공정의 도식도

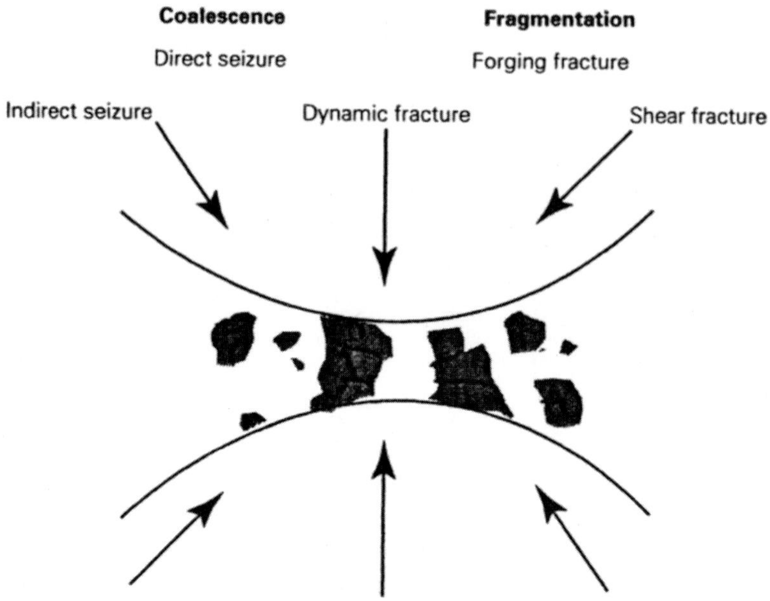

그림 12.13(b) 반복되는 파쇄와 충돌하는 볼 사이에 갇힌 입자의 합체를 통해 기계적 합금공정을 통한 고용체를 형성. 수직 충돌. 동안 동적파괴가 일어나고 다른 공정들은 경사진 형태의 충돌을 일으킨다.

압출로 압착(consolidation)시켜진 합금은 일반적으로 매우 단단하며 입자크기가 미세해 대략적인 크기가 μm의 분율 수준에 해당하는 크기를 갖는다(그림 12.14a). 이러한 작은 입자크기는 벌크 시료를 이용한 어떠한 공정을 통해서도 얻을 수 없다. 재료는 압착 상태에서 매우 단단하므로 추가 성형을 위해서는 연화를 시켜야 한다. 재료 내에 고착된 입계영역이 큰 축적에너지를 형성하므로 재결정이 가능한 열처리조건 하에서 조대한 입자조직으로의 재결정을 일으킨다. 만약 시료가 가열구간을 통과하는 방법으로 어닐링된다면(zone annealing) 재결정된 선단부가 국부적으로 고온영역에 놓인다. 그러면 선단부는 시편과 동일한 속도로 움직이면서 방향성 재결정(directional recrystallization)을 일으키게 되는데 이때 어닐링 방향에 평행한 일련의 아주 조대한 주상정(columnar) 입자로 구성된 미세 조직이 형성된다(그림 12.14b). 이것은 방향성 응고(directional solidification) 동안 얻어지는 미세 조직과 유사하다. 주상정 입자가 매우 비등방성이고 시편의 치수에 의해 제한되기 때문에 미터급 이상의 길이로도 성장시킬 수 있다. 경우에 따라서는 등온어닐링을 통해서도 재결정된 주상정 입자를 얻을 수 있다. 기계적 합금 동안 첨가되는 산화이트륨(yttria) 입자는 등방적으로 분산되지 않고 압출방향에 평행하게 정렬된다. 결과적으로 비등방성 입계고착이 재결정 동안 주상정 입자성장을 주도한다.

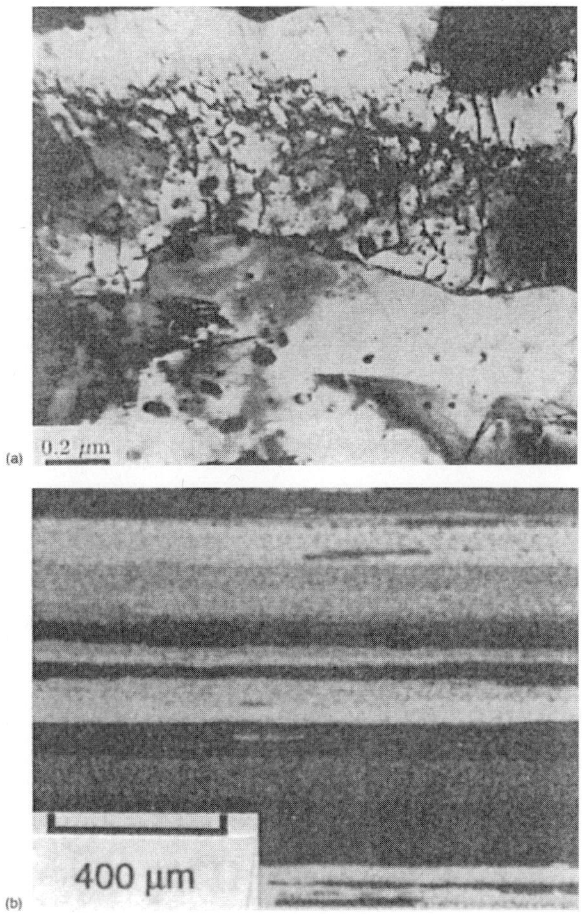

그림 12.14 (a)재결정 이전에 기계적으로 합금된 강의 투과전자현미경 사진으로 극 미세입자 미세조직을 보여줌, (b)주상정으로 재결정된 입자조직의 광학현미경 사진

상용되는 기계적으로 합금된 페라이트계 스테인리스강에는 2종류가 있으며 다양한 종류가 개발 중에 있다(표 12.4). 알루미늄과 크롬을 많이 함유한 합금은 자연적으로 우수한 산화저항성을 갖는다. 보통의 페라이트 강은 가동온도가 약 600℃를 넘어서는 용도에는 사용하지 않는 반면 알루미늄과 크롬을 함유할 경우에는 1000℃ 이상 온도에서의 크립 저항성 재료로 사용이 가능하다. 페라이트 조직은 또한 강이 조사유기스웰링(radiation induced swelling)으로 인한 손상을 덜 받게 해준다. 따라서 크롬함량이 낮은 합금(알루미늄을 첨가하지 않은)은 원자력 반응로 용도로 설계된다. 탄소가 함유되지 않은 상태에서 티타늄의 첨가는 800℃ 부근에서 시효되는 동안 bcc FeCrTiMo 금속간화합물(chi-phase)의 석출을 야기한다. 이것은 크립강도를 더욱 개선시킨다.

표 12.4 기계적으로 합금된 산화물 분산 강화된 스테인리스강의 화학조성(wt%)

C	Cr	Al	Ti	Mo	Y_2O_3
0.01	20	4.5	0.5	–	0.5
0.01	14	–	1.0	0.3	0.27

12.10 준안정 오스테나이트의 변태

실온 바로 아래의 M_s 온도를 갖는 일부 오스테나이트강은 변태를 일으키기 직전 상태에 있을 수 있다. 저탄소 18Cr8Ni 오스테나이트강이 여기에 해당하며 액체질소냉각 또는 가혹한 냉각을 통해 마르텐사이트 변태를 일으킬 수 있다. 실온에서 소성변형을 가해주면 준안정 오스테나이트강으로부터 마르텐사이트가 형성될 수 있는데 이러한 변태는 성형가공 공정 측면에서 아주 중요하다. 냉간가공에 의한 M_s 온도의 증가는 M_d온도로 나타내며 강이 소성 변형될 때 M_d 온도 이하의 온도에서 마르텐사이트 변태를 일으킨다. 일반적으로 합금성분이 증가하면 M_s와 M_d 온도가 낮아지며 경험식에 의해 근사적으로 M_s 온도를 얻을 수 있다. 임의의 주어진 변형량(주로 진변형량 0.3)에 대한 M_d 온도 관련 유용한 데이터도 있다.

냉각 또는 소성변형에 의해 Cr-Ni 오스테나이트강에서 형성된 마르텐사이트는 실온보다 높은 M_s 온도를 갖는 강에서 얻어진 것과 유사한다.

망간이 오스테나이트강의 니켈을 대체할 수 있지만 Cr-Mn 고용체가 훨씬 낮은 적층결함에너지를 갖는다. 이것은 fcc 고용체가 에너지적으로 대체 hcp조직과 유사하다는 것이며 전위들의 부분전위로의 분해를 통해 Cr-Ni 오스테나이트에 비해 훨씬 넓은 적층결함 영역을 형성하게 됨을 의미한다. 이러한 경우 가장 먼저 생기는 마르텐사이트는 육방정계 구조(ϵ-마르텐사이트)로서 $\{111\}_\gamma$의 적층결함면과 평행한 $\{0001\}_\epsilon$ 정벽면(habit plane)을 갖는다. 이 상은 적층결함에서 핵생성되는 것으로 나타났으며 오스테나이트와 다음과 같은 방위관계를 갖는다.

$$\{0001\}_\epsilon // \{111\}_\gamma$$

$$\langle 11\bar{2}0 \rangle_\epsilon // \langle 110 \rangle_\gamma$$

이러한 형태의 마르텐사이트는 평행한 면을 갖는 판들로 형성되어 낮은 적층결함에너지를 갖는 fcc 기지에서의 어닐링 쌍정(annealing twin)과 쉽게 혼동되기도 한다. α' 마르텐사이트가 ϵ와 오스테나이트 기지 사이의 경계에서의 핵생성을 통해 형성되기도 한다.

망간은 충분한 탄소가 고용체 내에 있으면 실온에서 오스테나이트를 안정화시킨다. 이러한 합금의 좋은 예가 실온에서 오스테나이트 조건으로 있는 12Mn-1.2C wt% Hadfields Mn강인데 심한 변형 후에도 마르텐사이트를 형성시키지 않는다. 하지만 탄소함량이 0.8wt%로 낮아지면 M_d 온도가 실온보다 높아져 액체질소온도(77K)에서의 변형 없이도 변태가 가능해진다. ϵ와 α' 마르텐사이트 모두 망간강에서 관찰되어 왔다.

Hadfields 형태의 합금은 그라인딩 휠, 선로전환기, 굴착기용 삽과 같은 내마모용 용도로 오랫동안 사용되어졌고, 뛰어난 내마모성과 요구되는 인성을 얻기 위해서는 마르텐사이트로의 부분변태가 중요한 것으로 알려져 있다. 하지만 이러한 경우에는 오스테나이트 기지에서의 월등한 가공경화특성이 더욱 중요한 것으로 보인다. fcc 구조에서의 더욱 안정적인 전위 간 상호작용으로 인해 일반적으로 bcc 금속에 비해 fcc 금속은 높은 가공경화속도를 보인다. 이것은 오스테나이트강의 높은 가공경화와 페라이트강의 낮은 가공경화로 뚜렷하게 구분시키며 특히 페라이트계 스테인리스강과 오스테나이트계 스테인리스강을 구분할 때 잘 예시된다. 오스테나이트 범주에서 가공경화의 정도는 다음의 2가지 요인에 영향을 받는다.

(1)화학조성에 의해 결정되는 기지의 적층결함에너지

(2)기지의 안정성

크롬/니켈 오스테나이트강은 5~60mJ m^{-2} 수준의 적층결함에너지를 가지며 니켈을 많이 함유한 합금은 니켈이 오스테나이트의 적층결함에너지를 올리는 원소의 하나이기 때문에 낮은 가공경화를 보일 것으로 예상된다. Cr, Mn, Co, Si, C, N과 같은 원소들은 오스테나이트의 적층결함에너지를 낮추는 경향이 있다. 이러한 원소가 많이 함유된 오스테나이트에서 어닐링쌍정이 많이 일어나는 경향으로도 추론가능하다. 이러한 고용체의 소성변형은 안정적인 전위상호작용을 일으킬 뿐 아니라 심한 변형 후에는 아주 미세한 변형쌍정(deformation twin)을 많이 만들어내는데 이러한 두 요인이 변형된 합금에서 관찰되는 높은 유동응력에 기여한다. 보통 수준의 오스테나이트강을 와이어 드로잉을 통해 80% 압하 수준으로 심하게 냉간가공하면 항복강도가 1200MN m^{-2}까지 증가한다. 그러나 가공경화율에 가장 크게 영향을 미치는 것은 의심의 여지없이 마르텐사이트로의 변태이며, 니켈 함량의 감소 순으로, 즉 오스테나이트의 안전성이 낮아지는 순으로 나타낸 오스테나이트강의 응력−변형 곡선을 통해 잘 보여진다(그림 12.15).

이러한 방법으로 1500MN m^{-2}를 능가하는 항복강도도 얻을 수 있다. 17Cr-4Ni-3Mn-0.1C wt%를 함유하는 준안정 오스테나이트를 변태 후 실온에서 40% 변형시킬 경우 0.2% 오프셋 항복강도가 1700MN m^{-2}에 이른다. 강도의 증가로 인해 연신율이 많이 감소하므로 이러한 강들은 오스테나이트의 안정성이 필수적인 딥드로잉에는 사용하지 않는 것이 바람직하다. 신장(stretch)성형의 경우, 불안정한 오스테나이트강이 사용될 수 있는데 변태를 통해 가공경화율이 증가해 균일연신량(uniform strain)을 증가시킬 수 있기 때문이다.

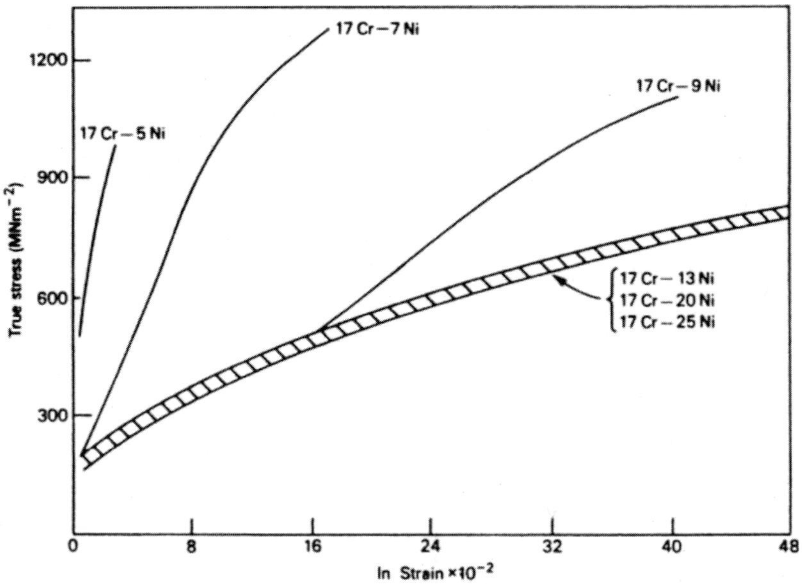

그림 12.15 스테인리스강의 응력-변형곡선에 니켈 함량이 미치는 영향

고성형성 오스테나이트강에서 얻을 수 있는 장점은 제어변태(controlled transformation)된 스테인리스강의 개발로 이어지는데, 강을 M_s 온도 이하로 내리는 냉각과정을 통하거나 또는 오스테나이트를 불안정하게 해주는 저온 열처리를 통해 성형 후에 요구되는 고강도 수준을 얻을 수 있게 된다. 명백하게 $M_s - M_f$ 영역은 합금에 의해 조정되어 M_s가 실온 이하로 조정되어야 한다. M_f는 대개 120℃ 정도 낮으므로 −75℃에서 −120℃ 영역으로의 냉각은 마르텐사이트로의 거의 완전한 변태를 이룰 수 있다. 또 다른 방법으로는, 700℃에서 오스테나이트의 열처리를 통해 주로 입계에 $M_{23}C_6$을 석출시키는 것이다. 이것은 기지의 탄소함량을 낮추고 M_s를 올려주므로 실온으로 냉각하는 동안 오스테나이트가 마르텐사이트로 변태한다. 이러한 석출반응은 적은 체적분율의 δ-페라이트를 포함토록 설계해 더욱 촉진시킬 수 있는데, δ/γ 경계가 아주 효과적인 $M_{23}C_6$의 핵생성점을 제공해주기 때문이다.

그러면 개선된 연성과 높은 항복강도를 부여해주기 위한 추가 열처리가 필요하며 이것은 400~450℃에서의 템퍼링을 통해 얻어진다. 이러한 강의 대표적인 조성과 여러 열처리를 통해 얻을 수 있는 물성을 [표 12.5]에 나타냈다. 이러한 부류의 강들은 야금학적으로 많은 제어를 필요로 하고 처리가 복잡하며 가격도 비싼 편이다. 결과적으로 강한 응력을 받는 초음속 전투기와 로켓의 외피와 같은 극한 용도에 주로 사용된다.

표 12.5 제어 변태된 강의 조성과 물성

Composition	Heat treatment	0.2% proof stress ($MN\,m^{-2}$)	Tensile strength ($MN\,m^{-2}$)	Elongation (%)
0.1C, 17 Cr, 4Ni, 3Mn	1. Solution treated 925°C, cold worked 40% reduced, tempered 3 h at 450°C	1670	1700	3.5
	2. Solution treated 950°C, refrigerated at −78°C, tempered 1 h at 400°C	1200	1440	19
0.06C, 16.5Cr, 5Ni, 2Mn, 1.5Mo, 2Co, 1Al	1. Solution treated 1050°C, aged 2 h at 700°C, cooled to RT, then aged 4 h at 450°C	1270	1430	3
	2. Solution treated 950°C, refrigerated at −78°C, tempered 4 h at 450°C	1240	1520	21
0.07C, 17.5Cr, 3Ni, 2Mn 2Mo, 2Co, 1Cu	1. Solution treated 1050°C, aged 2 h at 700°C, cooled to RT, then tempered 4 h at 450°C	1110	1250	10
	2. Solution treated 950°C, refrigerated at −78°C, tempered 4 h at 450°C	1240	1360	20

RT: room temperature.

저온 소성변형 동안 일어나는 마르텐사이트 반응의 물성을 얻을 수 있는 종류의 강도 개발되어왔다. 이러한 강을 TRIP(transformation-induced plasticity)강이라 부르는데(10장) 기대수준의 가공경화율을 보이고 네킹 이전의 균일 연신량의 현저한 증가를 보인다. 기본적인 원리는 제어변태강에서 적용되는 것과 동일하지만 소성변형이 마르텐사이트를 형성하는데 이용되며 가공열처리 측면에서는 접근이 광범위하다.

한 공정에서는 실온보다 높은 M_d 온도를 만들 수 있도록 강의 조성을 조정한다. 그리고 강을 M_d 온도 이상에서, 즉 250~550℃ 영역에서 심하게 변형(~80%)시키면 실온에서도 안정적인 오스테나이트가 얻어진다. 이후 실온에서 인장시험을 하면 시험 중에 일어나는 마르텐사이트 변태의 직접적인 결과로 인해 큰 연신율과 함께 높은 강도를 보인다. 예를 들면, 0.3C-2Mn-2Si-9Cr-8.5Ni-4Mo wt%를 함유한 강을 475℃에서 80% 압하시키면 실온에서 다음과 같은 물성을 얻을 수 있다.

0.2% 항복강도 1430MN m^{-2}
인장강도 1500MN m^{-2}
연신율 50%

20~25% 사이의 연성을 가지면서 더욱 높은 강도 수준(항복강도~2000MN m^{-2})은 바나듐이나 티타늄과 같은 강한 탄화물 형성원소를 첨가함으로써 그리고 M_d 온도를 실온 이하로 내려줌으로써 얻을 수 있다. 초기의 처리에서처럼, 250~550℃ 영역에서의 심한 가공열처리를 통해 오스테나이트를 변형시키고 미세한 합금 탄화물로 오스테나이트를 분산 강화시켰다. 결과적으로 M_d 온도는 실온 이상으로 올라가게 되고, 이로 인해 기계적 시험 시 마르텐사이트로의 변태가 일어나게 되어 강도와 연신이 뛰어나고 상당한 파괴인성을 갖는 물성이 얻어진다. 제어변태강처럼, TRIP강도 아주 엄격한 야금학적 제어를 요구하고 생산비용이 매우 높다. 이들은 환경적인 물성과는 별개의 것으로 기계적으로 매우 우수한 성질이 요구되는 용도에만 사용된다. 하지만 이러한 강들은 기본 원리의 조합이 균형을 이루고 잘 조절되면 합금강의 물성이 월등해짐을 잘 보여준다.

참고문헌

Barr, Robert Q.(ed.), Stainless Steel '77, Climax Molybdenum Co. Conference, London, 1977.

Bhadeshia, H. K. D. H., Recrystallisation of practical mechanically alloyed iron base alloys, Materials Science and Engineering A223, 64, 1997.

Colombier, L. and Hochmann, J., Stainless and Heat Resisting Steels, Edward Arnold, London, UK, 1967.

Gavriljuk, V. G. and Berns, H., High Nitrogen Steels, Springer, Berlin, Germany, 1999.

Gooch, T. G.,Welding Stainless Steels, in Future Developments in Metals and Ceramics, rofessor Sir Robert Honeycombe 70th birthday Symposium,The Institute of Materials, London, UK, 1992.

Iron and Steel Institute, Metallurgical Developments in High Alloy Steels, Special Report No. 86, 1964.

Iron and Steel Institute, Stainless Steels, Special Report No. 117, 1969.

Lula, R. A.(ed.), Duplex Stainless Steels, American Society for Metals, Ohio, USA, 1988.

Marshall, P., Austenitic Stainless Steels-Microstructure and Properties, Elsevier, Barking, UK, 1984.

Monypenny, J. K. G., Stainless Iron and Steels, Vols 1 and 2, Chapman and Hall, UK, 1951.

Peckner, D. and Bernstein, I. M., Handbook of Stainless Steels, McGraw-Hill, UK, 1977.

Pickering, F. B., Physical metallurgy of stainless steel developments, International Metallurgical Reviews, Review 211, 1976.

Pickering, F. B.(ed.), The Metallurgical Evolution of Stainless Steels, American Society for Metals/Metals Society, Ohio, USA, 1979.

Schmidt, W. and Jarleborg, O., Ferritic Stainless Steels, Climax Molybdenum Co., Michigan, USA, 1974.

Sourmail, T., Too, C. H. and Bhadeshia, H. K. D. H., Sensitisation and evolution of Cr-depleted zones in Fe-Cr-Ni-C systems, ISIJ International 43, 1814, 2003.

Stainless Steels '87, The Institute of Metals, 1988.

Stainless Steels '91(2 Vols) Iron and Steel Institute of Japan. International Conference on Stainless Steels, Chiba, 1991.

Truman, J. E., Stainless Steels, in Materials Science and Technology(eds Cahn, R. W., Haasen, P. and Kramer, E. J.), Vol. 7, Constitution and Properties of Steels(ed. Pickering, H. B.), Germany, 1992.

Chapter 13
용접 미세 조직

서론 13.1
용융부 13.2
열영향부 13.3
참고문헌

13.1 서론

용융 용접(fusion welding)은 공학적 구조물의 제조에 가장 중요한 공정 중의 하나다. 여러 종류의 용융 용접법이 사용되고 있지만 접합하고자 하는 대상재의 이음틈새에 소량의 용융금속을 용착(deposition)시키는 공정으로, 용융금속이 응고되면서 대상재의 접합이 이루어진다. 용접 이음부는 야금학적으로 용융부(fusion zone)와 열영향부(HAZ: heat affected zone)의 2가지 주요 영역으로 나눈다.

용융부는 용융된 용접금속과 용융공정 중에 부분적으로 녹아들어간 모재가 함께 응고된 미세 조직을 갖는다. 열영향부는 반면 용융부에 인접한 영역으로 용융은 일어나지 않았지만 용접입열로 인해 미세 조직이 변화된 영역이다. 이 장은 두 영역에서의 미세 조직 생성에 관해 다룬다. 강에서 일어날 수 있는 거의 모든 종류의 상변태가 용접의 경우와 관련되며, 액체 상태로부터 용접부가 연속적으로 냉각되면서 모든 형태의 변태가 일어날 수 있는 가능성이 있다.

13.2 용융부

13.2.1 용접부 응고

순철은 용융온도 바로 아래에서는 페라이트다. 냉각이 진행됨에 따라 페라이트가 오스테나이트로 변태하며 계속해서 냉각하면 다시 페라이트로 돌아간다. 대부분의 강은 적당한 농도의 합금원소를 함유하며 순철과 유사한 결정구조의 변화를 보여준다. 용착이 되면 응고가 시작되는데 용융표면에서의 모판(parent plate)의 열간 입자구조로부터 주상정(columnar) δ-페라이트의 적층성장(epitaxial growth)이 일어난다(그림 13.1a). 입자는 열 흐름 방향에 따라 성장하므로 비등방성이다. 〈100〉 방향이 열 흐름 방향에 평행한 입자들이 가장 빠르게 성장하므로 부적절하게 배열된 입자들의 성장이 억제된다. 따라서 주상정 입자의 폭은 용융경계로부터 멀어질수록 증가한다. 이미 지적했듯이 δ-페라이트는 온도가 낮아짐에 따라 오스테나이트로 고상 변태한다. 오스테나이트는 δ-δ입계에서 핵생성해서 주상정 오스테나이트 입자구조로 발달하는데 이것은 본래의 δ-입자와 매우 유사하다(그림 13.1b).

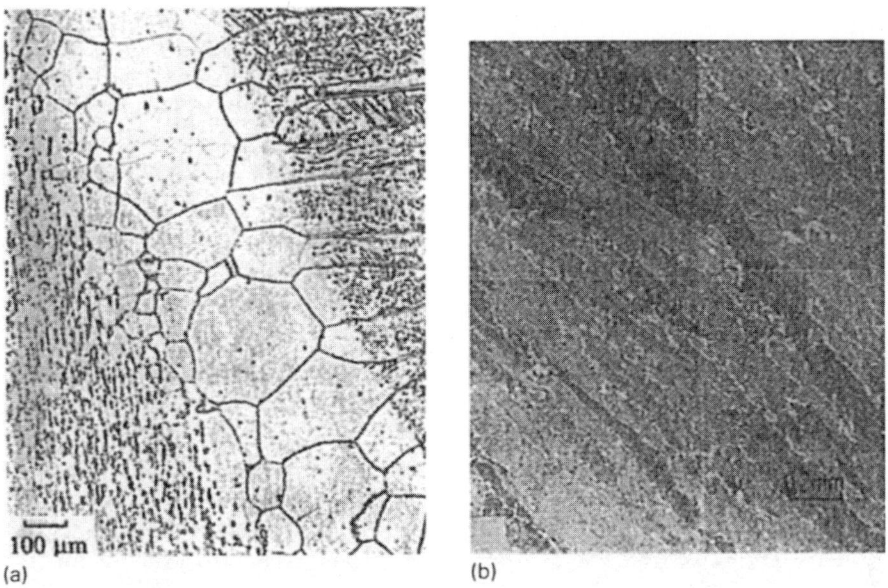

그림 13.1 (a)스테인리스강 용접부의 용융경계로부터 주상정입자의 적층성장, (b)강 용착부의 주상정 변태전(prior) 오스테나이트 입자조직을 보여주는 광학현미경 사진

오스테나이트 입자의 자세한 형상과 크기는 최종 미세 조직의 형성에 매우 중요하다. 오스테나이트 입자크기에 대한 효과는 2가지 측면이 있다. 먼저 오스테나이트 입계 핵생성점의 개수밀도는 입자크기에 반비례하므로 조대한 입자로 구성된 용착부는 보다 큰 경화능을 갖는다. 다음은 보다 미묘한 효과로서, 오스테나이트 입자의 형상인 육각프리즘(hexagonal prism)과 유사한 주상정 형상에 기인한다. 주상정 입자의 치수는 대개 100μm 폭과 약 5,000μm 길이다. 이것은 등축상 조직과 많이 다르며 입자간 교차점이 보다 적게 존재하므로 용착부의 경화능을 가공(wrought) 합금보다 크게 한다.

용접 동안 응고는 평형조건에서 일어나지 못한다. 응고로 인한 화학적 편석과 용접조건의 부적절한 제어로 인한 조성변화는 응고조직을 불균질하게 만든다. 이러한 변동의 폭은 합금농도가 증가함에 따라 증가한다.

용접 중 용융금속을 분위기로부터 보호하기 위해 미네랄 플럭스(mineral flux)나 불활성 가스 등이 사용된다. 이러한 방법이 완벽하게 분위기를 차폐하지는 못하므로 용착부의 산화물 농도가 가공강(wrought steel)에 비해 훨씬 크다(표 13.1). 산화물 입자는 응고 중에 용융부에 갇히게 된다. 뒤에서 설명하겠지만 이러한 비금속 입자들은 불균질 핵생성점으로 작용하고 미세 조직의 발달에 상당히 중요하다. [표 13.1]은 또한 모재와 용착부 사이의 흥미로운 차이를 보여준다. 용접부의 구리의 농도가 높은데 이것은 용접 와이어가 전지접촉을 위해 구리로 도금되어 있기 때문이다. 용접부의 실리콘 농도가 와이어와 모재에 비해 큰 것은 보호용 플럭스의 분해로 인해 잉여 실리콘이 혼입되었기 때문이다. 이러한 점들은 최종 용착부의 화학조성이 모재, 와이어 및 플럭스의 조성을 포함한 많은 변수들에 의해 영향을 받는다는 것을 의미하며 용접공정의 복잡성을 보여준다.

표 13.1 서브머지드 아크용접(submerged arc welding)부, 용접모재 및 소모성 전극 와이어의 화학조성(wt%)의 비교. 사용 용접조건: 전압 34V, 전류 900Amp(D. C. positive), 용접속도 0.005ms^{-1}, 칼슘 실리케이트(calcium silicate)계 플럭스

	C	Mn	Si	Cu	Al	N	O
Plate	0.21	1.0	0.2	0.05	0.04	0.01	0.004
Wire	0.14	1.5	0.2	0.31	0.01	0.01	0.001
Weld	0.16	1.1	0.3	0.16	0.01	0.01	0.053

13.2.2 용착 미세 조직

용접부가 액체 상태에서 상온으로 냉각되면서 얻어진 미세 조직을 용착(as-deposit) 또는 1차(primary) 미세 조직이라 한다. 이것의 주로 타형(allotriomorphic) 페라이트, Widmanstätten 페라이트, 침상(acicular) 페라이트 등으로 구성된다(그림 13.2).

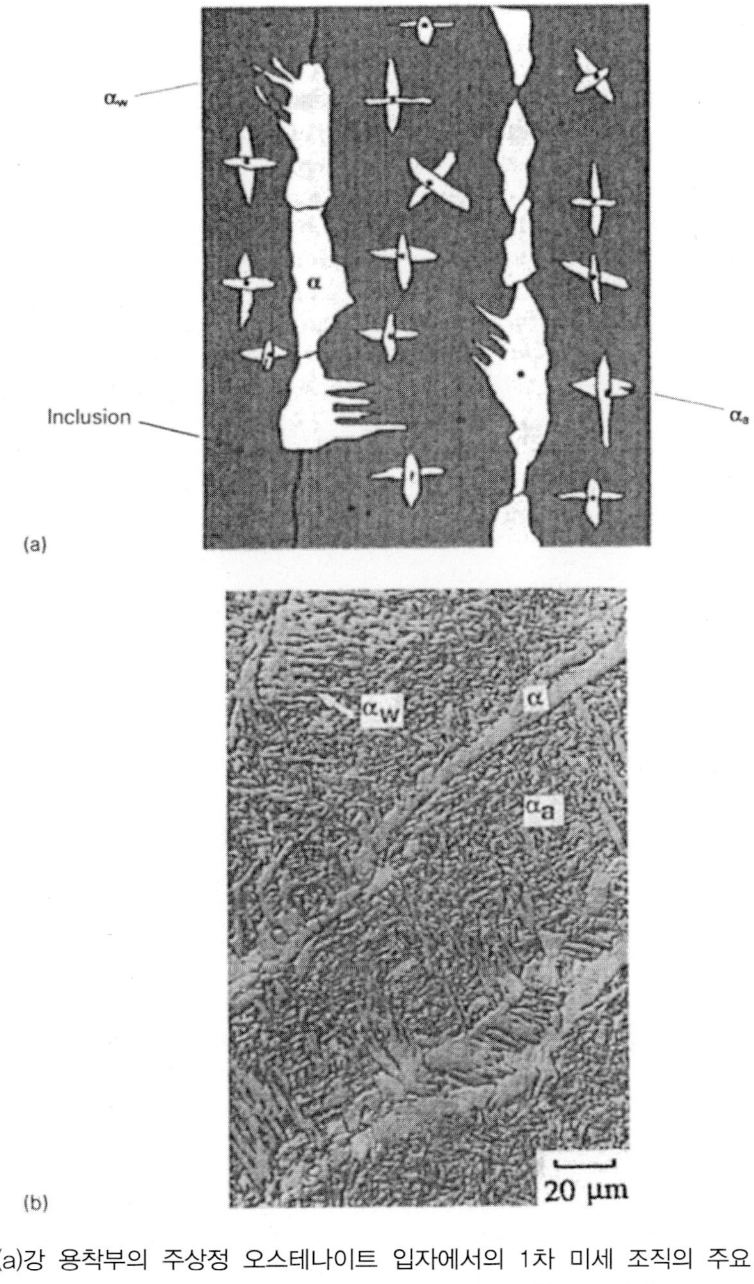

그림 13.2 (a)강 용착부의 주상정 오스테나이트 입자에서의 1차 미세 조직의 주요 구성상에 대한 도식도, (b)강 용착부의 일차 미세 조직의 주사전자현미경 사진. $\alpha, \alpha_w, \alpha_a$는 타형 페라이트, Widmanstätten 페라이트, 침상 페라이트를 각각 의미한다.

여기에는 마르텐사이트, 잔류 오스테나이트 또는 퇴화된(degenerate) 펄라이트도 포함될 수 있으나 이들은 아주 소량으로 생겨나며 이를 총칭해서 미세상(microphase)이라 한다. 평행한 미세판(platelet)의 다발(sheave)로 구성된 베이나이트는 잘 설계된 용접합금에서는 일반적으로 잘 발견되지 않는다. 대신 침상 페라이트가 비금속 개재물에서 불균질 핵생성된다. 실제로 용접 대상재 사이의 간격은 여러 번의 용접 패스를 통해 채워지게 된다. 이러한 반복용접(multirun)은 복잡한 미세 조직을 만든다(그림 13.3).

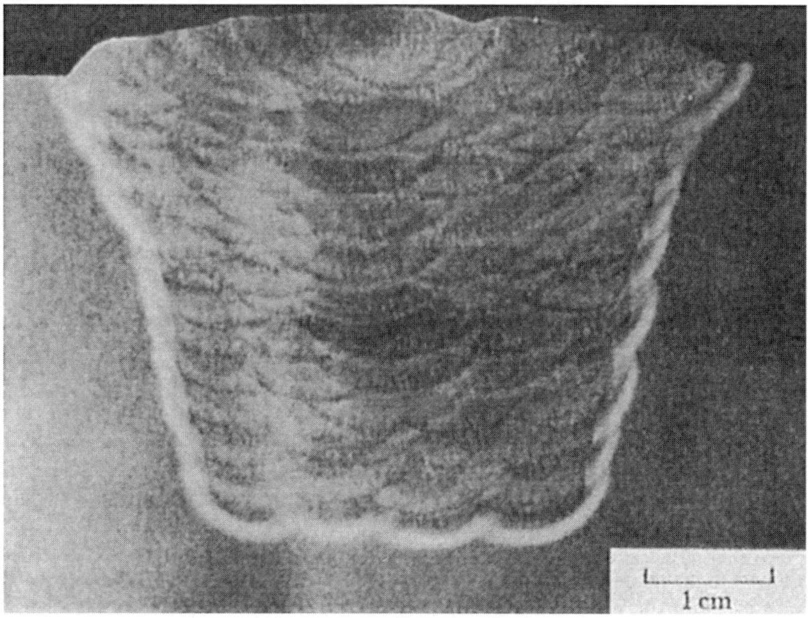

그림 13.3 12패스의 용접비드를 적층해 얻어진 다층패스 용접부 미세 조직

각각의 연속적인 용접패스는 아래층 미세 조직을 열처리해주는 효과를 갖는다. 용착부 미세 조직의 일부 영역은 후속 패스에서의 열로 인해 오스테나이트의 재형성이 가능할 정도의 고온으로 재가열되어 열 사이클의 냉각부분 동안 다른 미세 조직으로 변태될 수 있다. 다른 일부 영역에서는 연속되는 용접패스에 의해 템퍼링 상태에 놓일 수도 있다. 재가열된 영역의 미세 조직은 재가열(reheated) 또는 2차(secondary) 미세 조직이라 한다.

13.2.3 타형 페라이트

타형(allotriomorph) 페라이트(α)는 Ae_3 온도 이하에서 오스테나이트 입자가 냉각될 때 형성되는 최초 상이며 주상정 오스테나이트 입계에서 핵생성한다. 이러한 입자경계가 확산이 용이한 통로이므로 얇고 연속적인 페라이트 층이 형성된다. 이 층은 변태경계부 선단의 오스테나이트에서의 탄소의 확산에 의해 지배되는 속도에 의해 두꺼워진다. 등온 조건 하에서 페라이트 두께 S는 시간 t에 대해 포물선 형태로 변한다(3장).

$$S = \alpha_1 t^{1/2} \tag{13.1}$$

여기서 α_1은 포물선 속도상수다. 다양한 탄소농도를 갖는 여러 합금에 대해 [그림 13.4]에 그 관계를 나타냈다. 성장속도는 탄소농도가 페라이트 내의 탄소 고용도에 근접할수록 탄소농도에 민감하다.

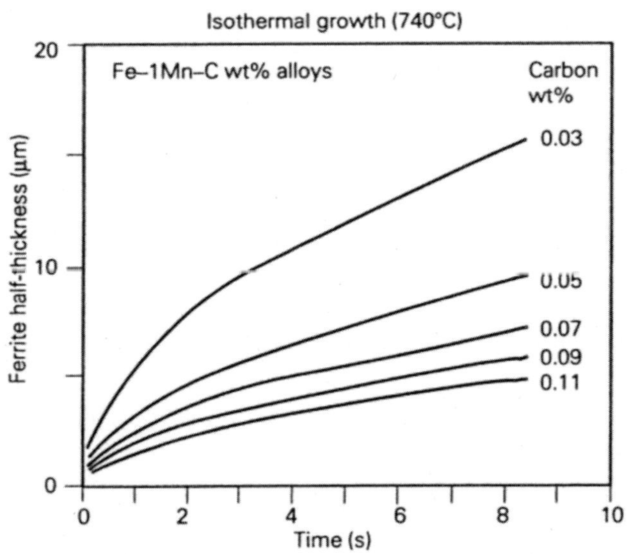

그림 13.4 등온변태 동안 페라이트의 포물선 형태의 두께성장. 각각의 곡선은 표기된 탄소농도를 함유한 Fe–1Mn–C wt%강을 나타낸다.

포물선 속도상수의 크기는 오스테나이트와 페라이트의 평형조성과 오스테나이트 내에서의 탄소의 확산계수에 의존한다(3장). 망간과 같은 오스테나이트를 안정화시키는 합금원소는 보다 작은 α_1 값을 갖는다. 용접에서의 변태는 등온이 아님에도 불구하고, 핵생성이 속도를 제한시키지 않으므로 얻어진 타형(allotriomorph) 페라이트의 분율은 포물선 속도상수와 직접적인 상관관계를 갖는다(그림 13.5a).

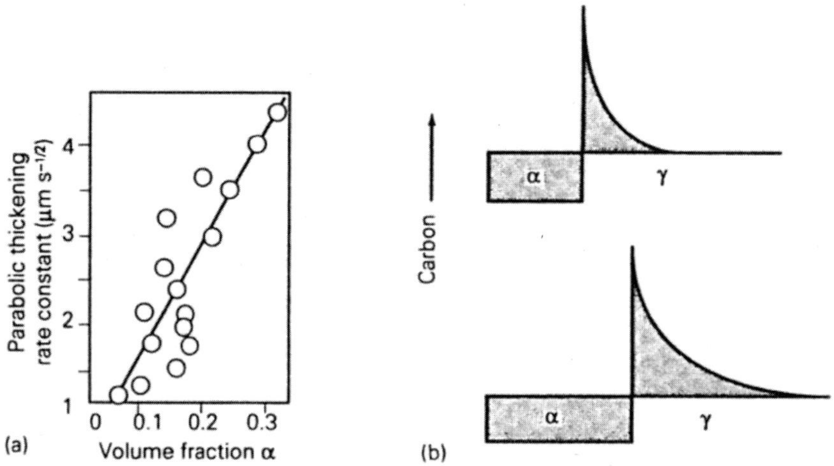

그림 13.5 (a)계산된 포물선 속도상수(성장속도와 관련된 변수)와 타형 페라이트의 체적분율 사이의 상관성. 유사한 용접조건과 화학조성이 다른 수동 금속아크용접 용착부 시험편에서 얻어진 체적분율 데이터. 속도상수는 700℃에서의 변태로부터 계산, (b)페라이트 층이 두꺼워짐에 따라 확산거리가 증가하고 성장속도는 낮아진다.

페라이트의 두께가 시간의 제곱근에 따라 변한다는 것은 페라이트 층이 두꺼워짐에 따라 성장속도가 감소한다는 것을 의미한다. 이것은 탄소가 확산해야 할 거리가 시간과 함께 증가하기 때문이다(그림 13.5b). 주어진 합금의 성장속도는 온도의 함수로 최대를 지나게 되는데 이것은 변태의 구동력이 과냉과 함께 증가하는 반면 확산율은 감소하기 때문이다. 결과적으로 용접부가 약 600℃ 이하의 온도로 냉각됨에 따라 페라이트의 확산 성장은 감소하게 되고 타형 페라이트의 층들은 한계 두께에 이른다. Widmanstätten

페라이트의 형성은 치환형 용질원자의 확산이 관여하지 않으므로 낮은 온도에서도 성장이 느려지지 않는다. 따라서 남아 있는 오스테나이트는 Widmanstätten 페라이트로 변태한다(그림 13.6).

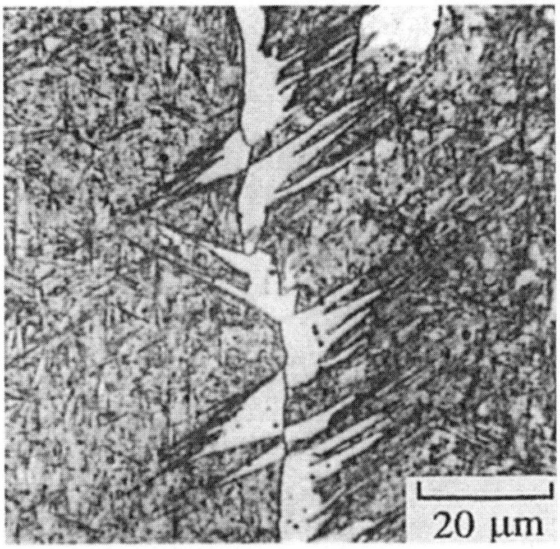

그림 13.6 변태온도에서 퀜칭되어 부분적으로 변태된 강에서 보인 타형 페라이트로부터 성장한 Widmanstätten 페라이트 판. 기지는 마르텐사이트다.

13.2.4 Widmanstätten 페라이트와 침상 페라이트

비록 치환형 용질원자와 철원자가 Widmanstatten 페라이트의 성장 동안에는 확산하지 않지만 탄소는 변태 동안 분배(partition)된다. 이것의 판 형상으로 인해 다량의 탄소가 성장 판의 측면에 수용될 수 있으므로 판의 선단이 항상 오스테나이트와 만나게 된다. 이것은 분배된 탄소가 경계부 앞에 축적되면서 점진적으로 성장속도를 낮춰주는 타형 페라이트의 경우와 다르다. 따라서 Widmanstätten 페라이트 판은 일정 속도로 길어진다.

성장속도는 보편적인 용접조성에서는 아주 빠르게 일어나므로 Widmanstätten 페라이트의 형성은 대개 순식간에 완료된다. 따라서 실용적인 목적에서 변태를 등온으로 간주할 수 있다(그림 13.7a).

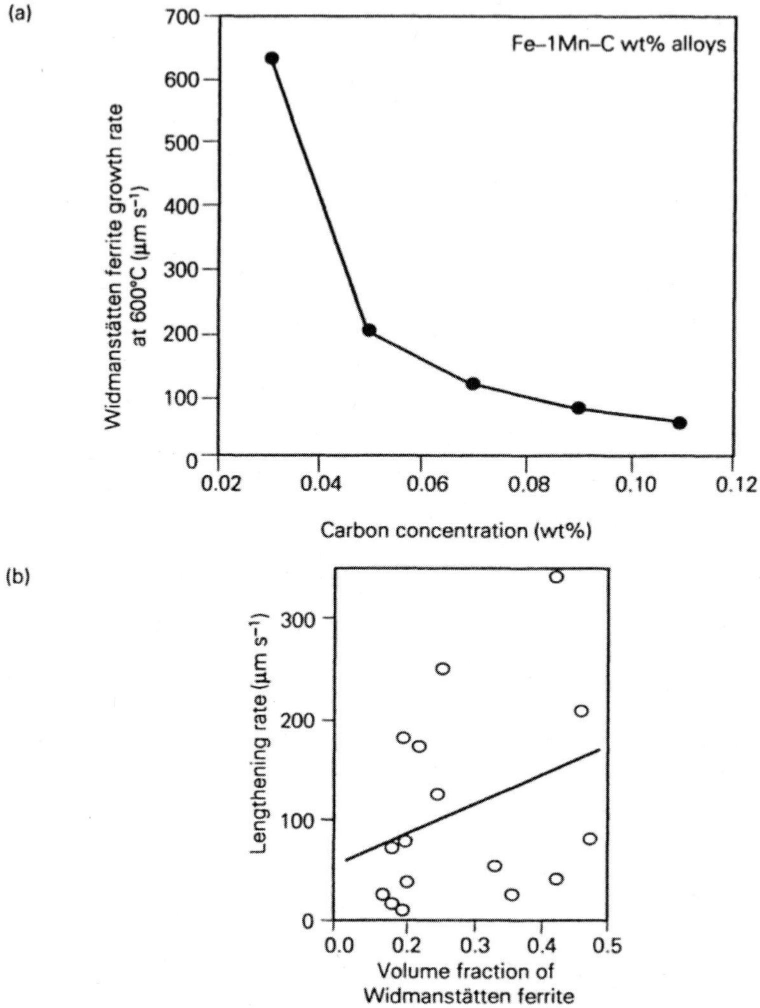

그림 13.7 (a)Fe−1Mn−C wt% 합금에서 탄소함량의 함수로 나타낸 Widmanstätten 페라이트의 등온성장속도. 성장속도가 아주 커서 판들이 순식간에 오스테나이트 입자를 통해서 성장할 수 있다는 것에 주목, (b)Widmanstätten 페라이트의 체적분율과 계산된 성장속도 사이의 낮은 상관성

[그림 13.7b]에 보인 바와 같이 용착부에서 형성되는 Widmanstätten 페라이트의 분율은 판의 길이 방향 성장속도와 별로 상관성이 없다. 이것은 오스테나이트 입계로부터 성장하

는 Widmanstätten 페라이트의 판과 용착부 내에 분산되어 있는 비금속 입자에서 핵생성되는 침상 페라이트 판 사이에 간섭이 일어나기 때문이다(그림 13.8). Widmanstätten 페라이트와 침상 페라이트는 서로 경쟁적으로 형성된다. 오스테나이트 입자 핵생성점에 비해 개재물 핵생성점의 개수밀도를 증가시키는 요인들은 Widmanstätten 페라이트 대신 침상페라이트의 형성을 촉진시킨다. 따라서 오스테나이트 입자크기를 미세화시키거나 용착부의 산화물 함량을 한계치 이하로 감소시키는 것 모두 침상페라이트 함량을 감소시킨다.

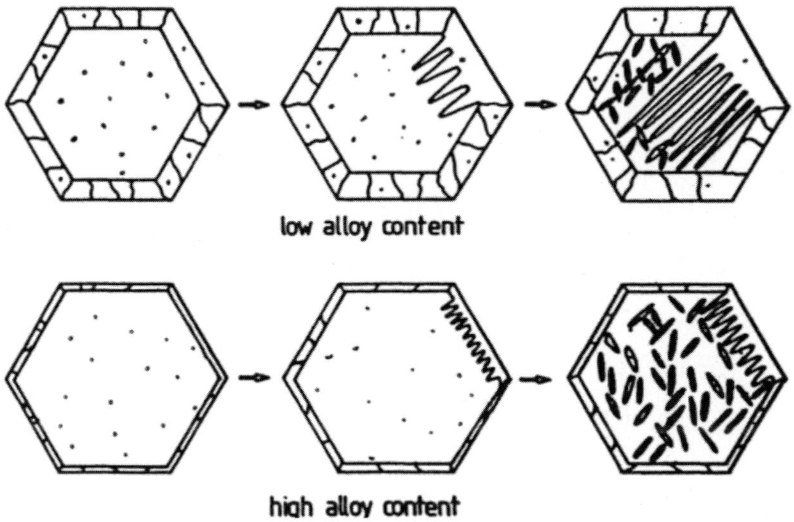

그림 13.8 서로 다른 화학조성을 갖는 2가지 용착부의 미세 조직 형성과정. 여기서 육각형은 주상정 오스테나이트 입자의 단면을 나타내는데, 초기에는 규칙적인 타형 페라이트의 다결정질 층으로 구성된 입계를 갖는 오스테나이트였다가 후에 Widmanstätten 페라이트를 형성하는 입계를 갖는다. Widmanstätten 페라이트와 침상 페라이트의 상대적 변태속도에 따라 Widmanstätten 페라이트가 오스테나이트 입자를 따라 완전히 성장할 수도 있고 침상페라이트의 입내 핵생성된 판에 의해 억제된다.

용착부가 약 500℃ 온도로 냉각되는 동안 대부분의 오스테나이트는 소모된다. 남아 있는 소량의(약 5%) 오스테나이트는 탄소를 많이 함유하므로 마르텐사이트나 펄라이트로 변태하게 되는데 이때의 펄라이트는 층상 조직을 형성시킬 기회를 갖지 않기 때문에 퇴화(degenerate) 펄라이트가 된다. 보다 느린 냉각속도에서는 마르텐사이트보다 펄라이트가 우선적으로 형성된다. 일부 오스테나이트가 상온에서 잔류하기도 한다. 전체 미세 조직에서 차지하는 체적분율이 적기 때문에 이러한 상들은 용접용어로 미세상(microphase)이라 부른다. 미세상은 상대적으로 단단하고 여러 측면에서 취성 개재물과 비슷하게 행동한다. 따라서 이러한 미세상은 용착부의 인성을 결정하는데 아주 중요하다.

13.2.5 탄소 민감도

용착부의 평균 탄소농도가 일반적으로 매우 낮게 유지되기 때문에, 탄소농도의 적은 변화가 용착부의 미세 조직에 큰 영향을 미칠 수 있다는 것은 특이하다. 타형(allotriomorph) 페라이트 및 Widmanstätten 페라이트의 성장속도에 대한 이전의 연구결과에 의하면 탄소에 대한 성장속도의 민감도는 탄소농도가 감소할수록 민감도가 증가한다. 철강 산업의 일반적 추세가 탄소농도를 감소시키는 것이지만 때때로 페라이트의 최대 탄소 고용도에 근접할 정도로 첨가하는 것에 관심을 가질 필요가 있다.

페라이트가 성장하는 속도는 강의 탄소농도가 페라이트의 고용도에 접근해감에 따라 급격하게 증가한다. 이것은 페라이트 내에서 모두 수용될 수 있으므로 탄소가 γ/α 경계 전방부로 확산할 필요가 없기 때문이다. 따라서 탄소의 효과는 그 농도가 0.09→0.11wt%로 변할 때와 비교해서 0.03→0.05wt%로 변할 때 더욱 크게 보인다(그림 13.4와 13.6a). 기계적 성질의 변화는 이러한 거동을 반영하는 것으로 알려져 있으며 저탄소강의 강도는 특히 탄소농도에 민감하다. 낮은 농도의 탄소에 대한 γ/α 변태의 증가된 민감도는 치환형 합금원소에서 이와 상응하는 감소된 민감도를 보인다. 탄소는 실질적으로 변태속도를 제어해준다.

용접에서 강의 경화능은 탄소당량(CE)으로 표현되기도 한다. 이것은 γ/α 변태 지연능력을 탄소에 대비한 각 용질원자의 농도로 차등화 시킨 것이다. 약 0.4wt% 이상의 CE를 갖는 강은 마르텐사이트를 형성하는 경향이 증가하기 때문에 용접하기가 쉽지 않다. 실제로 CE에 대한 2가지 식이 있는데 하나는 고탄소 영역에서의 IIW(International Institute for Welding) 식이고 다른 하나는 저탄소 영역에서의 Ito와 Besseyo 식이다.

$$\text{IIW} > 0.18\text{wt\% C}$$

$$CE = C + \frac{Mn+Si}{6} + \frac{Ni+Cu}{15} + \frac{Cr+Mo+V}{5}\,\text{wt\%} \tag{13.2}$$

$$\text{Ito-Besseyo} < 0.18\text{wt\% C}$$

$$CE = C + \frac{Si}{30} + \frac{Mn+Cu+Cr}{20} + \frac{Ni}{60} + \frac{Mo}{15} + \frac{V}{10} + 5B\,\text{wt\%} \tag{13.3}$$

Ito와 Besseyo의 CE식은 IIW식에 비해 치환형 원소에 대한 계수가 작다. 이것은 저탄소강에서 더욱 잘 맞는 것으로 알려져 있다. IIW식은 Ito와 Besseyo 식에 비해 치환형 합금원소에 더욱 작은 차이를 보인다. 이미 설명한 바와 같이 낮은 탄소함량에서는 변태속도가 치환형 원소들보다 탄소에 더욱 민감하다. 따라서 저탄소 용접강과 고탄소 용접 강에 대해 2개의 다른 CE 경험식이 존재한다는 것은 논리적이다. [그림 13.9]는 예상한 바와 같이 탄소농도가 낮을 때 미세 조직과 기계적 성질이 더욱 빠르게 변화하는 것을 보여주고 있다.

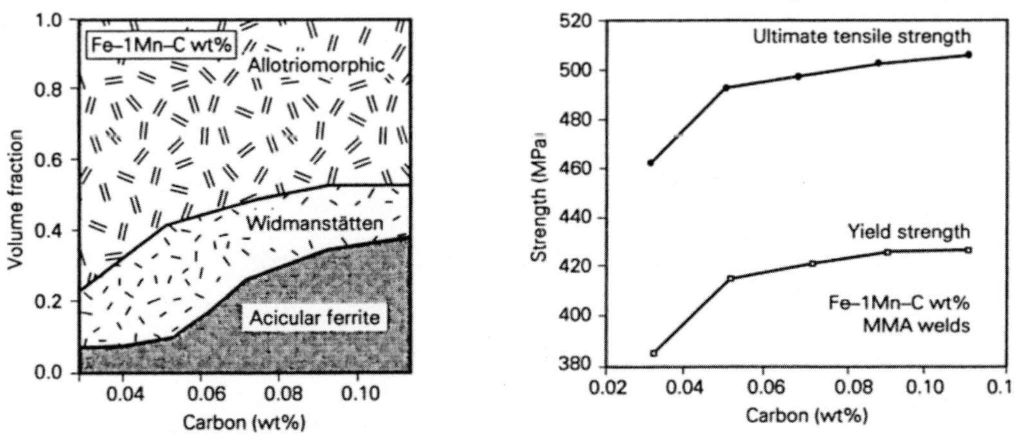

그림 13.9 수동 금속아크용접(1kJ/mm)된 Fe–1Mn–C wt%강에서 용착부 탄소농도의 함수로 나타낸 미세 조직과 기계적 성질의 변화

13.3 열영향부

열영향부는 용융부에 근접한 영역으로 용융은 일어나지 않았지만 용접입열로 인해 미세조직과 기계적 성질이 변화된 영역이다.

13.3.1 열 흐름

모든 용접 공정들은 열원(heat source)을 가지며 이것의 주요 목적은 용융부에 용융을 일으키는 것이며 뒤이은 응고를 통해 이음부가 연결된다. 많은 열이 용융부에 인접한 고체영역으로 확산해간다. 결과적으로 가열과 냉각 사이클을 거친 영역의 영향도는 용융경계로부터의 거리에 의존한다(그림 13.10). 최고온도와 가열속도는 용융경계로부터의 거리가 증가할수록 감소한다. 반면 냉각속도는 이 거리에 덜 민감하며 800~500℃ 영역에서의 냉각 동안 소요된 시간 Δt_{8-5}로 표시한다. 많은 용접강에서 800~500℃ 온도영역은 고상변태에 의해 오스테나이트가 분해하는 구간이다. HAZ 내 특정 위치에서의 열사이클 양상은 2가지 인자로 특징지을 수 있는데 최고온도 T_P와 시간 Δt_{8-5}이다. 두 인자 모두 입열량 q와 함께 증가한다.

$$T_P \propto \frac{q}{r}$$

$$\Delta t_{8-5} \propto q^n$$

여기서 r은 용융경계로부터의 거리이고, n은 용접되는 부재가 용접 비드의 크기와 비교해 두꺼운지에 의존하는 것으로 1~2의 값을 갖는다. 상대두께는 열의 흐름이 2차원인지 3차원인지를 결정한다(그림 13.11). 단위 용접 길이 당 입열량 q는 약 1~5 kJm m^{-1}이다.

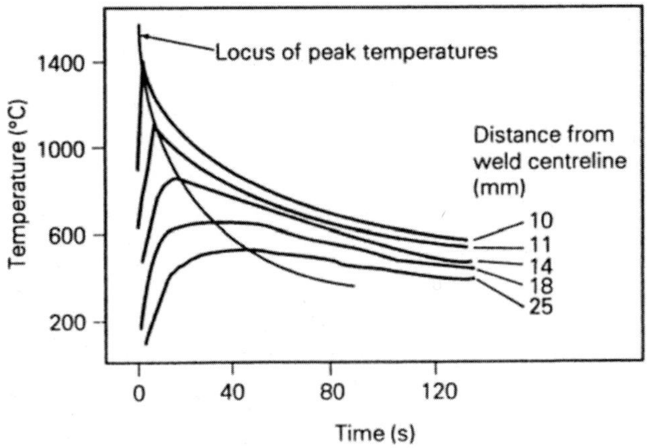

그림 13.10 용접열영향부에서 일어나는 대표적 열 사이클을 나타내는 온도-시간곡선

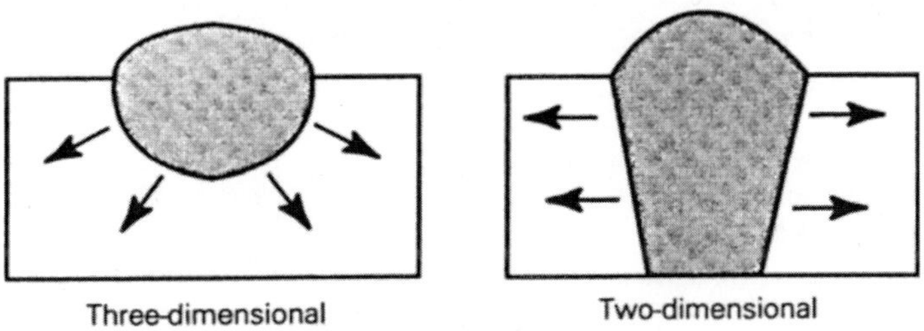

그림 13.11 2차원과 3차원 열 흐름 조건에 대한 도식도

13.3.2 미세 조직학적 영역

열영향부에는 용융경계로부터의 거리에 따라 미세 조직의 점진적인 변화가 있다(그림 13.12).

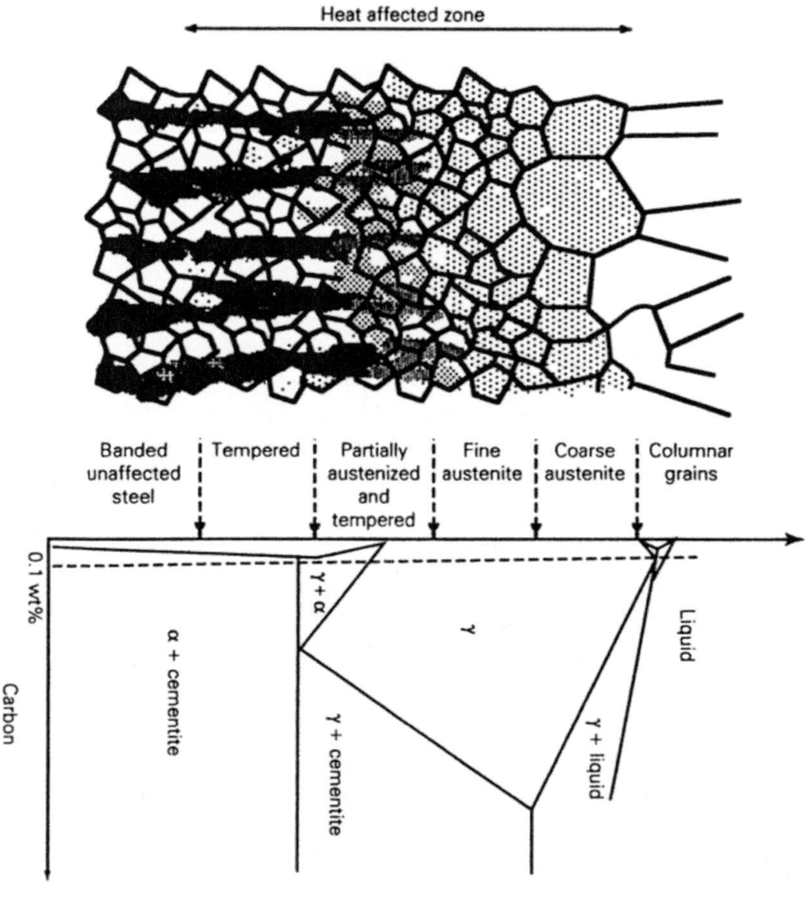

그림 13.12 강 용접부 열영향부에서 예상되는 미세 조직적 변화의 도식도

1. 용융경계에 바로 인접한 영역에서는 아주 높은 온도로 가열되므로 오스테나이트로 완전히 변태한다. 연속가열 동안 오스테나이트가 $Ac_1 \simeq 800℃$ 형성되기 시작해서 $Ac_3 \simeq 950℃$ 에서 완전히 오스테나이트가 된다. 이러한 온도는 가열속도와 함께 증가하므로 상응하는 평형온도 Ae_1과 Ae_3와 다르다. 용융경계에 근접한 열영향부의 최고온도는 용접강의 Ac_3 온도보다 상당히 높다. 결과적으로 형성된 오스테나이트는 Ac_3 온도 이상의 온도에서 어닐링되어 아주 조대한 입자조직이 된다. 이것이 조대입자 오스테나이트영역(coarse-grained austenite zone)이다.
2. 오스테나이트 입자크기는 용융경계로부터의 거리가 멀어짐에 따라 급격히 감소한다. 이것을 미세입자 오스테나이트 영역(fine-grained austenite zone)으로 구별할 필요가 있는데 기계적 물성이 조대한 경우에 비해 우수하기 때문이다.
3. 최고온도가 감소함에 따라, 용융경계로부터 더 멀리 떨어져 있는 열영향부 영역은 열사이클의 가열 부분에서 부분적으로 오스테나이트를 형성한다. 형성된 오스테나이트는 온도가 감소함에 따른 γ에서의 탄소 고용도의 증가로 인해 보다 높은 탄소농도를 가진다. 오스테나이트로 변태하지 않은 부분은 템퍼링된다.
4. 최고온도가 Ac_1온도보다 낮아짐에 따라 입열의 유일한 효과는 미세 조직의 템퍼링이며 템퍼링의 정도는 용융경계로부터의 거리가 증가함에 따라 감소한다.

각각의 미세 조직은 [그림 13.13]에 나타냈고, [표 13.2]에서 더욱 자세히 보여준다.

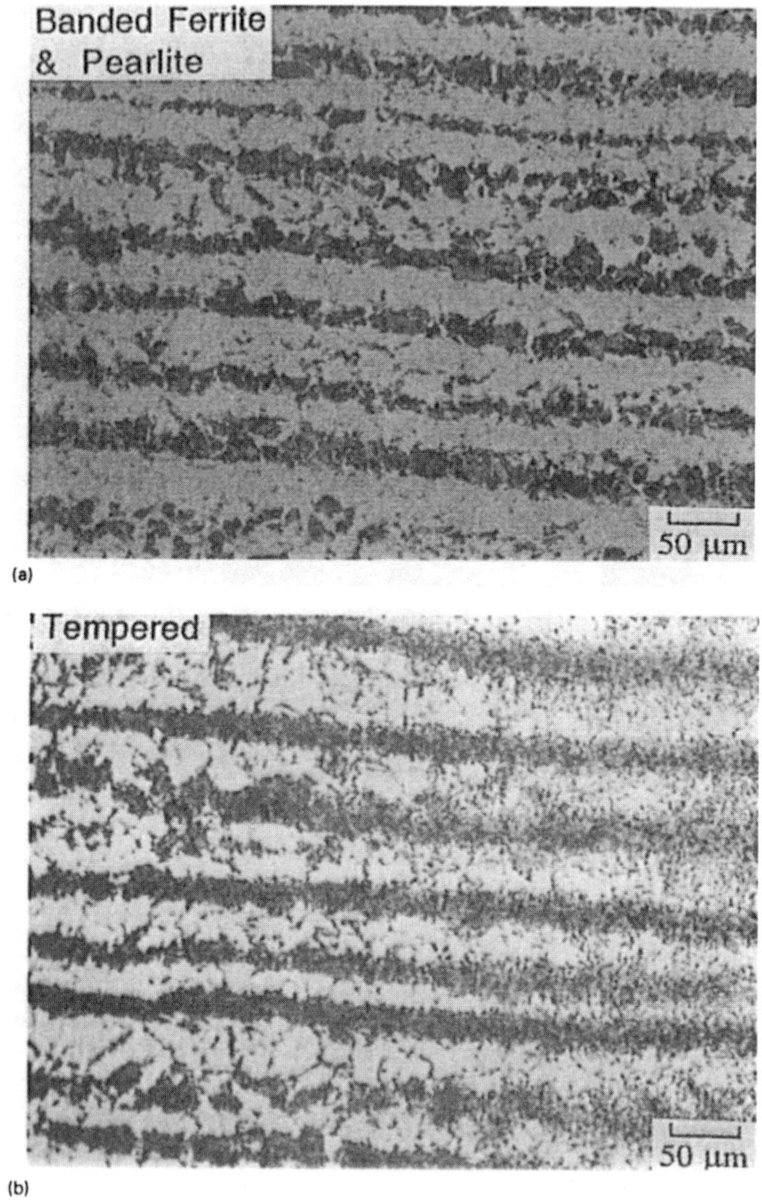

그림 13.13 연강 판 열영향부에서의 미세 조직의 변화. (a)용착부로부터 멀리 떨어져서 용접에 의해 영향을 받지 않은 판 미세 조직. 페라이트/펄라이트 밴드는 많은 구조용 강에서 보편적으로 관찰되며 이곳은 화학적으로 불균질하다. (b)템퍼링된 영역

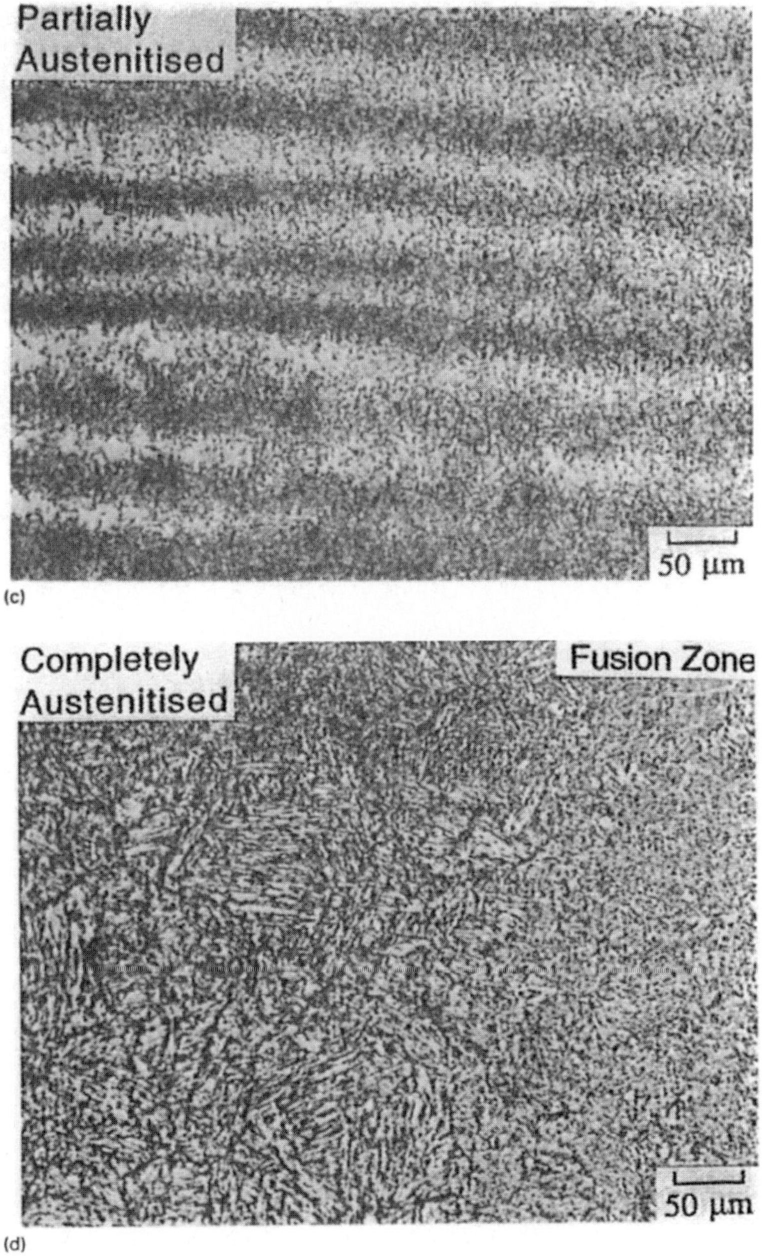

그림 13.13 연강 판 열영향부에서의 미세 조직의 변화. (c)부분적으로 다시 오스테나이트로 변태된 영역, (d)완전히 오스테나이트가 된 영역

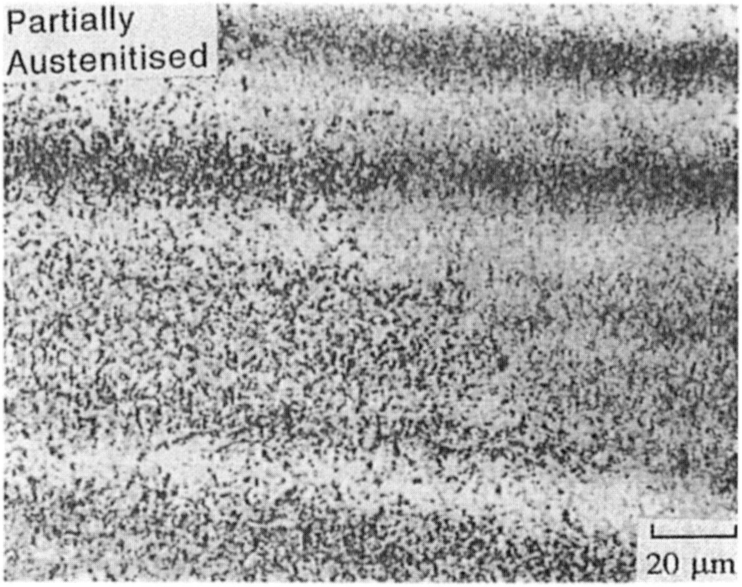

(e)

그림 13.13 연강 판 열영향부에서의 미세 조직의 변화. (e)부분적으로 오스테나이트가 된 영역의 고배율 사진.

표 13.2 강의 용접열영향부 미세 조직별 특성온도영역

HAZ microstructure	Temperature range
Coarse-grained austenite	1500°C > T_P > 1200°C
Fine-grained austenite	1200°C > T_P > Ac_3
Partially austenitized zone	Ac_3 > T_P > Ac_1
Tempered regions	Ac_1 > T_P

13.3.3 조대입자 오스테나이트

가열 동안 오스테나이트의 형성은 여러 측면에서 평형온도 이하로 냉각 동안 일어나는 변태와 다르다. 6장에서 설명한 바와 같이 페라이트의 형성은 *TTT* 선도에서 C-형상곡

선의 속도론적 거동을 보인다. 따라서 전체적인 변태속도는 평형온도 이하로의 과냉도의 함수로서 최댓값을 거친다. 이것은 2가지 반대되는 효과에 기인하는데, 확산계수가 온도가 낮아짐에 따라 감소하지만 변태의 구동력은 증가한다. 하지만 가열 동안에는 확산계수와 변태의 구동력 모두 온도증가와 함께 증가한다. 따라서 전체적인 변태속도는 [그림 13.14]에 보인 바와 같이 변태온도가 올라갈수록 연속적으로 증가한다.

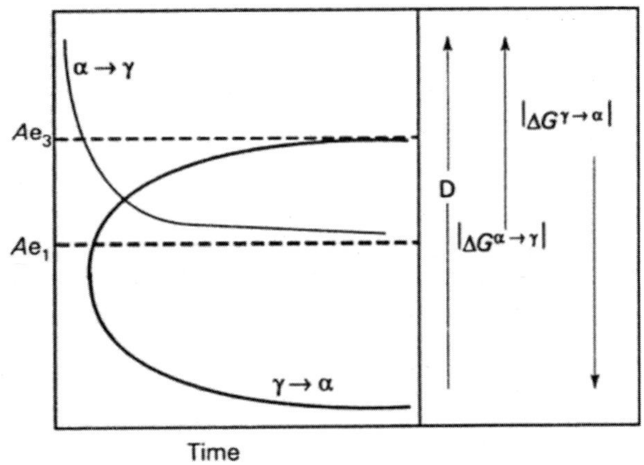

그림 13.14 $\gamma \rightarrow \alpha$ 변태의 TTT 선도와 $\alpha \rightarrow \gamma$ 변태의 TTT 선도의 비교. ΔG는 변태의 구동력을 D는 확산계수를 나타낸다.

실용적인 목적에서, 가열 동안 오스테나이트의 형성은 연속가열변태(CHT) 선도로 표현한다. 이것은 페라이트의 형성을 보여주는 연속냉각곡선(CCT)과 개념적으로 유사하다. CHT 선도는 오스테나이트 형성을 위한 등온변태 선도와 비교할 때 보다 긴 시간 쪽에 놓여 있다. 용융경계에 인접한 영역에서의 일반적인 가열속도에서는 온도가 Ac_3 온도를 약 100℃ 정도 초과하게 되면 오스테나이트의 형성이 완료된다. 이 영역에서의 최고온도가 Ac_3 온도보다 상당히 높으므로 T_P에 근접할수록 오스테나이트 입자가 급속하게 조대화된다. 미세 합금된 강에서는 본격적인 입자 조대화를 위해 입계에 고착된 입자(예, Nb 탄질화물)의 용해를 필요로 할 수 있다. 어떠한 경우든, 조대화가 일단 시작되면 아주 빠르게 진행되는데 이것은 가열시 온도의 효과가 지수 함수적으로 증가하기 때문이다. 오스테나이트의 입자성장은, 최대온도와 Δt_{8-5}의 함수로 동일입자치수의 윤곽을 나타낸 입자성장도표(그림 13.15b)의 형태로 편리하게 표현할 수 있다.

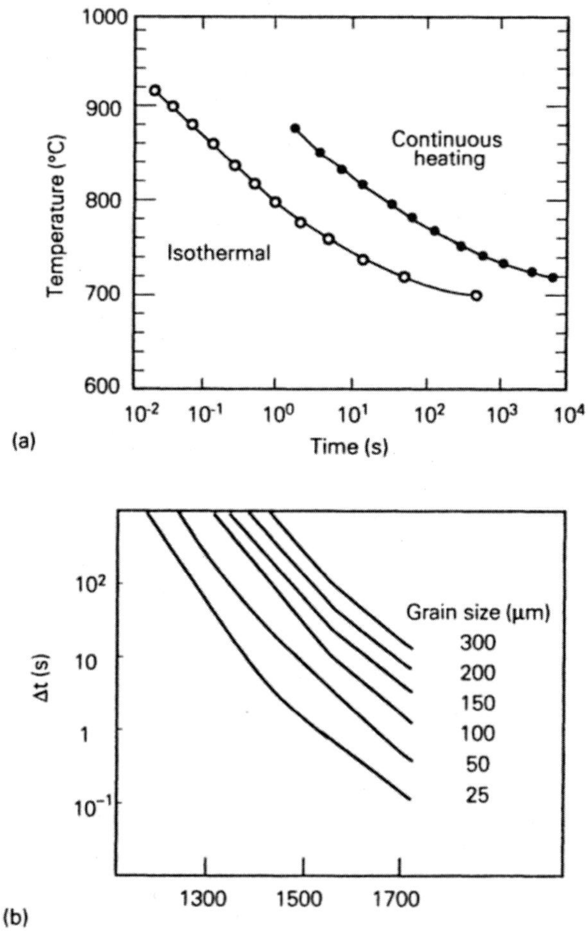

그림 13.15 (a)Fe–0.15C–0.5Si–1.5Mn 합금에서 오스테나이트 성장의 개시에 대한 TTT와 CHT 선도, (b)200℃에서 예열한 미세합금강 용접부에 대한 오스테나이트 입자성장에 대한 그림

조대입자 오스테나이트 영역의 중요성은 열 사이클의 냉각 동안 오스테나이트의 변태로 인해 얻게 되는 기계적 성질에 있다. 조대한 입자조직은 경화능을 증가시키는데, 그 이유는 중간 변태생성물을 피하기가 쉬워져서 냉각 동안 템퍼링되지 않은 마르텐사이트나 다른 경화상이 형성될 수 있으므로 경화능을 증가시키게 된다. 용접 공정 동안 원자 상태의 수소가 용착부로 들어가서 열영향부로 빠르게 확산될 수 있다. 강한 미세조직은 특히 수소취성에 민감해 용접부가 실온으로 냉각한 후 곧 파단을 일으킨다. 이와 같이 수소로 야기된 현상을 '냉간균열(cold cracking)'이라 한다. 따라서 강의 CE는 조대 입자영역에서의 원치 않는 경도상승을 방지하기 위해 낮게 유지한다.

13.3.4 미세입자 오스테나이트 영역

이 영역에서는 오스테나이트 입자크기가 20~40μm에 놓인다. 따라서 입자조직과 경화능이 강의 제조 시 제어압연공정에서 얻게 되는 것들과 그렇게 차이가 나지 않는다. 미세 오스테나이트 입자는 더욱 바람직한 페라이트 상으로 변태하여 보다 낮은 경도와 높은 인성을 갖게 된다.

13.3.5 부분적 오스테나이트역과 국부 취성역

용융경계로부터 충분히 멀리 떨어져 있으면 최고온도가 전부 오스테나이트로 변태시킬 정도로 올라가지 못한다. 형성되는 소량의 오스테나이트는 상대적으로 많은 탄소를 함유한다. 이것은 페라이트와 평형 상태에 있는 오스테나이트의 탄소 고용도는 온도가 감소함에 따라 증가하기 때문이다. 탄소가 풍부해진 오스테나이트의 연이은 변태거동은 높아진 경화능으로 인해 많이 달라진다.

만약 냉각속도가 충분히 크다면 탄소를 많이 함유한 오스테나이트가 부분적으로 단단한 마르텐사이트로 변태하게 되고 남게 되는 오스테나이트는 상온에서 잔류된다. 이러한 단단한 마르텐사이트의 미세 영역을 '국부취성역(local brittle zone)'이라 한다. 국부취성역은 템퍼링된 페라이트로 구성된 보다 연한 주변부에 생겨난다. 결과적으로 인성의 감소를 야기하지는 않지만 인성시험 시 산포발생을 증가시키게 되는데 이는 국부취성역이 국부적으로 포함된 시편의 인성은 낮게 측정되고 취성역이 포함되지 않으면 측정 인성이 높게 나타나기 때문이다. 기계적 성질 데이터 상의 이러한 산포는 아주 낮은 몇몇 값들로 혼란을 일으킬 수도 있고 또한 설계를 어렵게 한다.

이러한 영역에서의 냉각속도가 마르텐사이트 변태를 일으킬 정도로 빠르지 않다면 탄소를 많이 함유한 오스테나이트는 조대한 시멘타이트와 페라이트의 혼합상으로 분해될 수 있다. 이때의 시멘타이트 입자는 다시 국부적인 취성역을 구성하게 되고 기계적 성질의 변동성을 증가시킨다.

참고문헌

Cerjak, H. and Easterling, K. E.(eds), Mathematical Modelling of Weld Phenomena, Institute of Materials, London, 1993.

Easterling, K. E., Introduction to the Physical Metallurgy of Welding, 2nd edition, Butterworth-Heinemann, London, 1992.

Grong, Ø., Metallurgical Modelling of Welding, 2nd edition, Institute of Materials, London, 1997.

Kou, S., Welding Metallurgy, 2nd edition, John Wiley & Sons, New Jersey, USA, 2002.

Lancaster, J. F., Metallurgy of Welding, 6th edition, Abington Publishing, London, 1999.

Svensson, L.-E., Control of Microstructure and Properties in Steel Arc Welds, CRC Press, London, 1994.

Chapter 14
미세 조직과 물성의 모델링

서론 14.1
실례 1: 합금설계–고강도 베이나이트강 14.2
실례 2: 혼합 미세 조직의 기계적 성질 14.3
방법 14.4
속도론 14.5
유한차분법 14.6
유한요소법 14.7
신경망 14.8
모델의 특성규명 14.9
참고문헌

14.1 서론

강은 우수한 물성과 상대적으로 낮은 가격 때문에 매우 유용한 재료다. 철이 보여주는 다양한 상변태와 이와 관련된 공정변수들은 광범위한 물성을 얻는데 활용되어 왔으며, 그 결과로 250~5500MN m^{-2}의 강도범위에 걸쳐 신뢰성 있는 상용강이 존재한다. 유용한 강을 만들기 위해서는 복잡한 공정들을 고려해야하므로 강을 설계한다는 것이 결코 쉬운 일이 아니다. 이 장은 다양한 종류의 모델이 어떻게 효율적인 설계에 기여하는지를 살펴본다. 회귀분석과 같은 맹목적인 공정은 실험 데이터의 인지 패턴만을 다루지만 물리적 원리에 근거한 모델은 예측능력을 갖게 된다. 실제 유용한 모델은 항상 상기 두 경우의 절충선상에 있다고 볼 수 있다.

모델을 개발하는 일반적인 방법을 [그림 14.1]의 순서도에 나타냈다. 첫 번째 단계는 문제인식과 관련될 수 있는 물리적인 기구를 고려하는 것이다. 가장 최신의 이론과 관련 문헌의 검토 등을 통해 모델을 구성한다. 적절한 해당 정보가 존재하지 않는 경우에는 근사적인 추정을 통해서라도 일단 전체흐름을 진행시키는 것이 일반적이다. 이론 및 데이터의 부족은 여러 정보검색을 통해 추가로 보충할 수도 있으므로 모델의 공식화를 지나치게 지체시킬 필요는 없다. 실제로 목표 정밀도는 주제의 상태에 맞추어서 선택해야 한다는 의미다.

모델링이 단지 컴퓨터 프로그램의 적용을 의미하는 것이라기보다는 물리적 원리와 정량적이고 과학적인 방법에 대한 깊은 이해의 조합임을 이해하는 것이 중요하다. 이러한 사실을 강에 관한 미세 조직모델과 혼합조직의 기계적 성질에 관한 2가지 예를 통해 보여준다.

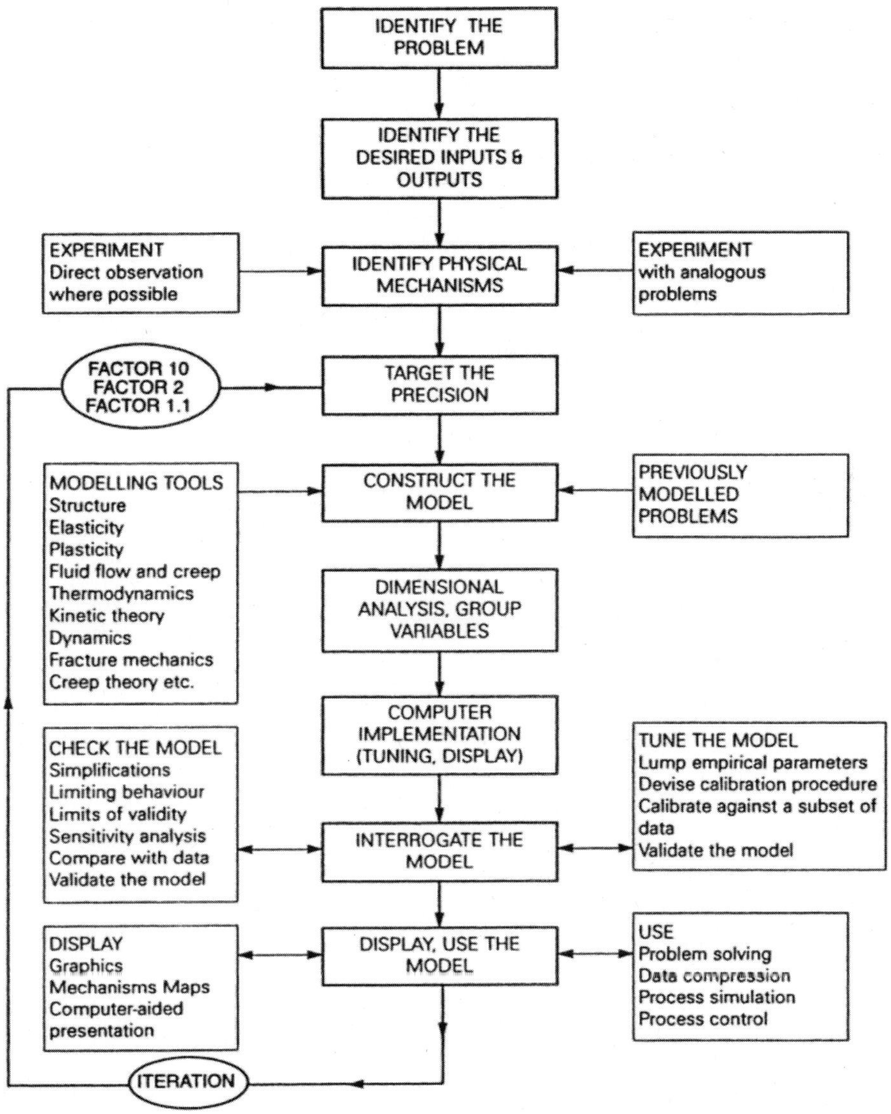

그림 14.1 물리적 모델의 구성단계를 보여주는 순서도. 각 단계별로 이전단계로의 반복적인 복귀가 필요할 수 있다.

첫 번째 예는 상변태 이론이 베이나이트와 오스테나이트의 혼합물로 구성된 미세 조직의 최적화에 어떻게 이용되는지를 보여준다. 먼저 인성에 해로운 탄소를 많이 함유한 오스테나이트가 넓은 영역에 걸쳐 생겨나는 것과 관련되는 것으로 문제를 인식한다. 그리고 변태기구가 이러한 해로운 상의 분율을 낮추는데 사용된다. 이 모델의 주요 요소는 변태와 관련된 물리야금이다. 다성분계 강에서 상 경계의 계산을 요하는 측면에서 모델이 정량적이다.

두 번째 예는 마르텐사이트 체적분율의 함수로 나타낸 마르텐사이트와 베이나이트 혼합미세 조직의 최고 강도의 결과로부터 한눈에 무엇이 이상한 결과인지를 이해시키는데 도움을 주는 모델이다. 또한 모델을 구성하기 위해서는, 관계식과 데이터에 관한 참고문헌의 검색이나 실용적 접근을 통한 다양한 근사법이 사용되는 것을 보여준다.

14.2 실례 1: 합금설계-고강도 베이나이트강

고강도 베이나이트강은 베이나이트 내에 존재하는 조대한 시멘타이트 입자가 인성에 해롭기 때문에 실제로 퀜칭 후 템퍼링된 마르텐사이트강 만큼은 성공적이지 못했다(6장). 하지만 지금은 베이나이트 변태 동안 시멘타이트의 석출이 억제될 수 있는 것으로 알려져 있다. 강에 실리콘을 1.5wt% 합금하면 이것이 가능한데, 실리콘은 시멘타이트에 대한 고용도가 낮으며 시멘타이트의 성장을 현저히 낮추어준다.

이러한 실리콘–합금강이 상부 베이나이트로 변태할 때 흥미로운 미세 조직이 생긴다. 시멘타이트로 석출되는 대신 잔류 오스테나이트로 배출된 탄소는 오스테나이트에 남아서 상온까지 오스테나이트를 안정화시킨다. 결과적인 미세 조직은 오스테나이트의 탄소가 풍부한 영역에 의해 분리된 미세한 베이나이트형 페라이트 판들로 이루어지게 된다(그림 14.2).

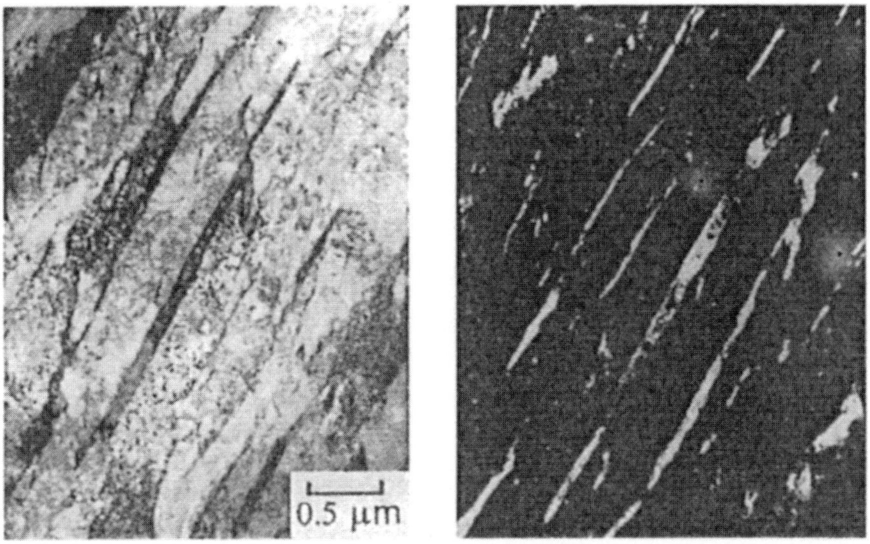

(a) (b)

그림 14.2 베이나이트형 페라이트와 안정적인 오스테나이트의 혼합상에 대한 TEM 사진. (a)명시야(bright field) 상, (b) 잔류오스테나이트, 암시야(dark field) 상

베이나이트형 페라이트와 오스테나이트의 혼합 미세 조직에서 얻어질 수 있는 장점은 다음과 같다.

1. 시멘타이트가 고강도강의 파괴를 일으킬 수 있다. 시멘타이트가 생성되지 않으면 벽개파괴와 공동(void)형성에 더욱 저항성을 갖는 미세 조직이 된다.
2. 베이나이트형 페라이트는 페라이트 미세 조직을 취화하게 만드는 탄소를 거의 함유하지 않는다.
3. 미세 조직은 두께 1μm 이하의 페라이트 판의 극미세 입자크기로부터 강도를 얻는다. 평균 자유슬립거리(mean free slip distance)를 결정해주는 것은 이러한 판의 두께이므로 유효입자크기는 μm보다 작다. 이것은 상용적으로 실행 가능한 공정들로는 이룰 수 없는 수준이다. 입자 미세화는 강의 강도와 인성을 동시에 개선시킬 수 있는 유일한 방법임을 주지할 필요가 있다.

4. 페라이트의 판(plate) 사이에 치밀하게 분산되어 있는 오스테나이트의 연성 막(film)이 균열을 무디게 해주는 효과를 보인다. 또한 이들은 인성증가에 기여하는데, 전파하는 균열의 응력장의 영향 하에서 오스테나이트가 마르텐사이트로 유기 변태함에 따라 파괴를 위한 일을 증가시켜 인성을 증가시킨다. 이것이 TRIP(transformation-induced plasticity) 효과다(12장).
5. 값비싼 합금원소를 사용하지 않고도 베이나이트형 페라이트와 오스테나이트 미세 조직을 갖는 강을 얻을 수 있다. 요구되는 것은 단지 시멘타이트를 억제할 수 있는 충분한 양의 실리콘 첨가이다.

전술한 여러 장점에도 불구하고 베이나이트형 페라이트/오스테나이트 미세 조직이 강도와 인성의 훌륭한 조합만을 항상 부여해주는 것은 아니다. 한 가지 예로, 베이나이트 다발(sheave)(그림 14.3) 사이의 상대적으로 큰 오스테나이트의 '블록상(blocky)' 영역이 응력의 영향으로 쉽게 고탄소 마르텐사이트로 변태하기 때문이다. 이 템퍼링되지 않은 단단한 마르텐사이트는 강을 취화시키게 된다.

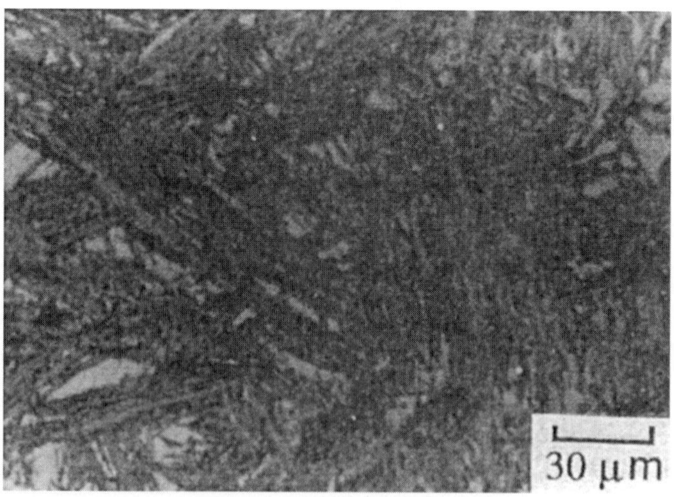

그림 14.3 Fe-0.43C-3Mn-2.02Si wt%에서의 상부 베이나이트 광학현미경 사진. 베이나이트 다발 사이에 잔류오스테나이트 블록을 보여준다.

오스테나이트 블록들은 인성에 확실히 해로우므로, 이들의 분율을 낮추어주는 그리고 마르텐사이트 변태로의 안정성을 증가시키는 것이 바람직하다. 이러한 효과들 모두 상태도의 T_0' 곡선에 의해 조절된다(5장, 6장). 이 곡선은 베이나이트로의 반응이 중단되는 점에서 오스테나이트의 조성을 결정한다. 곡선을 더 높은 탄소 농도 쪽으로 이동시킴으로써 형성되는 베이나이트의 분율과 잔류 오스테나이트의 탄소농도 모두 증가시킬 수 있다. 합금성분을 변경시킴으로써 T_0' 곡선을 수정할 수도 있다. 따라서 치환형 합금이 T_0' 곡선에 미치는 효과를 계산할 필요가 있다.

14.2.1 T_0' 곡선의 계산

T_0' 온도에서 동일 화학조성의 오스테나이트와 페라이트의 자유에너지는 동일하다(6장). 이원계 합금에서 T_0' 온도의 계산은 5장에서 다루었다. 여기서는 다성분계 강에 대해 간략화된 방법을 소개한다. T_0' 온도에서 오스테나이트가 페라이트로 변태할 때 자유에너지의 변화는 0이다.

$$\Delta G^{\gamma\alpha} = 0 \tag{14.1}$$

Zener는 자유에너지 차이를 자성(magnetic, $\Delta G_M^{\gamma\alpha}$)과 비자성(non-magnetic, $\Delta G_{NM}^{\gamma\alpha}$)의 두 성분으로 나눌 수 있다고 했다.

$$\Delta G^{\gamma\alpha} = \Delta G_M^{\gamma\alpha} + \Delta G_{NM}^{\gamma\alpha} \tag{14.2}$$

비자성 성분은 온도에 대해 거의 선형적으로 변하지만(그림 14.4) 자성성분은 비선형적으로 변하며 저온에서 거의 0이 된다. 하지만 제한된 온도영역에서는(베이나이트가 주로 형성되는) [표 14.1]에 근사적으로 나타나 있는 두 함수로 나타낼 수 있다.

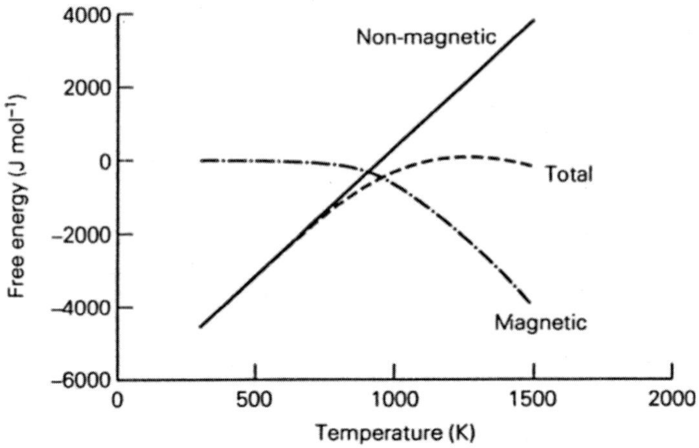

그림 14.4 오스테나이트와 페라이트 사이의 자유에너지 차이를 자성성분과 비자성 성분으로 나눈 Zener 이론

표 14.1 순철의 $\gamma \rightarrow \alpha$ 변태에 대한 자유에너지성분의 근사적 표현

Function	a	b	Temperature range
$\Delta G^{\gamma\alpha}_{NM} = a + bT$ J mol^{-1}	−6660	7	$900 > T > 300$ K
$\Delta G^{\gamma\alpha}_{NM} = a + bT$ J mol^{-1}	650	−1	$900 > T > 620$ K
$\Delta G^{\gamma\alpha}_{M} = a + bT$ J mol^{-1}	0	0	$T < 620$ K

자유에너지를 자성과 비자성 성분으로 나눈 Zener의 이론은 자유에너지가 평가되는 온도의 수정을 통해 합금원소의 효과를 설명하는데 도움이 된다.

$$\Delta G^{\gamma\alpha}\{T\} = \Delta G^{\gamma\alpha}_{M}\{T - x\Delta T_{M}\} + \Delta G^{\gamma\alpha}_{NM}\{T - x\Delta T_{NM}\} \tag{14.3}$$

ΔT_M과 ΔT_{NM}은 치환형 원소의 단위농도(x)로 인한 온도변화다(표 14.2). 따라서 T_0 온도는 $\Delta G^{\gamma\alpha}$를 0으로 두고 계산한다.

$$\Delta G_M^{\gamma\alpha}\{T_0 - x\Delta T_M\} + \Delta G_{NM}^{\gamma\alpha}\{T_0 - x\Delta T_{NM}\} = 0 \tag{14.4}$$

[표 14.1]에 나열된 표현을 치환시키면, 이 식은 순철에 대해

$$a_{NM} + b_{NM}T_0^{Fe} + a_M + b_M T_0^{Fe} = 0$$

그리고 철합금에 대해

$$a_{NM} + b_{NM}(T_0^{FeX} - x\Delta T_{NM}) + a_M + b_M(T_0^{FeX} + x\Delta T_M) = 0$$

따라서 치환형 원소의 첨가를 통한 T_0 온도의 변화는 이 두 식의 차이로 주어진다.

$$\Delta T_0 = \frac{x(b_{NM}\Delta T_{NM} + b_M\Delta T_M)}{b_{NM} + b_M} \tag{14.5}$$

여러 합금원소의 효과는 가산성(additivity)을 가정해 근사화 할 수 있다.

$$\Delta T_0 = \frac{\sum_i x_i(b_{NM}\Delta T_{NM_i} + b_M\Delta T_{M_i})}{b_{NM} + b_M} \tag{14.6}$$

T_0' 온도의 이동량을 계산하기 위해 $\Delta G^{\gamma\alpha}$을 0 대신 축적에너지(베이나이트의 경우 400Jmol^{-1})로 두었다. 순철에 대한 단순한 $\Delta T_0'$ 온도의 이동량보다는 합금에 대한 실제 T_0' 온도곡선을 Fe-C 합금에서 축적에너지를 400Jmol^{-1}로 가정함으로써 평가할 수 있다.

$$T_0'(K) \simeq 970 - 80x_c \tag{14.7}$$

여기서 x_c는 탄소의 at%이다.

지금부터 이러한 방법론을 강인한 베이나이트형 페라이트/오스테나이트 미세 조직의 설계에 적용한다.

14.2.2 인성의 개선

Fe-3Mn-2.02Si-0.43C wt%에서 베이나이트형 페라이트와 연성 오스테나이트로 구성된 외견상 이상적인 미세 조직이 불안정한 블록 상(blocky) 오스테나이트로 인해 낮은 인성을 보였다(그림 14.5a). 따라서 오스테나이트의 안정도와 미세 조직 내 베이나이트형 페라이트의 양을 증가시킬 필요가 있다. 이러한 2가지 목적은 치환형 용질농도를 변경해줌으로써 T_0' 곡선이 높은 탄소농도에 놓이도록 하면(즉, 모든 주어진 탄소농도에서 T_0' 온도를 올리면) 달성이 가능하다.

식 (14.6)을 사용하면 Fe-3Mn-2.02Si-0.43C wt%(2.97Mn, 3.87Si at%) 합금에 대해

$$\Delta T_0 = \overbrace{\frac{2.97[7\times(-39.5)+(-1)\times(-37.5)]}{7-1}}^{\text{Mn}} + \overbrace{\frac{3.87[7\times(0)+(-1)\times(-3)]}{7-1}}^{\text{Si}} = 116$$

오른쪽의 첫 번째 항은 망간의 효과를, 둘째 항은 실리콘의 효과를 나타낸다. 따라서 이 합금에 대해 식 (14.7)은 다음과 같이 수정된다.

$$T_0'(K) \simeq 970 - 80x_c - 116 \tag{14.8}$$

망간은 T_0' 온도를 낮추는데 큰 효과를 갖는 것으로 보인다. [표 14.2]를 보면 하나의 가능성은 모든 망간을 니켈로 대체하는 것이다. 따라서 Fe-4Ni-2Si-0.4C wt%(3.69Ni, 3.85Si at%) 합금의 경우, 비슷한 계산은 $\Delta T_0 \simeq 72$. 따라서

$$T_0'(K) \simeq 970 - 80x_c - 72 \tag{14.9}$$

강도의 희생 없이 이렇게 함으로써 얻어지는 인성의 현저한 증가를 위에서 계산한 T_0' 곡선과 함께 [그림 14.5]에 나타냈다.

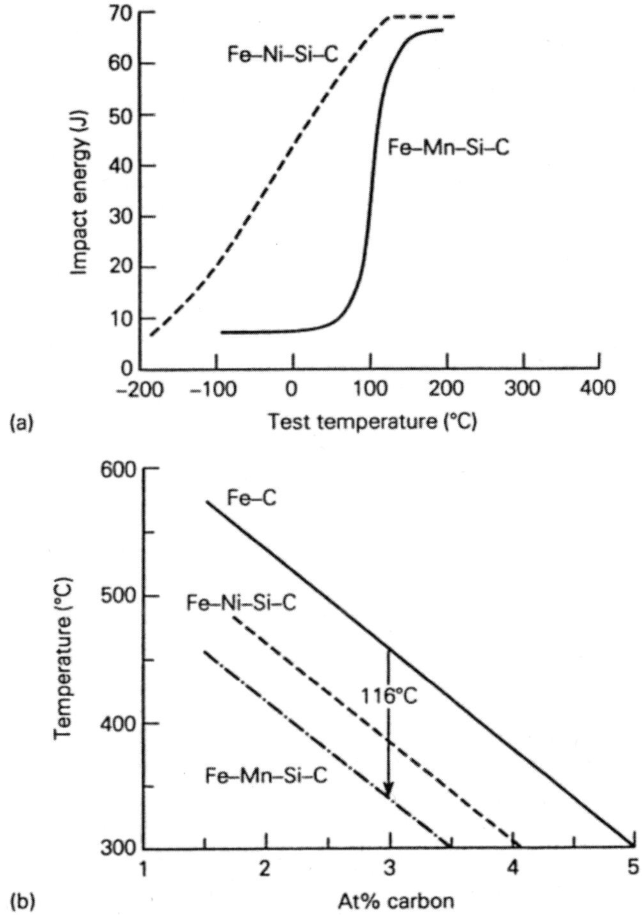

그림 14.5 (a)실험적으로 결정된 충격천이곡선. 블록 상 오스테나이트의 양이 감소함에 따라 충격인성이 증가. (b)Fe–C, Fe–Mn–Si–C, Fe–Ni–Si–C 강들에 대해 계산된 T_0' 곡선

표 14.2 다양한 치환형 용질들에 대한 ΔT_M과 ΔT_{NM} 값

Alloying element	ΔT_M/K per at %	ΔT_{NM}/K per at %
Si	−3	0
Mn	−37.5	−39.5
Ni	−6	−18
Mo	−26	−17
Cr	−19	−18
V	−44	−32
Co	19.5	16
Al	8	15
Cu	4.5	−11.5

14.2.3 모델의 정밀도

위에서 설명한 모델은 비록 사용된 방법이 비교적 단순하지만 인성의 개선이라는 원하는 목표를 달성하는데 도움이 되었다. T_0' 곡선은 실제로 탄소에 대해 선형적인 함수가 아니며 탄소와 다른 치환형 원소 간의 상호작용이 고려되지 않았다. 보다 엄밀한 방법이 있으며 철강화학의 고차원적인 최적화를 고려해 사용할 수도 있다. 또한 모델은 속도론(kinetics)을 고려하지 않았다. 상용적인 적용 시 불리하게 작용할 수 있는데 미세조직은 대개 복잡한 비등온(non-isothermal) 열처리를 통해 얻어지기 때문이다.

[그림 14.1]을 참조하면, 이러한 개념의 적용은 정밀도를 개선시키고 복합적인 상용 공정에 모델을 적용하기 위해 수차례 반복과정이 필요할 것이다. 이러한 예는 모델링 기술의 핵심을 보여준다. 모델은 단계별로 구성될 수 있고 비록 궁극적인 문제가 완전히 해결되지 않더라도 각 단계별로 중요한 진전을 이룰 수 있게 한다. 모델을 구성하는 각 단계에서의 성공은 수익체감의 기점(a point of diminishing returns)에 이르기까지는 이후의 개발에 대한 정당성이 부여된다 할 수 있다.

14.3 실례 2: 혼합 미세 조직의 기계적 성질

베이나이트와 템퍼링된 마르텐사이트의 혼합 미세 조직의 독특한 특성은 강도가 마르텐사이트의 체적분율이 감소함에 따라 최곳값을 보인 후에 감소한다는 점이다(그림 14.6).

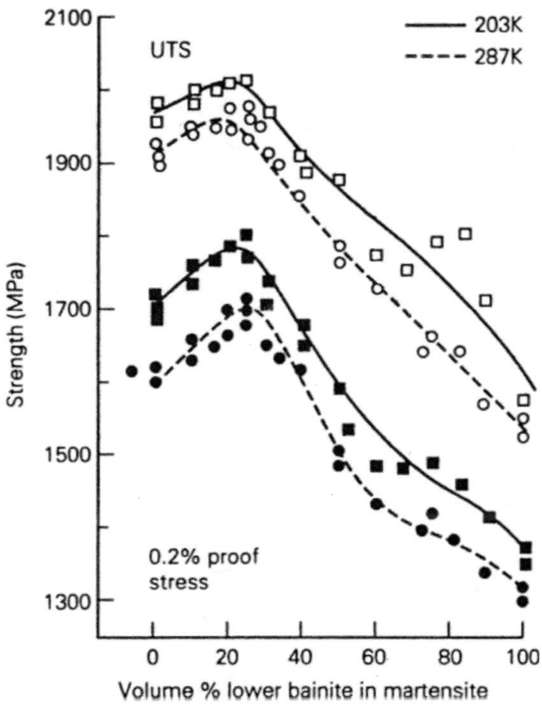

그림 14.6 베이나이트 체적분율의 함수로 나타낸 베이나이트와 템퍼링된 마르텐사이트의 강도

이것은 마르텐사이트가 강에서 가장 강한 미세 조직이므로 마르텐사이트의 체적분율이 감소함에 따라 강도가 연속적으로 감소해야 한다는 통념에 반하는 것이다. 하지만 정량적인 모델링은 관여된 기구를 밝혀내는 데 도움을 줌으로써 이러한 변칙적인 거동을 설명할 수 있게 해준다.

14.3.1 각 상들의 강도계산

마르텐사이트와 베이나이트의 강도가 여러 내재성분으로 분해될 수 있다는 것은 큰 무리가 없는 적절한 가정으로 볼 수 있다.

$$\sigma = \sigma_{Fe} + \sum_i x_i \sigma_{SS_i} + \sigma_C + K_L(\overline{L})^{-1} + K_D \rho_D^{0.5} \tag{14.10}$$

여기서 x_i는 치환형 용질(i)의 농도.

$K_L =$ 레스 치수에 의한 강화계수, 115MN m^{-1}

$K_D =$ 전위에 의한 강화계수, 7.34 × 10^{-6}MN m^{-1}

$\sigma_{Fe} =$ 순수하고 어닐링된 철의 강도, 300K에서 219MN m^{-2}

$\sigma_{SS_i} =$ 치환형 원소(i) 강화

$\sigma_c =$ 탄소로 인한 고용체강화

$\rho_D =$ 전위밀도, $10^{16}m^{-2}$

$\overline{L} =$ 페라이트 판 치수의 척도, 대개 0.2μm

각각의 강화기여도는 아래에서 설명한다.

14.3.2 철과 치환형 용질

완전 어닐링조건에서의 순수한 bcc 철은 전체 강도에 σ_{Fe}에 해당하는 본질적 기여를 한다. 치환형 용질은 마르텐사이트나 베이나이트의 변위형(displacive) 성장 동안 분배(partition)되지 않으므로 이들의 농도는 전체적으로 강의 조성에 의해 고정된다. 고용체 강화 기여분, σ_{SS_i}는 공개된 데이터로부터 온도와 변형률 속도의 함수로 평가될 수 있다. [표 14.3]에서 순철의 강도는 온도가 감소할수록 증가하는 반면 치환형 용질로 인한 강화는 온도의 함수로 최댓값을 보이기도 한다. 실제로 외부 원자의 존재는 국부적으로

전위가 저온에서 Pierls 장벽을 극복하는 것을 도와주기 때문에 저온에서는 어느 정도의 고용체연화(solution softening)가 일어나기도 한다.

표 14.3 온도와 1wt% 용질원자의 페라이트 고용체강화항목의 함수로 나타낸 순철의 강도(MN m^{-2}). 데이터는 0.0025sec^{-1}에서 얻은 것이다.

	200°C	100°C	Room temperature (23°C)	−40°C	−60°C
Fe	215	215	219	355	534
Si	78	95	105	70	−44
Mn	37	41	45	8	−57
Ni	19	23	37	−2	−41
Mo	–	–	18	–	–
Cr	7.8	5.9	5.8	7.4	15.5
V	–	–	4.5	–	–
Co	1.0	1.8	4.9	9.1	5.8

14.3.3 탄소

베이나이트형 페라이트는 침입형 고용체에 0.02wt% 이하로 추정되는 적은 양의 탄소만이 용해되어 있다. 반면 마르텐사이트는 $\overline{x}$(합금의 평균농도)를 초과하는 농도를 가질 수 있는데, 먼저 생성된 베이나이트가 질량보존의 원칙으로부터 유도된 다음의 관계식에 의해 잔류 오스테나이트 내의 탄소함량을 풍부하게 해주기 때문이다. 합금의 전체 탄소농도($\overline{x}$)는 오스테나이트에서의 농도(x_γ)와 베이나이트형 페라이트(x_b)의 합이므로

$$\overline{x} = x_\gamma V_\gamma + x_b V_b \tag{14.11}$$

여기서 V_γ와 V_b는 각각 오스테나이트와 베이나이트형 페라이트의 체적분율을 의미한다. 따라서

$$x_\gamma = \frac{\overline{x} - V_b x_b}{1 - V_b} \tag{14.12}$$

x_γ는 마르텐사이트로 변태하기 전의 잔류 오스테나이트에서의 농도이므로 이 값이 마르텐사이트의 경도를 결정하는데 중요하다. 고용체 이론에 의하면 용해 탄소에 의한 강도 증가분은 탄소농도의 제곱근에 비례한다.

$$\sigma_{SS_C} = 1722.5 \times x^{1/2} \tag{14.13}$$

여기서 강도는 MN m^{-2}이고, 농도 x는 wt%이다.

14.3.4 전위

마르텐사이트나 베이나이트가 고온에서 형성될 때 전단변형으로 인한 형상변화는 소성변형을 일으키고 기지와 생성 상 모두에서 전위가 축적된다(6장). 소성의 정도는 항복강도에 의존하며 따라서 온도에도 의존한다. Takahashi와 Bhadeshia는 570~920K 온도범위에서 마르텐사이트와 베이나이트의 전위밀도(ρ_D)는 경험적으로 온도만의 함수로 표현할 수 있음을 제안했다.

$$\log_{10}\{\rho_D\} = 9.2840 + \frac{6880.73}{T} - \frac{1780360}{T^2} \tag{14.14}$$

여기서 T는 절대온도로 나타낸 변태온도, ρ_D는 m^{-2}로 나타낸 전위밀도다. 전위로 인한 강화 σ_ρ(MN m^{-2})는 다음과 같다.

$$\sigma_\rho = 0.38\mu b(\rho_D)^{0.5} \simeq 7.34 \times 10^{-6}(\rho_D)^{0.5} \tag{14.15}$$

여기서 μ는 전단계수이고, b는 버거스 벡터의 크기이다.

14.3.5 레스 치수

마르텐사이트와 베이나이트는 아주 미세한 판이나 레스의 형태로 성장한다. 결과적인 입자치수 강화 σ_G는 다음과 같다.

$$\sigma_G \simeq 115(\overline{L})^{-1}\,\mathrm{MN\ m^{-2}} \tag{14.16}$$

여기서 $\overline{L}(\mu\mathrm{m})$는 무작위 단면에서의 평균 선형교점(linear intercept)이다. 이것은 고전적인 Hall-Petch 관계(2장)가 아니고 Langford와 Cohen에 의한 다른 관계식이다. 이것은 μm급 이하의 입자크기에서는 입계에서의 전위원(dislocation source)을 포함하는 항복기구가 다르기 때문이다.

14.3.6 마르텐사이트 조성과 변태온도

베이나이트형 페라이트의 과잉탄소는 잔류 오스테나이트로 분배(partition)되고 잔류 오스테나이트는 마르텐사이트로 변태된다. 따라서 마르텐사이트의 탄소농도는 간단한 질량 보존의 원칙으로부터 계산할 수 있다(식 (14.11)). 잔류 오스테나이트의 마르텐사이트 개시온도(4장, M_S)는 다음과 같다.

$$M_S = M_S^0 - 564(x_\gamma - \overline{x}) \tag{14.17}$$

여기서 농도는 wt%이다. 온도는 섭씨이고, M_S^0는 합금의 평균조성에서 잔류오스테나이트의 마르텐사이트 변태개시 온도를 말한다.

마르텐사이트의 강도에 기여하는 여러 인자들을 [그림 14.7]에 나타냈다. 탄소가 주요 기여를 하는데 탄소가 마르텐사이트 결정구조에 심한 비대칭 변형을 일으키고 전위의 이동에 강하게 작용하기 때문이다. 전위밀도 그 자체도 전체 강도에 크게 기여한다.

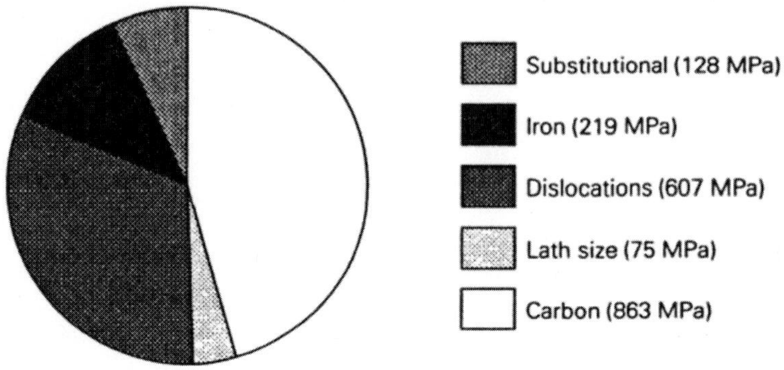

그림 14.7 기어, 포신 등의 제조에 사용되는 초고강도강 Fe–0.4C–0.2Si–0.71Mn–1.9Ni–0.25Mo–0.88Cr wt% 합금의 순수 마르텐사이트의 실온 강도에 대한 여러 인자들의 기여 정도

14.3.7 혼합조직의 강도

다상(multiphase)합금의 강도를 계산하는 일반적인 방법은 체적분율로부터 가중치를 계산해 구성된 상의 강도로부터 평균 강도를 계산하는 혼합법칙(rule of mixture)을 사용하는 것이다. 하지만 이 방법은 구속효과 때문에 현재의 목적으로는 적합하지 않다. 항복강도가 소성구속(plastic constraint)에 의해 증가되는 것은 파괴역학에서 잘 정립되어 있다. 약한 경납땜(brazing) 합금이 자신보다 훨씬 강한 대상물들을 효과적으로 결합시키는데 사용가능한 이유도 경납땜 재료의 두께가 충분히 작아서 둘러싸고 있는 강한 기지에 의해 구속되기 때문이다. 실제로 접합부의 강도는 경납땜 층의 두께가 감소할수록 증가한다.

베이나이트 판의 분산물이 훨씬 강한 마르텐사이트로 변태하게 될 오스테나이트에서 형성된다. 따라서 Young은 베이나이트형 페라이트의 변형이 경납땜 재료가 주변의 기지에 의해 구속되는 것과 동일한 이치로 보고, 보다 강한 마르텐사이트에 의해 구속된다고 가정했다. 따라서 구속(constraint)현상을 고강도강에서의 경납땜 접합부로부터 회수 가능한 실험 데이터를 이용해 모델링할 수 있다. 접합부를 형성하기 위한 경납땜 합금은 대개 약한 비철재료이다. 정규화된(normalized) 형태의 데이터를 [그림 14.8]에 요약했다.

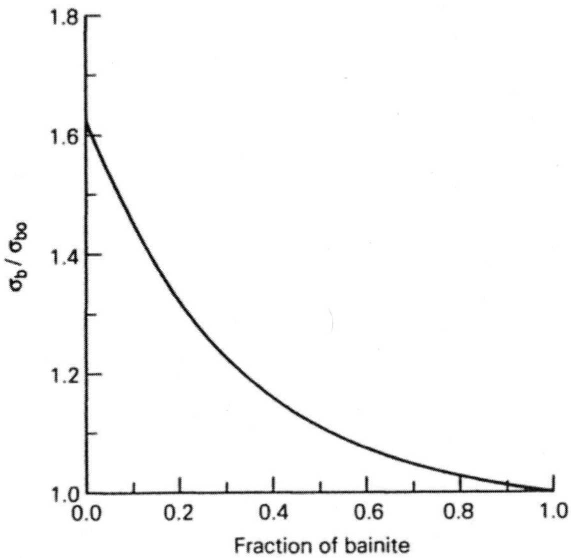

그림 14.8 브레이징된 접합부의 정규화된 강도와 브레이징 재료의 정규화된 두께의 관계. 정규화된 두께는 마르텐사이트 기지 내의 베이나이트 분율로 구별된다.

수직축은 구속 없는(unconstrained) 경납땜 재료에 대해 정규화된 접합부 강도이고, 수평축은 구속효과가 사라진 뒤의 두께에 대해 정규화된 경납땜 두께다.

혼합 미세 조직의 물성을 분석하기 위해 정규화된 경납땜 두께가 베이나이트의 체적 분율과 동일하다고 가정할 수 있다. 이러한 가정과 경납땜 강도와 경납땜 두께관계(그림 14.8)를 이용해 구속된 베이나이트의 강도를 다음 식으로 나타냈다.

$$\sigma \simeq \sigma_0 \left[0.65 \exp\{-3.3\, V_b\} + 0.98\right] \leq \sigma_M \tag{14.18}$$

여기서 σ와 σ_0는 각각 구속 및 구속 없는 베이나이트의 강도를 나타낸다. σ_M은 마르텐사이트의 강도, V_b는 베이나이트의 체적분율이다. 베이나이트의 강도는 항상 마르텐사이트보다 작거나 동일하다. 베이나이트의 체적분율, V_b가 작을 때 이것의 강도는 거의 마르텐사이트의 강도에 이르며(그림 14.9) 항상 베이나이트 자체의 강도수준보다는 높은 수준에 머문다. 마르텐사이트의 강도는 베이나이트의 분율과 함께 계속해서 증가하는데 이는 베이나이트의 증가로 인해 베이나이트가 성장해오는 잔류 오스테나이트의 탄소농도가 증가하게 되기 때문이다.

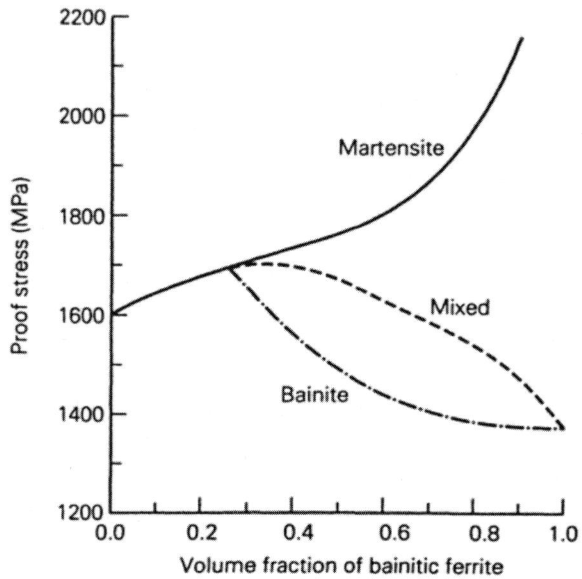

그림 14.9 혼합 미세 조직에서 베이나이트와 마르텐사이트의 강도 기여 정도

[그림 14.10]은 혼합 미세 조직의 강도가 어떻게 예측되는지를 보이고 있다. [그림 14.10]의 선(a)는 혼합법칙이 관찰되는 변동요인을 적절하게 설명해주지 못함을 보여주고 있다. 베이나이트의 형성으로 인해 탄소가 오스테나이트로 분배(partition) 됨에 따른 마르텐사이트 강도의 변화에 대한 오차가 고려된 후 계산과 실험 사이의 일치 정도가 개선된다(선 b). 또한 구속 효과가 계산에 포함됨에 따라 실험과 이론 사이의 일치도가 월등해진다(선 c).

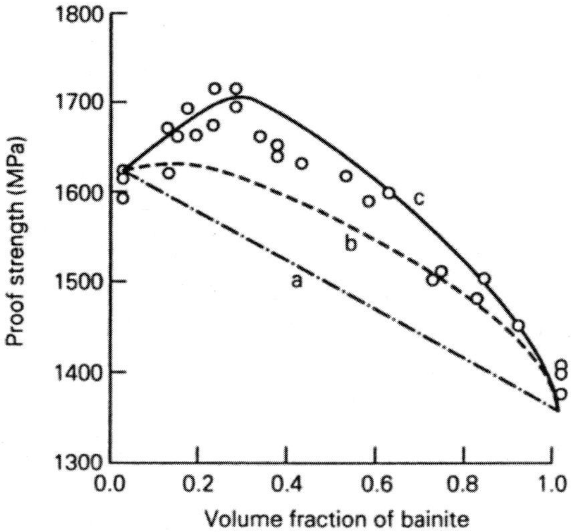

그림 14.10 Tomita와 Okabayashi에 의한 계산 값과 실험 데이터의 비교

14.4 방법

이전 장에서 설명한 2가지 예는 꽤 복잡한 모델을 필요에 의해 간략화 시킨 표현이다. 강의 수학적 모델링에서 보편화되어 있는 몇몇 방법들을 소개한다. 이러한 방법들은 일반적으로 학제 간 문제에 최적 접근해 유용한 해답을 도출해내는 방법들을 조합한 것임을 강조할 필요가 있다.

14.4.1 전자이론

원자들이 아주 근접할 때 금속이 만들어지므로 인접 원자 간의 가전자(valency electron) 전달 시 정전기적 척력이 전자의 비국소화(delocalization)로 인한 gain에 의해 상쇄되어 가전자가 금속 내에서 이동 가능하게 해준다. 비국소화된 전자는 속전자(core electron)들에 의한 척력 때문에 원자의 양으로 부하된 핵심부로부터 약한 정전기장을 느끼게 된다. 가전자는 이를 둘러싼 양공(positive hole)들에 의해 서로 가려진다. 이 때문에 단일 전자 파동함수(single electron wave function)가 금속 내의 전자가스에너지를 계산하는 데 근사적으로 사용할 수 있다.

이러한 전자들은 부분적으로 걸러진 양이온 코어의 퍼텐셜에 의해 분산됨이 없이 이동 가능한데 이것은 양이온 코어가 자유전자 파동함수를 단순히 조절하는 효과만 가지는 주기적 퍼텐셜을 공급해주기 때문이다. 금속 내에서 전자가 Bragg 조건을 만족시킬 때만 전자에너지의 분포에 띠 간격(band gap)을 만들기 때문에, 금속 상태는 바깥 전자띠(valence band)가 부분적으로 채워질 때만 존재할 수 있다.

이러한 개념을 이용해 전자가스의 에너지는 이온코어에 기인한 퍼텐셜, 쿨롱 상호작용, 운동에너지, 교환-상관(exchange and correlation) 효과로 표현할 수 있다. 원소의 전하(electronic charge)와 원자번호를 입력하면 결정의 결합에너지, 탄성계수, 자기 및 음향 성질 등의 계산이 가능하다. 엄청난 컴퓨터 계산용량으로 이 계산은 적은 수의 원자에만 국한된다. [그림 14.11]은 철의 2가지 동소체(allotropic) 형태인 오스테나이트(fcc)와 다이아몬드 cubic의 결합에너지의 계산 예를 보여주고 있다.

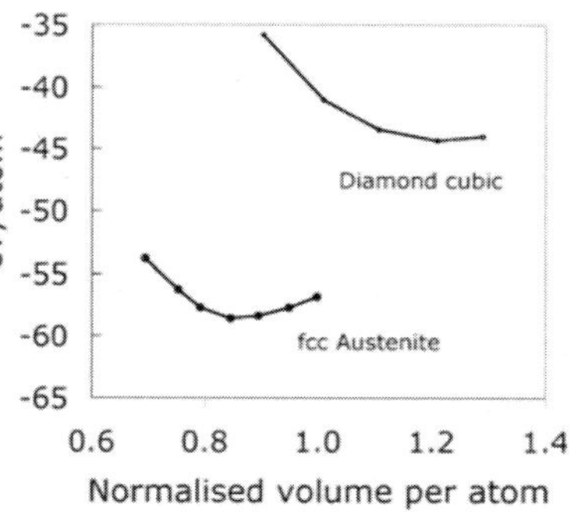

그림 14.11 철의 2가지 결정구조에 대해, 0K에서 결합에너지와 철원자의 체적으로 나눈 원자 당 체적의 관계

각각의 경우에 결합에너지는 최솟값을 보이며 동소체의 예상 밀도를 제공해준다. 다이아몬드 형태를 갖는 철에 대한 계산은 전자이론을 이용해 실제 존재하지도 않는 상들의

성질의 예측이 어떻게 가능한지를 보여준다. 이러한 형태는 $5gcm^{-3}$의 밀도를 가지며 불행하게도 안정한 형태의 철에 대비한 에너지 차이가 너무 크다는 것만으로도 합금에 의해 fcc→diamond 천이가 일어날 수 없음을 알려준다.

14.4.2 상태도 계산과 열역학

실험적으로 결정된 열역학적 데이터가 주어지면 다성분계 다상(multiphase)합금에서 안정한 상들과 이들의 평형 분율과 평형화학조성을 온도, 압력, 자계(magnetic field) 및 합금의 자세한 조성의 함수로 예측할 수 있다. 다시 말해 모든 정보가 상태도에 있다고 볼 수 있다.

α상의 자유에너지는 구성 원자들(μ_i)의 자유에너지에 대한 가중평균(weighted mean)일 뿐인데 A와 B의 2원 고용체의 경우

$$G^{\alpha} = (1-x)\mu_A^{\alpha} + x\mu_B^{\alpha}$$

여기서 x는 B의 몰분율이다. μ_i^{α}는 α상에서 i 원소의 화학퍼텐셜을 의미한다. 비록 이러한 식을 2원계 합금에 대해 나타냈지만 여러 성분계에서 접촉한 모든 상들 사이의 평형에 대해서도 일반적으로 성립한다.

$$i = 1,\, 2,\, 3 \ldots \quad \text{상} = \alpha,\, \beta \ldots \text{에 대해} \quad \mu_i^{\alpha} = \mu_i^{\beta} = \ldots$$

화학 퍼텐셜은 평형 상태에서는 모든 곳에서 균일하다.

상내에서의 용질 혼합의 함수로 화학 퍼텐셜을 표현하는 열역학적 방법이 많이 있다. 이러한 방법들의 대부분은 너무 간단하거나 너무 복잡해서 쉽게 일반화되지 못한다. 따라서 컴퓨터 계산에서는 이상용액[23]의 자유에너지로부터 혼합자유에너지의 차이, 즉 과잉(excess) Gibbs 자유에너지는 경험적인 다항식으로 나타낸다.

---

23) 이상용액은 모든 온도에서 원자들이 불규칙적으로 혼합되는 용액을 말한다.

$$\triangle_e G_{AB} = x_A x_B \sum_i L_{AB,\,i}(x_A - x_B)^i$$

여기서 L_i는 측정된 상호작용계수로서 이 경우는 2원계 고용체다.

3원계 고용체의 경우,

$$\begin{aligned}\triangle_e G_{ABC} = &\ x_A x_B \sum_i L_{AB,\,i}(x_A - x_B)^i \\ &+ x_B x_C \sum_i L_{BC,\,i}(x_B - x_C)^i \\ &+ x_C x_A \sum_i L_{CA,\,i}(x_C - x_A)^i\end{aligned}$$

이러한 종류의 다항식의 장점은 원소 중의 하나가 다른 원소와 동일하다면, 즉 $B \equiv C$ 이면 관계가 2원계 문제로 되기 때문에 명백해진다. 이 방법은 한 성분에 의해 데이터가 개선될 때 몇몇 계수만 변경하면 되는 큰 장점을 가지며 모든 수의 성분 수에 대해 확장할 수 있다. 따라서 여러 상용 상변태 계산프로그램에서 적용되고 있다. 비록 열역학이 평형 상태와 관련되어 있지만 계산방법은 제한된 평형(constrained equilibria), 즉 Para-평형(3장)과 무확산 변태(5장)에도 사용될 수 있다. [그림 14.12]는 평형과 Para-평형 상태에서 계산된 등온 Fe-Cr-C 상태도를 보여주고 있는데 치환형 용질이 상들 사이에서 분배되지 못하게 될 때의 큰 변화를 주지할 필요가 있다.

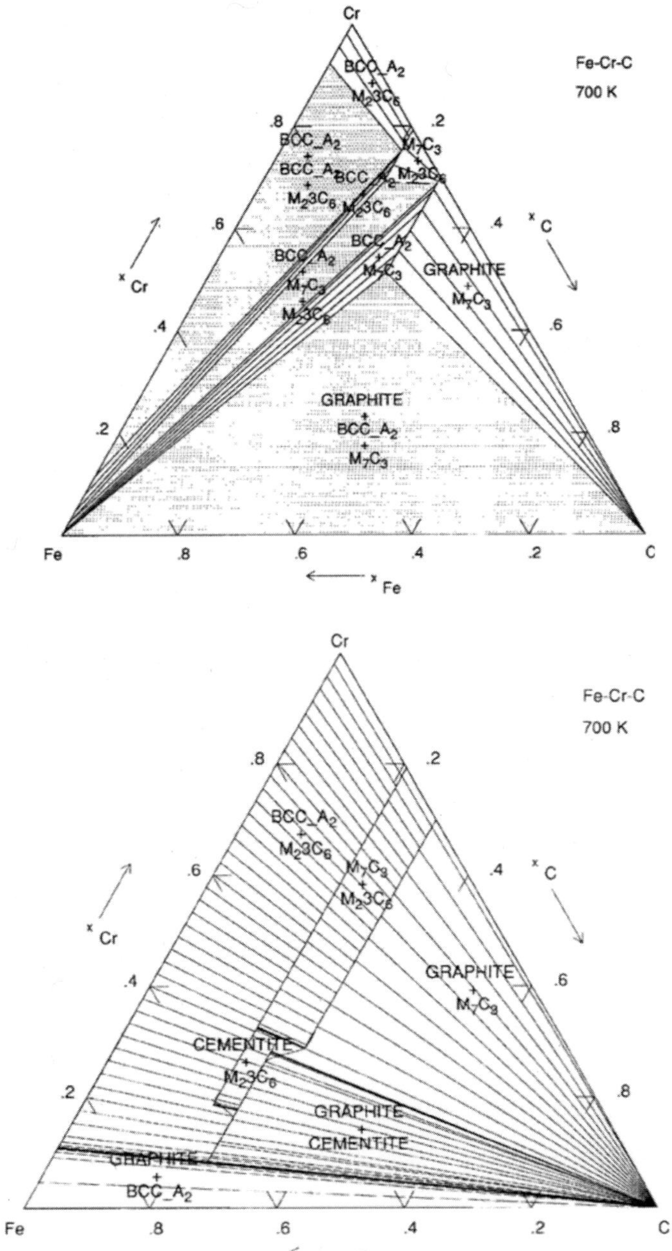

그림 14.12 Fe–Cr–C합금계의 등온단면. bcc 상이 페라이트이고, M은 다양한 탄화물 상들에서의 철과 크롬원자 혼합물을 의미한다.

강의 설계 시 열역학을 적용하는 또 다른 경우가, 계는 평형 상태가 아니지만 변화를 인지하기 어려운 정상 상태(steady state)에 놓여 있는 공정들이다. 그 한 가지 예가, 어느 위치에서도 플럭스나 농도가 시간에 따라 변하지 않는 일정 농도기울기 하에서의 확산을 들 수 있다. 확산이 자유에너지를 최소화시키기 위해 일어나므로 계의 자유에너지는 감소한다. 에너지가 방출되는 속도는 온도와 엔트로피 생성속도의 곱이다(즉, $T\sigma$).

$$T\sigma = JX$$

여기서 J는 어떤 종류의 일반화된 플럭스, X는 일반화된 힘을 의미한다. 전기적 흐름의 경우, 열분산은 전류(J)와 기전력(electromotive force: X)의 곱이다. 플럭스-힘 세트가 이러한 식으로 표현된다고 하면 평형으로부터 약간 벗어나면 $J \propto X$ 임이 알려졌다. 전기적 흐름의 경우, 이것이 전류가 기전력에 비례한다는 Ohm의 법칙을 만들어낸다.

이러한 개념은 여러 비가역적 공정들이 동시에 일어나는 경우에 적용할 수 있다. Fe-Mn-C 3원계합금에서 탄소의 확산플럭스는 탄소의 농도기울기뿐만 아니라 망간의 농도기울기에도 의존한다. 따라서 탄소의 균일한 분포는 망간의 농도기울기가 있게 되면 불균질하게 될 것이다. 하나 이상의 열분산 공정이 있을 때 총에너지 분산속도는 모든 분산들의 합이다.

$$T\sigma = \sum_i J_i X_i$$

$$\text{여기서} \quad J_i = M_{ij} X_j \, (i, j = 1, 2, 3 \ldots)$$

그리고 망간 농도기울기에서 탄소의 확산을 구동하는 것은 교차계수 $M_{ij} (i \neq j)$이다. 이 이론은 강의 상변태 속도론에 대한 컴퓨터 계산에 널리 적용된다.

14.5 속도론

거의 대부분의 강의 고상변태는 핵생성과 성장을 거친다. 이러한 두 공정에 대한 이론은 잘 정립되어 있고 이전의 장에서 설명했다. 체적분율의 개선을 위해서는 서로 다른 위치에서 핵생성된 입자들 사이의 부가적인 충돌(impingement)에 대한 추가적인 처리가 요구된다. 이것은 유명한 Kolmogorov, Mehl, Avrami의 확장체적 개념(extended volume concept)을 이용하면 할 수 있다.

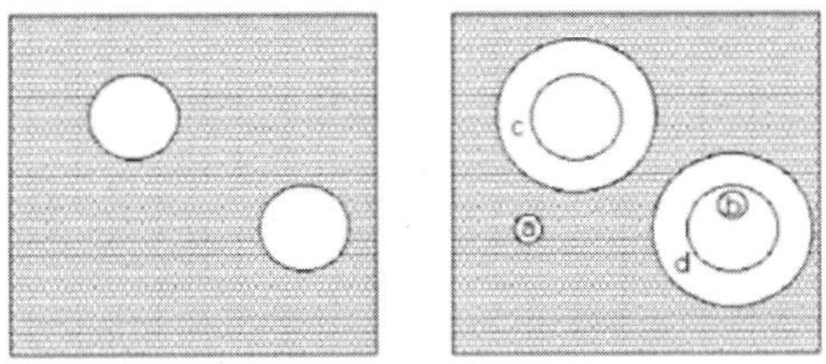

그림 14.13 확장체적의 개념. 2개의 석출물 입자가 함께 핵생성되고, 시간 t 동안 유한한 치수로 성장. 초기 입자가 성장함에 따라 새로운 영역 c와 d가 형성되지만 a와 b는 새로운 입자이며, 이 중에서 b는 이미 변태된 영역에서 형성된다.

[그림 14.13]의 두 입자를 고려한다. t 시간에서 작은 δt 시간이 경과된 후 입자가 성장하는 영역이 이미 변태가 되었는지의 여부에 방해받지 않고 성장할 수 있다고 가정하면 새로운 영역 a, b, c, d가 형성된다. 하지만 이전에 변태되지 않은 기지에 놓여 있는 a, b, c, d 요소들만이 생성 상(α)의 실제 체적변화에 기여할 수 있다.

$$dV^{\alpha} = \left(1 - \frac{V^{\alpha}}{V}\right) dV_e^{\alpha}$$

여기서 미세 조직이 불규칙하게 발달한다고 가정한다. 하첨자 e는 확장된 체적을 의미하며, V^{α}는 α의 체적이고, V는 총체적이다. 확장된 체적의 변화에 미변태된 영역을 발견할 확률을 곱하는 것은 생성 상 체적의 실제 변화에 명백하게 기여하지 않는 b와 같은 영역을 제외시키는 효과를 갖는다. 석출된 입자의 불규칙한 분포에 대해, 적분은 실제 체적분율을 제공한다.

$$\frac{V^{\alpha}}{V} = 1 - \exp\left\{ - \frac{V_e^{\alpha}}{V} \right\}$$

여기서 확장된 체적 V_e^{α}는 핵생성과 성장 모델을 이용해 직접 계산되며 어떠한 충돌(impingement) 효과도 무시한다. 해는 다음의 형태를 갖는다.

$$\xi = 1 - \exp\left\{ - k_A t^n \right\}$$

이것은 펄라이트 반응의 진행을 위한 식 (3.9)와 비교될 수 있다.

이러한 아이디어는 동시에 하나 이상의 반응이 일어나는 경우까지 확장될 수 있으며, 마르텐사이트의 템퍼링 동안 일어나는 석출반응의 경우가 그 대상이 될 수 있다. 동시에 석출되는 α와 β를 생각해보면 확장된 공간과 실제 공간 사이의 관계는 두 식의 결합 형태가 된다.

$$dV^{\alpha} = \left(1 - \frac{V^{\alpha} + V^{\beta}}{V}\right) dV_e^{\alpha}, \qquad dV^{\beta} = \left(1 - \frac{V^{\alpha} + V^{\beta}}{V}\right) dV_e^{\beta} \tag{14.19}$$

이 식은 일반적으로 수치 해석적으로 푼다.

근래에 미세 조직의 생성을 계산하는 대체기술로서 상영역(phase field) 방법이 관심을 받고 있다. 이것은 전체 미세 조직을 질서변수(order parameter)로 표현하는 것으로 시작된다. 석출물과 기지는 각각 질서변수의 특별한 값을 갖고 이것의 경계는 질서변수가 석출물의 값에서 기지의 값으로 변하는 위치에 의해 정해진다. 이것이 변하는 범위는 경계의 폭이 된다. 전체 미세 조직에 걸쳐 질서변수 값들의 세트가 상영역(phase field)이다.

원자 당 자유에너지는 전체 (불균질한) 상영역에 대해 하나의 함수로 나타내고 시간에 따른 미세 조직의 발달은 질서변수에 대한 함숫값의 변화에 비례한다고 가정한다.

이 방법은 스피노달(spinodal) 반응과 응고 모델링에 아주 성공적으로 적용되었지만 철에서 일어나는 주요 고상변태들에 대한 유용성은 아직 검토 단계다. 경계면 폭과 폭 관련 계수에 대한 정의가 필요하고 핵생성을 다루어야 하는 점이 실험 데이터 분석 시 느끼게 되는 두 가지 어려움이다. 반면 확산영역 중첩(overlap of diffusion fields)과 같은 효과는 자연적인 결과다.

14.6 유한차분법

유한차분법은 미분방정식의 미분을 유한한 차분식으로 근사해 해를 구하는 수치계산법을 말한다. 농도기울기에서 z축을 따른 일차원적 확산을 고려해보자(그림 14.14).

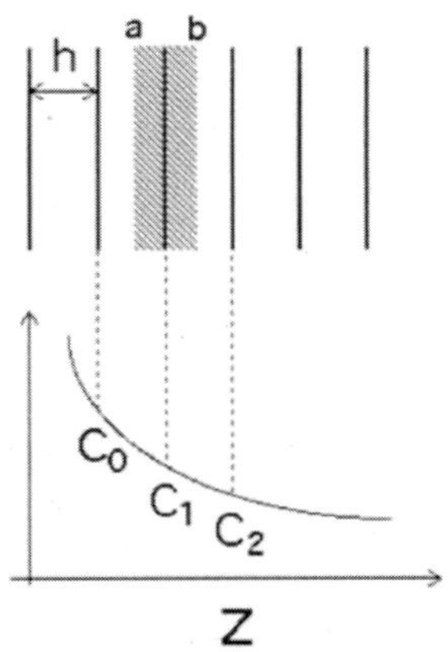

그림 14.14 확산의 유한차분 표현

농도 프로파일을 h의 두께로 얇게 구분해 나눈다. a 위치에서 τ 시간 간격 동안 면의 단위면적당 들어오는 물질은 근사적으로 $J_a = -D_\tau(C_1 - C_0)/h$이다. b 위치에서 면을 떠나는 물질은 $J_b = -D_\tau(C_2 - C_1)/h$이다. 만약 C_1'가 slice 1의 새로운 농도라고 하면 용질의 순수한 gain은 $(C_1' - C_1)h$이다. 따라서

$$C_1' - C_1 = \frac{D_\tau}{h^2}(C_0 - 2C_1 + C_2) \tag{14.20}$$

이것은 한 위치에서의 농도가 2개에 인접하는 위치에서의 농도의 함수를 이용해 계산 가능함을 의미한다. 각각의 slice에 이러한 관계를 연속적으로 적용하면서 τ 시간 간격 동안 진행시키면 전체 농도 프로파일을 시간의 함수로 구할 수 있다. 각 slice 내의 농도기울기는 일정하다고 근사적으로 가정했다. 이러한 근사법은 h가 작을수록 좋긴 하지만 계산시간이 길어지는 부담이 있다. 정확도는 h를 바꾸어서 예측할 수 있는데, 계산된 프로파일과 중요한 차이를 보이는지 여부를 평가한다.

14.7 유한요소법

여기서는, 연속적인 함수가 유한개의 요소로 나누어진 연속체의 근삿값(piecewise approximation)에 의해 대체된다. 여기에서는 물체에 힘을 가한 결과를 스프링 세트로 표현했는데, 각 스프링에 작용하는 힘 F는 변위 δ에 선형적으로 비례하며 이때의 비례상수를 k(stiffness)로 가정한다. 물체는 평형 상태이고 [그림 14.15]에 보인 경우에서는 $F_1 = -F_2$이다. 따라서

$$\begin{bmatrix} F_1 \\ F_2 \end{bmatrix} = \begin{pmatrix} k & -k \\ -k & k \end{pmatrix} \begin{bmatrix} \delta_1 \\ \delta_2 \end{bmatrix}$$

[그림 14.15b]에 나타낸 스프링 노드에서의 힘은 따라서

$$\begin{bmatrix} F_1 \\ F_2 \\ 0 \end{bmatrix} = \begin{pmatrix} k_1 & -k_1 & 0 \\ -k_1 & k_1 & 0 \\ 0 & 0 & 0 \end{pmatrix} \begin{bmatrix} \delta_1 \\ \delta_2 \\ \delta_3 \end{bmatrix} \qquad \begin{bmatrix} 0 \\ F_2 \\ F_3 \end{bmatrix} = \begin{pmatrix} 0 & 0 & 0 \\ 0 & k_2 & -k_2 \\ 0 & -k_2 & k_2 \end{pmatrix} \begin{bmatrix} \delta_1 \\ \delta_2 \\ \delta_3 \end{bmatrix}$$

$$\begin{bmatrix} F_1 \\ F_2 \\ F_3 \end{bmatrix} = \underbrace{\begin{pmatrix} k_1 & -k_1 & 0 \\ -k_1 & k_1 & 0 \\ 0 & 0 & 0 \end{pmatrix} + \begin{pmatrix} 0 & 0 & 0 \\ 0 & k_2 & -k_2 \\ 0 & -k_2 & k_2 \end{pmatrix}}_{\text{Component stiffnesses}} \begin{bmatrix} \delta_1 \\ \delta_2 \\ \delta_3 \end{bmatrix}$$

$$\equiv \underbrace{\begin{pmatrix} k_1 & -k_1 & 0 \\ -k_1 & k_1 + k_2 & -k_1 \\ 0 & -k_2 & k_2 \end{pmatrix}}_{\text{Overall stiffness}} \begin{bmatrix} \delta_1 \\ \delta_2 \\ \delta_3 \end{bmatrix}$$

이것은 단순한 요소의 성질이 결합되어 보다 복잡한 물체의 반응함수를 만들 수 있음을 보여주며 복잡한 생산현장의 문제를 처리할 때 아주 유용하다.

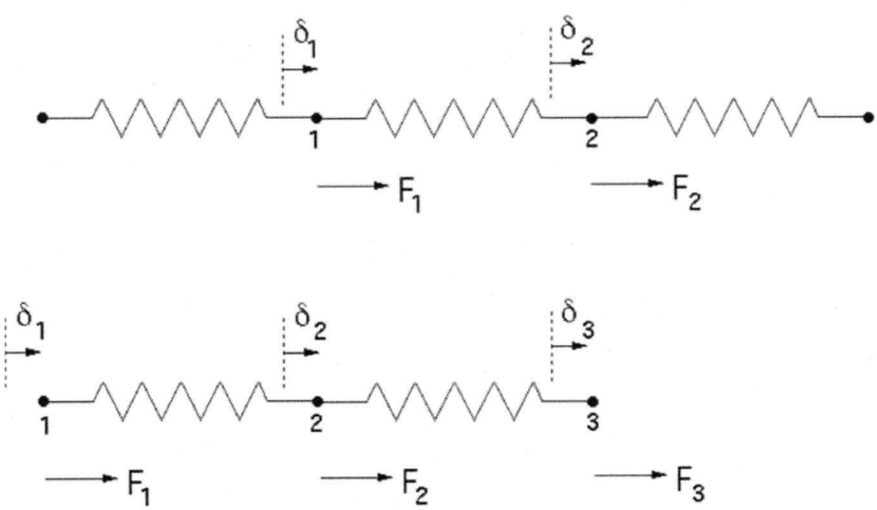

그림 14.15 스프링에 작용하는 힘

14.8 신경망

어려운 문제를 다룰 때 보편적 접근방법은 얻어진 결과를 선택한 변수에 대해 선형 회귀분석을 실시해 상관성 분석을 하는 것이다. 더욱 강력한 방법은 신경망(neural network)을 이용한 경험적 분석을 하는 것인데 조직과 물성 간의 정량적인 처리에서 아주 성공적으로 적용되었다.

선형회귀분석에서는 규정된 식에 데이터를 근사(fitting)해 입력 x_j를 가중치 w_j와 상수 θ를 통해 결과 $y = \sum_j w_j x_j + \theta$를 평가한다. 이와 같은 식은 산업계에서 널리 사용되며, 그 한 예가 강에서 전체적인 거동에 개개 원소가 미치는 효과를 지정해준 탄소당량(CE) 공식이다.

$$\mathrm{CE} = \mathrm{C} + \frac{\mathrm{Mn} + \mathrm{Si}}{6} + \frac{\mathrm{Ni} + \mathrm{Cu}}{15} + \frac{\mathrm{Cr} + \mathrm{Mo} + \mathrm{V}}{5} \quad \mathrm{wt\%}$$

근사된 데이터의 범위를 넘어선 영역까지 이러한 관계를 사용하는 것은 위험하지만 그 위험이 정량화되지 않는다.

신경망에서는 입력 데이터 x_j가 다시 한 번 가중치로 곱해지지만 이러한 곱의 모든 합은 가변적인 수학함수의 인수(argument)를 형성한다. 따라서 출력 y는 x_j의 비선형 함수다. 쌍곡 탄젠트(hyperbolic tangent)의 정확한 형태는 가중치를 바꿈으로써 변화시킬 수 있다(그림 14.16a). 가중치는 결과의 최적근사가 입력변수의 함수로 얻어질 때까지 조직적으로 변하는데 이것을 네트워크의 훈련(training)이라 한다.

또한 비선형성의 정도는 이러한 쌍곡 탄젠트들을 결합시켜 나타낼 수 있으며(그림 14.16b) 신경망 방법이 거의 임의적인 비선형관계를 알아낼 수 있다.

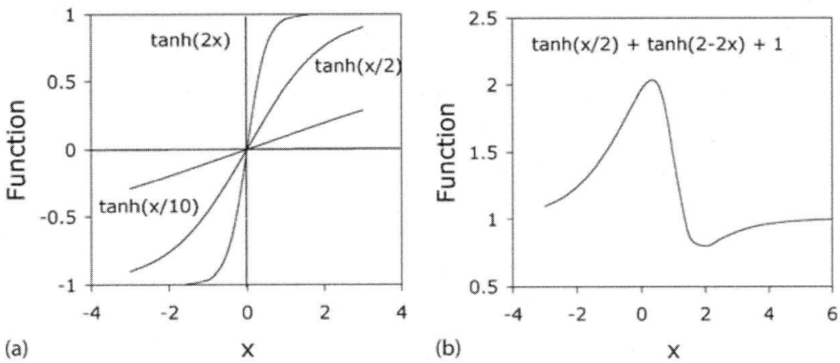

그림 14.16 (a)3가지 서로 다른 쌍곡 탄젠트(hyperbolic tangent) 함수: 각각의 '강도'는 가중치에 의존한다. 도표는 쌍곡 탄젠트가 매우 가변적임을 보여준다, (b)더욱 복잡한 모델을 만들기 위한 2가지 쌍곡 탄젠트의 조합. 이러한 조합은 무한정 계속하면 더욱 복잡한 함수를 만들 수 있다.

그림 14.17 2가지 입력변수들(수평축)의 함수로 나타낸 결과(수직축)의 변화로서 전체 표면은 4개의 쌍곡 탄젠트 함수만을 사용해 생성시킨 것이다.

[그림 14.17]은 결과(수직축)를 4개의 쌍곡 탄젠트만을 이용한 2가지 입력의 함수로 나타낸 표면의 복잡성을 보여준다. 복잡하고 비선형적인 함수를 만들어내는 능력상의 잠재적인 어려움은 데이터의 초과근사(overfitting) 가능성이다. 이러한 어려움을 피하기 위해 실험데이터를 훈련용(training) 데이터 세트와 시험용(test) 데이터 세트로 나눈다. 모델은 훈련용 데이터만을 이용해 만들어내고 시험용 데이터는 모델을 검증할 때 사용해 이전에 보이지 않았던 데이터를 이용해 모델의 거동을 점검한다. 이것이 [그림 14.18]에 나타나 있는데 y가 x^3에 따라 변하는 경우의 잡음 있는(noisy) 데이터를 모델링하는 3가지 시도를 보여주고 있다. 선형적인 모델(그림 14.18a)은 너무 간단하고 데이터의 실제 복잡성을 반영하지 못한다.

[그림 14.18c]에 나타낸 overcomplex 함수는 훈련용 데이터를 정확하게 모델링하지만 일반화가 어렵다. 최적 모델은 [그림 14.18b]에 나타냈다. 훈련용과 시험용 데이터의 오차가 [그림 14.18d]에 나타나 있다. 놀라울 것도 없이 훈련용 오차는 모델이 복잡해질수록 연속적으로 감소한다. 선택된 모델이 비공개 데이터에서 가장 잘 일반화 될 때 시험 오차는 최소가 된다. 이와 같은 신경망은 숨겨진 단위들이 비선형이므로 입력값들 사이에 상호작용을 반영할 수 있다. 초과근사를 피할 수 있는 적절한 척도가 있어야 한다. 복잡한 네트워크에서는 모델링 불확실성, 즉 알려진 데이터가 적절하게 표현될 수 있는 모델의 범위는 얼마인가를 고려하는 것이 중요하다. 모델링 불확실성이 크다는 것은 이러한 모델을 외삽(extrapolated)했을 때 다르게 거동하는 경우에 해당한다.

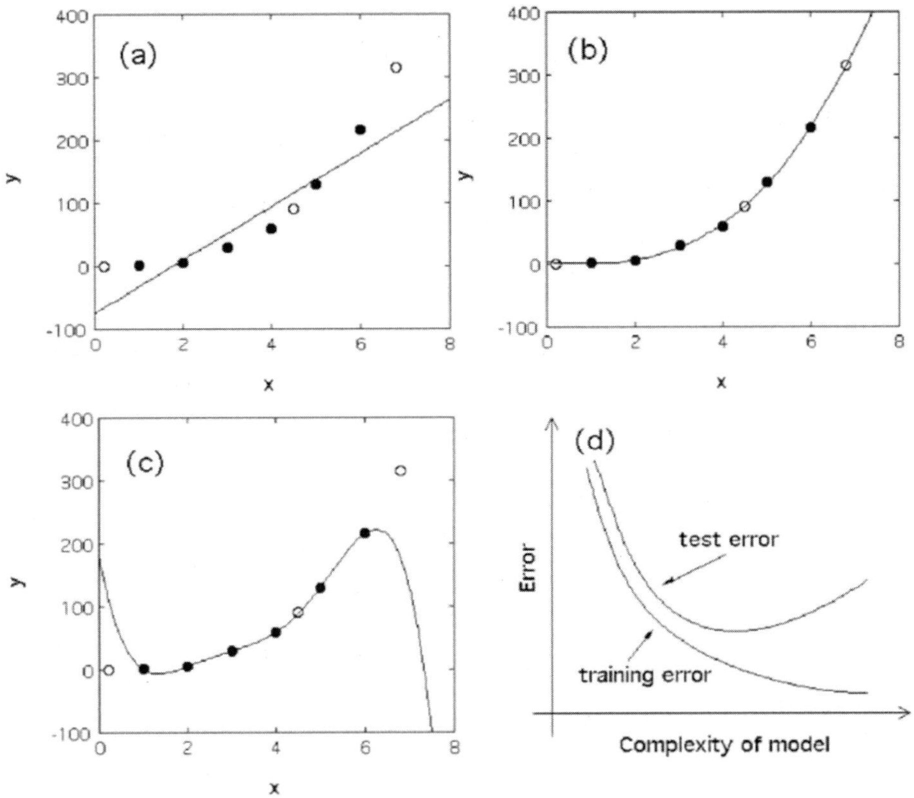

그림 14.18 y가 x^3에 따라 변하는 경우 잡음 있는 데이터에 대해 복잡성의 함수로 나타낸 시험용 데이터와 훈련용 데이터 사이의 오차의 변화. 검은 점은 모델을 만드는데 이용된 훈련용 데이터이며 흰 점은 시험용 데이터다. (a)선형함수. 너무 단순, (b)훈련용과 시험용 데이터 모두 적절하게 나타낸 3차 곡선(cubic polynomial), (c)5차 곡선. 일반화 불량, (d)모델 복잡성의 함수로 나타낸 시험용과 훈련용 오차의 변화에 대한 표현

14.9 모델의 특성규명

모델링은 재료와 공정의 설계를 위한 정량적인 접근이다. 역시 정량적인 것을 추구하는 범용과학과 모델링의 차이는 복잡한 문제를 만났을 때의 접근방법에 있다(그림 14.19). 전통적인 과학적 기법은 엄격한 수학적 이론을 이용해 문제가 표현 가능한 수준까지 문제를 단순화 시킨 후 그 이론을 검증하기 위한 간이적인 실험을 실시한다. 이러한 과정은 본연의 문제와 관련된 기술을 잃어버릴 수도 있지만 그 방법은 지식의 풀(pool)에 추가된다. 이와 대비해 모델링은 제기된 복잡성의 수준에서 문제를 본다. 그리고 가능한 모든 관련 이슈를 밝히기 위한 광범위한 진단으로 시작한다. 방법들은 취합되고 개발되며 필요시 경험적인 기술과 결합되어 총괄적인 과정을 창출하며 불확실성을 평가하기 위해 세심한 주의를 기울인다. 모델의 검증은 이전에 적용된 적이 없는 데이터를 이용하거나, 부품을 만들거나, 다른 경우에 소프트웨어를 적용해서 검증한다. 이러한 방법으로 기술적인 목적이 희망적으로 달성된 후에, 보다 장기적으로는 과학적 접근을 통해 규명할 필요가 있던 문제를 분석한다.

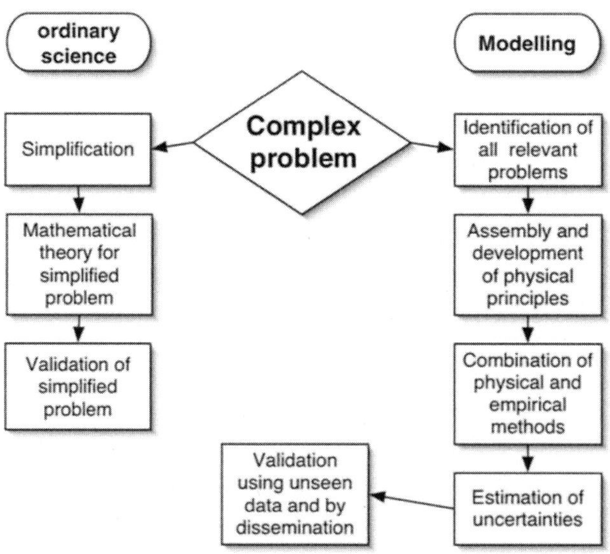

그림 14.19 기존의 과학적 방법과 비교한 모델의 접근방식

참고문헌

Ashby, M. F., Materials Science and Technology 8, 102-112, 1992.

Barber, Z.(ed.), Introduction to Materials Modelling, Maney, London, 2005.

Bhadeshia, H. K. D. H., Neural networks in materials science, ISIJ International 39, 966, 1999.

Bhadeshia, H. K. D. H. and Svensson, L.-E., Mathematical Modelling of Weld Phenomena (eds Cerjak, H. and Easterling, K. E.), Institute of Materials, London, UK, pp.109–182, 1993.

Crank, J., The Mathematics of Diffusion, 2nd edition, Clarendon Press, Oxford, 1975.

Cottrell, A. H., Introduction to the Modern Electron Theory of Alloys, Institute of Materials, London, 1989.

Entwistle, K. M., Basic Principles of the Finite Element Method, Institute of Materials, London, 1999.

Lehner, T. and Szekely, J., Scandinavian Journal of Metallurgy 19, 174-181, 1990.

MacKay, D. J. C., Information Theory, Inference and Learning Algorithms, Cambridge University Press, Cambridge, UK, 2003.

Raabe, D., Computational Materials Science, Wiley-VCH, Weinheim, Germany, 1998.

Takahashi, M. and Bhadeshia, H. K. D. H., Materials Science and Technology 6, 592-603, 1990.

Young, C. H. and Bhadeshia, H. K. D. H., Materials Science and Technology 10, 209-214, 1994.

INDEX

1차 Widmanstätten 페라이트 56

2차 Widmanstätten 페라이트 56

2차 경화 183, 184, 246, 247, 248, 251, 253, 255, 260

2차 분산 256

2회－전단(two-shear)이론 136

475℃ 취성 346

4면체 공극 6, 7, 12

8면체 공극 7, 8, 13, 26, 131

α-안정화원소 92

γ-안정화원소 92

γ영역 개방형 92

γ영역 밀폐형 92

γ영역 수축형 92

γ영역 확장형 92

δ-페라이트 35

ε-마르텐사이트 287

ε탄화물 17

σ-상 339

A

A_1온도 52
A_3온도 52
A_4온도 52
A_c 53
A_e 53
A_r 53
acicular 34, 117, 141, 190, 200, 360
age-hardening 247
ageing 16
aggregate 109, 164, 264
allotriomorph 55, 364
allotrope 3
allotropic transformation 9
annealing twin 351
antibonding 108
antiferromagnetic 9
athermal transformation 143
ausforming 291
ausformed steel 179
autocatalysis effect 200
auto-tempering 153, 158, 233

B

Bagaryatski 관계 76, 77
Bain 변형 131, 132, 133, 135
banded dispersions 112
Begaryatski 방위관계 169
blocky austenite 390
blue brittleness 32
blunting 298
bond order 108
bonding 107
boundary phase 73
branching 72, 114
burning 314, 321
burst 현상 137, 141, 147, 227

C

carbon affinity 108
carbon equivalent) 306, 368, 412
CCT: continuous cooling transformation 214, 377
chemical heterogeneity 208
CHT: continuous heating transformation 377
cleavage fracture 294
coalescence 297
coarse-grained austenite zone 373
cold cracking 307, 379
colony 76
complex alloy steels 256
configurational entropy 46
constrained equilibria 404
controlled rolling 264
controlled transformation 353
coring 19
co-segregation 318
Cottrell-Bilby 항복점 이론 29, 37, 297
Cr-equivalent 329
critical dispersion parameter 247

C-shape curve 376
Curie temperature 5, 53

D

damping 14
degenerated pearlite 362, 367
delayed cracking 307
dendrite 17, 19
diffusionless shear transformation 122
dilatometry 9
dimple 308
directional recrystallization 348
directional solidification 348
dislocation source 37, 397
dispersion 40
displaceive 10
divergent pearlite 76
dual phase(DP) steel 42, 279
duplex stainless steel 343
dynamic recrystallization 267
dynamic strain ageing 31

E

elastic energy release rate 300
embryo 146
enthalpy 46
equilibrium segregation 319
extended volume concept 407

F

ferrocene 5
ferromagnetic 5, 53
fibrous aggregates 111
fine-grained austenite zone 373
free dislocation 23
free energy of mixing 149
fullerne 45
fusion welding 358
fusion zone 358

G

galvanizing 286
gigatubes 47
Gilman-Johnson 이론 297
grain boundary allotriomorph 55
grain boundary sliding 38
granular bainite 182
graphene 45
Grossman 시험 216, 223

H

H-계수 216
habit plane 124, 126, 146, 236, 240, 351
Hall-Petch 효과 35
hardenability 212
HAZ: heat affected zone 358
high angle boundary 140
Holloman-Jaffe 인자 248
homogenization annealing 19
homogenizing 14

hot shortness 314, 321
HSLA: high strength low alloy 265
HSLA강 279, 290
Hume-Rothery 치수효과 34
hydrogen embrittlement 307
hyper 55
hypo 55
hysteresis 53, 260

I

ideal crystal 44
idiomorph 56
ILS: invariant-line strain 132, 133, 135
incomplete reaction 202
inoculation 190
impurity drag 101
intercritical annealing 279
interlamellar spacing 114
intermetallic compound 260
interphase precipitation 113, 114, 116
inter-plate carbide 181
interstice 6, 7, 12, 130
intragranular idiomorphs 56
intragranular plates 56
invariant line 126, 132
invariant-line strain 132
invariant-plane strain 58, 68, 126, 133, 201
isothermal annealing 87
isothermal decomposition 164

K

Kurdjumov-Sachs 관계 58, 77, 140~142
Kurdjumov-Sachs 배열 57

L

lamellar 40, 71, 76, 313
lamellar precipitation 337
lamellar tearing 312
latent heat of formation 192
lath 34, 55, 141, 394, 397
lattice invariant 134
lattice matching 206
lever rule 54
local brittle zone 379
long range 24
low angle boundary 140
lower bainite 169, 180, 235
lower yield point 27
Lüder 밴드 27
Lüder 연신 27

M

magnetic anisotropy 5
magnetic transition 3
maraging steel 260
mechanical alloying 346
mechanical stabilization 152
mechanical twinning 287
MFFP; mean uninterrupted free ferrite path 41
micro phase 362, 368

micro-twinning 141
multiplication 40

N
Ni 당량 329
nodule 57, 79
NPLE 기구 63

O
octahedral 7, 130
order parameter 408
Orowan식 41
Ostwald ripening 236
over-aging 254
overheating 314, 321
oxygen lancing 332

P
packet 140, 157, 198, 238
para-평형 11, 65, 66, 68, 81, 404
partition 61
pearlitic cementite 71, 313
pearlitic ferrite 71
Pierls-Nabarro 응력 24, 297
pile-up 37, 299
Pitch 방위관계 167
Pitsch/Petch 관계 77
Pitting 341, 344
planar interface 114
planar misfit 207
plane invariant 133
plastic constraint 398
plastic relaxation 152
plastic work 301, 315
plate 34
platelet 10, 17, 115, 169, 177, 362
PLE 기구 63

Q
quench ageing 18
quench cracking 225

R
radiation induced swelling 350
radioactive tracer 14
recalescence 192, 274
reconstructive 9
residual solubility 29
resolution treatment 332
retained austenite 122
rock candy fracture 321
rule of mixture 398

S
scavenging effect 318
Schaeffler diagram 328, 329, 330
secondary hardening 247
self accommodating 68
sensitization 332
serrated flow 158

sheaf(sheave) 164, 176, 201, 208, 362, 386
shear 10
shear band 39, 309
Shockley 부분전위 287
short range 24, 156
side plate 59
site saturation 79
slip band 23, 299
Snoek peak 13
soaking pits 19
solidification cracking 344
solid-state transformation 2
solute trapping 11
solution softening 395
spheroidize annealing 87
spheroidized steel 313
spinodal decomposition 346
stabilization 152
stacking fault energy 146, 287, 351, 352
step 58, 68, 126, 146
stoichiometric ratio 205, 333, 334
strain ageing 18, 29
strengthening mechanism 3
stress intensity factor 295
stretcher strain 29
subcritical nuclei 144
subcritical transformation 87
sublattice 131
sub-unit 164, 192
supercooling 143
supercritical nuclei 144
superheating 143
surface relief 58, 127, 166, 171
synchrotron 9

T

T_0 곡선 282
T_0' 곡선 390
temper embrittlement 314, 317
temper rolling 43
tempered martensite embrittlement 244
tetragonal deformation 129
tetragonal distortion 26
tetragonality 128, 155, 236
tetrahedral 6
thin film 4
tie line 62, 63
TTT: Time-Temperature-Transformation 59
TMCP: thermomechanical controlled processing 266
torsional pendulum 13
transgranular crack 319
transgranular fibrous fracture 320
transition carbide 169
TRIP-assisted 강 280, 281, 282, 283, 285
TRIP: transformation-induced plasticity 280
TRIP강 281, 285, 287
TWIP: twinning-induced plasticity 287, 288

U

underbead cracking 307
upper bainite 164, 168, 180, 306, 384
upper yield point 27

V

vacancy 15, 208, 330
variant 115, 137, 141, 160, 168, 169, 170
void 170, 307, 385

W

weld-decay 341
wet hydrogen 29
whisker 44
Widmanstätten 시멘타이트 59
Widmanstätten 페라이트 판 55, 58, 68, 365

Y

yield point effect 27

Z

zone refining 294

ㄱ

가공경화 22, 33, 39, 40, 153
가공경화지수 283, 287
가공열처리 264, 272, 277, 289, 344, 354
가공열처리 제어공정 266
가장자리(edgeway) 성장 72
감쇠 14
강자성 5
강화기구 3, 22, 44, 87, 153, 157, 277, 298
개재물 70, 146, 189, 198, 201, 205, 208, 290, 310, 362
격자불변(lattice invariant) 변형 134
격자일치(lattice matching) 이론 206
결정결함 25
결정학적 방위관계 76
결합 9, 107, 133, 256, 270, 317, 333, 398, 408, 412
결합차수 108
경계 분리(interfacial separation) 319
경계상 73
경화능(hardenability) 212
경화능 밴드 219, 221
고강도 베이나이트강 384
고강도 저합금강 265, 305
고상변태 2, 123, 207, 370, 407, 409
고상확산 12
고용도 13, 17, 27, 40, 52, 61, 98, 105, 184, 267, 274
고용체 강화 22, 26, 40
고용체 연화(solution softening) 395
고탄소 마르텐사이트 34, 137, 142, 157, 182, 236, 386
공공 15, 46, 238, 330, 335
공극 6, 7, 12, 130
공동(void) 170, 307, 308, 385
공식(pitting) 부식 341, 344
과공석 55, 57, 61, 71, 72, 117
과공석 시멘타이트 71

과냉(supercooling) 143
과냉도 60, 73, 80, 273
과시효(over-aged) 254
과열(overheating) 314, 321
과열(superheating) 143
과포화 고용체 16
과포화 페라이트 112, 169, 176, 209, 232
교차슬립 23
구상화 87, 105, 233, 238, 251
구상화(spheroidize) 어닐링 87
구상화강(spheroidized steel) 313
국부취성역(local brittle zone) 379
균열로 19
균일 연신량 26, 354
균질화 14, 19
균질화 어닐링 19
그래핀 45, 46
금속간화합물(intermetallic compound) 260
기가튜브 47
기계적 쌍정(mechanical twinning) 287
기계적 안정화(mechanical stabilization) 152
기계적 합금화(mechanical alloying) 346

ㄴ

나노입자 강 38, 39
나노튜브 2, 3, 5, 44, 45, 46, 47
냉간 균열(cold cracking) 307, 379
네킹 26, 284, 354
노듈 57, 70, 72, 76, 79
노말라이징 87, 88, 189, 277
니오브 탄화물 333
닐(Néel)온도 9

ㄷ

다발(sheave) 164, 176, 201, 208, 362, 386
다상(multiphase)합금 398, 403
단범위(short range) 방해물 24, 156
대경각경계(high angle boundary) 140
동반편석(co-segregation) 318
동소변태 9
동소체 3, 4, 6, 402
동적 변형시효 31
동적재결정(dynamic recrystallization) 267
듀플렉스(duplex) 스테인리스강 343
등온 분해(isothermal decomposition) 164
등온(isothermal) 어닐링 87
등온변태곡선 117
등온변태법 59
딤플(dimple) 308

ㄹ

라멜라 테어링(lamellar tearing) 312
락캔디 파괴(rock candy fracture) 321
래스 34
레스 55
레스 치수 394, 397
레스간(interlath) 시멘타이트 244
렌즈형상(lenticular) 141
린(lean)강 179

ㅁ

마르에이징(maraging)강 260
마르텐사이트 61, 118, 122
마르텐사이트 변태 34, 123, 131, 135 143, 152, 160, 165, 173, 212, 240 281, 350, 355, 380, 397
마르텐사이트 변태속도론 143
마르텐사이트의 강도 153
모델링 382
무확산 전단변태 122
미세상(microphase) 362, 368
미세쌍정(micro-twinning) 141
미세입자 오스테나이트 영역 373
미세판 10, 17, 115, 169, 177, 201, 209, 251, 362
미세합금강 112, 114, 265, 270, 275, 277, 289, 305

ㅂ

박막 4, 5
반결합 108
반사싱 9
발산 펄라이트 76
방사성 추적법 14
방향성 재결정(directional recrystallization) 348
방향성응고(directional solidification) 348
배열 엔트로피 46
배위수 5
버닝(burning) 314, 321
베이나이트 61, 117, 118, 164, 173
베이나이트강 183, 189, 384
베이나이트형 페라이트 166, 171, 182, 189, 235, 281, 384, 390, 395, 398
벽개파괴(cleavage fracture) 294
변위형 변태 10, 11, 287
변종 115, 141, 160, 168
변태유기소성 280
변형시효 18, 29, 43
변형쌍정(deformation twin) 352
변형에너지 12, 29, 74, 122, 135, 143, 166, 171, 174, 192, 301
변형에너지 해방률 301
복합 합금강(complex alloy steels) 256
부격자 131
부단위체(sub-unit) 164, 192
분기 72, 114
분배 61
분산강화 22, 40, 271, 274, 334
분산물 35, 40, 112, 247, 254, 256, 258, 333, 335, 398
분산물 밴드 112
분산상 40
불균질 핵생성점 205, 207, 360
불변면 115, 133, 134, 165
불변면 변형 58, 68, 126, 127, 133, 134, 165, 201
불변선 126, 132, 133
불변선 변형 132, 135
불순물 지연 101
불완전 반응(incomplete reaction) 202

불완전 반응현상 174
블록 상(blocky) 오스테나이트 390
비드하부 균열(underbead cracking) 307
비열적(athermal) 변태 143
비틀림 진자 13

ㅅ

산소랜싱(oxygen lancing) 332
삼중점 3
상간(interphase)석출 113, 114, 116
상부 베이나이트 164, 168, 180, 306, 384
상부항복점 27, 32
섬유상 집합체 111, 114
성장속도 57, 68, 75, 78, 80, 101, 146, 245, 363
소경각경계(low angle boundary) 140
소성 둔화(blunting) 298
소성구속(plastic constraint) 398
소성이완(plastic relaxation) 152
소성일(plastic work) 301, 315
속도제어공정 81, 83
수소취성(hydrogen embrittlement) 307
수지상 17, 310, 320
슈퍼오스테나이틱 스테인리스강 341
스텝 58, 68, 115, 126, 146
스트레처 변형 29
스피노달 분해(spinodal decomposition) 346
슬립밴드 23, 299
습성수소 29
시간-온도-변태 곡선 59, 117, 164, 212
시그마(σ) 상 339
시멘타이트 17, 41, 52, 59, 61, 70, 72, 81, 83
시효 16
시효경화(age-hardening) 247
시효공정 250
신경망 412
싱크로트론 9

ㅇ

아공석 55
아연도금(Galvanizing) 286
아임계(subcritical)핵 144
안정화(stabilization) 152
어닐링 29, 43, 87, 89, 183, 348, 394
어닐링 쌍정(annealing twin) 351
에너지 손실 최고점 13
에너지밀도 47
엔탈피 25, 46, 74, 95, 98, 149, 246
연결선 62, 63, 65
연성/취성 천이 299, 324
연성/취성 천이온도 264, 312, 320, 345
연성파괴 308
연속가열변태(CHT) 377
연속냉각곡선(CCT) 214, 377
열간취성(hot shortness) 314, 321
열영향부 358
열적 활성화 24, 31, 232
예민화(sensitization) 332
예비핵(embryo) 146

오스테나이트 형성원소 95, 328
오스테나이트−시멘타이트 변태 59
오스테나이트−펄라이트 반응 70
오스테나이트−페라이트 변태 55
오스테나이트강 330, 334, 336
오스트발트 성장(Ostwald ripening) 236
오스포밍(ausforming) 291
오스폼드(ausformed) 강 179
완전경화 226
용융 용접(fusion welding) 358
용융부(fusion zone) 358
용접부식(weld-decay) 341
용질구속 11, 192
원위치(in-situ) 핵생성 249
유한요소법 410
유한차분법 409
유효전단응력 24, 302
응고균열(solidification cracking) 344
응력부식균열 319, 340, 344
응력세기 인자(stress intensity factor) 295
응력집중 26, 38, 137, 225, 227, 304, 311
이력현상 53, 260
이론강도 44
이상결정 44
이상조직(Dual-Phase) 강 42, 279
일괄적(coordinated) 이동 10, 125, 166, 171, 201
임계간 어닐링(intercritical annealing) 279
임계냉각속도 118, 212
임계분산물인자(critical dispersion parameter) 247
임계직경 216, 219, 223
입계 슬라이딩 38, 39
입계 취성 314
입계타형 55, 57, 59, 61, 117
입계편석 316, 320
입내 섬유상 파괴 (transgranular fibrous fracture) 320
입내 판상 56
입내(transgranular) 균열 319
입내자형 56
입상(granular) 베이나이트 182
입자 미세화 22, 265, 385

ㅈ

자기 이방성 5
자기 조율적 성장 68
자기전이 3
자기촉매(autocatalysis)효과 200
자동 템퍼링(auto-tempering) 153, 158, 233
자리포화 79, 80
자유전위 23, 36
자형 56
잔류(retained) 오스테나이트 122
잔류고용도 29
장범위(long range) 방해물 24
재열(recalescence) 192, 274
재용해(resolution) 처리 332
재조직형 9, 11
재조직형 변태 9

저탄소 마르텐사이트 140, 159
저-실리콘 TRIP강 285
적층결함에너지(stacking fault energy) 146, 287, 351, 352
전단 성분 26
전단밴드(shear band) 39, 309
전단변태 10, 34, 40, 122, 153
전단응력 24, 38, 299
전위 합체(coalescence) 297
전위밀도 25, 26, 33, 157, 233, 394
전위변형장 26
전위원 37, 397
전위의 고착 33, 152
전위증식 40
전자이론 401, 402
접종(inoculation) 190
정방변형 26, 27
정방성 128, 131, 155, 233, 236, 240
정방형(tetragonal) 변형 129
정벽면 124, 126, 140, 146, 167, 236, 240, 351
정수압 성분 26
정합 석출 9
제거(scavenging) 효과 318
제어변태(controlled transformation) 353
제어압연(controlled rolling) 264
제한된 평형(constrained equilibria) 404
조대입자 오스테나이트영역 373
조미니 경도-거리 도표 219
조미니 시험 218
조사유기스웰링(radiation induced swelling) 350
존 정제법(zone refining) 294
주조취성(as-cast brittleness) 321
준안정 오스테나이트강 350
중간합금(interalloy) 효과 318
중탄소 마르텐사이트 141
지렛대법칙 54
지연 균열(delayed cracking) 307
질서변수(order parameter) 408
질화물 17, 43, 98, 205, 267, 336
질화처리 19, 227
집적 37, 299
집합체(aggregate) 109, 111, 164, 264

ㅊ

천이(transition)탄화물 169
철 휘스커 시험 44
철탄화물 16, 40, 52, 54, 70, 158, 243, 246, 319
철-탄소 평형상태도 52, 81, 92, 324
청열취성 32
초석 55
초석(pro-eutectoid) 페라이트 55
초석페라이트 71
초임계(supercritical)핵 144
최소 가능 입자크기 272
충격 천이온도 85, 296
측면(sideway) 핵생성 72
측면판 59

층 간격 114
층상 40, 54, 70, 87, 306, 313, 367
층상석출(lamellar precipitation) 337
치환형 고용체 12, 34, 98
치환형 원소 14, 81, 369, 388, 392
침상 34, 141, 203, 206
침상(acicular) 페라이트 117, 190, 198, 360
침입형 용질원자 12, 22, 34, 156
침탄 19, 227

ㅋ

코어링 19
퀜치시효 18
퀜칭 균열(quench cracking) 225
큐리온도 5
크롬탄화물 109, 252, 259, 330

ㅌ

타형 55, 57, 61, 66
탄성반응에너지 30
탄성에너지 299, 304
탄성에너지 해방률
(elastic energy release rate) 300
탄성파 48
탄소 고용도 379
탄소 나노튜브 5, 6, 45, 47
탄소 친화도(affinity) 108
탄소당량(carbon equivalent) 306, 368, 412
탄화물 313, 318, 325, 330, 333
탄화물 형성원소 93, 98, 111, 117, 183
246, 252, 260, 333
템퍼 압연 43
템퍼링 183, 212, 232
템퍼링 된 마르텐사이트 취성
(tempered martensite embrittlement) 244
템퍼링 취성(temper embrittlement) 314, 317
톱니모양 유동(serrated flow) 158
퇴화(degenerate) 펄라이트 362, 367
티타늄 탄화물 275, 333

ㅍ

판간(inter-plate) 탄화물 181
판상 17, 34, 41, 140
패킷(packet) 140, 157, 198, 238
팽창측정기 9
펄라이트 41, 54
펄라이트 노듈 70, 72, 76, 103, 114
펄라이트 성장모델 74
펄라이트 콜로니 76
펄라이트 형성의 속도론 77
펄라이트의 강도 84
펄라이트의 결정학 76
펄라이트형 시멘타이트 71, 77, 298, 313
펄라이트형 페라이트 71, 77, 105
페라이트 3, 12, 17, 26, 34, 40, 52, 61, 70,
73, 76, 81, 93, 98, 100, 109, 117
페라이트 레스 57, 58, 250, 253
페라이트 형성원소 95, 105, 329
페라이트-펄라이트 강 86
페라이트계 스테인리스강 324, 343, 352

페로센 5
평균 자유슬립거리(mean free slip distance) 385
평균이동거리 41
평면 경계 114
평면 불일치도(planar misfit) 207
평형편석(equilibrium segregation) 319
표면 활성화(surface active) 316
표면기복(surface relief) 58, 127, 166, 171
표면에너지 74, 87, 238, 300, 316
풀러린 45

ㅎ

하부 베이나이트 169, 170, 180, 184, 235
하부항복점 27, 32, 33
하임계(subcritical) 변태온도 87
항복점현상 27, 29, 33, 43
항복점효과 27
형상기억 효과 160
형성 엔탈피 99, 246
형성엔트로피 46
형성잠열(latent heat of formation) 192
혼합 자유에너지(free energy of mixing) 149
혼합법칙(rule of mixture) 398
화학양론적 비율(stoichiometric ratio) 205, 333, 334
화학자유에너지 145, 149
화학적 불균질성(heterogeneity) 208
확산계수 14, 83, 246, 377
확산성 변태 81
확장체적 개념(extended volume concept) 407
활성화에너지 15, 234, 238

NAME INDEX

A

Aaronson 101
Ainsley, M. H. 114, 115
Andrews 94, 149
Avrami 407

B

Bagariatski 76, 77
Bain 59, 131, 133, 135
Begaryatski 169
Besseyo 368
Bhadeshia 396, 165, 192, 273
Bilby 29, 37, 297
Brandt 81, 82
Brenner 44

C

C. S. Smith 73
Caballero, F. G. 192
Cahn 79, 82
Calphad 97
Christian, J. W. 46
Coates, D. E. 105

Cohen 146, 151, 153, 155, 397
Cottrell 29, 37, 107, 108, 297
Curie 5, 53

D

Davenport 59, 164
Delannay, F. 283
Dippenaar 72
Domian 101
Dubé 55, 59

E

Edgar Bain 164
Edwards, B. C. 45

F

Fleischer 34, 156
Furnemont, Q. 283

G

Garcia-Mateo, C. 273
Gensamer 84
Gilman 32, 297
Gladman 245
Greninger 135
Griffith 299, 300, 304
Grossman 216, 223

H

Hagel 79, 82
Hall 35
Hillert 66, 71, 72, 73, 82, 83
Hillert, M. 98
Hollomon 248
Honeycombe 72
Hooke 44
Hugo 84
Hultgren 81
Hume-Rothery 34

I

Ito 368
Ivanisenk, Y. 40

J

Jacques, P. 283
Jaffe 248
Johnson 32, 78, 297

K

Kelly 138
Kinsman 101
Kirkaldy 82
Koistenen 122
Kolmogorov 407
Kurdjumov 57, 77, 140, 157, 166

L

Langford 397
Legat 223

Lifshitz 247
Lundquist 82
Lüders 27

M
Marburger 122
Mehl 71, 72, 78, 407
Mertens, A. 283
Miller, M. K. 105
Modin 72
Moser 223

N
Nabarro 24, 297
Néel 9
Nuting 138

O
Olson 146
Orowan 41, 300
Ostwald 236

P
Petch 35, 77, 299
Pierls 24, 297
Pitch 167
Pitsch 77

R
Ridley N. 105

S
Sachs 57, 77, 140, 157, 166
Schaeffler 328, 329, 330
Shockley 287
Smith, G. D. W. 105
Snoek 13
Swallow, E. 165

T
Takahashi 396
Takeuchi 34
Troiano 135

W
Wagner 247
Walderström, M. 98
Widmanstätten 55, 58, 59, 68, 365
Williams, P. R. 105
Winchell 153, 155
Woodhead 84
Wu, K. M. 200

Y
Yokota, T. 273

Z
Zener 61, 66, 75, 81, 82, 94, 149